按最新规范编写

新编土木工程材料教程

主编 吴 芳

副主编 贾福根 李瑞璟 王瑞燕

中国建材工业出版社

图书在版编目（CIP）数据

新编土木工程材料教程/吴芳主编．—北京：中国建材
工业出版社，2007.5（2013.1 重印）
ISBN 978-7-80227-200-2

Ⅰ．新… Ⅱ．吴… Ⅲ．土木工程—建筑材料—高等学校—
教材 Ⅳ．TU5

中国版本图书馆 CIP 数据核字（2007）第 030383 号

内 容 简 介

本书根据高等工科院校土木工程专业本科教学大纲编写，内容包括土木工程材料的基本性质、天然石材、气硬性胶凝材料、水泥、混凝土、砂浆、墙材和屋面材料、金属材料、木材、有机高分子材料、沥青及沥青混合料、防水材料、绝热材料和吸声隔声材料、装饰材料等。主要介绍材料的基本成分、生产工艺、性质、选配应用、材料检验等基本理论和实验技能。全书根据最近颁发的新标准和新规范编写而成。各章后均附有复习思考题。

本书可作为土木工程专业及相近专业本科教材，也可供有关科研、施工、生产人员参考。

新编土木工程材料教程

吴 芳 主编

出版发行：中国建材工业出版社
地　　址：北京市西城区车公庄大街 6 号
邮　　编：100044
经　　销：全国各地新华书店
印　　刷：北京鑫正大印刷有限公司
开　　本：787mm×1092mm　1/16
印　　张：22.75
字　　数：560 千字
版　　次：2007 年 5 月第 1 版
印　　次：2013 年 1 月第 5 次
书　　号：ISBN 978-7-80227-200-2
定　　价：53.00 元

本社网址：www.jccbs.com.cn
本书如出现印装质量问题，由我社发行部负责调换。联系电话：（010）88386906

前　言

　　本书为土木工程、建筑学、工程管理等土建类专业用书，是根据高等学校土建类《土木工程材料》教学大纲编写而成。近年来，有关新材料、新工艺的应用十分活跃，有关材料的技术标准和施工规程等在不断修改，本书力求吸收国内外土木工程材料的先进技术，并结合我国有关土木工程材料及应用情况进行编写。

　　内容包括土木工程材料的基本性质、天然石材、气硬性胶凝材料、水泥、混凝土、砂浆、墙材和屋面材料、金属材料、木材、有机高分子材料、沥青及沥青混合料、防水材料、绝热材料和吸声隔声材料、装饰材料等以及土木工程材料实验。每部分内容主要从材料的基本成分、生产工艺、性质，选配应用、材料检验等基本理论和实验技能方面介绍。针对土建类专业性质，重点在材料性质、选配应用、材料检验三个方面。

　　编写着重基本概念、基础理论、基本技能，力求理论性和实践性相结合，教学内容与实验内容相结合。全书根据最近颁发的新标准和新规范编写而成。为便于复习和思考，各章后均附有复习思考题。

　　本书由重庆大学吴芳担任主编，太原理工大学贾福根、河北工程大学李瑞璟、重庆交通大学王瑞燕担任副主编。具体编写分工如下：重庆大学吴芳编写绪论、第一章、第七章、第八章、第九章、第十三章，实验1、实验5、实验6、实验7；太原理工大学贾福根编写第五章、第六章，实验3、实验4；河北工程大学李瑞璟编写第二章、第三章、第四章、第十四章，实验2；重庆交通大学王瑞燕编写第十一章、第十二章，实验8、实验9；重庆交通大学何丽红编写第十章。

　　限于编者水平有限，书中不妥之处或错误在所难免，敬请广大师生、读者提出宝贵意见。

编者

2007 年 4 月

目 录

绪　论

一、土木工程与土木工程材料

土木工程包括建筑工程、道路桥梁工程、水利工程等建设性工程。用于土木工程的各种材料和制品，总称为土木工程材料。材料是一切土木工程的物质基础。据统计，在建设工程中，材料费用一般要占工程总造价的 50% 左右，有的高达 70%，因此按照建设工程对材料功能的要求及使用时的环境条件，正确合理地选用材料，做到材尽其能、物尽其用，对于保证工程的安全、实用、美观、耐久及造价适度等方面有着重大的意义。掌握土木工程材料的基本知识，正确、熟练地应用，是土木工程技术人员必须具备的专业素质。

一般来说，土木工程对材料的基本要求是：

（1）必须具备足够的强度，能够安全地承受设计荷载；

（2）材料自身的质量以轻为宜（即表观密度较小），以减轻下部结构和地基的负荷；

（3）具有与使用环境相适应的耐久性，以减少维修费用；

（4）用于装饰的材料，应能美化房屋并产生一定的艺术效果；

（5）用于特殊部位的材料，应具有相应的特殊功能，例如屋面材料能隔热、防水，楼板和内墙材料能隔声等。

二、土木工程材料的分类

土木工程材料的种类繁多、组分各异，用途不一，可按多种方法进行分类。

1. 按土木工程材料化学成分分类

通常可分为有机材料、无机材料和复合材料三大类，如下所示：

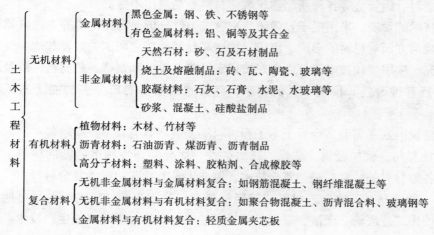

2. **按土木工程材料的功能分类**

可分为承重和非承重材料、保温和隔热材料、吸声和隔声材料、防水材料、装饰材料等。

3. **按用途分类**

可分为结构材料、墙体材料、屋面材料、地面材料、饰面材料以及其他用途的材料等。

三、土木工程材料的历史与发展

土木工程材料是随着社会生产力和科学技术水平的提高而逐步发展起来的。

人类最早穴居巢处。随着社会生产力的发展，人类进入能制造简单工具的石器、铁器时代，才开始挖土、凿石为洞、伐木搭竹为棚，利用天然材料建造非常简陋的房屋，到人类能够用黏土烧制砖、瓦，用岩石烧制石灰、石膏之后，土木工程材料才由天然材料进入了人工生产阶段，为较大规模建造房屋创造了基本条件。我国的"秦砖汉瓦"、举世闻名的万里长城、都江堰水利工程，国外的埃及金字塔、古罗马角斗场、雅典卫城等都充分说明了古代人类在材料生产及使用方面的成就。

18、19世纪，资本主义兴起，促进了工商业及交通运输业的蓬勃发展，原有的土木工程材料已不能与此相适应，在其他科学技术进步的推动下，土木工程材料进入了一个新的发展阶段。1824年，英国人阿斯普定（J. Aspdin）采用人工配料，再经煅烧、磨细制造出水泥，并取得专利权。因这种水泥凝结后与英国波特兰岛的石灰石颜色相似，故称波特兰水泥（即我国的硅酸盐水泥）。该水泥于1925年用于修建泰晤士河水下公路隧道工程。钢材在19世纪中叶也得到应用。1850年法国人朗波制造了第一只钢筋混凝土小船，1872年在纽约出现了第一所钢筋混凝土房屋。钢材、水泥、混凝土及其他材料相继问世，为现代土木工程奠定了基础。

进入20世纪后，由于社会生产力突飞猛进，以及材料科学与工程学的形成和发展，土木工程材料不仅性能和质量不断改善，而且品种不断增加，以有机材料为主的化学建材异军突起，一些具有特殊功能的新型材料，如绝热材料、吸声隔声材料、耐热防火材料、防水抗渗材料以及耐磨、耐腐蚀、防爆和防辐射材料等应运而生。为适应现代建筑装饰装修的需要，玻璃、陶瓷、塑料、铝合金等各种新型建筑装饰材料更是层出不穷。

随着现代测试技术的发展，采用电子显微镜、X射线衍射分析、测孔技术等先进仪器设备，可从微观和宏观两方面对材料的形成、组成、构造与材料性能之间的关系及其规律性和影响因素等进行研究。应用现代技术已可以实现按指定性能来设计和制造某些材料，以及对传统材料按要求进行各种改性。预期不久的将来，将研制出更多的新型多功能土木工程材料。

为了适应经济建设的发展需要，今后土木工程材料的发展将具有以下一些趋势：

（1）开发高性能材料。例如轻质、高强、高耐久性、优异装饰性和多功能的材料，以及充分利用和发挥各种材料的特性，采用复合技术，制造出具有特殊功能的复合材料。

（2）绿色材料。绿色材料又称生态材料或健康材料。它是指生产材料的原料尽可能少用天然资源，大量使用工业废渣、废液，采用低能耗制造工艺和不污染环境的生产技术。产品配制和生产过程中不使用有害和有毒物质，产品设计应是以改善生活环境、提高生活质量为宗旨，以及产品可循环再利用，无污染环境的废弃物。绿色建材能满足可持续发展之需，已成为世界各国 21 世纪建材工业发展的战略重点。

（3）提高经济效益。大力发展和使用不仅能给建设工程带来优良的技术效果，还同时具有良好经济效益的土木工程材料。

四、土木工程材料的标准化

产品标准化是现代工业发展的产物，是组织现代化大生产的重要手段，也是科学管理的重要组成部分。目前我国绝大多数的土木工程材料都制订有产品的技术标准，这些标准包括：产品规格、分类、技术要求、检验方法、验收规则、标志、运输和贮存等方面的内容。

土木工程材料的技术标准是产品质量的技术依据。对于生产企业，必须按标准生产合格的产品，同时它可促进企业改善管理，提高生产效率，实现生产过程合理化。对于使用部门，则应按标准选用材料，可使设计和施工标准化，从而可加速施工进度，降低建筑造价。再者，技术标准又是供需双方对产品质量验收的依据，是保证工程质量的先决条件。

目前，我国的技术标准分为四级：国家标准、部标准、地方标准和企业标准。国家标准是由国家标准局发布的全国性的指导技术文件，其代表号为 GB；部标准也是全国性的指导技术文件，但它由主管生产部（或总局）发布，其代号按部名而定，如建材标准代号为 JC，建工标准的代号为 JG；地方标准是地方主管部门发布的地方性指导技术文件，其代表号为 DB；企业标准则仅适用于本企业，其代号为 QB，凡没有制定国家标准、部标准的产品，均应制定企业标准。

标准的表示方法由标准名称，部门代号，编号和批准年份等组成，例如：《普通混凝土配合比设计规程》JGJ 55—2000，部门代号为 JG，表示建工行业、工程建设标准，编号为55，批准年份为 2000 年。

随着我国对外开放，常常还涉及一些与土木工程材料关系密切的国际或外国标准，其中主要有：国际标准，代号为 ISO；美国材料试验学会标准，代号为 ASTM；日本工业标准，代号为 JIS；德国工业标准，代号为 DIN；英国标准，代号为 BS；法国标准，代号为 NF 等。

各行业的标准代号见下表。

各行业的标准代号

行业名称	建工行业	冶金行业	石化行业	交通行业	建材行业	铁路行业
标准代号	JG	YB	SH	JT	JC	TB

五、本课程的学习目的与学习方法

土木工程材料是一门实用性很强的专业基础课。它以数学、力学、物理、化学等课程为基础，而又为学习建筑、结构、施工等后续专业课程提供建材基本知识，同时它还为今后从事工程实践和科学研究打下必要的基础。

教材中对每一种土木工程材料的叙述，一般包括原材料、生产、组成、构成、性质、应用、检验、运输和贮存等方面的内容。学习本课程的学生，多数是材料的使用者，所以学习重点应是掌握材料的性质并能合理地选用材料。要达到这一点，在学习时，就不但要了解每一种土木工程材料具有哪些性质，而且应对不同类型、不同品种材料的特性相互进行比较，只有掌握其特点，才能做到正确合理选用材料。同时，还应知道材料之所以具有某种性质的基本原理，以及材料的运输和贮存等注意事项。

　　实验课是本课程的重要教学环节。通过实验，一方面要学会对各种常用土木工程材料的检验方法，能对土木工程材料进行合格性判断和验收；另一方面是提高实践技能，能对实验数据、实验结果进行正确的分析和判断，培养科学认真的态度和实事求是的工作作风。本课程安排了 9 个实验，其中包括 1 个综合性实验。

第一章　土木工程材料的基本性质

土木工程结构都会承受一定荷载并经受周围介质的作用。所以，土木工程材料应具有抵抗一定的温度以及抵抗周围介质（空气及其中的水蒸气、水及其溶于其中的物质、温度和水分的变化、水和冰的冻融循环等）的物理化学作用的能力。土木工程材料应具备哪些性质要根据材料在结构中的功用和所处的环境来决定。一般来说，土木工程材料的性质可归纳为：物理性质；力学性质；耐久性质。

本章所讨论的各种性质是一般土木工程材料经常考虑的性质，即土木工程材料的基本性质。本章主要介绍土木工程材料各种基本性质的概念、表示方法及有关的影响因素。通过本章学习，掌握表示材料性质的术语并能较熟练地运用。

第一节　材料的组成与结构

一、材料的组成

材料的组成不仅影响材料的化学性质，也是决定材料的物理、力学性质的重要因素。材料的组成包括材料的化学组成、矿物组成和相组成。

1. 化学组成（chemical composition）

化学组成是指构成材料的化学元素及化合物的种类和数量。当材料与外界自然环境以及各类物质相接触时，它们之间必然要按化学变化规律发生作用。根据化学组成可大致地判断出材料的一些性质，如耐久性、化学稳定性等。

2. 矿物组成（mineral composition）

将无机非金属材料中具有特定的晶体结构、特定的物理力学性能的组成结构称为矿物。矿物组成是指构成材料的矿物的种类和数量。水泥因所含有的熟料矿物的不同或其含量的不同，则所表现出的水泥性质就各有差异。例如水泥熟料的矿物组成为：硅酸三钙（$3CaO \cdot SiO_2$）37% ~ 60%、硅酸二钙（$2CaO \cdot SiO_2$）15% ~ 37%、铝酸三钙（$3CaO \cdot Al_2O_3$）7% ~ 15%、铁铝酸四钙（$4CaO \cdot Al_2O_3 \cdot Fe_2O_3$）10% ~ 18%。若其中硅酸三钙含量提高，则水泥硬化速度较快，强度较高。

3. 相组成（phase composition）

材料中具有相同物理、化学性质的均匀部分称为相。自然界中的物质可分为气相、液相和固相。同种物质在温度、压力等条件发生变化时常常会转变其存在的状态，如由气相转变为液相或固相。土木工程材料大多数是多相固体，凡由两相或两相以上物质组成的材料称为复合材料。例如，混凝土可认为是集料颗粒（集料相）分散在水泥浆基体（基相）中所组成的两相复合材料。

二、材料的结构

材料的结构是决定材料性质的极其重要因素。材料的结构可分为：宏观结构、细观结构和微观结构。

1. 宏观结构（macrostructure）

土木工程材料的宏观结构是指用肉眼或放大镜能够分辨的粗大组织。其尺寸在 10^{-3} m 级以上。

土木工程材料的宏观结构，按不同特征有不同的结构：

（1）按孔隙特征可分为

①致密结构

可以看作无宏观层次的孔隙存在，如钢铁、有色金属、致密天然石材、玻璃、玻璃钢、塑料等。

②多孔结构

指具有粗大孔隙的结构，如加气混凝土、泡沫混凝土、泡沫塑料及人造轻质多孔材料。

③微孔结构

是指具有微细孔隙的结构，如石膏制品、烧结黏土制品等。

（2）按存在状态或构造特征分为

①堆聚结构

由集料与胶凝材料胶结成的结构。具有这种结构的材料种类繁多，如水泥混凝土、砂浆、沥青混合料等均是属这类结构的材料。

②纤维结构

由纤维状物质构成的材料结构。如木材、玻璃钢、岩棉、钢（玻璃）纤维增强水泥混凝土与制品等。

③层状结构

天然形成或人工采用粘结等方法将材料叠合而成层状的材料结构。如胶合板、纸面石膏板、蜂窝夹芯板、各种新型节能复合墙板等。

④散粒结构

指松散颗粒状结构。如混凝土集料、膨胀珍珠岩等。

2. 细观结构（submicroscopical structure）

细观结构（原称亚微观结构）是指用光学显微镜所能观察到的材料结构。其尺寸范围在 $10^{-3} \sim 10^{-6}$ m。土木工程材料的细观结构只能针对某种具体材料来进行分类研究。对混凝土可分为基相、集料相、界面；对天然岩石可分为矿物、晶体颗粒、非晶体组织；对钢铁可分为铁素体、渗碳体、珠光体；对木材可分为木纤维、导管髓线、树脂道。

材料细观结构层次上的各种组织性质各不相同，这些组织的特征、数量、分布和界面性质对材料性能有重要影响。

3. 微观结构（microstructure）

微观结构是指原子分子层次的结构。可用电子显微镜或 X 射线来分析研究该层次上的结构特征。微观结构的尺寸范围在 $10^{-6} \sim 10^{-10}$ m。材料的许多物理性质如强度、硬度、熔点、导热、导电性都是由其微观结构所决定的。

在微观结构层次上，材料可分为晶体、玻璃体、胶体。

（1）晶体（crystal）

质点（离子、原子、分子）在空间上按特定的规则呈周期性排列时所形成的结构称晶体结构。晶体具有如下特点：

①具有特定的几何外形，这是晶体内部质点按特定规则排列的外部表现。

②具有各向异性，这是晶体的结构特征在性能上反映。

③具有固定的熔点和化学稳定性，这是晶体键能和质点所处最低的能量状态所决定的。

④结晶接触点和晶面是晶体破坏或变形的薄弱部分。

根据组成晶体的质点及化学键的不同，晶体可分为：

①原子晶体：中性原子以共价键而结合成的晶体，如石英等。

②离子晶体：正负离子以离子键而结合成的晶体，如 $CaCl_2$ 等。

③分子晶体：以分子间的范德华力即分子键结合而成的晶体，如有机化合物。

④金属晶体：以金属阳离子为晶格，由自由电子与金属阳离子间的金属键结合而成的晶体，如钢铁材料。

由于各种材料在微观结构上的差异，它们的强度、变形、硬度、熔点、导热性等各不相同。可见微观结构对其物理力学性质影响巨大。

在复杂的晶体结构中，其键结合的情况也是相当复杂的。土木工程材料中占有重要地位的硅酸盐，其结构是由硅氧四面体单元 SiO_4（图 1-1）与其他金属离子结合而成，其中就是由共价键与离子键交互构成的。SiO_4 四面体可以形成链状结构，如石棉。其纤维与纤维之间的键合力要比链状结构方向上的共价键弱得多，所以容易分散成纤维状。黏土、云母、滑石等则是由 SiO_4 四面体单元互相连接成片状结构，许多片状结构再叠合成层状结构。层与层之间是由范德华力结合的，故其键合力弱，此种结构容易剥成薄片。石英是由 SiO_4 四面体形成的立体网状结构，所以具有坚硬的质地。

（2）玻璃体（vitreous body）

玻璃体也称无定形体或非晶体，如无机玻璃。玻璃体的结合键为共价键与离子键。其结构特征为构成玻璃体的质点在空间上呈非周期性排列，如图 1-2 所示。

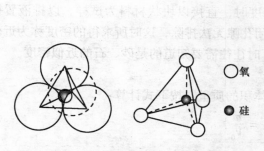

图 1-1　硅氧四面体示意图

○氧
●硅

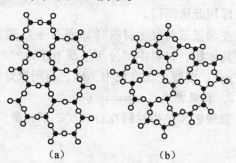

（a）　　　　　　（b）

图 1-2　晶体与非晶体原子排列示意图
（a）晶体；（b）非晶体

具有一定化学成分的熔融物质，若经急冷，则质点来不及按一定规则排列，便凝固成固体，此时则得玻璃体结构。

玻璃体是化学不稳定的结构，容易与其他物质起化学作用。如火山灰、炉渣、粒化高炉矿渣与石灰在有水的条件下起硬化作用，而被利用作土木工程材料。玻璃体在烧结黏土制品或某些天然岩石中起着胶粘剂的作用。

（3）胶体（colloid）

粒径为 $10^{-7} \sim 10^{-9}$ m 的固体颗粒作为分散相，称为胶粒，分散在连续相介质中形成的分散体系被称为胶体。

在胶体结构中，若胶粒较少，液体性质对胶体结构的强度及变形性质影响较大，称这种胶体结构为溶胶结构。若胶粒数量较多，胶粒在表面能的作用下发生凝聚作用，或由于物理化学作用而使胶粒产生彼此相连，形成空间网络结构，从而使胶体结构的强度增大，变形性减小，形成固态或半固状态，称此胶体结构为凝胶结构。

与晶体及玻璃体结构相比，胶体结构强度较低、变形较大。

第二节　材料的基本物理性质

一、材料的密度、表观密度与堆积密度

1. 密度（density）

密度是指材料在绝对密实状态下，单位体积的质量。按下式计算：

$$\rho = \frac{m}{V}$$

式中　　ρ——密度，kg/m^3；

　　　　m——材料的质量，kg；

　　　　V——材料在绝对密实状态下的体积，m^3。

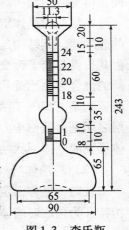

图1-3　李氏瓶

绝对密实状态下的体积是指不包括孔隙在内的体积。除了钢材、玻璃等少数材料外，绝大多数材料都有一些孔隙。在测定有孔隙材料的密度时，应把材料磨成细粉，干燥后，用李氏瓶（图1-3）测定其密实体积。材料磨得越细，测得的密度就越精确。砖、石材等块材料的密度即用此法测得。

在测量某些致密材料（如卵石等）的密度时，直接以块状材料为试样，以排液置换法测量其体积，材料中部分与外部不连通的封闭孔隙无法排除，这时所求得的密度称为近似密度（ρ_a）。混凝土配合比中，砂、石用量计算时往往需要知道的是砂、石的近似密度。

2. 表观密度（apparent density）

表观密度是指材料在自然状态下，单位体积的质量，按下式计算：

$$\rho_0 = \frac{m}{V_0}$$

式中　　ρ_0——表观密度，kg/m^3；

　　　　m——材料的质量，kg；

V_0——材料在自然状态下的体积，或称表观体积，m³。

材料的表观体积是指包含内部孔隙的体积。当材料孔隙内有水分时，其质量和体积均将有所变化，故测定表观密度时，须注明其含水情况。一般是指材料在气干状态（长期在空气中干燥）下的表观密度。在烘干状态下的表观密度，称为干表观密度。

3. 堆积密度（bulk density）

堆积密度是指粉状或粒状材料，在堆积状态下，单位体积的质量，按下式计算：

$$\rho_0' = \frac{m}{V_0'}$$

式中　　ρ_0'——堆积密度，kg/m³；

m——材料的质量，kg；

V_0'——材料的堆积体积，m³。

测定散粒材料的堆积密度时，材料的质量是指填充在一定容器内的材料质量，其堆积体积是指所用容器的容积而言。因此，材料的堆积体积包含了颗粒之间的空隙。

在土木工程中，计算材料用量、构件的自重、配料计算以及确定堆放空间时，经常要用到材料的密度、表观密度和堆积密度等数据。常用建筑材料的密度、表观密度、堆积密度的数据见表1-1。

表1-1　常用建筑材料的密度、表观密度及堆积密度

材料	密度 ρ（kg/m³）	表观密度 ρ_0（kg/m³）	堆积密度 ρ_0'（kg/m³）
石灰岩	2600	1800～2600	—
花岗岩	2800	2500～2900	—
碎石（石灰岩）	2600	—	1400～1700
砂	2600	—	1450～1650
黏土	2600	—	1600～1800
普通黏土砖	2500	1600～1800	—
黏土空心砖	2500	1000～1400	—
水泥	3100	—	1200～1300
普通混凝土	—	2100～2600	
轻集料混凝土	—	800～1900	
木材	1550	400～800	
钢材	7850	7850	
泡沫塑料		20～50	

二、材料的密实度与孔隙率

1. 密实度（dense condition）

密实度是指材料体积内被固体物质充实的程度，按下式计算：

密实度
$$D = \frac{V}{V_0} \cdot 100\% \quad \text{或} \quad D = \frac{\rho_0}{\rho} \cdot 100\%$$

2. 孔隙率（porosity）

孔隙率是指材料体积内，孔隙体积所占的比例。用下式表示：

孔隙率
$$P = \frac{V_0 - V}{V_0} = 1 - \frac{V}{V_0} = \left(1 - \frac{\rho_0}{\rho}\right) \cdot 100\%$$

即　　$D + P = 1$　或　密实度 + 孔隙率 $= 1$

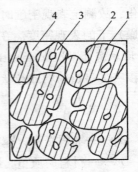

图1-4　散粒材料孔隙构造示意图

1—颗粒中固体物质；2—颗粒的开口孔隙；
3—颗粒的闭口孔隙；4—颗粒间的空隙

孔隙率的大小直接反映了材料的致密程度。材料内部孔隙的构造，可分为连通的与封闭的两种，如图1-4所示。连通孔隙不仅彼此贯通且与外界相通。而封闭孔隙则不仅彼此不连通且与外界相隔绝。孔隙按尺寸大小又分为极微细孔隙、细小孔隙和较粗孔隙。孔隙大小的分布对材料的性能影响较大。

三、材料的填充率与空隙率

1. 填充率（fill ratio）

填充率是指散粒材料在某堆积体积中，被其颗粒填充的程度，按下式计算：

填充率
$$D' = \frac{V_0}{V_0'} \cdot 100\% \quad \text{或} \quad D' = \frac{\rho_0'}{\rho_0} \cdot 100\%$$

2. 空隙率（void ratio）

空隙率是指散粒材料在某堆积体积中，颗粒之间的空隙体积所占的比例，用下式表示：

空隙率
$$P' = \frac{V_0' - V_0}{V_0'} = 1 - \frac{V_0}{V_0'} = \left(1 - \frac{\rho_0'}{\rho_0}\right) \cdot 100\%$$

空隙率的大小反映了散粒材料的颗粒互相填充的致密程度。空隙率可作为控制混凝土集料级配与计算含砂率的依据。

四、材料的亲水性和憎水性（hydrophilic and hydrophobic nature）

材料与水接触，首先遇到的问题就是材料是否能被水润湿。润湿是水被材料表面吸附的过程。它和材料本身的性质有关。

当水与材料在空气中接触时，将出现图1-5(a)或图1-5（b）的情况。在材料、水和空气的交界处，沿水滴表面的切线与水和固体接触面所成的夹角 θ（润湿边角）愈小，浸润性愈好。

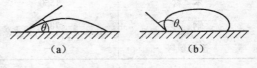

图1-5　材料润湿边角

（a）亲水材料；（b）憎水材料

（1）如果润湿边角 θ 为零，则表示该材料完全被水所浸润；

（2）当润湿边角 $\theta \leqslant 90°$ 时，如图1-5（a）所示，水分子之间的内聚力小于水分子与材料分子间的相互吸引力，此种材料称为亲水性材料；

（3）当 $\theta > 90°$ 时，如图 1-5（b）所示，水分子之间的内聚力大于水分子与材料分子间的吸引力，则材料表面不会被浸润，此种材料称为憎水性材料。

这一概念也可应用到其他液体对固体材料的浸润情况，相应地称为亲液性材料或憎液性材料。

五、材料的吸水性与吸湿性

1. 吸水性（water absorption）

材料在水中能吸收水分的性质称为吸水性。材料的吸水性用吸水率表示。吸水率有以下两种表示方法：

（1）质量吸水率

质量吸水率是指材料在吸水饱和时，内部所吸水分的质量占材料干重的百分率。用公式表示如下：

$$W_{m} = \frac{m_{b} - m_{g}}{m_{g}} \cdot 100\%$$

式中　　W_{m}——材料的质量吸水率，%；

　　　　m_{b}——材料在吸水饱和状态下的质量，kg；

　　　　m_{g}——材料在干燥状态下的质量，kg。

（2）体积吸水率

体积吸水率是指材料在吸水饱和时，其内部所吸水分的体积占干燥材料在自然状态下的体积的百分率。用公式表示如下：

$$W_{v} = \frac{m_{b} - m_{g}}{V_{0} \cdot \rho_{w}} \cdot 100\%$$

式中　　W_{v}——材料的体积吸水率，%；

　　　　V_{0}——干燥材料在自然状态下的体积，m^{3}；

　　　　ρ_{w}——水的密度，kg/m^{3}，在常温下取 $\rho_{w} = 1000kg/m^{3}$。

工程用材料一般均采用质量吸水率。质量吸水率与体积吸水率存在下列关系：

$$W_{v} = W_{m} \cdot \rho_{0}/1000$$

式中　　ρ_{0}——材料在干燥状态下的表观密度，kg/m^{3}。

材料中所吸水分是通过开口孔隙吸入的。故开口孔隙率愈大，则材料的吸水量愈多。材料吸水达饱和时的体积吸水率，即为材料的开口孔隙率。

材料的吸水性与材料的孔隙率和孔隙特征有关。对于细微连通孔隙，孔隙率愈大，则吸水率愈大，闭口孔隙水分不能进去，而开口大孔虽然水分易进入，但不能存留，只能润湿孔壁，所以吸水率仍然较小。各种材料的吸水率很不相同，差异很大，如花岗岩的吸水率只有 0.5% ~ 0.7%，混凝土的吸水率为 2% ~ 3%，黏土砖的吸水率达 8% ~ 20%，而木材的吸水率可超过 100%。

2. 吸湿性（moisture absorption）

材料在潮湿空气中吸收水分的性质称为吸湿性。潮湿材料在干燥的空气中也会放出水分，此称还湿性。材料的吸湿性用含水率表示。含水率系指材料内部所含水量总重占材料干重的百分率，用公式表示为：

$$W_\text{h} = \frac{m_\text{s} - m_\text{g}}{m_\text{g}} \cdot 100\%$$

式中　　　W_h——材料的含水率，%；

　　　　　m_s——材料在吸湿状态下的质量，kg；

　　　　　m_g——材料在干燥状态下的质量，kg。

材料的吸湿性随空气的湿度和环境温度的变化而改变，当空气湿度较低时，则材料的含水率就小，反之则大。材料中所含水分与空气的湿度相平衡时的含水率，称为平衡含水率。具有微小开口孔隙的材料，吸湿性特别强。如木材及某些绝热材料，在潮湿空气中能吸收很多水分。这是由于这类材料的内表面积大，吸附水的能力强所致。

材料的吸水性和吸湿性均会对材料的性能产生不利影响。材料吸水后会导致其自身质量增大，绝热性降低，强度和耐久性将产生不同程度的下降。材料吸湿和还湿还会引起其体积变形，影响使用。不过利用材料的吸湿可起降湿作用，常用于保持环境的干燥。

六、材料的耐水性（water resistance）

材料长期在水作用下不破坏，强度也不显著降低的性质称为耐水性。材料的耐水性用软化系数表示，如下式：

$$K_\text{R} = \frac{f_\text{b}}{f_\text{g}}$$

式中　　　K_R——材料的软化系数；

　　　　　f_b——材料在饱水状态下的抗压强度，MPa；

　　　　　f_g——材料在干燥状态下的抗压强度，MPa。

一般来说，材料被水浸湿后，强度均会有所降低。这是因为水分被组成材料的微粒表面吸附，形成水膜，削弱了微粒间的结合力所致。K_R 值愈小，表示材料吸水饱和后强度下降愈大，即耐水性愈差。材料的软化系数 K_R 在 $0 \sim 1$ 之间。不同材料的 K_R 值相差较大，如黏土 $K_\text{R} = 0$，而金属 $K_\text{R} = 1$，工程中将 $K_\text{R} > 0.85$ 的材料，称为耐水的材料。

在设计长期处于水中或潮湿环境中的重要结构时，必须选用 $K_\text{R} > 0.85$ 的建筑材料。对用于受潮较轻或次要结构物的材料，其 K_R 值不宜小于 0.75。

七、材料的抗渗性（impermeability）

材料抵抗压力水渗透的性质称为抗渗性，或称不透水性。材料的抗渗性通常用渗透系数表示。渗透系数既为一定厚度的材料，在单位压力水头作用下，在单位时间内透过单位面积的水量，用公式表示为：

$$K_\text{S} = \frac{Qd}{AtH}$$

式中　　　K_S——材料的渗透，cm/h；

Q——渗透水量，cm^3；

d——渗透的厚度，cm；

A——渗水面积，cm^2；

t——渗水时间，h；

H——静水压力水头，cm。

K_S 值愈大，表示材料渗透的水量愈多，即抗渗性愈差。

材料的抗渗性也可用抗渗等级表示。抗渗等级是以规定的试件，在标准试验方法下所能承受的最大水压力来确定，以符号"Pn"表示，如 P4、P6、P8 等分别表示材料能承受 0.4、0.6、0.8MPa 的水压而不渗水。

材料的抗渗性与其孔隙率和孔隙特征有关。细微连通的孔隙水易渗入，故这种孔隙愈多，材料的抗渗性愈差。闭口孔水不能渗入，因此闭口孔隙率大的材料，其抗渗性仍然良好。开口大孔水最易渗入，故其抗渗性最差。

抗渗性是决定材料耐久性的重要因素。在设计地下建筑、压力管道、容器等结构时，均需要求其所用材料具有一定的抗渗性能。抗渗性也是检验防水材料质量的重要指标。

八、材料的抗冻性（frost resistance）

材料在水饱和状态下，能经受多次冻融循环作用而不破坏，也不严重降低强度的性质，称为材料的抗冻性。

材料的抗冻性用抗冻等级表示。抗冻等级是以规定的试件，在规定试验条件下，测得其强度损失不超过 25%，并无明显损坏和剥落，质量损失不超过 5%，所能经受的冻融循环次数（在 -15℃ 的温度下冻结后，再在 20℃ 的水中融化，为 1 次循环），以此作为抗冻等级，用符号"Fn"表示，其中 n 即为最大冻融循环次数，如 F25、F50 等，

材料抗冻等级的选择是根据结构物的种类、使用条件、气候条件等来决定的。例如烧结普通砖、陶瓷面砖、轻混凝土等墙体材料，一般要求其抗冻等级为 F15、F25；用于桥梁和道路的混凝土应为 F50、F100 或 F200，而水工混凝土要求高达 F500。

材料受冻融破坏主要是因其孔隙中的水结冰所致（水结冰时体积增大约 9%）。材料的抗冻性取决于其孔隙率、孔隙特征及充水程度。极细的孔隙，虽可充满水，但因孔壁对水的吸附力极大，吸附在孔壁的水其冰点很低，它在一般负温下会结冰；粗大孔隙一般水分不会充满其中，对冰胀破坏可起缓冲作用；闭口孔隙水分不能渗入；而毛细管孔隙既易充满水分，又能结冰，故其对材料的冰冻破坏作用影响最大。材料的变形能力大、强度高、软化系数大时，其抗冻性较高。一般认为软化系数小于 0.80 的材料，其抗冻性较差。

另外，从外界条件来看，材料受冻融破坏的程度，与冻融温度、结冰速度、冻融频繁程度等因素有关。环境温度愈低、降温愈快、冻融愈频繁，则材料受冻破坏愈严重。材料的冻融破坏作用是从外表面开始产生剥落，逐渐向内部深入发展。

抗冻性良好的材料，对于抵抗大气温度变化、干湿交替等风化作用的能力较强。所以抗冻性常作为考察材料耐久性的一项指标。在高寒冷地区及寒冷环境（如冷库）的建筑物时，必须要考虑材料的抗冻性。处于温暖地区的建筑物，虽无冰冻作用，但为抵抗大气的风化作

用，确保建筑物的耐久性，也常对材料提出一定的抗冻性要求。

九、材料热工性能

1. 材料的导热性（thermal conduction）

当材料两侧存在温度差时，热量将由温度高的一侧通过材料传递到温度低的一侧，材料的这种传导热量的能力，称为导热性。

材料的导热性用导热系数来表示。导热系数的物理意义即为厚度为1m 的材料，当温度改变1K 时，在 1s 时间内通过 $1m^2$ 面积的热量。公式表示为：

$$\lambda = \frac{Qa}{(t_1 - t_2)AZ}$$

式中　　λ——材料的导热系数，W/(m·K)；

　　　　Q——传导的热量，J；

　　　　a——材料的厚度，m；

　　　　Z——传热时间，s；

　　　　A——热传导面积，m^2；

　　$t_1 - t_2$——材料两侧温度差，K。

材料的导热系数愈小，表示其绝热性能愈好。各种材料的导热系数差别很大，如泡沫塑料$\lambda = 0.03W/(m·K)$，而花岗石$\lambda = 2.9W/(m·K)$。工程中通常把$\lambda < 0.23W/(m·K)$ 的材料称为绝热材料。为降低建筑物的使用能耗，保证建筑物室内气候宜人，要求建筑物有良好的绝热性。

材料的导热系数大小与其组成与结构、孔隙率、孔隙特征、温度、湿度、热流方向有关（第十三章详细讨论）。

2. 材料的热容量（heat capacity）

材料受热（或冷却）时吸收（或放出）热量的性质称为材料的热容量，用比热容表示。比热容的物理意义即为质量为1g 的材料，当温度升高（或降低）1K 时所吸收（或放出）热量。公式表示为：

$$C = \frac{Q}{m(T_2 - T_1)}$$

式中　　C——材料的比热容，J/(g·K)；

　　　　Q——材料吸收或放出的热量，J；

　　　　m——材料的质量，g；

　　$T_2 - T_1$——材料受热或冷却前后的温度差，K。

比热容与材料质量之积为材料的热容量值，它表示当温度升高（或降低）1K 时，材料所吸收（或放出）的热量。热容量值大，材料本身能吸收或储存较多的热量，对于降低能耗，保持室内温度有良好的作用。材料中热容量最大的是水，其比热容 $C = 4.19J/(g·K)$，因此蓄水的平屋顶能使室内冬暖夏凉。

几种典型材料的热工性质见表1-2。

表 1-2　几种典型材料的热工性质

材　料	导热系数［W/(m·K)］	比热容［J/(g·K)］
铜	370	0.38
钢	55	0.45
花岗石	2.9	0.80
普通混凝土	1.8	0.88
烧结普通砖	0.55	0.84
松木（横纹）	0.15	1.63
冰	2.20	2.05
水	0.60	4.19
静止空气	0.029	1.00
泡沫塑料	0.03	1.30

第三节　材料的基本力学性质

一、材料的理论强度（theoretical strength）

固体材料的强度多取决于结构质点（原子、离子、分子）之间的相互作用力。以共价键或离子键结合的晶体，其结合力比较强，材料的弹性模量值也较高。而以分子键结合的晶体，其结合力较弱，弹性模量值也较低。

材料受外力（荷载）作用而产生破坏的原因，主要是由于拉力造成结合键的断裂，或是由于剪力造成质点间的滑移而破坏。材料受压力破坏，实际上也是由压力引起内部产生拉应力或剪应力而造成了破坏。

材料的理论抗拉强度，可用下式表示：

$$f_t = \sqrt{\frac{E\gamma}{d}}$$

式中　　f_t——理论抗拉强度；

　　　　E——纵向弹性模量；

　　　　γ——单位表面能；

　　　　d——原子间的距离。

材料的理论强度远大于材料的实际强度，这是由于材料实际结构中都存在着许多缺陷，如晶格的位错、杂质、孔隙、微裂缝等。当材料受外力作用时，在裂缝端部产生应力集中，其局部应力将大大超过平均应力，引起了裂缝不断扩展、延伸以致互相连通起来，最后导致材料的破坏。

二、材料的强度（strength）

这里所讲的是材料的实际强度。材料在外力（荷载）作用下抵抗破坏的能力称为强度。当材料承受外力作用时，内部就产生应力。外力逐渐增加，应力也相应地加大。直到质点间作用力不再能够承受时，材料即破坏，此时极限应力值就是材料的强度。根据外力作用方式的不同，材料强度有抗压强度（compressive strength）、抗拉强度（tensile strength）、抗弯强度（bending strength）、抗剪强度（shear strength）等（图1-6）。

材料的抗压、抗拉及抗剪强度的计算公式如下：

$$f = \frac{F_{\max}}{A}$$

式中　　f——材料强度，MPa；

$F_{\max}$——破坏时最大荷载，N；

A——受力截面积，mm^2。

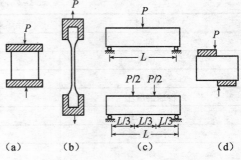

图1-6　材料受力示意图

（a）压力；（b）拉力；（c）弯曲；（d）剪切

将条形试件放在两支点上，中间作用一集中荷载，对矩形截面试件，则其抗弯强度用下式计算：

$$f_{m} = \frac{3F_{\max}L}{2bh^2}$$

若在跨度的三分点上作用两个相等的集中荷载，其抗弯强度要用下式计算：

$$f_{m} = \frac{F_{\max}L}{bh^2}$$

式中　　f_{m}——抗弯强度，MPa；

$F_{\max}$——弯曲破坏时最大荷载，N；

L——两支点的间距，mm；

b、h——试件横截面的宽及高，mm。

相同种类的材料，由于其孔隙率及构造特征的不同，材料的强度也有较大的差异。一般孔隙率越大的材料强度越低，其强度与孔隙率具有近似直线的比例关系。砖、石材、混凝土和铸铁等材料的抗压强度较高，而其抗拉及抗弯强度很低。木材则顺纹抗拉强度高于抗压强度。钢材的抗拉、抗压强度都很高。因此，砖、石材、混凝土等多用在房屋的墙和基础上。钢材则适用于承受各种外力的构件。现将常用材料的强度值列于表1-3。

表1-3　常用材料的强度　　　　　　　　　　　　　　　　MPa

材　料	抗　压	抗　拉	抗　弯
花岗岩	100～250	5～8	10～14
普通黏土砖	5～20	—	1.6～4.0
普通混凝土	5～60	1～9	—
松木（顺纹）	30～50	80～120	60～100
建筑钢材	240～1500	240～1500	—

大部分建筑材料是根据其强度的大小，将材料划分为若干不同的等级（标号）。将建筑材料划分若干等级，对掌握材料性质，合理选用材料，正确进行设计和控制工程质量都是非常重要的。

三、弹性与塑性（elasticity and plasticity）

材料在外力作用下产生变形，当外力取消后，能够完全恢复原来形状的性质称为弹性，这种完全恢复的变形称为弹性变形（或瞬时变形）。

在外力作用下材料产生变形，如果取消外力，仍保持变形后的形状和尺寸，并且不产生裂缝的性质称为塑性，这种不能恢复的变形称为塑性变形（或永久变形）。

单纯的弹性材料是没有的。建筑钢材在受力不大的情况下，表现为弹性变形，但受力超过一定限度后，则表现为塑性变形。混凝土在受力后，弹性变形及塑性变形同时产生（图1-7）。

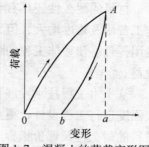

图1-7 混凝土的荷载变形图

四、脆性与韧性（brittleness and toughness）

当外力达到一定限度后，材料突然破坏，而破坏时并无明显的塑性变形，材料的这种性质称为脆性。其特点是材料在外力作用下，达到破坏荷载时的变形是很小的。脆性材料的抗压强度比其抗拉强度往往要高很多倍，它对承受振动作用和抵抗冲击荷载是不利的。砖、石材、陶瓷、玻璃、混凝土、铸铁等都属于脆性材料。

在冲击、振动荷载作用下，材料能够吸收较大的能量，同时也能产生一定的变形而不致破坏的性质称为韧性（冲击韧性），材料的韧性是用冲击试验来检验的。建筑钢材（软钢）、木材等属于韧性材料。用作路面、桥梁、吊车梁以及有抗震要求的结构都要考虑到材料的韧性。

第四节 材料的耐久性

材料的耐久性（durability）是一项重要技术性质，是指材料在长期使用过程中抵抗其自身及环境因素长期破坏作用，保持其原有性能而不变质、不破坏的能力。高耐久性材料坚固稳定、经久耐用，可延长建筑物的使用寿命。

材料是否耐久与受到的侵蚀破坏作用荷载的性能有关。环境侵蚀破坏作用类型包括：物理作用、化学作用、生物作用三种，具体破坏因素关系见表1-4。

表1-4 耐久性及破坏因素关系

名 称	破坏因素分类	破坏因素种类	评定指标
抗渗性	物 理	压力水	渗透系数，抗渗等级
抗冻性	物理化学	水、冻融作用	抗冻等级，抗冻系数
冲磨气蚀	物 理	流水、泥沙	磨蚀率
碳 化	化 学	CO_2、H_2O	碳化深度
化学侵蚀	化 学	酸碱盐及溶液	
老 化	化 学	阳光、空气、水	
锈 蚀	物理化学	H_2O、O_2、Cl^-、电流	锈蚀率
碱-集料反应	物理化学	R_2O、活性集料	膨胀率
腐 朽	生 物	H_2O、O_2、菌	
虫 蛀	生 物	昆 虫	
耐 热	物 理	湿热、冷热交替	
耐 火	物 理	高温、火焰	

材料的耐久性还具有明确的经济意义。使用高耐久性材料，虽然会使原材料价格提高或施工费用及难度增大，但因其使用寿命延长，建筑物有效使用期也可大大延长，并降低维修费用，最终使整体工程的综合费用降低，利用率增高，收益增大，从而获得显著的综合经济效益。

从土木工程技术发展看，各国工程技术人员已达成共识，由按耐久性进行工程设计取代按强度进行工程设计，更具有科学性和实用性。然而要按耐久性进行工程设计，尚需对各种材料的耐久性及评价指标进行更为广泛深入的研究。

提高耐久性的措施可考虑以下四方面：

（1）提高材料本身的密实度，改变材料的孔隙构造；

（2）降低湿度，排除侵蚀性物质；

（3）适当改变成分，进行憎水处理，防腐处理；

（4）做保护层，如抹灰、刷涂料。

提高材料的耐久性，从而延长建筑物、道路、桥梁及水坝的使用寿命，是土木工程材料生产及应用的重要课题之一。

复习思考题

1. 当材料的孔隙率增大时，材料的密度、表观密度、强度、吸水率、抗冻性、导热性将如何变化？

2. 材料的强度与强度等级的关系如何？影响材料强度测试结果的试验条件有哪些？怎样影响？

3. 评价材料热工性能的常用参数有哪几个？要保持建筑物室内温度的稳定性并减少热损失，应选用什么样的建筑材料？

4. 亲水性材料与憎水性材料是怎样区分的，举例说明怎样改变材料的亲水性与憎水性？

5. 普通黏土砖进行抗压实验，浸水饱和后的破坏荷载为183kN，干燥状态的破坏荷载为207kN（受压面积为115mm×120mm），问此砖是否宜用于建筑物中常与水接触的部位？

6. 某岩石的密度为2.75g/cm³，孔隙率为1.5%。现将该岩石破碎为碎石，测得碎石的堆密度为1560kg/m³，试求此岩石的表观密度和碎石的空隙率。

7. 一块烧结普通砖的外形尺寸为240mm×115mm×53mm，吸水饱和后重为2940g，烘干至恒重为2580g。现将该砖磨细并烘干后取50g，用李氏瓶测得其体积为18.58cm³。试求该砖的密度、表观密度、孔隙率、质量吸水率、开口孔隙率及闭口孔隙率。

8. 称河砂500g，烘干至恒重时质量为494g，求此河砂的含水率。

9. 某材料的体积吸水率为10%，密度为3.0g/cm³，绝干时的表观密度为1500kg/m³，试求该材料的质量吸水率、开口孔隙率、闭口孔隙率，并估计该材料的抗冻性如何？

10. 已测的陶粒混凝土的λ=0.35W/(m·K)，而普通混凝土的λ=1.40W/(m·K)。若在传热面积为0.4m²、温差为20℃、传热时间为1h的情况下，问要使普通混凝土墙与厚20cm的陶粒混凝土墙所传导的热量相等，则普通混凝土墙需要多厚？

第二章 天然石材

天然石材（natural stone）是指从天然岩石中开采的经加工或未加工的石材。它具有成本低、来源广泛、抗压强度较高、耐久性好、装饰性美观等优点，广泛应用于土木工程建设中，也是最古老的土木工程材料之一。如古代西方以石结构建筑为主，创造了著名的古希腊柱式和古罗马柱式的石砌结构，建造了古希腊的雅典卫城、意大利的比萨斜塔、古埃及的金字塔等辉煌建筑；我国古代利用石结构在桥梁、房屋、城垣和园林建筑中也创造了辉煌的历史，如赵州桥、圆明园、洛阳桥、崇武古城等都是著名的石砌结构建筑。近代，天然石材不仅直接用于土木工程中，而且还作为生产土木工程材料的重要原材料。

本章主要学习天然石材的分类及性质。通过学习，了解天然石材的分类，掌握花岗岩、大理岩、石灰岩等岩石的矿物组成、技术性质及应用，了解天然石材的加工类型及选用原则。

第一节 岩石的组成与分类

一、岩石的组成

岩石（rock）是在一定地质条件下由一种或多种矿物形成的天然固态集合体。岩石是地壳的重要组成部分，它在地表分布很广，蕴藏量也极其丰富。

构成岩石的矿物称为造岩矿物（rock mineral）。由一种矿物聚集构成的岩石称为单矿岩，如石灰岩、石英岩等；由多种矿物聚集而成的岩石称为多矿岩，如花岗岩、玄武岩等。岩石的性质是由组成岩石的造岩矿物的性质及其相对含量和结构类型所决定的。由于岩石形成的地质条件很复杂，因此岩石没有确定的化学组成和物理力学性质。即使是同种岩石，但由于产地不同，其中各种矿物的含量、光泽、质感及强度、硬度和耐久性也呈现差异，这就形成了岩石组成的多变性。但造岩矿物的性质及含量仍对岩石的性质起着决定性作用。大多数造岩矿物是硅酸盐类矿物，土木工程中常用岩石的主要造岩矿物见表2-1。

表 2-1 主要造岩矿物

矿物名称	化学成分	色泽	主要特征
石 英	SiO_2	无色透明至乳白色。玻璃光泽	密度 2.65，莫氏硬度 7，坚硬，强度高，化学性质稳定，抗风化能力强，广泛分布于各种岩石和土层中
长 石	正长石 $K[AlSi_3O_3]$ 斜长石 $Na[AlSi_3O_8]$ $Ca[Al_2Si_2O_8]$	颜色白、灰、红、青。半透明、玻璃光泽	密度 2.5~2.7，莫氏硬度 6，较易风化，性能略低于石英，是岩浆岩中最多的造岩矿物，约占 2/3

续表

矿物名称	化学成分	色 泽	主要特征
辉 石	$Ca(Mg,Fe,Al)[Si,Al_2O_6]$	统称为暗色矿物。颜色黑、暗绿、褐、橄榄绿等。玻璃光泽	Fe、Mg、Al、Ca 等的硅酸盐化合物晶体，密度 2.9～3.6，莫氏硬度 5～7，主要分布于岩浆岩，较易风化
橄榄石	$(Mg,Fe)[SiO_4]$		
云 母	黑云母 $K(Mg,Fe)_3[AlSi_3O_{10}](OH)_2$ 白云母 $KAl_2[AlSi_3O_{10}](OH)_2$	透明或半透明，前者为黑、深褐色，后者为浅灰、浅黄、浅绿色、薄片无色。玻璃光泽或珍珠光泽	黑云母密度3.0，白云母密度2.8，莫氏硬度2.5～3，薄片具有弹性。白云母稳定性好，主要分布于变质岩中，黑云母稳定性差，主要分布于岩浆岩和变质岩中
方解石	$CaCO_3$	白色或无色透明，常被杂质染成浅黄、浅红、黑色等。玻璃光泽	密度2.6～2.9，莫氏硬度3，易溶于酸，可溶于水，与稀盐酸作用后剧烈起泡，是石灰岩、大理石的主要矿物
石 膏	$CaSO_4 \cdot 2H_2O$	白色或无色透明，含杂质时呈黄、灰、褐等色。玻璃光泽	密度2.3，莫氏硬度1.5～2，呈层状或混于沉积岩中
滑 石	$Mg_3[Si_4O_{10}](OH)_2$	白色、淡红色或浅灰色。油脂光泽	密度2.6～2.9，莫氏硬度1，具滑感，性质软弱，是白云岩的主要变质矿物
黄铁矿	FeS_2	浅黄铜色，条痕呈绿黑或褐色。金属光泽	密度4.9～5.2，莫氏硬度6～6.5，易风化，常见于岩浆岩、砂岩或石灰岩中
高岭石	$Al_2[Si_2O_5](OH)_4$	白至灰色、黄色	密度2.6，莫氏硬度2～2.5，呈致密块状或土状，质软，塑性高，不耐水

二、岩石的分类

岩石是地壳中各种物质作用的自然产物，不同的岩石，其化学成分、矿物组成、内部结构和构造等不尽相同。根据岩石的成因，可将其分为岩浆岩、沉积岩和变质岩三大类。

1. 岩浆岩 （eruptive rock）

岩浆岩又称火成岩，是地下深处的岩浆侵入地壳或喷出地表冷凝而成的岩石。岩浆位于地幔和地壳深处，是以硅酸盐为主和一部分金属硫化物、氧化物、水蒸气及其他挥发性物质（如 CO_2、CO、SO_2、HCl、H_2S 等）组成的高温高压熔融体。岩浆处于地壳深处，压力很大，总是力图冲破岩层的阻挡，向压力小的地壳上层流动。

如果岩浆侵入地壳，在地壳内部即达到压力平衡，则侵入的岩浆就冷凝结晶成为岩石，称为侵入岩。其中形成深度大于3km 的称深成岩，形成深度小于3km 的称浅成岩。如果岩石岩浆一直上升，直至冲破上露岩层喷出地表（即火山喷发），喷发物冷凝而形成的岩石则称为喷出岩（或火山岩）。

深成岩有花岗岩、闪长岩等；浅成岩有辉绿岩等；喷出岩有玄武岩、流纹岩、浮石等。

常用的岩浆岩石材有：

（1）花岗岩 （granite）

花岗岩是由石英、长石及少量云母组成的岩石，其中 SiO_2 含量达 70% 左右。其表观密度为 2600～2800kg/m³，孔隙率、吸水率均小于 1%，抗压强度为 120～250MPa，抗冻性可满足 F100~F200 的要求。花岗岩质地坚硬，晶粒结构明显，性能稳定，耐风化、耐酸和耐碱性良好，但耐火性差。其颜色有淡灰、淡红、青灰、灰黑、白黑等多种。常用于基础、桥涵、路面、阶石、勒脚等，经磨光的花岗岩还是优良的装饰材料。

（2）正长岩（sienite）

正长岩是由正长石、斜长石、云母及暗色矿物组成的岩石，其外观类似花岗岩，但颗粒结构不明显，颜色较深暗，表面密度为 2600~2800kg/m³，抗压强度为 120~250MPa。正长岩质地坚硬，耐久性好，韧性较强，常用于工程基础等部位。

（3）辉绿岩（diabase）

辉绿岩是由斜长石、辉石等组成的岩石，它多为浅绿色，其表观密度为 2900~3000kg/m³，抗压强度为 180~250MPa，吸水率小于 1%，抗冻性良好，强度高，耐磨性好。辉绿岩常用于配置耐磨或耐酸混凝土。由于其磨光板材光泽明亮，庄重美观，因此可用于装饰工程。

（4）玄武岩（basalt）

玄武岩是含斜长石较多的暗色矿物，具有气孔构造和杏仁状构造。表观密度为 2900~3300kg/m³，强度高，抗压强度为 100~500MPa，耐风化能力强。它主要用作基础、边坡、筑路及高强混凝土集料等。

（5）凝灰岩（tuffaceous）

凝灰岩也称火山凝灰岩，它是由粒径在 7mm 以下的火山尘和火山灰胶结压实而成的，属于岩浆岩中质地较差的一种，它多空隙，易分割，可开采成方整石材，用于砌筑工程。其表观密度为 2300~2500kg/m³，抗压强度为 40~250MPa。

2. 沉积岩（sedimentary rock）

沉积岩又称水成岩，是在地表或近地表的常温常压条件下，露出地表的先成岩石（母岩）遭受风化剥蚀作用的破坏产物或生物作用与火山作用的产物，经外力（风力、流水、冰川等）搬运所形成的沉积层，再经过成岩作用而形成的岩石。形成沉积岩的沉积作用有机械沉积作用、化学沉积作用和生物沉积作用；沉积物的成岩作用有压固作用、胶结作用和重结晶作用。沉积岩在地表分布极广，虽然它只占地壳质量的 5%，但却占地表大陆面积的75% 左右。

沉积岩按其成因和组成可分为碎屑岩（如砂岩、粉砂岩等）、黏土岩（又称泥质岩，如黏土、页岩、泥岩等）、化学岩和生物化学岩类（如石灰岩、白云岩、硅藻土、铝土岩等）。

常用的沉积岩石材有：

（1）石灰岩（limestone）

石灰岩的主要成分是方解石（$CaCO_3$），常含有白云石、菱镁矿等。它颗粒致密，耐碱而不耐酸，表观密度为 2600~2800kg/m³，抗压强度为 20~160MPa，吸水率为 2%~10%。纯净的石灰岩为白色，含杂质时呈青灰、浅灰、浅黄等颜色，又俗称青石。它主要用于基础、墙体、路面等，也是生产石灰、水泥等的原料，还可用作混凝土集料。

（2）砂岩（sandstone）

砂岩是由粒径为 0.1~2mm 的砂粒经胶结而成的岩石，其主要矿物有石英、长石、石灰岩、凝灰岩等。依据胶结物质的不同，它可分为硅质砂岩、钙质（$CaCO_3$）砂岩、铁质砂岩、泥质砂岩等。它们的性能差异较大，表观密度为 2200 ~ 2600kg/m³，抗压强度为 47 ~ 140MPa。致密的硅质砂岩性质近于花岗岩，一般用于纪念性建筑物及耐酸工程；钙质砂岩性质近于石灰岩，它们常用于基础、墙体、路面等；铁质砂岩的性能比钙质砂岩差，其密实者可用于一般建设工程；泥质砂岩遇水易软化，不宜用于土木工程。

（3）白云岩（dolostone）

白云岩主要是由白云石［$CaMg(CO_3)_2$］组成的岩石，它通常含有方解石、石膏等。其表观密度约为 2500kg/m³，抗压强度约为 80MPa；它的颜色有白色、浅黄、浅绿等，有些外形很像石灰岩，难以直观区别，其用途也与石灰岩基本相同。

3. 变质岩（metamorphic rock）

变质岩是地壳中原有的各类岩石，在地层的压力或温度作用下，原岩在固体状态下发生变质作用而形成的新岩石。

地壳中的原已生成的岩石，无论是岩浆岩、沉积岩或早已生成的变质岩，由于地壳运动和岩浆运动等造成的物理化学条件的变化，在高温高压及化学性质活泼的气体或溶液的作用下，使原来岩石的成分、结构和构造发生了一系列变化。由岩浆岩所形成的变质岩称为正变质岩，其结构一般不如原岩坚实，性能较原岩差，如由花岗岩变质形成的片麻岩等；由沉积岩形成的变质岩称副变质岩，一般结构较原岩致密，性能较原岩好，如由石灰岩变质而成的大理岩等。

常用的变质岩石材有：

（1）大理岩（marble）

大理岩是由石灰岩或白云岩变质而成的重结晶岩石，其主要成分是方解石和白云石，表观密度为 2600 ~ 2700kg/m³，抗压强度为 70 ~ 140MPa。它构造致密，但硬度不大，易于加工，色彩丰富，磨光后美观高雅，多用于高级室内装修，因较早产于云南大理而得名。我国的汉白玉、艾叶青、墨玉、雪花白、苍白玉、丹东绿等，都是装饰性能优良的大理石品种。

（2）片麻岩（gneiss）

片麻岩是由花岗岩重结晶而成的岩石，其矿物成分与花岗岩相似，多成片麻状结构。其表观密度为 2600 ~ 2800kg/m³，抗压强度为 120 ~ 200MPa，用途与花岗岩相似。但有明显的片状节理，因此易风化，抗冻性也较差。常用作碎石、块石及人行道石板。

（3）石英岩（quartzite）

石英岩是由砂岩或化学硅质岩重结晶而成的变质岩。其主要矿物为石英，常呈白色或浅色，质地均匀致密，表观密度为 2800 ~ 3000kg/m³，抗压强度为 250 ~ 400MPa。石英岩的耐久性好，硬度高，常用于砌筑工程、重要建筑物及耐酸、耐磨的贴面材料，其碎石块可用于道路或做混凝土集料。

（4）黏土板岩（clay plate stone）

黏土板岩是由很细的黏土、云母、长石和石英等矿物构成的重结晶岩石。其表观密度为 2800kg/m³，抗压强度为 49 ~ 78MPa。黏土板岩的颜色多为辉绿、暗红或灰色，表面光滑。它易被劈裂成薄板，可做屋面及人行道路的覆面材料。

第二节　天然石材的技术性质

天然石材因生成条件各异，常含有不同种类的杂质，矿物组成会有所变动。即使同一类岩石，性质也可能存在较大差异。因此，在使用时，都必须加以检验和鉴定，以确保工程质量。

一、物理性质

1. 表观密度（apparent density）

致密的石材如花岗岩、大理石等，其表观密度接近于其密度，约为 $2500 \sim 3100 kg/m^3$。孔隙率较大的石材如火山凝灰岩、浮石等，其表观密度仅为 $500 \sim 1700 kg/m^3$。表观密度的大小间接反映了石材的致密程度和孔隙率大小。同种石材，表观密度越大，其抗压强度越高，吸水率越小，耐久性越好，导热性越强。

表观密度小于 $1800 kg/m^3$ 的天然石材，称为轻质石材，多用作轻质保温材料。表观密度大于 $1800 kg/m^3$ 时，称为重质石材，主要用于对强度要求较高的基础、桥涵等结构，对耐久性、耐腐蚀性要求较高的面材与水工覆面材料，以及要求耐磨性和装饰性的路面材料或装饰材料等。

2. 吸水性（water absorption）

岩石的吸水性主要与孔隙率及孔隙特征有关，还与其矿物组成、湿润性及浸水条件有关。深成岩及许多变质岩的孔隙率很小，吸水率也很小，如花岗岩的吸水率通常小于 0.5%。由于沉积岩的形成条件不同，其胶结情况与密实程度差别很大，吸水率波动也很大。致密的石灰岩，吸水率一般小于 1%；而多孔的贝壳石灰岩，吸水率可达 15%。通常，吸水率小于 1.5% 的岩石称为低吸水性岩石，吸水率介于 $1.5\% \sim 3.0\%$ 的岩石称为中吸水性岩石，吸水率大于 3.0% 的岩石称为高吸水性岩石。

石材的吸水性对其强度和耐久性影响很大。石材吸水后颗粒之间的粘结力会降低，导致结构强度也随之下降；某些岩石如石灰岩等还易被水溶蚀而造成材料本身的结构破坏；吸水性还会影响导热性、抗冻性等其他性质。

3. 耐水性（water resistance）

岩石中含有较多的黏土或易溶物时，软化系数较小，耐水性较差。软化系数 K_R 大于 0.90 的称为高耐水材料，K_R 为 $0.70 \sim 0.90$ 时称为中耐水石材料，K_R 为 $0.60 \sim 0.70$ 时称为低耐水石材。对于 K_R 小于 0.80 的石材，不允许用于重要结构中。

4. 抗冻性（frost resistance）

石材的抗冻性以其在吸水饱和状态下所能经受的冻融循环次数来表示。若经反复冻融循环，无贯穿裂纹且质量损失不超过 5%，强度损失不超过 25%，即为抗冻性合格，其允许抗冻融循环的次数就是抗冻等级。一般认为吸水率低于 0.5% 的石材抗冻性较好，可不进行抗冻试验。

石材在工程中的抗冻性能力与其吸水性、矿物组成及冻结情况等有关。吸水率越低，抗冻性越好。通常，坚硬致密的花岗岩、石灰岩、砂岩等都有较好的抗冻性。

5. 耐热性（heat resistance）

耐热性取决于石材的化学成分和矿物组成。如含有石膏的石材，在 100℃ 以上时就开始产生结构破坏；含有碳酸镁的石材，温度高于 625℃ 时也会分解破坏；含有碳酸钙的石材，温度达 827℃ 时才开始产生结构破坏。由石英组成的结晶石材，如花岗岩等，当温度达 573~870℃ 时，因石英受热膨胀，强度会迅速下降甚至开裂。

6. 导热性（thermal conduction）

导热性主要与石材的致密程度和结构有关。相同成分的石材，玻璃态比结晶态的导热系数小；孔隙率较高且具有封闭孔隙的石材则导热系数较小。重质石材导热系数可达 2.91~3.49W/（m·K）；轻质石材导热系数在 0.23~0.70W/（m·K）之间。

7. 抗风化性（weather resistance）

环境中各种因素（风、霜、雨、雪、化学作用等）造成岩石的开裂或剥落的过程称为岩石的风化。孔隙率的大小对风化有很大影响。另外当岩石中含有较多的黄铁矿、云母时，风化速度快；由方解石、白云石组成的岩石在酸性气体环境中也易风化。

8. 放射性（radioactivity）

天然放射性元素 ［主要是 U238、Th232、Ra226、Rn222（氡-222）和 K40 五种元素］存在于地球上一切物质中，包括岩石、水、土壤、动植物，以至人体本身。放射线对人体构成危害有两种途径：一是从外部照射人体，称为外照射；另一是放射性物质进入人体并从人体内部照射人体，称为内照射。国家标准《建筑材料放射性核素限量》（GB 6566—2001）分别用外照射指数和内照射指数来限制建材产品中核素的放射性污染。

二、力学性质

1. 抗压强度（compressive strength）

石材的抗压强度取决于岩石的矿物组成、结构与构造特征、胶结物质的种类及均匀性等。例如，石英是很坚硬的矿物，若花岗岩中石英含量越高，其强度就越高；云母为片状矿物，易于分裂成柔软薄片，若岩石中云母含量较高，则其强度就越低。结晶质石材的强度较玻璃质高，等粒状结构的强度较斑状结构高。沉积岩的强度则与胶结物质成分有关，由硅质物质胶结的沉积岩强度高，抗风化能力比较好，而石灰质物质胶结的石材次之，泥质物质胶结的石材最差。石材的宏观结构也会影响其强度，具有层状、带状或片状构造的石材，其垂直于层理方向的抗压强度比平行于层理方向的较高。

天然石材的抗压强度是以三个（一组）边长为 70mm 的立方体试块的破坏性强度平均值所确定的。根据《砌体结构设计规范》（GB 50003—2001）规定，石材的强度可分为MU100、MU80、MU60、MU50、MU40、MU30 和 MU20 七个等级。试件也可采用其他边长的立方体，但其结果应乘以相应的换算系数（表 2-2）。

表 2-2　石材强度等级的换算系数

立方体边长（mm）	200	150	100	70	50
换算系数	1.43	1.28	1.14	1	0.86

2. 冲击韧性（impact tenacity）

绝大多数天然石材都具有明显的脆性，其抗拉强度仅为抗压强度的 1/50～1/20。石材的冲击韧性取决于其矿物组成与结构。通常，晶体结构的岩石比非晶体结构的韧性较好。石英岩、硅质砂岩脆性较高，韧性较差，含暗色矿物较多的辉长岩、辉绿岩等具有相对较好的韧性。

3. 硬度（hardness）

石材的硬度取决于其组成矿物的硬度与构造。抗压强度越高，其硬度越高，随之，其耐磨性和抗刻划性越好，但对表面加工更困难。石材的硬度多以摩氏硬度或肖氏硬度表示。

4. 耐磨性（abrasion resistance）

耐磨性是指石材在使用条件下抵抗摩擦、边缘剪切以及冲击等复杂作用的能力。石材的耐磨性与其组成矿物的硬度、结构构造、抗压强度和冲击韧性等因素有关。石材的组成矿物越坚硬、结构越致密、抗压强度和冲击韧性较高时，则其耐磨性较好。石材耐磨性可以用单位面积磨耗量来表示。对于可能遭受磨损作用的场所，如地面、路面等，应采用高耐磨性的材料。

三、工艺性质（technological property）

1. 加工性（workability）

石材加工性是指岩石对劈解、破碎、凿磨等加工工艺的难易程度。通常强度、硬度、韧性较高的材料多不易加工；质脆而粗糙、有颗粒交错结构、含有层状或片状解理构造以及风化较严重的岩石，其加工性能更差，很难加工成规则石材。

2. 磨光性（finishing property）

石材的磨光性是指岩石能够研磨成光滑表面的性质。磨光性好的岩石，通过研磨抛光等工艺，可加工成光亮、洁净的表面，并能充分展示天然石材的色彩、纹理、光泽和质感，获得良好的装饰效果。致密、均匀、细粒结构的岩石，一般都具有良好的磨光性；而疏松多孔、有鳞片状解理结构的岩石，则磨光性较差。

3. 可钻性（drilling property）

较厚的饰面石材，施工时一般都要经过钻孔处理，以便安装固定。石材的可钻性是指岩石钻孔的难易程度。它一般与岩石的矿物结构、强度、硬度等因素有关。

第三节　天然石材的加工类型及选用原则

一、天然石材的加工类型

土木工程中使用的天然石材常加工为块状、板状、散粒状及特殊形状的制品。常有以下类型：

1. 毛石（又称片石或块石，free stone）

毛石是由爆破直接得到的石块。按其表面平整程度分为乱毛石和平毛石两类。

（1）乱毛石

它是形状不规则的毛石。一般在一个方向上的尺寸达 300~400mm，每块质量为 20~30kg。其强度不宜小于 10MPa，软化系数不应小于 0.75。常用于砌筑基础、勒脚、墙身、堤坝、挡土墙等，也可用作毛石混凝土的集料。

（2）平毛石

它是由乱毛石经粗略加工而成的石块。形状较整齐，但表面粗糙，其中部厚度不应小于 200mm。

2. 料石（又称条石，block stone）

料石是由人工或机械开采出的较规则的并略加凿琢而成的六面体石块。按其表面加工的平整程度可分为以下四种：

（1）毛料石

毛料石一般为不经加工或稍加修整，为外形大致方正的石块。其厚度不应小于 200mm，长度常为厚度的 1.5~3 倍，叠砌面凹凸深度不应大于 25mm。

（2）粗毛石

粗毛石为外形较方正的石块。其截面的高、宽均不小于 200mm，不小于长度的 1/4，叠砌面凹凸深度不应大于 20mm。

（3）半细料石

半细料石的外形方正，规格、尺寸同粗料石，叠砌面凹凸深度不应大于 15mm。

（4）细料石

经过细加工，形状规则，规格、尺寸同粗料石，叠砌面凹凸深度不应大于 10mm。制作成长方体的称作条石，长、宽、高大致相等的称方料石，楔行的称为拱石。

上述的料石常用致密的砂岩、石灰石、花岗岩等开凿制成，至少应有一个面的边角整齐，以便相互合缝。料石常用于砌筑墙身、地坪、踏步、拱、纪念碑等，形状复杂的料石制品可用于柱头、柱基、窗台板、栏杆等。

3. 板材（plate）

用致密岩石凿平或锯切而成的厚度一般为 20mm 的石材称为板材。常作为建筑装饰工程中墙面和地面的装饰材料。根据板材的形状可分为正方形或长方形的普形板材（N）和其他形状的板材异形板材（S）；按表面加工的平整程度分为镜面板（PL）、细面板（RB）、粗面板（RU）。

（1）镜面板（磨光板）

经磨细和抛光加工，表面平整，具有镜面光泽。常用于建筑物的室内、外地面、柱面、台面装饰，还可用于吧台、服务台、展示台、家具台面等部位的装饰。

（2）细面板（又称粗磨板材）

经粗磨加工，表面平整、光滑，但无镜面光泽。一般用于建筑物的墙面、柱面、台阶、基座、纪念碑、路牌等。

（3）粗面板

表面粗糙，具有规则的加工条纹。常有剁斧板、火烧板、锤击板、机刨板等，可用于室外墙面、地面、台阶、基座、踏步等处的装饰。

4. 颗粒状石料

（1）碎石（crushed stone）

天然岩石经人工或机械破碎而成的粒径大于 5mm 的颗粒状石料称碎石。其性质取决于母岩的品质。主要用于配制混凝土或作道路、基础等的垫层。

（2）卵石（cobble stone）

卵石是母岩经自然条件风化、磨蚀、冲刷等作用而形成的表面较光滑的颗粒状石料。用途同碎石，还可用于装饰混凝土的集料和园林、庭院地面的铺砌材料。

（3）石渣（break stone）

石渣是用天然大理石、花岗石等残碎料加工而成，具有多种颜色的装饰效果。可用作人造大理石、水磨石、水刷石、斩假石等的集料，还可用于制作干粘石制品。

二、天然石材的选用原则

在土木工程设计和施工中，应根据适用性和经济性的原则合理选用石材。

适用性是指石材的技术性能是否满足使用要求。设计与施工中，需根据石材在工程中的用途和部位，选择主要技术性质满足要求的岩石。如用于承重的石材（基础、勒脚、柱、墙等）主要应考虑其强度等级、耐久性、抗冻性等技术指标；用作地面、台阶等的石材应坚硬耐磨；装饰用的石材需考虑其色彩、质感等与环境的协调性及可加工性等。

经济性主要考虑天然石材的密度大，不宜长途运输，应综合考虑地方资源，尽可能做到就地取材。

复习思考题

1. 岩石按其成因可分为哪几类？各有何特点？土木工程中常用的天然石材有哪些？

2. 天然石材的技术性质包括哪些方面？

3. 天然岩石一般常加工为哪些产品类型？其选用原则是什么？

第三章 气硬性无机胶凝材料

胶凝材料（binding material）是建筑工程中常用的一种材料。这种材料能通过自身的物理、化学作用，从浆体变成坚硬的固体，并能把散粒材料或块状材料胶结成为一个整体。

胶凝材料按其化学成分可分为有机胶凝材料和无机胶凝材料两大类。有机胶凝材料（organic binding material）是指以天然或合成高分子化合物为基本组分的一类胶凝材料，如沥青、树脂等。无机胶凝材料（inorganic binding material）又称矿物胶凝材料，按硬化条件又可分为气硬性胶凝材料和水硬性胶凝材料。气硬性胶凝材料（air-hardening binding material）只能在空气中硬化，保持并继续发展其强度，如石灰、石膏、水玻璃等；水硬性胶凝材料（hydraulic binding material）不仅能在空气中硬化，而且能更好地在水中硬化，保持并继续发展其强度，如各种水泥。气硬性胶凝材料只适用于地上或干燥环境；水硬性胶凝材料既适用于地上，也可用于地下或水中环境。

本章主要介绍石膏、石灰的生产、技术性质及应用，简要介绍水玻璃、菱苦土的性能与应用。通过学习，应了解气硬性胶凝材料的特性。

第一节 石 膏

石膏（gypsum）是一种以硫酸钙为主要成分的气硬性胶凝材料，具有许多优越的建筑性能，自古至今得到了广泛地应用。我国天然石膏矿资源丰富、储量大、分布广，化工石膏的产量也很大。因此，具有广阔的发展前景。

石膏品种很多，建筑上使用较多的是建筑石膏，其次是高强石膏。此外，还有硬石膏水泥等。

一、石膏的原料、生产与品种

1. 石膏的原料

生产石膏的原料主要是天然二水石膏、天然无水石膏，也可采用化工石膏。

天然二水石膏（$CaSO_4 \cdot 2H_2O$）又称生石膏或软石膏，主要用于生产建筑石膏和高强石膏。

天然无水石膏（$CaSO_4$）又称硬石膏，其结晶紧密、质地较硬，不能用来生产建筑石膏和高强石膏，仅用于生产硬石膏水泥及水泥调凝剂等。

化工石膏是指含有 $CaSO_4 \cdot 2H_2O$ 成分的化学工业副产品。如磷石膏是合成洗衣粉厂、磷肥厂等制造磷酸时的废渣；氟石膏是采用萤石粉和硫酸制造氢氟酸时所产生的废渣，此外还有脱硫排烟石膏、硼石膏、盐石膏等。以上各类化工石膏经适当处理后都可代替天然二水石膏。

2. 石膏的生产与品种

将天然二水石膏或化工石膏经加热燃烧、脱水、磨细即得石膏胶凝材料。随着加热温度和压力的变化，可制得多种晶体结构和性能各异的石膏产品（图3-1），通称熟石膏。现简述如下：

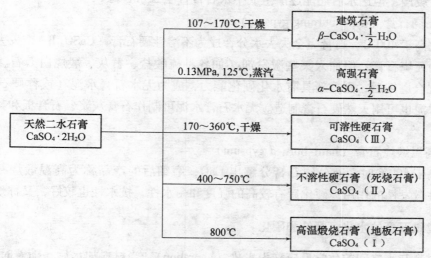

图3-1　不同条件下的石膏产品示意图

（1）建筑石膏（building gypsum）

当常压下加热温度达到107～170℃时，二水石膏脱水变为 β 型半水石膏，即建筑石膏。

反应式为：　　　$CaSO_4 \cdot 2H_2O \xrightarrow{107 \sim 170℃} \beta\text{-}CaSO_4 \cdot \frac{1}{2}H_2O + 1\frac{1}{2}H_2O$

（2）高强石膏（high strength gypsum）

若将二水石膏在压蒸条件下（0.13MPa 压力、125℃）加热，则生成 α 型半水石膏，即高强石膏。

其反应式为：　　　$CaSO_4 \cdot 2H_2O \xrightarrow[0.13MPa]{125℃} \alpha\text{-}CaSO_4 \cdot \frac{1}{2}H_2O + 1\frac{1}{2}H_2O$

α 型和 β 型半水石膏，虽同为半水石膏，但在宏观性能上相差很大，如表3-1所示。β 型半水石膏结晶度较差、分散度大、晶粒较细，而 α 型半水石膏结晶良好、分散度小、晶粒粗大。因此 β 型半水石膏的水化速度快、水化热高、需水量大、硬化体强度低。与之相比，α 型半水石膏需水量小、硬化体强度较高，所以称为高强石膏（其强度比 β 型半水石膏要高2～7倍）。高强石膏适用于强度要求较高的抹灰工程和石膏制品，也可用来制作模型等。

表3-1　α 型半水石膏和 β 型半水石膏性能比较

类　别	α 型半水石膏	β 型半水石膏
晶粒平均粒径（nm）	94	38.8
内比表面积（m^2/kg）	19300	47000
标准稠度需水量	0.40～0.45	0.70～0.85
抗压强度（MPa）	24～40	7～10
密度（g/cm^3）	2.73～2.75	2.62～2.64
水化热（J/mol）	17200±85	19300±85

（3）可溶性硬石膏（soluble hard gypsum）

当加热温度升高到 170～200℃ 时，半水石膏继续脱水；生成可溶性硬石膏（$CaSO_4$ Ⅲ），与水调和后仍能很快凝结硬化。当温度升高到 200～250℃ 时，石膏中仅残留很少的水，凝结硬化非常缓慢，但遇水后还能逐渐生成半水石膏直至二水石膏。

（4）死烧石膏（dead-burning gypsum）

当温度高于 400℃，石膏完全失去水分，成为不溶性硬石膏（$CaSO_4$ Ⅱ），失去凝结硬化能力，称为死烧石膏，但加入某些激发剂（如各种硫酸盐、石灰、煅烧白云石、粒化高炉矿渣等）混合磨细后，则重新具有水化硬化能力，成为无水石膏水泥（或称硬石膏水泥）。无水石膏水泥也可用天然硬石膏制造。无水石膏水泥可制作石膏灰浆、石膏板和其他石膏制品等。

（5）高温煅烧石膏（hard-burned gypsum）

温度高于 800℃ 时，部分硬石膏分解出 CaO，磨细后的产品称为高温煅烧石膏，此时 CaO 起碱性激发性的作用，硬化后有较高的强度和耐水性，抗水性也较好，又称地板石膏。

二、建筑石膏的水化、凝结和硬化

胶凝材料与水之间的化学反应称为水化（hydration）。当材料加水后，随着时间的推移，水化反应不断进行，水化产物不断增加，材料浆体的流动性不断降低，开始失去塑性，直至最后完全失去塑性，这一过程称为凝结（setting）。开始失去塑性时称为初凝（initial set），完全失去塑性时称为终凝（final set）。凝结后材料的强度开始逐渐增加。这一过程可表示如下：

胶凝材料 + 水→流动性（浆体）→可塑性（固体）→强度（固体）

建筑石膏的凝结硬化一般用吕·查德理（H. Lechatelier）提出的结晶理论（或称溶解-沉淀理论）加以解释。

建筑石膏加水后，与水发生化学反应，生成二水石膏并放出热量。反应式如下：

$$\beta\text{-}CaSO_4 \cdot \frac{1}{2}H_2O + 1\frac{1}{2}H_2O \longrightarrow CaSO_4 \cdot 2H_2O + 15.4\text{kJ}$$

在此过程中，由于二水石膏在常温（20℃）下的溶解度（2.04g/L）比 β 型半水石膏的溶解度（8.85g/L）小得多，比值为 1:5 左右，β 型半水石膏的饱和溶液就成为二水石膏的过饱和溶液，所以二水石膏胶体微粒不断从过饱和溶液中沉淀析出。二水石膏的析出，使溶液中 $CaSO_4 \cdot 2H_2O$ 含量减少，浓度下降，破坏了原有半水石膏的平衡浓度，促使一批新的半水石膏继续溶解和水化，直至 β 型半水石膏全部转化为二水石膏为止。

随着水化的进行，二水石膏胶体微粒不断增多，它比原来半水石膏颗粒细小，即总表面积增大，可吸附更多的水分；同时，石膏浆中的水分因水化和蒸发而逐渐减少，浆体的稠度逐渐增加，颗粒间的摩擦力逐渐增大而使浆体失去流动性，可塑性也开始减小，此时表现为石膏的初凝，随着水分的进一步蒸发和水化的继续进行，浆体完全失去可塑性，则表现为石膏的终凝。其后，随着水分的减少，石膏胶体凝聚并逐步转变为晶体，且晶体间相互搭接、交错、连生，使凝结的浆体逐渐变硬并产生强度，直至完全干燥，这就是石膏的硬化

（hardening），如图 3-2 所示。

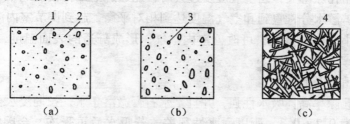

图 3-2　建筑石膏凝结硬化示意图

（a）胶化；（b）结晶开始；（c）结晶成长与交错

1—半水石膏；2—二水石膏胶体微粒；3—二水石膏晶体；4—交错晶体

由上可见，石膏浆体的水化、凝结和硬化实际上是一个连续的溶解、水化、胶化和结晶过程，是交叉进行的，其最终硬化完全是靠干燥和结晶作用。

三、建筑石膏的性质

1. 建筑石膏的特性

与水泥、石灰相比，石膏具有以下特性：

（1）凝结硬化快

建筑石膏一般在加水后 30min 左右即可完全凝结，在室内自然干燥条件下，一星期左右能完全硬化。为满足施工操作的要求，往往需掺加适量缓凝剂，如可掺 0.1% ~ 0.2% 的动物胶（需经石灰处理过）或 1% 亚硫酸纸浆废液，也可掺 0.1% ~ 0.5% 的硼砂或柠檬酸等。

（2）凝结硬化时体积微膨胀

石膏浆体在凝结硬化初期会产生体积微膨胀（膨胀率为 0.05% ~ 0.15%），这使得石膏制品表面光滑细腻、尺寸精确、轮廓清晰、形体饱满，而且干燥时不开裂，有利于制造复杂图案花形的石膏装饰制品。

（3）孔隙率高、表观密度小、强度低

建筑石膏水化的理论需水量为 18.6%，但为满足施工要求的可塑性，实际加水量约为 60% ~ 80%。石膏凝结后，多余水分蒸发，在石膏硬化体内留下大量孔隙，孔隙率可高达 40% ~ 60%，因而建筑石膏制品的表观密度小（800 ~ 1000kg/m^3）、强度低。

（4）隔热性和吸声性良好

石膏制品孔隙率高，且均为微细的毛细孔，故导热系数小 [0.121 ~ 0.205W/(m·K)]，隔热保温性与吸声性亦好。

（5）防火性能良好

建筑石膏硬化后的主要成分是二水石膏，而制品的大量孔隙中也会存在一些自由水分。遇火时，首先孔隙中的自由水蒸发，继而二水石膏中结晶水吸收热量也大量蒸发，在制品表面形成水蒸气幕，隔绝空气，有效地阻止火势的蔓延。同时，又因其导热系数小，传热慢，故防火性好。制品厚度越大，防火性能越好。

（6）具有一定的调温调湿性

　　由于石膏制品孔隙率大，当空气湿度过大时，能通过毛细孔很快地吸水，在空气干燥时又很快地向周围扩散水分，直到和空气湿度达到相对平衡，起到调节室内湿度的作用。同时由于其导热系数小、热容量大，可改善室内空气，形成舒适的表面温度，这一性质和木材相近。

　　（7）耐水性和抗冻性差

　　石膏硬化体孔隙率高，吸水性强，并且二水石膏微溶于水，长期浸水会使其强度显著下降，软化系数仅为 0.2~0.3，所以耐水性很差。若吸水后再受冻，会因结冰而产生崩裂，故抗冻性亦差。

　　2. 建筑石膏的技术要求

　　建筑石膏为白色粉状材料，密度为 2.60~2.75g/cm³，堆积密度为 800~1000kg/m³。根据《建筑石膏》（GB 9776—1999）的规定，将建筑石膏按其主要技术指标划分为优等品、一等品、合格品三个等级，并要求它们的初凝时间不小于 6min，终凝时间不大于 30min，见表 3-2。

表 3-2　建筑石膏技术要求

项　目	等　级		
	优等品	一等品	合格品
细度：孔径 0.2mm 方孔筛筛余（%）　不大于	5.0	10.0	15.0
抗折强度（MPa）　不小于	2.5	2.1	1.8
抗压强度（MPa）　不小于	5.0	4.0	3.0

　　注：1. 指标中有一项不符合者，应予降级或报废。

　　　　2. 表中强度为 2h 时的强度值。

四、建筑石膏的应用

　　在房屋建筑工程中，建筑石膏是一种应用广泛的工程材料，主要用于配制石膏抹面灰浆、石膏砂浆、石膏混凝土和制作各种石膏制品。

　　1. 粉刷石膏（wall plaster）

　　建筑石膏洁白、细腻，将其加水调成石膏浆体用作室内粉刷涂料具有良好的装饰效果。粉刷石膏，是在建筑石膏中掺入优化抹灰性能的辅助材料及外加剂配制而成，具有表面坚硬、光滑细腻、不起灰、便于进行再装饰等优点。

　　2. 石膏砂浆（gypsum mortar）

　　将建筑石膏加水、砂拌和成的石膏砂浆可用于室内抹灰或作为油漆打底层。用石膏砂浆抹灰后的墙面，不仅光滑、细腻、洁白、美观，而且保温、隔热性能好，施工效率高，为高级室内抹灰材料。

　　3. 石膏板（gypsum board）

　　建筑石膏可与石棉、玻璃纤维、轻质填料等配制成各种石膏板材。目前我国使用较多的是纸面石膏板、石膏空心条板、纤维石膏板、装饰石膏板等（见第七章）。

　　4. 艺术装饰石膏制品（fresco）

　　艺术装饰石膏制品包括浮雕艺术石膏角线、线板、角花、灯圈、壁炉、罗马柱、雕塑等，是以建筑石膏为主要原料，掺入适量外加剂和纤维（多用玻璃纤维），加水拌成料浆再经浇注成型和干燥硬化模制而成的石膏制品。其产品形状和花色丰富，仿真效果好，成本低廉，制作安装方便，可满足建筑物对室内装饰的外观要求。

第二节　石　灰

石灰（lime）是以石灰石为原料，经高温煅烧所得的以氧化钙为主要成分的气硬性胶凝材料。是人类最早使用的建筑材料之一。由于生产石灰的原料分布很广，生产工艺简单，使用方便，成本低廉，且具有良好的技术性质，因此在建筑上一直得到广泛应用。

一、石灰的生产

1. 石灰的原料和煅烧

生产石灰的原料主要是以碳酸钙为主要成分的天然岩石，如石灰岩。其中，可能会含有少量的碳酸镁及其他黏土等杂质。石灰岩经燃烧、分解，排出二氧化碳后，所得到的块状材料，称为生石灰（也称块灰）。其反应式如下：

$$CaCO_3 \xrightarrow{900℃} CaO + CO_2 \uparrow$$

$$MgCO_3 \xrightarrow{700℃} MgO + CO_2 \uparrow$$

$CaCO_3$ 理论分解温度为 900℃，生产中实际控制煅烧温度一般为 900～1100℃。所得生石灰的主要成分是 CaO，还含有部分 MgO。当 MgO 含量小于或等于 5% 时称为钙质石灰（calcium lime）；当 MgO 含量大于 5% 时称为镁质石灰（magnesium lime）。

石灰岩的煅烧温度及时间要适宜。煅烧正常的块状石灰称正火石灰，轻质色白，疏松多孔，表观密度为 800～1000kg/m³。

若煅烧温度过高、时间过长，石灰岩中所含黏土杂质中的 SiO_2、Al_2O_3 等成分发生熔结，从而使多孔结构的石灰变得结构致密，表观密度增大，水化反应极慢，称为过火石灰（或称死烧石灰）。过火石灰呈黄褐色，当石灰砂浆中含有这类过火石灰时，它将导致在硬化的石灰砂浆中继续水化成 $Ca(OH)_2$，产生体积膨胀，从而形成凸出放射状膨胀裂纹。

若煅烧温度过低，或料块尺寸太大，煅烧时间不足时，石灰岩中的碳酸钙甚至碳酸镁分解不充分，则会在石灰内部含有石质核心，该核心称为欠火石灰，其成分仍为 $CaCO_3$ 或 $MgCO_3$，不能与水反应，成为"渣子"，降低了石灰的产浆量。欠火石灰呈青白色，质量较大，属于石灰的废品。

燃烧温度主要根据石灰岩的致密程度、料块大小以及杂质含量来决定。一般料块尺寸控制在 60～200mm 范围内，黏土杂质含量不大于 8%。

2. 石灰的品种

石灰经加工后所得成品，按其形态和化学成分可分为以下四种：

（1）块状生石灰（lump lime）

块状生石灰是由石灰岩煅烧后所得的原产品，主要成分为 CaO，是生产其他石灰产品的原料。

（2）生石灰粉（unslaked lime powder）

生石灰粉是由块状生石灰磨细而成，其细度大致与水泥相同，主要成分仍为CaO。

（3）消石灰粉（slaked lime）

消石灰粉是将块状生石灰用适量水经消解、干燥、磨细、筛分而制成的粉末，亦称熟石灰粉。其加水量应以能充分消解而又不过湿成团为度，实际加水量常为石灰质量的60% ~ 80%，主要成分为 $Ca(OH)_2$。

工地调制消石灰粉时，一般先堆放0.5m高的生石灰块，再淋适量的水。

（4）石灰浆（膏）（lime milk/plaster）

石灰浆（膏）是将生石灰用过量水（约为生石灰体积的3~4倍）消解，或将消石灰与水拌和所得的可塑性浆体，或达到一定稠度的膏状物。主要成分是 $Ca(OH)_2$ 和 H_2O。如果水分加得更多，则可制成石灰乳。

工地上制备石灰浆（膏）的方法，是先将生石灰在化灰池中加水消解成石灰浆，再通过筛网流入储灰坑，石灰浆在储灰坑中沉淀并除去上层水后成为石灰膏（图3-3）。由于生石灰中难免会含有或多或少的过火石灰。因此，为了保证过火生石灰充分熟化，需使石灰膏在坑内存放两周以上方可使用，称为"陈伏"（ageing）。陈伏期间，石灰浆（膏）表面应保持一层一定厚度水，以隔绝空气，防止石灰碳化。

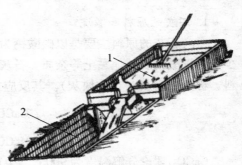

图3-3　化灰池
1—化灰池；2—储灰坑

建筑石灰供应的品种（市售品种）有块状生石灰、磨细生石灰粉和消石灰粉三种，其技术指标分别见表3-3 ~ 表3-5。

表3-3　建筑生石灰的技术指标（JC/T 479—92）

项 目	钙质生石灰			镁质生石灰		
	优等品	一等品	合格品	优等品	一等品	合格品
有效成分（CaO + MgO）含量（%），不小于	90	85	80	85	80	75
未消解残渣含量（5mm圆孔筛余,%），不大于	5	10	15	5	10	15
CO_2 含量（%），不大于	5	7	9	6	8	10
产浆量（L/kg），不小于	2.8	2.3	2.0	2.8	2.3	2.0

表3-4　建筑生石灰粉的技术指标（JC/T 480—92）

项 目		钙质生石灰粉			镁质生石灰粉		
		优等品	一等品	合格品	优等品	一等品	合格品
有效成分（CaO + MgO）含量（%），不小于		85	80	75	80	75	70
CO_2 含量（%），不大于		7	9	11	8	10	12
细度	0.90mm 筛筛余量（%），不大于	0.2	0.5	1.5	0.2	0.5	1.5
	0.125mm 筛筛余量（%），不大于	7.0	12.0	18.0	7.0	12.0	18.0

表 3-5 建筑消石灰粉的技术指标（JC/T 481—92）

项目		钙质消石灰粉			镁质消石灰粉			白云石消石灰粉		
		优等品	一等品	合格品	优等品	一等品	合格品	优等品	一等品	合格品
有效成分（CaO + MgO）含量（%），不小于		70	65	60	65	60	55	65	60	55
游离水（%）		0.4~2	0.4~2	0.4~2	0.4~2	0.4~2	0.4~2	0.4~2	0.4~2	0.4~2
体积安定性		合格	合格	—	合格	合格	—	合格	合格	—
细度	0.90mm 筛筛余量（%），不大于	0	0	0.5	0	0	0.5	0	0	0.5
	0.125mm 筛筛余量（%）不大于	3	10	15	3	10	15	3	10	15

二、石灰的水化（熟化或消解）和硬化

1. 石灰的水化

生石灰在使用前一般都用水消化，亦称为熟化或消解。生石灰加水后，即迅速水化成氢氧化钙并放出大量热量，其反应式如下：

$$CaO + H_2O \longrightarrow Ca(OH)_2 + 65kJ/mol$$

生石灰 　　　熟石灰（消石灰）

生石灰水化反应具有以下特点：

（1）水化速度快，放热量大

每消解 1kg 生石灰可放热 1160kJ，也即质量为 300g 的纯生石灰消化放热可达 335kJ，可用来烧开 1kg 的水。这主要是由于生石灰结构多孔，CaO 的晶粒细小，内比表面积大，水分子容易进入，与水接触的面积大而造成的。

（2）水化过程中体积增大

质纯且煅烧良好的块状生石灰水化时，其外观体积可增大 3~3.5 倍，含杂质且煅烧不良的生石灰体积增大 1.5~2 倍。

生石灰在水化时剧烈放热和体积膨胀的性质，易造成事故，所以在储存和运输时，应注意安全。

（3）水化反应是可逆的

水化过程中必须通风要好，将热量及时排出，这样才能保证水化反应不断向右进行。如不及时散热，当温度太高，超过反应平衡的温度（547℃、1 个大气压）时，反应则向左方进行（逆行），水分蒸发太快，使生成的 $Ca(OH)_2$ 脱水分解为 CaO 和 H_2O，影响消解。所以石灰水化时，要注意控制温度，并且升温不要太快，但温度过低，则消解速度将变慢。

2. 石灰浆的硬化

石灰浆体在空气中逐渐硬化，是由下面两个同时进行的过程来完成的：

（1）结晶作用（crystallization）

因游离水分蒸发使氢氧化钙从过饱和溶液中结晶析出。

（2）碳化作用（carbonization）

氢氧化钙与潮湿空气中的二氧化碳反应生成不溶于水的碳酸钙结晶体，而使石灰浆硬

化。其反应式如下：

$$Ca(OH)_2 + CO_2 + nH_2O \longrightarrow CaCO_3 + (n+1)\ H_2O \uparrow$$

碳化后生成的 $CaCO_3$ 晶体可相互交叉连生并与 $Ca(OH)_2$ 共生，构成紧密交织的结晶网，使石灰硬化体强度提高。另外，$CaCO_3$ 的固相体积略大于 $Ca(OH)_2$ 的固相体积，致使硬化的石灰浆体结构更加致密，从而表现为对其表面强度有显著改善。

由于空气中 CO_2 浓度很低，且石灰碳化作用是由结构表面向内进行的，碳化后形成的致密 $CaCO_3$ 层会阻碍 CO_2 向其内部进一步渗透，而且也阻止了砂浆层内水分向外蒸发，故碳化过程非常缓慢，长时间只限于结构表层。

三、石灰的性质

1. 保水性和可塑性好

生石灰消解为石灰浆时生成的氢氧化钙颗粒极细小（粒径约 $1\mu m$），呈胶体分散状态，比表面积大，对水的吸附能力强，表面能吸附一层较厚的水膜，因而保水性好，水分不易泌出，并且水膜使颗粒间的摩擦力减小，故可塑性也好。在水泥砂浆中加入石灰浆使可塑性显著提高，且克服了水泥砂浆保水性差的缺点。

2. 硬化慢、强度低

由于石灰浆体在硬化过程中的结晶作用和碳化作用都极为缓慢，所以强度低。如 1:3 配比的石灰砂浆，其 28d 的抗压强度只有 $0.2 \sim 0.5 MPa$。

3. 硬化时体积收缩大

由于石灰浆中存在大量的游离水分，硬化时大量水分蒸发，导致内部毛细管失水紧缩，引起体积显著收缩，易使硬化的石灰浆体产生网状干缩性裂纹，故石灰浆不宜单独使用。通常施工时常掺入一定量的集料（如砂子等）或纤维材料（如麻刀、纸筋等）。

4. 耐水性差

由于石灰浆体硬化慢、强度低，在石灰硬化体中，大部分仍然是尚未碳化的 $Ca(OH)_2$。$Ca(OH)_2$ 微溶于水，当已硬化的石灰浆体受潮时，耐水性极差，软化系数接近于零，强度丧失，引起溃散，故石灰不宜用于潮湿环境及易受水浸泡的部位。

四、石灰的应用

在土木工程建设中，石灰的应用十分广泛，主要应用于以下几个方面。

1. 石灰乳涂料（lime milk）

石灰乳可作粉刷涂料，其价格低廉，颜色洁白，施工方便，建筑物内墙和顶棚采用消石灰乳粉刷，能为室内增白添亮。

2. 石灰砂浆（lime mortar）与混合砂浆（composite mortar）

利用石灰膏或消石灰粉作为胶凝材料可以单独或与水泥一起配制各种砂浆，广泛用于砌体砌筑和墙体抹面。

3. 灰土（lime earth）与三合土（lime sand broken brick concrete）

消石灰粉与黏土拌和后称为灰土，若再加砂（或炉渣、石屑等）即成三合土。消石灰粉可塑性好，在夯实或压实下，灰土或三合土密实度增大，并且黏土中的少量活性氧化硅、氧化铝与 $Ca(OH)_2$ 在长期作用下反应生成了水硬性水化产物，使颗粒间的粘结力不断增加，由此，灰土或三合土的强度和耐水性能也不断提高。灰土和三合土广泛用于建筑物基础和道路的垫层。

4. 硅酸盐制品（lime silicate concrete）

以消石灰粉或磨细生石灰和硅质材料（如石英砂、粉煤灰等）为原料，加水拌和，经成型、蒸养或蒸压处理等工序而成的建筑材料，统称为硅酸盐制品。如蒸压灰砂砖、硅酸盐砌块等，主要用作墙体材料。

生石灰吸水性、吸湿性极强，所以需在干燥条件下存放，最好在密闭条件下存放。运输过程中应有防雨措施。不应与易燃易爆及液体物品共存、运，以免发生火灾和引起爆炸。另外，生石灰不宜存放太久。因在存放过程中，生石灰吸收空气中的水分自动熟化成消石灰粉，并进而与空气中二氧化碳作用生成碳酸钙，从而失去胶结能力。

第三节　水玻璃

水玻璃（water glass）俗称"泡花碱"，是一种由碱金属氧化物和二氧化硅结合而成的水溶性硅酸盐材料，其化学通式为 $R_2O \cdot nSiO_2$。固体水玻璃是一种无色、天蓝色或黄绿色的颗粒，高温高压溶解后是无色或略带色的透明或半透明黏稠液体。常见的有硅酸钠水玻璃（$Na_2O \cdot nSiO_2$）和硅酸钾水玻璃（$K_2O \cdot nSiO_2$）等。钾水玻璃在性能上优于钠水玻璃，但其价格较高，故建筑上最常用的是钠水玻璃。

一、水玻璃生产

生产硅酸钠水玻璃的主要原料是石英砂、纯碱或含碳酸钠的原料。

生产方法有湿法和干法两种。

1. 湿法生产

将石英砂和苛性钠液体在压蒸锅内（0.2～0.3MPa）用蒸汽加热，并加以搅拌，使其直接反应而成液体水玻璃。

2. 干法生产

将各原料磨细，按比例配合，在熔炉内加热至 1300～1400℃，熔融而生成硅酸钠，冷却后即为固态水玻璃，其反应式如下：

$$Na_2CO_3 + nSiO_2 \xrightarrow{1300～1400℃} Na_2O \cdot nSiO_2 + CO_2 \uparrow$$

然后将固态水玻璃在水中加热溶解成无色、淡黄或青灰色透明或半透明的胶状玻璃溶液，即为液态水玻璃。

水玻璃中二氧化硅与碱金属氧化物之间的摩尔比 n 称为水玻璃模数，即 $n = SiO_2/R_2O$。

水玻璃与普通玻璃不同，它能溶解于水，并能在空气中凝结、硬化。水玻璃模数与浓度是水玻璃的主要技术性质。水玻璃模数一般在 1.5～3.5 之间，模数大小决定着水玻璃在水中溶解的难易程度。模数为 1 时，能在常温水中溶解，模数增大，只能在热水中溶解，当模数大于 3 时，则要在 4 个大气压（0.4MPa）以上的蒸汽中才能溶解。但 n 值大，胶体组分多，其水溶液的粘结能力强。当模数相同时，水玻璃溶液的密度愈大，则溶液愈稠、黏性愈大、粘结力愈好。工程上常用的水玻璃模数为 2.6 ~ 2.8，其密度为 $1.3 ~ 1.4\text{g/cm}^3$。

二、水玻璃的硬化

水玻璃在空气中吸收 CO_2，形成无定形的二氧化硅凝胶（又称硅酸凝胶），凝胶脱水转变为二氧化硅而硬化，其反应式为：

$$Na_2O \cdot nSiO_2 + CO_2 + mH_2O \longrightarrow Na_2CO_3 + nSiO_2 \cdot mH_2O$$

由于空气中二氧化碳含量极少，上述硬化过程极慢，为加速硬化，可掺入适量促硬剂，如氟硅酸钠（Na_2SiF_6），促使硅胶析出速度加快，从而加快水玻璃的凝结与硬化。反应式为：

$$2\left(Na_2O \cdot nSiO_2\right) + mSiO_2 + Na_2SiF_6 \longrightarrow (2n+1)SiO_2 \cdot mH_2O + 6NaF$$

氟硅酸钠的适宜掺量为 12% ~ 15%（占水玻璃质量）。用量太少，硬化速度慢，强度低，且未反应的水玻璃易溶于水，导致耐水性差；用量过多会引起凝结过快，造成施工困难。氟硅酸钠有一定的毒性，操作时应注意安全。

三、水玻璃的性质

水玻璃具有以下特性：

1. 粘结性能较好

水玻璃硬化后的主要成分为硅酸凝胶和固体，比表面积大，因而有良好的粘结性能。对于不同模数的水玻璃，模数越大，粘结力越大；当模数相同时，则浓度越稠，粘结力越大。另外，硬化时析出的硅酸凝胶还可堵塞毛细孔隙，起到防止液体渗漏的作用。

2. 耐热性好、不燃烧

水玻璃硬化后形成的 SiO_2 网状骨架在高温下强度不下降，用它和耐热集料配制的耐热混凝土可耐 1000℃ 的高温而不破坏。

3. 耐酸性好

硬化后的水玻璃主要成分是 SiO_2，在强氧化性酸中具有较好的化学稳定性。因此能抵抗大多数无机酸（氢氟酸除外）与有机酸的腐蚀。

4. 耐碱性与耐水性差

因 SiO_2 和 $Na_2O \cdot nSiO_2$ 均为酸性物质，溶于碱，故水玻璃不能在碱性环境中使用。而硬化产物 NaF、Na_2CO_3 等又均溶于水，因此耐水性差。

四、水玻璃的应用

由于水玻璃具有上述性质，故其在建筑中主要应用于：

1. 涂刷或浸渍材料

直接将液体水玻璃涂刷或浸渍多孔材料（天然石材、黏土砖、混凝土以及硅酸盐制品）时，能在材料表面形成 SiO_2 膜层，提高其抗水性及抗风化能力，又因材料密实度提高，还可提高强度和耐久性。但石膏制品表面不能涂刷水玻璃，因二者反应，在制品孔隙中生成硫酸钠结晶，体积膨胀，将制品胀裂。

2. 配制耐热砂浆和耐热混凝土

用水玻璃作为胶结材料，氟硅酸钠作促硬剂，加入耐热集料，按一定比例配制成为耐热砂浆和耐热混凝土，用于工业窑炉基础、高炉外壳及烟筒等工程。

3. 配制耐酸砂浆和耐酸混凝土

用水玻璃作为胶结材料，氟硅酸钠作促硬剂，和耐酸粉料及集料按一定比例配制成为耐酸砂浆或耐酸混凝土，用于储酸槽、酸洗槽、耐酸地坪及耐酸器材等。

4. 配制水玻璃矿渣砂浆

将磨细粒化高炉矿渣、液态水玻璃和砂按照质量比 1:1.5:2 的比例配合，即得到水玻璃矿渣砂浆。可用作建筑外墙饰面或室内贴墙纸、轻型内隔墙（如纸面石膏板）的粘结剂，或修补砖墙裂缝。粘贴墙纸时可不加砂。所用水玻璃模数为 2.3 ~ 3.4，密度为 1.4 ~ 1.5g/cm^3。

5. 配制保温绝热材料

以水玻璃为胶结材料，膨胀珍珠岩或膨胀蛭石为集料，加入一定量的赤泥或氟硅酸钠，经配料、搅拌、成型、干燥、焙烧，可制成具有保温绝热材料性能的制品。

6. 加固土壤

用模数为 2.5 ~ 3.0 的液体水玻璃和氯化钙溶液做加固土壤的化学灌浆材料。灌浆后生成的硅胶能吸水肿胀，能将土粒包裹起来填实土壤空隙，从而起到防止水分渗透和加固土壤的作用。

7. 配制防水剂

水玻璃中加入各种矾的水溶液，配制成防水剂，与水泥调和，可用于堵漏、抢修等工程。多矾防水剂常用胆矾（硫酸铜，$CuSO_4 \cdot 5H_2O$）、红矾（重铬酸钾，$K_2Cr_2O_7$）、紫矾[硫酸铬钾，$KCr(SO_4)_2 \cdot 12H_2O$]、明矾[也称白矾，硫酸铝钾 $KAl(SO_4)_2 \cdot 12H_2O$]等。

第四节　菱苦土

菱苦土（magnesite）是一种以 MgO 为主要成分的白色或浅黄色粉末，又称镁质胶凝材料或氯氧镁水泥。由于该胶凝材料制成的产品易发生返卤、变形等，近十几年来，人们一直在不断对其进行改性，并取得了良好效果。

一、菱苦土的生产

天然菱镁矿（$MgCO_3$）、蛇纹石（$3MgO \cdot 2SiO_2 \cdot 2H_2O$）或白云岩（$MgCO_3 \cdot CaCO_3$）均可作为生产菱苦土的原材料，将其煅烧、磨细即为菱苦土。主要反应式为：

$$MgCO_3 \xrightarrow{\text{煅烧}} MgO + CO_2 \uparrow$$

$MgCO_3$ 一般在 400℃ 开始分解，到 600 ~ 650℃ 时分解反应剧烈进行，实际煅烧温度为 750 ~ 850℃。煅烧温度对 MgO 的结构及水化反应活性影响很大。例如：在 400 ~ 700℃ 煅烧并磨细的 MgO 在常温下数分钟就可完全水化。若在 1300℃ 以上煅烧所得的 MgO，实际上成为死烧状态，几乎丧失胶凝性能。

二、菱苦土的水化硬化

菱苦土与水拌和后迅速水化并放出大量的热，反应式为：

$$MgO + H_2O \longrightarrow Mg(OH)_2$$

生成的 $Mg(OH)_2$ 疏松，胶凝性能差。故通常用 $MgCl_2$ 的水溶液（也称卤水）来拌和，氯化镁的用量为 55% ~ 60%（以 $MgCl_2 \cdot 6H_2O$ 计）。其反应的主要产物为 $xMgO \cdot yMgCl_2 \cdot zH_2O$。

$$xMgO + yMgCl_2 + zH_2O \longrightarrow xMgO \cdot yMgCl_2 \cdot zH_2O$$

氯化镁可大大加速菱苦土的硬化，且硬化后的强度很高。加氯化镁后，初凝时间为 30 ~ 60min，1d 时的强度可达最高强度的 60% ~ 80%，7d 左右可达最高强度（抗压强度达 40 ~ 70MPa）。硬化后的体积密度为 1000 ~ 1100kg/m³，属于轻质高强材料。

三、菱苦土的性质及应用

菱苦土具有碱性较低、胶凝性能好、强度较高和对植物类纤维不腐蚀的优点，但菱苦土硬化后，吸湿性大、耐水性差，且遇水或吸湿后易产生翘曲变形，表面泛霜，强度大大降低。因此菱苦土制品不宜用于潮湿环境。

建筑上常用菱苦土与木屑（1:1.5 ~ 3）及氯化镁溶液（密度为 1.2 ~ 1.25g/cm³）制作菱苦土木屑地面。为了提高地面强度和耐磨性，可掺入适量滑石粉、石英砂、石屑等。这种地面具有保温、防火、防爆（碰撞时不发火星）及一定的弹性。表面刷漆后光洁且不易产生噪音与尘土，常应用于纺织车间、教室、办公室、影剧院等。

菱苦土中掺入适量的粉煤灰、沸石粉等改性材料并经过防水处理，可制得平瓦、波瓦和脊瓦，用于非受冻地区的一般仓库及临时建筑的屋面防水。

将刨花、亚麻或其他木质纤维与菱苦土混合后，可压制成平板，主要用于墙体的复合板、隔板、屋面板等。

菱苦土在存放时，须防潮、防水和避光，且贮存期不宜超过 3 个月。

复习思考题

1. 气硬性胶凝材料与水硬性胶凝材料有何区别？
2. 建筑石膏和高强石膏的成分是什么？各有什么特点？
3. 石膏浆体是如何凝结硬化的？
4. 石膏制品有哪些特点？建筑石膏可用于哪些方面？
5. 建筑石灰按加工方法不同可分为哪几种？它们的主要化学成分各是什么？
6. 什么是过火石灰和欠火石灰？它们对石灰的使用有什么影响？
7. 什么是石灰的消解？消解后的石灰膏能否马上使用？为什么？
8. 根据石灰的特性，说明石灰有哪些用途以及使用时应注意的问题。
9. 试从生石灰的水化硬化特点，分析生石灰储存过久对其使用有无影响。
10. 采用石灰砂浆抹灰的墙体会产生哪几种形式的开裂？试分析其原因。欲避免这些情况发生，应采取什么措施？

11. 水玻璃的成分是什么？什么是水玻璃的模数？水玻璃的模数、浓度对其性质有何影响？

12. 水玻璃的主要性质和用途有哪些？

13. 菱苦土有什么特点？有哪些应用？

第四章 水 泥

水泥（cement）是水硬性胶凝材料，广泛应用于建筑、水利、交通和国防等各项建设中，是土木工程不可缺少的胶凝材料。正确合理地选用水泥将对保证工程质量和降低工程造价起到重要的作用。

水泥品种很多，按其组成主要分为：通用硅酸盐水泥、铝酸盐水泥、硫铝酸盐水泥、铁铝酸盐系水泥四大类；按性能和用途可分为：通用水泥、专用水泥、特性水泥三大类。

通用硅酸盐水泥是土木工程中用量最大的水泥，包括硅酸盐水泥、普通硅酸盐水泥、矿渣硅酸盐水泥、火山灰质硅酸盐水泥、粉煤灰硅酸盐水泥和复合硅酸盐水泥六个品种；专用水泥是指适应专门用途的水泥，如中低热硅酸盐水泥、道路硅酸盐水泥、砌筑水泥等；特性水泥则是具有比较突出的某种性能的水泥，如快硬硅酸盐水泥、白色硅酸盐水泥、抗硫酸盐水泥、膨胀水泥和自应力水泥等。

本章重点介绍通用硅酸盐水泥的生产、性质与使用，简要介绍了其他品种水泥的性质和应用。通过学习，应了解通用硅酸盐水泥的原料、生产过程，掌握其矿物组成、水化、凝结、硬化的特点，熟悉通用硅酸盐水泥的技术性质和应用。了解其他特性水泥和专用水泥。

第一节 通用硅酸盐水泥

通用硅酸盐水泥（common portland cement）是以硅酸盐水泥熟料和适量石膏及规定的混合材料制成的水硬性胶凝材料。按混合材料的品种和掺量，通用硅酸盐水泥分为硅酸盐水泥、普通硅酸盐水泥、矿渣硅酸盐水泥、火山灰质硅酸盐水泥、粉煤灰硅酸盐水泥和复合硅酸盐水泥。

通用硅酸盐水泥的组分应符合表 4-1 的规定。

表 4-1 通用硅酸盐水泥的组分   %

品 种	代 号	组 分				
		熟料＋石膏	粒化高炉矿渣	火山灰质混合材料	粉煤灰	石灰石
硅酸盐水泥	P·I	100	—	—	—	—
	P·II	≥95	≤5	—	—	—
		≥95	—	—	—	≤5
普通硅酸盐水泥	P·O	≥80 且 <95	>5 且 ≤20			—
矿渣硅酸盐水泥	P·S·A	≥50 且 <80	>20 且 ≤50	—	—	—
	P·S·B	≥30 且 <50	>50 且 ≤70	—	—	—
火山灰质硅酸盐水泥	P·P	≥60 且 <80	—	>20 且 ≤40	—	—
粉煤灰硅酸盐水泥	P·F	≥60 且 <80	—	—	>20 且 ≤40	—
复合硅酸盐水泥	P·C	≥50 且 <80	>20 且 ≤50			

一、硅酸盐水泥

硅酸盐水泥又分为两个类型，未掺混合材料的为Ⅰ型硅酸盐水泥，代号 P·Ⅰ；掺入不超过水泥质量5%的混合材料（粒化高炉矿渣或石灰石）的称为Ⅱ型硅酸盐水泥，代号 P·Ⅱ。硅酸盐水泥是通用硅酸盐水泥的基本品种。

1. 硅酸盐水泥的生产

硅酸盐水泥的生产过程包括三个环节：生料的配制与磨细、熟料的煅烧和熟料的粉磨，可简单概括为"两磨一烧"，如图4-1所示。

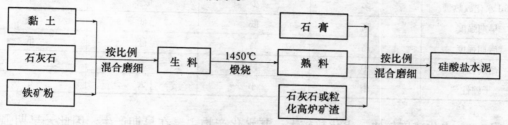

图4-1 硅酸盐水泥生产工艺流程示意图

（1）生料（raw meal）的配制与磨细

硅酸盐水泥的原料主要由三部分组成：石灰质原料（如石灰石、贝壳等，提供 CaO）、黏土质原料（如黏土、页岩等，主要提供 SiO_2、Al_2O_3、Fe_2O_3）、校正原料（如铁矿粉，用以补充原料不足的 Fe_2O_3；砂岩用以补充原料中不足的 SiO_2）。

将以上三种原料按适当的比例配合，并将它们在球磨机内研磨到规定细度并均匀混合，这个过程叫做生料配制。生料配制有干法和湿法两种。

（2）熟料（clinker）的煅烧

将配好的生料入窑进行高温煅烧，至1450℃左右生成以硅酸钙为主要成分的硅酸盐水泥熟料。水泥窑型主要有立窑和回转窑。一般立窑适用于小型水泥厂，回转窑适用于大型水泥厂。生料在窑内经过干燥、预热、分解、烧成、冷却五个阶段，发生了一系列物理化学变化而形成了所需要的熟料矿物成分。

（3）熟料的粉磨

为了调节水泥的凝结时间，将水泥熟料配以适量的石膏（常用天然二水石膏、天然硬石膏），并根据要求掺入5%以内或不掺混合材料，共同磨至适当的细度，即制成硅酸盐水泥。

2. 硅酸盐水泥熟料的矿物组成及特性

（1）硅酸盐水泥熟料的矿物组成

硅酸盐水泥熟料主要由四种矿物组成，其名称、成分、化学式缩写、含量如下：

矿物名称	化学成分	缩写符号	含量
硅酸三钙	$3CaO \cdot SiO_2$	C_3S	36% ~60%
硅酸二钙	$2CaO \cdot SiO_2$	C_2S	15% ~36%
铝酸三钙	$3CaO \cdot Al_2O_3$	C_3A	7% ~15%
铁铝酸四钙	$4CaO \cdot Al_2O_3 \cdot Fe_2O_3$	C_4AF	10% ~18%

水泥熟料中除了上述主要矿物外，还含有少量的游离氧化钙（$f\text{-}CaO$）、游离氧化镁（$f\text{-}MgO$）、碱性氧化物（Na_2O、K_2O）和玻璃体等。

（2）硅酸盐水泥熟料矿物的特性

硅酸盐水泥熟料的四种主要矿物单独与水作用时所表现的特性是不同的，见表4-2。

表 4-2 硅酸盐水泥主要矿物特性

矿物组成	硅酸三钙	硅酸二钙	铝酸三钙	铁铝酸四钙
反应速度	快	慢	最快	快
28d 水化放热量	多	少	最多	中
早期强度	高	低	低	低
后期强度	高	高	低	低
耐腐蚀性	中	良	差	好
干缩性	中	小	大	小

①C_3S：水化速度较快，水化热较大，其水化产物主要在早期产生。因此，早期强度最高，且能得到不断增长，它是决定水泥强度等级的最主要矿物。

②C_2S：水化速度最慢，水化热最小，其水化产物和水化热主要在后期产生。因此，它对水泥早期强度贡献很小，但对后期强度增加至关重要。

③C_3A：水化速度最快，水化热最集中，如果不掺加石膏，易造成水泥速凝。它的水化产物大多在3d内就产生，但强度并不大，以后也不再增长，甚至倒缩。硬化时所表现出的体积收缩也最大，耐硫酸盐性能差。

④C_4AF：水化速度介于C_3A和C_3S之间，强度也是在早期发挥，但不大。它的突出特点是抗冲击性能和抗硫酸盐性能好。水泥中若提高它的含量，可增加水泥的抗折强度和耐腐蚀性能。

硅酸盐水泥强度主要取决于四种单矿物的性质。适当地调整它们的相对含量，可以制得不同品种的水泥。如：当提高C_3S和C_3A含量时，可以生产快硬硅酸盐水泥；提高C_2S和C_4AF的含量，降低C_3S、C_3A的含量就可以生产出低热的大坝水泥；提高C_4AF含量则可制得高抗折强度的道路水泥。

3. 硅酸盐水泥的水化、凝结、硬化

（1）硅酸盐水泥的水化

水泥加水后，其颗粒表面立即与水发生化学反应，生成一系列的水化产物并放出一定的热量。常温下水泥熟料单矿物的水化反应式如下：

$$2（3CaO \cdot SiO_2）+6H_2O = 3CaO \cdot 2SiO_2 \cdot 3H_2O + 3Ca(OH)_2$$

$$2（2CaO \cdot SiO_2）+4H_2O = 3CaO \cdot 2SiO_2 \cdot 3H_2O + Ca(OH)_2$$

$$3CaO \cdot Al_2O_3 + 6H_2O = 3CaO \cdot Al_2O_3 \cdot 6H_2O$$

$$4CaO \cdot Al_2O_3 \cdot Fe_2O_3 + 7H_2O = 3CaO \cdot Al_2O_3 \cdot 6H_2O + CaO \cdot Fe_2O_3 \cdot H_2O$$

$$3CaO \cdot Al_2O_3 \cdot 6H_2O + 3（CaSO_4 \cdot 2H_2O）+19H_2O = 3CaO \cdot Al_2O_3 \cdot 3CaSO_4 \cdot 31H_2O$$

$$3CaO \cdot Al_2O_3 \cdot 6H_2O + CaSO_4 \cdot 2H_2O + 4H_2O = 3CaO \cdot Al_2O_3 \cdot CaSO_4 \cdot 12H_2O$$

在上述反应中，硅酸三钙的反应速度较快，生成的水化硅酸钙不溶于水，很快以胶体微粒析出，并逐渐凝聚成 C-S-H 凝胶，构成具有很高强度的空间网状结构。与此同时，生成的氢氧化钙在溶液中的浓度很快达到饱和，并以晶体形态析出。

硅酸二钙的水化反应产物与硅酸三钙相同，但由于其反应速度较慢，早期生成的水化硅酸钙凝胶较少，因而早期强度低。但当有硅酸三钙存在时，可以提高硅酸二钙的水化反应速度，一般一年以后硅酸二钙的强度可以达到硅酸三钙 28d 的强度。

铝酸三钙的反应速度最快，它很快就生成水化铝酸钙晶体。水化铝酸钙又与水泥中加入的石膏反应，生成高硫型水化硫铝酸钙，称钙钒石，用 AFt 表示。当进入反应后期时，由于石膏耗尽，水化铝酸钙又会与钙钒石反应生成单硫型水化硫铝酸钙，用 AFm 表示。钙钒石是难溶于水的针状晶体，它包裹在 C_3A 表面，阻止水分的进入，延缓了水泥的水化，起到了缓凝的作用。但石膏掺量不能过多，过多时不仅缓凝作用不大，还会引起水泥安定性不良。合理的石膏掺量主要取决于水泥中 C_3A 的含量和石膏的品种及质量，同时也与水泥细度和熟料中的 SO_3 含量有关。一般生产水泥时石膏掺量占水泥质量的 3% ~ 5%，实际掺量需通过试验确定。

如果不考虑硅酸盐水泥水化后的一些少量生成物，那么硅酸盐水泥水化后的主要成分有：水化硅酸钙凝胶（C-S-H）、水化铁酸钙凝胶（C-F-H）、氢氧化钙晶体（CH）、水化铝酸钙晶体（C_3AH_6）、水化硫铝酸钙晶体（AFt、AFm）。

在充分水化的水泥中，水化硅酸钙的含量占 70%，氢氧化钙的含量约占 20%，钙钒石和单硫型水化硫铝酸钙约占 7%，其他占 3%。

（2）硅酸盐水泥的凝结和硬化

与其他矿物胶凝材料一样，硅酸盐水泥加水拌和后成为可塑性的浆体。随着时间的推移，其塑性逐渐降低，直至最后失去塑性，这个过程称为水泥的凝结。随着水化的深入进行，水化产物不断增多，形成的空间网状结构愈加密实，水泥浆体便产生强度，即达到了硬化。水泥的凝结硬化是一个连续不断的过程。

硅酸盐水泥的凝结硬化过程非常复杂，自 1882 年吕·查德理（H. Lechatelier）首次提出水泥凝结硬化理论以来，人们一直没有停止研究。目前一般将水泥的凝结硬化过程分为四个阶段，如图 4-2 所示。

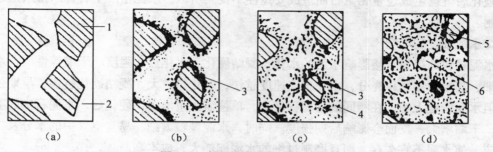

图 4-2　水泥凝结硬化过程示意图
（a）分散在水中未水化的水泥颗粒；（b）水泥颗粒表面形成的水化物膜层；
（c）膜层长大并互相连接（凝结）；（d）水化物进一步发展，填充毛细孔（硬化）
1—水泥颗粒；2—水分；3—凝胶；4—晶体；5—水泥颗粒未水化内核；6—毛细孔

①初始反应期：水泥加水后，立即水化和水解，发生固-液、液-液反应，在水泥颗粒表面很快生成一层凝胶体（凝胶和晶体），这一过程大约需 $5 \sim 10min$。

②潜伏期：初始反应之后，随着包裹水泥颗粒的凝胶体的增厚，水泥颗粒不能和水直接接触，此时反应速度降低，反应靠扩散控制，也称为诱导期，时间为 $2 \sim 4h$。在此期间，水化产物数量不多，水泥颗粒仍然是分散开的，这也是硅酸盐水泥能在几个小时内保持塑性的原因。潜伏期的终结就是水泥的初凝。

③凝结期：随着凝胶体的进一步增厚，水泥颗粒内外产生的渗透压愈来愈大，致使颗粒破裂，产生新的水泥颗粒表面又直接与水接触，反应速度重新加快。此时，生成较多的凝胶体不断填充于水泥颗粒间的空隙，接触点逐渐增多，开始形成一定的空间网状结构，游离水分不断减少，使水泥浆逐渐失去可塑性，这就是水泥的凝结过程，时间为 $4 \sim 8h$。此后，终凝结束，开始硬化。

④硬化期：随着新的凝胶体的生成，凝胶体膜层不断增厚，形成较为密实的空间网状结构，反应速度又降低，进入减速阶段，时间为 $12 \sim 24h$，一般在此时脱模；以后反应速度更低，进入一个相对稳定阶段，称为稳定期，即反应的硬化期。水泥的硬化可持续很长时间，在环境温度和湿度合适的条件下，甚至几十年后的水泥石强度还会继续增长。

以上的几个阶段不是截然分开的，而是交错进行。水化是水泥产生凝结硬化的前提，而凝结硬化是水化的结果。这一过程起初进行很快，但随着水泥颗粒周围的水化产物不断增多，阻碍了水泥颗粒继续水化，所以水化速度也相应减慢。尽管水化仍能进行，但无论多久，水泥内核也很难达到完全水化。

由以上水泥凝结、硬化过程可知，硬化后的水泥石是由凝胶体（凝胶和晶体）、未水化的水泥颗粒内核、毛细孔、自由水等组成的非匀质体。

（3）影响硅酸盐水泥凝结硬化的因素

①水泥矿物组成的影响

从表4-1可以看出，硅酸盐水泥熟料的四种矿物组成是影响水泥水化速度、凝结硬化过程和强度发展的主要因素。另外，水泥生产中石膏掺量的多少也非常关键。石膏掺入的目的是为了调节 C_3A 的水化、凝结硬化速度。掺量太少，缓凝作用小；掺量过多，又会使水泥浆在硬化后继续生成过量钙矾石而造成安定性不良。所以，水泥生产中石膏的掺入量必须严格控制。

②水泥细度的影响

水泥颗粒的粗细直接影响水泥的水化、凝结硬化、水化热、强度、干缩等性质。水泥颗粒越细，其与水接触越充分，水化反应速度越快，水化热越大，凝结硬化越快，早期强度较高。但水泥颗粒太细，在相同的稀稠程度下，单位需水量增多，硬化后，水泥石中的毛细孔增多，干缩增大，反而会影响后期强度。同时，水泥颗粒太细，易与空气中的水分及二氧化碳反应，使水泥不宜久存，而且磨制过细的水泥能耗大，成本高。

③水灰比（W/C）的影响

水灰比是水泥拌和时水与水泥的质量之比。拌和水泥浆体时，为了使其具有一定的塑性和流动性，实际加水量通常要大于水泥水化的理论用水量。水灰比越大，水泥浆越稀，颗粒间的间隙越大，凝结硬化越慢，多余水蒸发后在水泥石内形成的毛细孔越多，结果导致水泥石强度、抗冻性、抗渗性等随之下降，还会造成体积收缩等缺陷。

④养护条件（温度、湿度）的影响

养护温度升高，水泥水化反应速度加快，其强度增长也快，但反应速度太快所形成的结构不密实，反而会导致后期强度下降（当温度达到 70℃ 以上时，其 28d 的强度下降 10% ~ 20%）；当温度下降时，水泥水化反应速度下降，强度增长缓慢，早期强度较低。当温度接近 0℃ 或低于 0℃ 时，水泥停止水化，并有可能在冻结膨胀作用下，造成已硬化的水泥石破坏。因此，冬季施工时，要采取一定的保温措施。通常水泥的养护温度在 5 ~ 20℃ 时有利于强度增长。

水泥是水硬性胶凝材料，水是水泥水化、硬化的必要条件。若环境湿度大，水分不易蒸发，则可保证水泥水化充分进行；若环境干燥，水泥浆体中的水分会很快蒸发，水泥浆体由于缺水，而致使水化不能正常进行甚至停止，强度不再增长，严重的会导致水泥石或混凝土表面产生干缩裂缝。

⑤养护时间（龄期）的影响

从水泥的凝结硬化过程可以看出，水泥的水化和硬化是一个较漫长的过程，随着龄期的增加，水泥水化更加充分，凝胶体数量不断增加，毛细孔隙减少，密实度和强度增加。硅酸盐水泥在 3 ~ 14d 内的强度增长较快，28d 后强度增长趋于缓慢。

4. 硅酸盐水泥的技术性质

根据相应的国家标准《通用硅酸盐水泥》规定，对水泥的技术性质要求如下：

（1）细度（fineness）

水泥颗粒的粗细对水泥性质有很大影响。颗粒太粗，水化反应速度慢，早期强度低，不利于工程的进度；水泥颗粒太细，水化反应速度快，早期强度高，但需水量大，干缩增大，反而会使后期强度下降，同时能耗增大，成本增高。因此，水泥的细度必须适中，通常水泥颗粒的粒径在 7 ~ 200μm 范围内。

硅酸盐水泥的细度采用比表面测定仪（勃氏法）检验，即根据一定量空气通过一定空隙率和厚度的水泥层时所受阻力的不同而引起流速的变化来测定。国家标准规定：硅酸盐水泥的比表面积应不小于 300m²/kg。

（2）标准稠度用水量（water consumption for standard consistency）

标准稠度用水量指水泥加水调制到某一规定稠度净浆时所需拌和用水量占水泥质量的百分数。由于用水量的多少直接影响凝结时间和体积安定性等性质的测定，因而，必须在规定的稠度下进行试验。硅酸盐水泥的标准稠度用水量一般在 24% ~ 30% 之间。水泥熟料矿物的成分和细度不相同时，其标准稠度用水量也不相同。

（3）凝结时间（setting time）

为使水泥浆在较长时间内保持流动性，以满足施工中各项操作（搅拌、运输、振捣、成型等）所需时间的要求，水泥的初凝时间不宜太短；成型完毕后，又希望水泥尽快硬化，有利于下一步工序的开展，因此水泥的终凝时间不宜过长。

水泥的凝结时间是以标准稠度的水泥净浆在规定温度和湿度下，用凝结时间测定仪测定的。因为水泥的凝结时间与用水量有很大关系，为消除用水量的多少对水泥凝结时间的影响，使所测的结果有可比性，所以实验中必须采用标准稠度的水泥净浆。

国家标准规定：硅酸盐水泥的初凝时间不得小于 45min，终凝时间不得大于 390min。凝结时间不满足要求的为不合格品。

（4）体积安定性（soundness）

水泥在凝结硬化过程中体积变化的均匀性称为水泥的体积安定性。体积变化不均匀，即所谓的体积安定性不良，会使混凝土结构产生膨胀性裂缝，降低工程质量，严重的还会造成工程事故。引起水泥安定性不良的原因有：

①熟料中含有过多的游离氧化钙

熟料煅烧时，一部分 CaO 未被吸收成为熟料矿物而形成过烧氧化钙，即游离氧化钙（$f\text{-}CaO$）。它的水化速度很慢，在水泥凝结硬化很长时间后才开始水化，而且水化生成 $Ca(OH)_2$ 体积增大，如果水泥熟料中游离氧化钙含量过多，则会引起已硬化的水泥石体积发生不均匀膨胀而破坏。

沸煮可加速游离氧化钙的水化，故国家标准《水泥标准稠度用水量、凝结时间、体积安定性检验方法》（GB 1346—2001）规定：用沸煮法检验游离氧化钙引起的水泥安定性不良。测试时又分试饼法和雷氏法，当两种方法发生争议时，以雷氏法为准。

②熟料中含有过多的游离氧化镁

游离氧化镁（$f\text{-}MgO$）也是熟料煅烧时由于过烧而形成，同样也会造成水泥石体积安定性不良。但游离氧化镁引起的安定性不良，只有用压蒸法才能检验出来，不便于快速检验。因此，国家标准规定：硅酸盐水泥中的游离氧化镁的含量不得超过 5.0%，当压蒸试验合格时可放宽到 6.0%。

③石膏掺量过多

在生产水泥时，如果石膏掺量过多，在水泥已经硬化后，多余的石膏会与水泥石中固态的水化铝酸钙继续反应生成高硫型水化硫铝酸钙晶体，体积膨胀 1.5～2.0 倍，引起水泥石开裂。由于石膏造成的安定性不良，需长期在常温水中才能发现，不便于快速检验，因此在水泥生产时必须严格控制。国家标准规定：硅酸盐水泥中的石膏掺量以 SO_3 计，其含量不得超过 3.5%。

体积安定性不符合要求的为不合格品。但某些体积安定性不合格的水泥存放一段时间后，由于水泥中的游离氧化钙吸收空气中的水而熟化，会变得合格。

（5）强度等级（strength grade）

水泥强度是硅酸盐水泥的一项重要指标，是评定水泥强度等级的依据。

国家标准规定，采用《水泥胶砂强度检验法》（ISO 法）（GB/T 17671—1999）测定水泥强度。该法是将水泥、标准砂和水以规定的质量比例（水泥：标准砂：水 = 1:3:0.5）按规定的方法搅拌均匀并成型为 40mm×40mm×160mm 的试件，在温度（20±1）℃的水中，养护到一定的龄期（3d、28d）后，测其抗折强度、抗压强度。根据所测的强度值将硅酸盐水泥分为 42.5、42.5R、52.5、52.5R、62.5、62.5R 六个强度等级（符号 R 表示早强型）。

各龄期的强度不能低于国家标准的规定，见表4-3。强度不满足要求的为不合格品。

表4-3 通用硅酸盐水泥各龄期的强度要求（报批稿，2006）

品 种	强度等级	抗压强度（MPa）		抗折强度（MPa）	
		3d	28d	3d	28d
硅酸盐水泥	42.5	17.0	42.5	3.5	6.5
	42.5R	22.0		4.0	
	52.5	23.0	52.5	4.0	7.0
	52.5R	27.0		5.0	
	62.5	28.0	62.5	5.0	8.0
	62.5R	32.0		5.5	
普通硅酸盐水泥	42.5	17.0	42.5	3.5	6.5
	42.5R	22.0		4.0	
	52.5	23.0	52.5	4.0	7.0
	52.5R	27.0		5.0	
矿渣硅酸盐水泥 火山灰质硅酸盐水泥 粉煤灰硅酸盐水泥 复合硅酸盐水泥	32.5	10.0	32.5	2.5	5.5
	32.5R	15.0		3.5	
	42.5	15.0	42.5	3.5	6.5
	42.5R	19.0		4.0	
	52.5	21.0	52.5	4.0	7.0
	52.5R	23.0		4.5	

（6）水化热（heat of hydration）

水泥在与水进行水化反应时放出的热量称为水化热（J/g）。水化放热量与放热速度不仅影响水泥的凝结硬化速度，而且由于热量的积蓄还会产生某些效果，如有利于低温环境中的施工，不利于大体积结构的体积稳定等。对于某些大体积混凝土工程（大型基础、水坝、桥墩等），水化热积聚在结构内部不易发散，使结构的内外温差可达 $50 \sim 60 ℃$ 以上，由此引起较大的应力会导致混凝土开裂等破坏，因此应采用低热水泥；而对于冬季施工等低温环境工程，宜采用水化热大的水泥，以利用其自身的水化热量来保证混凝土凝结硬化。

水泥水化热的多少不仅取决于其矿物组成，而且还与水泥细度、混合材掺量等有关。水泥熟料中 C_3A 的放热量最大，其次是 C_3S，C_2S 放热量最低，而且放热速度也最慢；水泥细度越细，水化反应越容易进行，因此水化放热速度越快，放热量也越大。硅酸盐水泥 3d 龄期内放热量为总量的 50%，7d 内放出的热量为总量的 75%，3 个月内放出的热量可达总热量的 90%。表4-4 列出了四种水泥熟料矿物的水化热大小。

表4-4 各种矿物的水化热   J/g

矿物名称	3d	7d	28d	90d	365d
C_3A	888	1554	—	1302	1168
C_3S	293	395	400	410	408
C_2S	50	42	108	178	228
C_4AF	120	175	340	400	376

（7）碱含量（alkali content）

水泥中的碱含量按 $Na_2O + 0.658K_2O$ 计算值表示。配制混凝土的集料中含有活性 SiO_2 时，若水泥中的碱含量高，就会产生碱-集料反应，使混凝土产生不均匀的体积变化，甚至导致混凝土产生膨胀破坏。使用活性集料或用户要求提供低碱水泥时，水泥中的碱含量应不大于 0.6%，或由供需双方商定。

（8）氯离子含量（chloride content）

水泥混凝土是碱性的（新浇混凝土的 pH 值为 12.5 或更高），钢筋氧化保护膜也为碱性，故一般情况下，在水泥混凝土中的钢筋不致锈蚀。但如果水泥中氯离子含量较高，氯离子会强烈促进锈蚀反应，破坏保护膜，加速钢筋锈蚀。因此，国家标准规定：硅酸盐水泥中氯离子含量应不大于 0.06%。氯离子含量不满足要求的为不合格品。

硅酸盐水泥除了上述技术要求外，国家标准对硅酸盐水泥还有不溶物、烧失量等要求。

5. 硅酸盐水泥的腐蚀

硅酸盐水泥硬化后，一般有较好的耐久性，但当水泥石所处的环境中含有腐蚀性介质时，水泥石的水化产物就会同周围的腐蚀性物质发生反应，使水泥石遭受破坏，进而引起整个混凝土结构的破坏。

（1）硅酸盐水泥腐蚀的类型

①软水腐蚀（leaching corrosion）

雨水、雪水及许多河水和湖水均属于软水（重碳酸盐含量低的水）。当水泥石与这些水长期接触时，水泥石中的氢氧化钙会溶于水中，在静水及无压的情况下，由于水泥石周围的水易被溶出的氢氧化钙所饱和，使溶解作用终止，所以溶出仅限于水泥石表层，对水泥石内部结构影响不大。但在流水及压力水的作用下，氢氧化钙会被不断溶解流失，使水泥石的碱度降低。同时由于水泥石中的其他水化产物必须在一定的碱性环境中才能稳定存在，氢氧化钙的溶出势必将导致其他水化产物的分解，最终使水泥石破坏，也称为溶出性腐蚀。

当水中含有较多的重碳酸盐时，重碳酸盐会与水泥石中的 $Ca(OH)_2$ 反应，生成不溶于水的碳酸钙，其反应如下：

$$Ca(OH)_2 + Ca(HCO_3)_2 =\!\!=\!\!= 2CaCO_3 + 2H_2O$$

生成的碳酸钙填充于已硬化水泥石的孔隙内，从而阻止外界水分的继续侵入和内部氢氧化钙的扩散析出。所以，含有较多重碳酸盐的水，一般不会对水泥石造成溶出性腐蚀。

②盐类腐蚀（salt attack）

a. 硫酸盐腐蚀（sulfate attack）

在海水、湖水、盐沼水、地下水、某些工业污水及流经高炉矿渣或煤渣的水中，常含钾、钠、氨的硫酸盐，它们很容易和水泥石中的氢氧化钙发生置换反应而生成硫酸钙，而生成的硫酸钙又会与硬化水泥石中的水化铝酸钙反应生成高硫型水化硫铝酸钙，即钙矾石（AFt），内部含有大量结晶水，比原有水泥石体积增大大约 1.5 倍，造成膨胀性破坏。其反应式为：

$$3(CaSO_4 \cdot 2H_2O) + 3CaO \cdot Al_2O_3 \cdot 6H_2O + 19H_2O =\!\!=\!\!= 3CaO \cdot Al_2O_3 \cdot 3CaSO_4 \cdot 31H_2O$$

（体积膨胀）

这种高硫型水化硫铝酸钙为针状晶体，对水泥石破坏作用极大，为此，也将其称为

"水泥杆菌"。

当水中硫酸盐浓度较高时，所生成的硫酸钙还会在孔隙中直接结晶成二水石膏，这也会产生明显的体积膨胀而导致破坏。

b. 镁盐的腐蚀（magnesium salt attack）

在海水、地下水中常含有大量镁盐，主要是氯化镁和硫酸镁，均可以与水泥石中的氢氧化钙发生置换反应。所生成的氢氧化镁松散且无胶结力，氯化钙又易溶于水，所以导致水泥石结构破坏。

$$MgCl_2 + Ca(OH)_2 = CaCl_2 + Mg(OH)_2$$
$$（易溶） （无胶结力）$$

当硫酸镁与水泥石接触时，将产生下列反应：

$$MgSO_4 + Ca(OH)_2 + 2H_2O = Mg(OH)_2 + CaSO_4 \cdot 2H_2O$$
$$（无胶结力）$$

所生成的氢氧化镁松散且无胶结力，而生成的石膏又会进一步对水泥石产生硫酸盐腐蚀，故称硫酸镁腐蚀为双重腐蚀。

③酸类腐蚀（acid attack）

a. 碳酸的腐蚀

在工业污水、雨水及地下水中常含有较多的 CO_2，当含量超过一定值时，将使水泥石发生破坏。其反应如下：

$$Ca(OH)_2 + CO_2 + H_2O = CaCO_3 + 2H_2O$$
$$CaCO_3 + CO_2 + H_2O = Ca(HCO_3)_2$$

反应生成的碳酸氢钙易溶于水，当水中含有较多的 CO_2 时，上述反应向右进行，从而导致水泥石中微溶于水的氢氧化钙转变为易溶于水的碳酸氢钙而溶失。氢氧化钙浓度的降低又将导致水泥石中其他水化产物的分解，使腐蚀作用进一步加剧。

b. 一般酸的腐蚀

在工业废水、地下水中常含有无机酸或有机酸。这些酸类对水泥石都有不同程度的腐蚀，它们与水泥石中氢氧化钙发生中和反应后的生成物或者易溶于水而流失，或者体积膨胀而在水泥石内造成内应力而破坏。其反应式如下：

$$2HCl + Ca(OH)_2 = CaCl_2 + 2H_2O$$
$$（易溶）$$

$$H_2SO_4 + Ca(OH)_2 = CaSO_4 \cdot 2H_2O + H_2O$$

硫酸与氢氧化钙反应生成的硫酸钙再与水化铝酸钙反应，产生的水化硫铝酸钙，即"水泥杆菌"，体积膨胀 $1.5 \sim 2$ 倍，使水泥石产生内应力，导致水泥石的膨胀破坏。

④碱的腐蚀（alkali attack）

一般情况下，碱对水泥石的腐蚀作用很小，但当水泥中铝酸盐含量较高时，且在强碱溶液里水泥石也会遭受腐蚀。其反应如下：

$$3CaO \cdot Al_2O_3 + 6NaOH = 3Na_2O \cdot Al_2O_3 + 3Ca(OH)_2$$
$$（易溶于水）$$

当水泥石被 NaOH 溶液浸透后，又放在空气中干燥，这时水泥石中的 NaOH 会与空气中的 CO_2 作用，生成碳酸钠，反应如下：

$$2NaOH + CO_2 + H_2O =\!=\!= Na_2CO_3 + 2H_2O$$

生成的碳酸钠在水泥石毛细孔中结晶沉积，导致水泥石体积膨胀破坏。

除上述四种主要腐蚀类型外，对水泥石可能产生腐蚀作用的其他物质还有糖类、氨盐、酒精、动物脂肪等。

（2）水泥石腐蚀的原因

水泥石的腐蚀是一个极为复杂的物理化学过程，在其遭受腐蚀时很少仅为单一的侵蚀作用，往往是几种作用同时存在，互相影响。但从水泥石结构本身来说，造成水泥石腐蚀的原因主要有内、外两方面：

①内因

水泥石中存在着易被腐蚀的成分，即氢氧化钙和水化铝酸钙等。水泥石本身不密实，含有大量毛细孔隙，使腐蚀性介质容易通过毛细孔进入其内部。

②外因

水泥石存在的环境中有易引起腐蚀的介质，并且呈溶液状态，浓度在某一最小值以上。此外，较高的环境温度、较快的介质流速、频繁的干湿交替等也都是促进腐蚀的重要因素。

（3）防止水泥石腐蚀的措施

使用水泥时，应根据水泥石的腐蚀原因，针对不同的腐蚀环境，采取以下防止措施：

①根据水泥石侵蚀环境特点，合理选用水泥品种或掺入活性混合材，以提高水泥的抗腐蚀能力。其目的是减少水泥石中易被腐蚀的氢氧化钙和水化铝酸钙含量。

②提高水泥石的密实度可以提高混凝土的抗腐蚀能力。理论上讲硅酸盐水泥水化的需水量仅为水泥质量的 23% 左右，但在实际工程中，为满足施工要求，实际加水量通常为 40%～70%，多余水分蒸发后在水泥石内形成了大量的连通孔隙，为腐蚀性介质的侵入提供了通道。通过减小水灰比、采用优质集料、改善施工操作、掺加外加剂等做法，可以提高水泥石的密实度，从而减少腐蚀性介质进入混凝土的通道，提高混凝土的抗腐蚀能力。

③在水泥石的表面涂抹或敷设保护层，避免外界腐蚀性介质对水泥石产生腐蚀作用。当环境介质的侵蚀作用较强时，或水泥石本身结构难以抵挡其腐蚀作用时，可在水泥石结构表面加做耐腐蚀性强且不易透水的保护层。例如，在水泥石表面涂抹耐腐蚀的涂料（水玻璃、沥青、环氧树脂等），或在水泥石的表面铺贴建筑陶瓷、致密的天然石材等都是防止水泥石腐蚀的有效做法。

6. 硅酸盐水泥的性能及应用

①早期强度和后期强度高

硅酸盐水泥凝结硬化快，早期强度和强度等级都高，可用于对早期强度有要求的工程，如现浇混凝土楼板、梁、柱、预制混凝土构件，也可用于预应力混凝土结构、高强混凝土工程。

②水化热大、抗冻性好

由于硅酸盐水泥水化热较大，有利于冬季施工。但也正是由于水化热较大，在修建大体积混凝土工程时（一般指长、宽、高均在 1m 以上），容易在混凝土构件内部聚集较大的热量，产生温度应力，造成混凝土的破坏。因此，硅酸盐水泥一般不宜用于大体积的混凝土工程。

硅酸盐水泥石结构密实且早期强度高，所以抗冻性好，适合用于严寒地区遭受反复冻融的工程及抗冻性要求较高的工程，如大坝的溢流面、混凝土路面工程。

③干缩小、耐磨性较好

硅酸盐水泥硬化时干缩小，不易产生干缩裂缝。一般可用于干燥环境工程。由于干缩小，表面不易起粉，因此耐磨性较好，可用于道路工程中。但 R 型硅酸盐水泥由于水化放热量大，凝结时间短，不利于混凝土远距离输送或高温季节施工，只适用于快速抢修工程和冬季施工。

④抗碳化性较好

水泥石中的氢氧化钙与空气中的二氧化碳和水作用生成碳酸钙的过程称为碳化。碳化会引起水泥石内部的碱度降低。当水泥石的碱度降低时，钢筋混凝土中的钢筋便失去钝化保护膜而锈蚀。硅酸盐水泥在水化后，水泥石中含有较多的氢氧化钙，碳化时水泥的碱度下降少，对钢筋的保护作用强，可用于空气中二氧化碳浓度较高的环境中，如热处理车间等。

⑤耐腐蚀性差

硅酸盐水泥水化后，含有大量的氢氧化钙和水化铝酸钙，因此其耐软水和耐化学腐蚀性差，不能用于海港工程、抗硫酸盐工程等。

⑥不耐高温

当水泥石处于 250～300℃ 的高温度环境时，其中的水化硅酸钙开始脱水，体积收缩，强度下降。氢氧化钙在 600℃ 以上会分解成氧化钙和二氧化碳，高温后的水泥石受潮时，生成的氧化钙与水作用，体积膨胀，造成水泥石的破坏，因此硅酸盐水泥不宜用于温度高于 250℃ 的耐热混凝土工程，如工业窑炉和高炉的基础。

二、其他通用硅酸盐水泥

1. 混合材料（addition）

在生产水泥的过程中掺入的各种人工或天然矿物材料，称为混合材料。混合材的掺入不仅可以改善水泥的性能，调节水泥的强度等级，增加水泥产量，降低成本，而且可以大量利用工业废料，利于环保。

混合材料按其性能分为活性混合材料和非活性混合材料两种。

（1）活性混合材（active addition）

本身与水反应很慢，但当磨细并与石灰、石膏或硅酸盐水泥熟料混合，加水拌和后能发生化学反应，在常温下能缓慢生成具有水硬性胶凝物质的矿物材料称为活性混合材。常用的活性混合材料有如下几种：

①粒化高炉矿渣（blastfurnace slag）

在高炉冶炼生铁时将浮在铁水表面的熔融物经急冷处理后，得到的粒径为 0.5～5mm 的疏松颗粒状材料称粒化高炉矿渣。由于多采用水淬方法进行急冷处理，故又称水淬矿渣。

水淬矿渣为多孔玻璃体结构，玻璃体含量达 80% 以上，内部储存有较大的化学潜能。粒化高炉矿渣的化学成分主要有：CaO、Al_2O_3、SiO_2、Fe_2O_3、MgO 等。衡量其活性的大小常用质量系数 K 表示：

$$K = (CaO + MgO + Al_2O_3)/(SiO_2 + MnO + TiO_2)$$

通常，矿渣的质量系数越大，其活性越高，国家标准《用于水泥中的粒化高炉矿渣》（GB/T 203—1994）要求用于水泥中的粒化高炉矿渣质量系数 K 不得小于 1.2，堆积密度不大于 $1200kg/m^3$。

②火山灰质混合材料（pozzolanic addition）

火山灰质混合材料是用于水泥中的，以活性氧化硅、活性氧化铝为主要成分的矿物材料。按其成因可分为天然和人工两大类：

a. 天然火山灰质混合材。包括：火山灰、凝灰岩、浮石、沸石、硅藻土、硅藻石、蛋白石等。

b. 人工火山灰质混合材。包括：烧黏土（如碎砖、瓦）、烧页岩、煤矸石、炉渣、煤灰等。

③粉煤灰（fly ash）

粉煤灰是火力发电厂用收尘器从烟道中收集的灰粉，也称飞灰，为玻璃态实心或空心球状颗粒，表面光滑、色灰。主要化学成分是活性氧化硅和活性氧化铝，两者占 60% 以上。就其成分而言，粉煤灰也属于火山灰质混合材，但由于它的产量及用量大，故将其配制的水泥单独列出。

（2）非活性混合材

不与或几乎不与水泥成分产生化学作用，加入水泥的目的仅是降低水泥强度等级、提高产量、降低成本、减小水化热的这一类矿物材料，称为非活性混合材，也叫做惰性混合材。如磨细的石灰石、石英砂、黏土、慢冷矿渣、窑灰等。

2. 普通硅酸盐水泥（ordinary Portland cement）

普通硅酸盐水泥代号为 P·O。其中加入了大于 5% 且不超过 20% 的活性混合材，并允许不超过水泥质量的 8% 的非活性混合材料或不超过水泥质量 5% 的窑灰代替部分活性混合材。

（1）普通硅酸盐水泥的技术指标

普通硅酸盐水泥的细度、体积安定性、氧化镁含量、三氧化硫含量、氯离子含量要求与硅酸盐水泥完全相同，凝结时间和强度等级技术指标要求不同。

①凝结时间。要求初凝时间不小于 45min，终凝时间不大于 600min。

②强度等级。根据 3d 和 28d 的抗折强度、抗压强度，将普通硅酸盐水泥分为 42.5、42.5R、52.5、52.5R 四个强度等级。各龄期的强度应满足表 4-3 的要求。

掺火山灰质混合材料的普通硅酸盐水泥、火山灰质硅酸盐水泥、粉煤灰硅酸盐水泥、复合硅酸盐水泥在进行胶砂强度检验时，其用水量按 0.50 水灰比和胶砂流动度不小于 180mm 来确定。当流动度小于 180mm 时，须以 0.01 的整倍数递增的方法将水灰比调整至胶砂流动度不小于 180mm。

（2）普通硅酸盐水泥的性能及应用

普通硅酸盐水泥由于掺加的混合材料较少，因此其性能与硅酸盐水泥基本相同。只是强度等级、水化热、抗冻性、抗碳化性等较硅酸盐水泥略有降低，耐热性、耐腐蚀性略有提高。其应用范围与硅酸盐水泥大致相同。普通水泥是土木工程中用量最大的水泥品种之一。

3. 矿渣硅酸盐水泥

矿渣硅酸盐水泥（slag Portland cement）分为两个类型，加入大于 20% 且不超过 50% 的粒化高炉矿渣的为 A 型，代号 P·S·A；加入大于 50% 且不超过 70% 的粒化高炉矿渣的为 B 型，代号 P·S·B。其中允许不超过水泥质量的 8% 的活性混合材、非活性混合材料和窑灰中的任一种材料代替部分矿渣。

（1）矿渣硅酸盐水泥的技术指标

矿渣硅酸盐水泥的凝结时间、体积安定性、氯离子含量要求均与普通硅酸盐水泥相同。其他技术要求如下：

①细度。要求 $80\mu m$ 方孔筛筛余不大于 10% 或 $45\mu m$ 方孔筛筛余不大于 30%。

②氧化镁含量。对 P·S·A 型，要求氧化镁的含量不大于 6.0%，如果含量大于 6.0% 时，需进行压蒸安定性试验并合格。对 P·S·B 型不作要求。

③三氧化硫含量。不大于 4.0%。

④强度等级。根据 3d 和 28d 的抗折强度、抗压强度，将矿渣硅酸盐水泥分为 32.5、32.5R、42.5、42.5R、52.5、52.5R 六个强度等级。各龄期的强度不能低于表 4-3 中的规定。

（2）矿渣硅酸盐水泥的水化特点

矿渣硅酸盐水泥的水化分两步进行，即存在二次水化。首先是水泥熟料的水化，与硅酸盐水泥相同，水化生成水化硅酸钙、氢氧化钙、水化铝酸钙、水化铁酸钙等。然后是活性混合材开始水化。熟料矿物析出的氢氧化钙作为碱性激发剂，石膏作为硫酸盐激发剂，促使混合材中的活性氧化硅和活性氧化铝的活性发挥，生成水化硅酸钙、水化铝酸钙和水化硫铝酸钙。

二次水化是掺混合材材料水泥的共同特点。

（3）矿渣硅酸盐水泥的性能及应用

①早期强度发展慢，后期强度增长快

由于矿渣硅酸盐水泥中的熟料含量较少，故早期的熟料矿物的水化产物也相应减少，而二次水化又必须在熟料水化之后才能进行，因此凝结硬化速度慢，早期强度发展慢。但后期强度增长快，甚至可以超过同强度等级的硅酸盐水泥（图 4-3）。该水泥不适用于早期强度要求较高的工程，如现浇混凝土楼板、梁、柱等。

②耐热性好

因矿渣本身有一定的耐高温性，且硬化后水泥石中的氢氧化钙含量少，所以矿

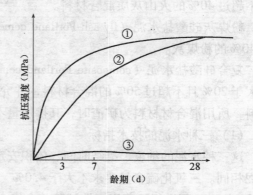

图 4-3 硅酸盐水泥、矿渣硅酸盐水泥、活性混合材料的强度发展特点
①硅酸盐水泥；②矿渣硅酸盐水泥；③活性混合材料

渣水泥适用于高温环境。如轧钢、铸造等高温车间的高温窑炉基础及温度达到 300～400℃ 的热气体通道等耐热工程。

③水化热小

水泥中掺加了大量的混合材，水泥熟料很少，放热量高的 C_3A 和 C_3S 含量少，因此水化放热速度慢、放热量小，可以用于大体积混凝土工程。

④耐腐蚀性好

由于二次水化消耗了大量的氢氧化钙，因此抗软水和海水侵蚀能力增强。可用于海港、水工等受硫酸盐和软水腐蚀的混凝土工程。

⑤硬化时对温度、湿度敏感性强

当温度、湿度低时，凝结硬化慢，故不适于冬季施工。但在湿热条件下，可加速二次水化反应进行，凝结硬化速度明显加快，28d 的强度可以提高 10%～20%。特别适用于蒸汽养护的混凝土预制构件。

⑥抗碳化能力差

由于二次水化反应的发生，致使水泥石中 $Ca(OH)_2$ 含量少，碱度降低，在相同的二氧化碳的含量中，碳化进行得较快，碳化深度也较大，因此其抗碳化能力差，一般不用于热处理车间的修建。

⑦抗冻性差

由于水泥中掺加了大量混合材，使水泥需水量增大，水分蒸发后造成的毛细孔隙增多，且早期强度低，故抗冻性差，不宜用于严寒地区，特别是严寒地区水位经常变动的部位。

⑧抗渗性差、干缩较大

由于矿渣本身不容易磨细，磨细后又呈多棱角状，且颗粒平均粒径大于硅酸盐水泥粒径，矿渣硅酸盐水泥的保水性差、抗渗性差、泌水通道较多、干缩较大，使用中要严格控制用水量，加强早期养护。

4. 火山灰质硅酸盐水泥、粉煤灰硅酸盐水泥、复合硅酸盐水泥

火山灰质硅酸盐水泥（pozzolanic Portland cement）代号为 P·P。其中加入了大于 20% 且不超过 40% 的火山灰质混合材料。

粉煤灰硅酸盐水泥（fly ash Portland cement）代号为 P·F。其中加入了大于 20% 且不超过 40% 的粉煤灰。

复合硅酸盐水泥（composite Portland cement）代号为 P·C。其中加入了两种（含）以上大于 20% 且不超过 50% 的混合材料，并允许用不超过水泥质量 8% 的窑灰代替部分混合材料，所用混合材材料为矿渣时，其掺加量不得与矿渣硅酸盐水泥重复。

（1）三种水泥的技术指标

这三种水泥的细度、凝结时间、体积安定性、强度等级、氯离子含量要求与矿渣硅酸盐水泥相同。三氧化硫含量要求不大于 4.0%。氧化镁的含量要求不大于 6.0%，如果含量大于 6.0% 时，需进行压蒸安定性试验并合格。

（2）三种水泥的性能及应用

这三种水泥与矿渣硅酸盐水泥的性质和应用有以上很多共同点，如早期强度发展慢，后

期强度增长快；水化热小；耐腐蚀性好；温湿度敏感性强；抗碳化能力差；抗冻性差等。但由于每种水泥所加入混合材材料的种类和量不同，因此也各有其特点：

①火山灰质硅酸盐水泥抗渗性好

因为火山灰颗粒较细，比表面积大，可使水泥石结构密实，又因在潮湿环境下使用时，水化中产生较多的水化硅酸钙可增加结构致密程度，因此火山灰质硅酸盐水泥适用于有抗渗要求的混凝土工程。但在干燥、高温的环境中，与空气中的二氧化碳反应使水化硅酸钙分解成碳酸钙和氧化硅，易产生"起粉"现象，不宜用于干燥环境的工程，也不宜用于有抗冻和耐磨要求的混凝土工程。

②粉煤灰硅酸盐水泥干缩较小，抗裂性高

粉煤灰颗粒多呈球形玻璃体结构，比较稳定，表面又相当致密，吸水性小，不易水化，因而粉煤灰硅酸盐水泥干缩较小，抗裂性高，用其配制的混凝土和易性好，但其早期强度较其他掺混合材料的水泥低。所以，粉煤灰硅酸盐水泥适用于承受荷载较迟的工程，尤其适用于大体积水利工程。

③复合硅酸盐水泥综合性质较好

复合硅酸盐水泥由于使用了复合混合材料，改变了水泥石的微观结构，促进水泥熟料的水化，其早期强度大于同强度等级的矿渣硅酸盐水泥、粉煤灰硅酸盐水泥、火山灰质硅酸盐水泥。因而复合硅酸盐水泥的用途较硅酸盐水泥、矿渣硅酸盐水泥等更为广泛，是一种大力发展的新型水泥。

三、水泥的应用与储运

通用硅酸盐水泥是土木工程中广泛使用的水泥品种。为方便查阅与选用，现将其选用原则列表4-5以供参考。

表 4-5　通用硅酸盐水泥的选用

混凝土工程特点及所处环境特点			优先选用	可以选用	不宜选用
普通混凝土	1	在一般环境中的混凝土	普通硅酸盐水泥	矿渣硅酸盐水泥 火山灰质硅酸盐水泥 粉煤灰硅酸盐水泥 复合硅酸盐水泥	
	2	在干燥环境中的混凝土	普通硅酸盐水泥	矿渣硅酸盐水泥	火山灰质硅酸盐水泥 粉煤灰硅酸盐水泥
	3	在高温环境中或长期处于水中的混凝土	矿渣硅酸盐水泥 火山灰质硅酸盐水泥 粉煤灰硅酸盐水泥 复合硅酸盐水泥	普通硅酸盐水泥	
	4	厚大体积混凝土	矿渣硅酸盐水泥 火山灰质硅酸盐水泥 粉煤灰硅酸盐水泥 复合硅酸盐水泥		硅酸盐水泥

续表

混凝土工程特点及所处环境特点		优先选用	可以选用	不宜选用
有特殊要求的混凝土	1　要求快硬、高强（＞C40）的混凝土	硅酸盐水泥	普通硅酸盐水泥	矿渣硅酸盐水泥 火山灰质硅酸盐水泥 粉煤灰硅酸盐水泥 复合硅酸盐水泥
	2　严寒地区的露天混凝土（寒冷地区处于水位升降范围的混凝土）	普通硅酸盐水泥	矿渣硅酸盐水泥（强度等级＞32.5）	火山灰质硅酸盐水泥 粉煤灰硅酸盐水泥
	3　严寒地区处于水位升降范围的混凝土	普通硅酸盐水泥（强度等级＞42.5）		矿渣硅酸盐水泥 火山灰质硅酸盐水泥 粉煤灰硅酸盐水泥 复合硅酸盐水泥
	4　有抗渗要求的混凝土	普通硅酸盐水泥 火山灰质硅酸盐水泥		矿渣硅酸盐水泥
	5　有耐磨要求的混凝土	硅酸盐水泥 普通硅酸盐水泥	矿渣硅酸盐水泥（强度等级＞32.5）	火山灰质硅酸盐水泥 粉煤灰硅酸盐水泥
	6　受侵蚀介质作用的混凝土	矿渣硅酸盐水泥 火山灰质硅酸盐水泥 粉煤灰硅酸盐水泥 复合硅酸盐水泥		硅酸盐水泥

　　水泥在储存和运输中不得受潮与混入杂物。水泥受潮结块时，在颗粒表面产生水化和碳化，从而丧失胶凝能力，严重降低其强度。而且，即使在良好的储存条件下，也会吸收空气中的水分和二氧化碳，产生缓慢的水化和碳化。一般储存 3 个月的水泥，强度下降 10%～20%；储存 6 个月水泥强度下降 15%～30%；储存 1 年后强度下降 25%～40%。水泥有效存放期规定：自水泥出厂之日起，不得超过 3 个月，超过 3 个月的水泥使用时应重新检验，以实测强度为准。对于受潮水泥，可以进行处理，然后再使用。处理方法及适用范围见表 4-6。

表 4-6　受潮水泥的处理与使用

受潮程度	处理办法	使用要求
轻微结块，可用手捏成粉末	将粉块压碎	经试验后根据实际强度使用
部分结成硬块	将硬块筛除，粉块压碎	经试验后根据实际强度使用。用于受力小的部位、强度要求不高的工程或配制砂浆
大部分结成硬块	将硬块粉碎磨细	不能作为水泥使用，可作为混合材掺入新水泥使用（掺量应小于25%）

水泥在运输和储存中，不同品种、不同强度等级的水泥不能混装。对于袋装水泥，水泥堆放高度不能超过 10 包，遵循先来的水泥先用原则。包装袋两侧应印有生产者名称、生产许可证号（QS）及编号、水泥名称、代号、强度等级、出厂编号、执行标准号、包装日期、净含量。硅酸盐水泥和普通硅酸盐水泥用红色的字样打印在包装袋上，矿渣硅酸盐水泥为绿色字体，粉煤灰硅酸盐水泥、火山灰质硅酸盐水泥、复合硅酸盐水泥均为黑色字体或蓝色字体。

第二节　特性水泥和专用水泥

土木工程中除了上述通用硅酸盐水泥外，为了满足某些工程的特殊性能要求，还常采用具有特殊性能的水泥，即特性水泥（special cement）。主要包括铝酸盐水泥、快硬水泥、膨胀水泥和自应力水泥、抗硫酸盐硅酸盐水泥、白色硅酸盐水泥等。另外对于某些特殊工程还有专用水泥，主要包括道路硅酸盐水泥、水工硅酸盐水泥及砌筑水泥。

一、铝酸盐水泥（aluminate cement）

铝酸盐水泥是以铝矾土和石灰石为主要原料，经高温烧至全部或部分熔融所得的以铝酸钙为主要矿物成分的熟料，经磨细得到的水硬性胶凝材料，代号为 CA。由于熟料中氧化铝的成分大于 50%，因此又称高铝水泥。

1. 铝酸盐水泥的矿物组成

铝酸盐水泥按 Al_2O_3 含量百分数分为四类，见表4-7。

表 4-7　铝酸盐水泥分类与化学成分（GB 201—2000）　%

成分类型	Al_2O_3	SiO_2	Fe_2O_3	R_2O（$Na_2O + 0.658K_2O$）	S	Cl
CA-50	$50 \leqslant Al_2O_3 < 60$	≤8.0	≤2.5			
CA-60	$60 \leqslant Al_2O_3 < 68$	≤5.0	≤2.0	≤0.40	≤0.1	≤0.1
CA-70	$68 \leqslant Al_2O_3 < 77$	≤1.0	≤0.7			
CA-80	$Al_2O_3 \geqslant 77$	≤0.5	≤0.5			

* 当用户需要时，生产厂应提供结果和测定方法

铝酸盐水泥的主要矿物成分为：

矿物名称	矿物成分	简写
铝酸一钙	$CaO \cdot Al_2O_3$	CA
二铝酸一钙	$CaO \cdot 2Al_2O_3$	CA_2
硅铝酸二钙	$2CaO \cdot Al_2O_3 \cdot SiO_2$	C_2AS
七铝酸十二钙	$12CaO \cdot 7Al_2O_3$	$C_{12}A_7$

除了上述的铝酸盐外，铝酸盐水泥还含有少量的硅酸二钙等成分。

2. 铝酸盐水泥的水化及硬化

铝酸盐水泥各矿物成分的水化如下：

（1）铝酸一钙是铝酸盐水泥的主要组成矿物，含量在 70% 以上。一般认为，它的水化产物结晶情况随温度变化有所不同。

当温度小于20℃时，其水化反应如下：

$$CaO \cdot Al_2O_3 + 10H_2O == CaO \cdot Al_2O_3 \cdot 10H_2O（简写为 CAH_{10}）$$

当温度在 20~30℃时，其水化反应如下：

$$2(CaO \cdot Al_2O_3) + 11H_2O == 2CaO \cdot Al_2O_3 \cdot 8H_2O（简写为 C_2AH_8）+ Al_2O_3 \cdot 3H_2O$$

当温度大于30℃时，其水化反应如下：

$$3(CaO \cdot Al_2O_3) + 12H_2O == 3CaO \cdot Al_2O_3 \cdot 6H_2O（简写为 C_3AH_6）+ 2（Al_2O_3 \cdot 3H_2O）$$

（2）二铝酸一钙的水化产物与铝酸一钙的水化产物基本相同，其水化产物数量较少，对铝酸盐水泥的影响不大。

（3）七铝酸十二钙水化速度快，但强度低。

（4）硅铝酸二钙又称方柱石，为惰性矿物。

（5）少量的硅酸二钙水化生成水化硅酸钙凝胶。

由以上看出，铝酸盐水泥的水化产物主要是水化铝酸一钙（CAH_{10}）、水化铝酸二钙（C_2AH_8）和铝胶（$Al_2O_3 \cdot 3H_2O$）。CAH_{10} 和 C_2AH_8 是针状和片状晶体，能在早期相互连成坚固的结晶连生体，同时生成的氢氧化铝凝胶填充在晶体的空隙内，形成密实的结构。因此，铝酸盐水泥早期强度增长很快。

CAH_{10} 和 C_2AH_8 是亚稳定型的，随着时间的推移会逐渐转变为稳定的 C_3AH_6，转化过程随着温度、湿度的升高而加速。晶型转变的结果是水泥石内析出大量的游离水，固相体积减缩约50%，增加了水泥石的孔隙率，同时，由于 C_3AH_6 本身强度较低，所以水泥石的强度下降。因此，铝酸盐水泥的长期强度是下降的，但这种下降并不是无限制的，当下降到最低值后就不再下降了，其最终稳定强度值一般只有早期强度的 1/2 或更低。对于铝酸盐水泥，由于长期强度下降，应用时要测定其最低稳定值。国家标准规定：铝酸盐水泥混凝土的最低稳定值以混凝土试件脱模后在（50±2）℃水中养护7d和14d强度中的最低值来确定。

3. 铝酸盐水泥的技术指标

（1）细度

比表面积不小于 $300m^2/kg$ 或 0.045mm 的筛余量不得大于20%。

（2）密度

与硅酸盐水泥相近，约为 $3.0~3.2g/cm^3$。

（3）凝结时间

应符合表4-8要求。

表4-8 铝酸盐水泥凝结时间要求（GB 201—2000）

水泥类型	初凝时间	终凝时间
CA—50		
CA—70	不得早于 30min	不得迟于 6h
CA—80		
CA—60	不得早于 60min	不得迟于 18h

（4）强度等级

各类型铝酸盐水泥各龄期强度值不得小于表4-9中的要求。

表4-9 铝酸盐水泥各龄期的强度要求（GB 201—2000）

水泥类型	抗压强度（MPa）				抗折强度（MPa）			
	6h	1d	3d	28d	6h	1d	3d	28d
CA-50	20	40	50	—	3.0	5.5	6.5	—
CA-60	—	20	45	85		2.5	5.0	10.0
CA-70		30	40			5.0	6.0	
CA-80		25	30			4.0	5.0	

4. 铝酸盐水泥的特性及应用

（1）快硬、早强，高温下后期强度倒缩。1d 的强度可达 3d 强度的 80% 以上，适用于紧急抢修工程（筑路、桥）、军事工程、临时性工程和早期强度有要求的工程。由于在湿热条件下强度倒缩，故铝酸盐水泥不适用于高温、高湿环境，一般施工与使用温度不超过 25℃ 的环境，也不能进行蒸汽养护，且不宜用于长期承载的工程。

（2）水化热大，并且集中在早期，1d 内可放出水化热 70% ~ 80%，使温度上升很高。因此，铝酸盐水泥不宜用于大体积混凝土工程，但适用于寒冷季节的冬季施工工程。

（3）抗硫酸盐性能强。因其水化后不含氢氧化钙，故适用于耐酸及硫酸盐腐蚀的工程。

（4）耐热性好。从其水化特征上看，铝酸盐水泥不适用于 30℃ 以上环境的工程。但在 900℃ 以上的高温环境下，却可用于配制耐热混凝土。这是由于铝酸盐水泥在高温下与集料发生固相反应，烧结结合代替了水化结合，而且这种作用随温度的升高而更加明显。因此，铝酸盐水泥可用于拌制 1200 ~ 1400℃ 耐热砂浆或耐热混凝土，如窑炉衬砖。

（5）耐碱性差。铝酸盐水泥的水化产物水化铝酸钙不耐碱，遇碱后强度下降。故铝酸盐水泥不能用于与碱接触的工程，也不能与硅酸盐水泥或石灰等能析出 $Ca(OH)_2$ 的材料接触，否则会发生闪凝，无法施工，且生成高碱性水化铝酸钙，使混凝土开裂破坏，强度下降。

（6）用于钢筋混凝土时，钢筋保护层的厚度不得低于 60mm，未经试验，不得加入任何外加剂。

二、快硬水泥

1. 快硬硅酸盐水泥（rapid hardening Portland cement）

以硅酸盐水泥熟料和适量石膏磨细制成的，以 3d 抗压强度表示强度等级的水硬性胶凝材料，称为快硬硅酸盐水泥，简称快硬水泥。快硬水泥的生产同硅酸盐水泥基本一致，只是在生产时提高了硅酸三钙（50% ~ 60%）、铝酸三钙（8% ~ 14%）的含量，两者的总量不少于 60% ~ 65%，同时增加了石膏的掺量（可达 8%），提高了粉磨细度（比表面积达 330 ~ 450mm²/kg）。快硬水泥的技术性质应符合国家标准《快硬硅酸盐水泥》GB 199—90）的规定。

（1）快硬硅酸盐水泥的技术指标

①细度

0.080mm 方孔筛筛余量小于 10.0%。

②凝结时间

初凝时间不得早于45min，终凝时间不得迟于10h。

③强度等级

快硬硅酸盐水泥按1d和3d强度划分为325、375、425三个强度等级。各龄期强度值不得低于表4-10要求。

表4-10　快硬硅酸盐水泥各龄期的强度要求（GB 199—90）

标　号	抗压强度（MPa）			抗折强度（MPa）		
	1d	3d	28d	1d	3d	28d
325	15.0	32.5	52.5	3.5	5.0	7.2
375	17.0	37.5	57.5	4.0	6.0	7.6
425	19.0	42.5	62.5	4.5	6.4	8.0

注：28d强度仅为参考。

（2）快硬硅酸盐水泥的特性及应用

快硬硅酸盐水泥硬化快，早期强度高，水化热高并且集中，抗冻好，耐腐蚀性差。一般快硬水泥主要用于紧急抢修和低温施工。由于水化热大，不宜用于大体积混凝土工程和有腐蚀性介质工程。

2. 快硬硫铝酸盐水泥（rapid hardening sulphoaluminate cement）

以适当的生料经煅烧所得的以无水硫铝酸钙和硅酸二钙为主要矿物成分的熟料，加入适量的石膏，磨细制成的具有早期强度高的水硬性胶凝材料，称为快硬硫铝酸盐水泥，代号R·SAC。《快硬硫铝酸盐水泥》（JC 933—2003）。

（1）快硬硫铝酸盐水泥技术要求

①细度

比表面积不得低于350m²/kg。

②凝结时间

初凝时间不得早于25min，终凝时间不得迟于180min。

③安定性

水泥中不允许出现游离氧化钙，否则为废品。

④强度等级

按3d的抗压强度划分为三个等级。各强度等级、各龄期的强度值见表4-11。

表4-11　快硬硫铝酸盐水泥各龄期的强度要求（JC 933—2003）

强度等级	抗压强度（MPa）			抗折强度（MPa）		
	1d	3d	28d	1d	3d	28d
42.5	33.0	42.5	45.0	6.0	6.5	7.0
52.5	42.0	52.5	55.0	6.5	7.0	7.5
62.5	50.0	62.5	65.0	7.0	7.5	8.0
72.5	56.0	72.5	75.0	7.5	8.0	8.5

（2）快硬硫铝酸盐水泥特性及应用

快硬硫铝酸盐水泥熟料中的无水硫铝酸钙水化快，与掺入石膏反应生成钙矾石晶体和大量的铝胶。生成的钙矾石会迅速结晶形成坚硬的水泥石的骨架，铝胶不断填充空隙，使水泥的凝结时间缩短，获得较高的早期强度。同时随着熟料中的 C_2S 的不断水化，水化硅酸钙胶体和 $Ca(OH)_2$ 晶体不断生成，则可使后期强度进一步增长。所以，快硬硫铝酸盐水泥的早期强度高，硬化后水泥石结构致密，孔隙率小，抗渗性高，水化产物中 $Ca(OH)_2$ 的含量少，抗硫酸盐腐蚀能力强，耐热性差。因此，快硬硫铝酸盐水泥主要用于配制早强、抗渗、抗硫酸盐腐蚀的混凝土工程。可用于冬季施工、浆锚、喷锚支护、节点、抢修、堵漏等工程。此外，由于硫铝酸盐的碱度低，可用于生产各种玻璃纤维制品。

三、膨胀水泥和自应力水泥（expanding cement and self-stressing cement）

一般水泥在空气中硬化时，都会产生一定的收缩，这些收缩会使水泥石结构产生内应力，导致混凝土内部产生裂缝，降低混凝土的整体性，使混凝土强度、耐久性下降。膨胀水泥和自应力水泥在凝结硬化时会产生适量的膨胀，消除收缩产生的不利影响。

在钢筋混凝土中应用膨胀水泥，由于混凝土的膨胀使钢筋产生一定的拉应力，混凝土受到相应的压应力，这种压应力能使混凝土的微裂缝减少，同时还能抵消一部分由于外界因素产生的拉应力，提高混凝土的抗拉强度。因这种预先具有的压应力来自水泥的水化，所以称为自应力，并以"自应力值"表示混凝土中的压应力大小。

根据水泥的自应力大小，可以将水泥分为两类，一类自应力值不小于 2.0MPa 时，为自应力水泥；另一类自应力值小于 2.0MPa 的为膨胀水泥。

1. 膨胀水泥和自应力水泥的几种类型

膨胀水泥和自应力水泥按其主要成分可分为以下几种类型：

（1）硅酸盐型

其组成以硅酸盐水泥熟料为主，外加铝酸盐水泥和天然二水石膏配制而成。

（2）铝酸盐型

其组成以铝酸盐水泥为主，外加石膏配制而成。如铝酸盐自应力水泥具有自应力值高，抗渗性、气密性好，膨胀稳定期较长等特点。

（3）硫铝酸盐型

以无水硫铝酸盐和硅酸二钙为主要成分，加石膏配制而成。

（4）铁铝酸盐型

以铁相、无水硫铝酸钙和硅酸二钙为主要成分，加石膏配制而成。

以上水泥的膨胀作用机理是，水泥在水化过程中，形成大量的钙矾石（AFt）而产生体积膨胀。

2. 膨胀水泥和自应力水泥的应用

自应力水泥的膨胀值较大，产生的自应力值大于 2.0MPa。在限制膨胀的条件下（配有钢筋时），由于水泥石的膨胀，使混凝土受到压应力的作用，达到预应力的目的。自应力水泥一般用于预应力钢筋混凝土、压力管及配件等。

膨胀水泥膨胀性较低，在限制膨胀时产生的压应力能大致抵消干缩引起的拉应力，主要用于减少和防止混凝土的干缩裂缝。膨胀水泥主要用于收缩补偿混凝土工程，防渗混凝土（屋顶防渗、水池等）、防渗砂浆、结构的加固、构件接缝、接头的灌浆、固定设备的机座及地脚螺栓等。

四、抗硫酸盐硅酸盐水泥（sulfate resisting Portland cement）

抗硫酸盐硅酸盐水泥按其抗硫酸盐侵蚀程度分为中抗硫酸盐硅酸盐水泥和高抗硫酸盐硅酸盐水泥两类。

以适当成分的硅酸盐水泥熟料，加入石膏，共同磨细制成的具有抵抗中等浓度硫酸根离子侵蚀的水硬性胶凝材料，称为中抗硫酸盐硅酸盐水泥，简称中抗硫酸盐水泥，代号 P·MSR。中抗硫酸盐水泥中 C_3A 含量不得超过 5%，C_3S 的含量不得超过 55%。

以适当成分的硅酸盐水泥熟料，加入石膏，磨细制成的具有抵抗较高浓度硫酸根离子侵蚀的水硬性胶凝材料，称为高抗硫酸盐硅酸盐水泥，简称高抗硫酸盐水泥，代号 P·HSR。高抗硫酸盐水泥中 C_3A 含量不得超过 3%，C_3S 的含量不得超过 50%。

根据国家标准《抗硫酸盐硅酸盐水泥》（GB 748—2005）的规定，抗硫酸盐水泥分为32.5、42.5 两个强度等级，各龄期的强度值不得低于表 4-12 的规定。

表 4-12　抗硫酸盐硅酸盐水泥各龄期的强度要求（GB 748—2005）

水泥强度等级	抗压强度（MPa）		抗折强度（MPa）	
	3d	28d	3d	28d
32.5	10.0	32.5	2.5	6.0
42.5	15.0	42.5	3.0	6.5

在抗硫酸盐水泥中，由于限制了水泥熟料中 C_3A、C_4AF 和 C_3S 的含量，使水泥的水化热较低，水化铝酸钙的含量较少，抗硫酸盐侵蚀的能力较强，适用于一般受硫酸盐侵蚀的海港、水利、地下、引水、隧道、道路和桥梁基础等大体积混凝土工程。

五、白色硅酸盐水泥（white Portland cement）

白色硅酸盐水泥是以铁含量少的硅酸盐水泥熟料、适量石膏及混合材磨细所得的水硬性胶凝材料，称为白色硅酸盐水泥，简称白水泥，代号 P·W。磨制水泥时，允许加入不超过水泥质量 0~10% 的石灰石或窑灰做外加物。水泥粉磨时允许加入不损害水泥性能的助磨剂，加入量不超过水泥质量的 1%。白水泥的生产、矿物组成、性能和普通硅酸盐水泥基本相同，见《白色硅酸盐水泥》（GB/T 2015—2005）。

1. 白色硅酸盐水泥的生产工艺及要求

通用水泥通常由于含有较多的氧化铁而呈灰色，且随氧化铁含量的增多而颜色加深。所以白色硅酸盐水泥的生产关键是控制水泥中的铁含量，通常其氧化铁含量应控制在普通水泥的 1/10。可采取如下方法来达到提高水泥白度的要求。

（1）原料选用方面

白水泥生产采用的石灰石及黏土中的氧化铁含量应分别低于0.1%和0.7%。为此，采用的石灰质原料多为白垩，黏土质原料主要有高岭土、瓷石、白泥、石英砂等。作为缓凝用的石膏多采用白度较高的雪花石膏。

（2）生产工艺方面

在粉磨生料和熟料时，为避免混入铁质，球磨机内壁不可采用钢衬板，而是镶贴白色花岗岩或高强陶瓷衬板，并采用烧结刚玉、瓷球、卵石作为研磨体。

熟料煅烧时应用天然气、柴油、重油作燃料以防止灰烬掺入水泥熟料。

对水泥熟料进行喷水、喷油等漂白处理，以使色深的 Fe_2O_3 还原成色浅的 FeO 或 Fe_3O_4。

2. 白色硅酸盐水泥的技术指标

（1）细度

0.08mm 方孔筛筛余量不得大于10%。

（2）凝结时间

初凝时间不得早于45min，终凝时间不得迟于10h。

（3）强度等级

根据3d、28d的抗压和抗折强度划分为32.5、42.5、52.5三个强度等级，各龄期的强度值不得低于表4-13的要求。

表4-13　白水泥各龄期的强度要求（GB/T 2015—2005）

强度等级	抗压强度（MPa）		抗折强度（MPa）	
	3d	28d	3d	28d
32.5	12.0	32.5	3.0	6.0
42.5	17.0	42.5	3.5	6.5
52.5	22.0	52.5	4.0	7.0

（4）白度

将水泥样品放入白度仪中测定其白度，白度值不能低于87。

（5）安定性

体积安定性用沸煮法检验必须合格。熟料中 MgO 不得超过5.0%，SO_3 含量不得超过3.5%。

3. 白色硅酸盐水泥的应用

白色硅酸盐水泥主要用于各种装饰混凝土及装饰砂浆，如水刷石、水磨石及人造大理石等。

六、道路硅酸盐水泥（Portland cement for road）

随着我国经济建设的发展，高等级公路越来越多，水泥混凝土路面已成为主要路面之一。对专供公路、城市道路和机场跑道所用的道路水泥为专用水泥。我国已制定了相关的国家标准《道路硅酸盐水泥》（GB 13693—2005）。

1. 定义

以道路硅酸盐水泥熟料、0～10%活性混合材和适量石膏磨细制成的水硬性胶凝材料称为道路硅酸盐水泥，简称道路水泥。

道路硅酸盐水泥熟料是以硅酸钙为主要成分并且含有较多的铁铝酸钙的水泥熟料。在道路硅酸盐水泥中，熟料的化学组成和硅酸盐水泥是完全相同的，只是水泥中的铝酸三钙的含量不得大于5.0%，铁铝酸四钙的含量要大于16.0%。

2. 技术指标

（1）细度

比表面积为300～450m^2/kg。

（2）凝结时间

初凝时间不得早于1.5h，终凝时间不得迟于10h。

（3）体积安定性

沸煮法检验必须合格。熟料中MgO不得超过5.0%，SO_3含量不得超过3.5%。

（4）干缩性

根据国家标准规定水泥的干缩性试验方法，28d的干缩率不得大于0.10%。

（5）耐磨性

根据国家标准规定试验方法，28d的磨耗量不得大于3.00kg/m^2。

（6）强度等级

道路硅酸盐水泥分32.5、42.5、52.5三个强度等级，各龄期的强度值不得低于表4-14中的要求。

表4-14　道路硅酸盐水泥各龄期的强度要求（GB 13693—2005）

强度等级	抗压强度（MPa）		抗折强度（MPa）	
	3d	28d	3d	28d
32.5	16.0	32.5	3.5	6.5
42.5	21.0	42.5	4.0	7.0
52.5	26.0	52.5	5.0	7.5

3. 性能及应用

道路水泥抗折强度高，耐磨性好、干缩小、抗冻性、抗冲击性、抗硫酸盐性能好，可减少混凝土路面的温度裂缝和磨耗，减少路面维修费用，延长使用年限。适用于公路路面、机场跑道、城市人流较多的广场等工程的面层混凝土。

七、水工硅酸盐水泥（hydraulic Portland cement）

水工硅酸盐水泥为专用水泥，是指专门用于配制水工结构混凝土所用的水泥品种。它包括：中、低热硅酸盐水泥和低热矿渣硅酸盐水泥。用于要求水化热较低的混凝土大坝和大体积混凝土工程。

1. 定义

（1）中热硅酸盐水泥

以适当成分的硅酸盐水泥熟料，加入适量的石膏，磨细制成的具有中等水化热的水硬性胶凝材料，为中热硅酸盐水泥，简称中热水泥。代号 P·MH，强度等级为 42.5。

（2）低热硅酸盐水泥

以适当成分的硅酸盐水泥熟料，加入适量的石膏，磨细制成的具有低水化热的水硬性胶凝材料，为低热硅酸盐水泥，简称低热水泥。代号 P·LH，强度等级为 42.5。

（3）低热矿渣硅酸盐水泥

以适当成分的硅酸盐水泥熟料，加入粒化高炉矿渣、适量的石膏，磨细制成的具有低水化热的水硬性胶凝材料为低热矿渣硅酸盐水泥，简称低热矿渣水泥。代号 P·SLH，强度等级为 32.5。水泥中矿渣的掺量按质量百分比为 20% ~ 60%，允许用不超过混合材料总量 50% 的粒化电炉磷渣或粉煤灰代替部分粒化矿渣。

2. 技术指标

（1）矿物含量要求

中热硅酸盐水泥熟料中，C_3A 的含量不得超过 6%，C_3S 的含量不得超过 55%。

低热硅酸盐水泥熟料中，C_3A 的含量不得超过 6%，C_3S 的含量不得小于 40%。

低热矿渣硅酸盐水泥中，C_3A 的含量不得超过 8%。

（2）细度

比表面积不低于 $250m^2/kg$。

（3）凝结时间

初凝时间不得早于 60min，终凝时间不得迟于 12h。

（4）三氧化硫含量不得超过 3.5%，f-CaO 含量中、低热水泥中不得超过 1.0%，低热矿渣水泥中不得超过 1.2%。

（5）强度等级

各龄期的强度不能低于表 4-15 中的要求。

表 4-15 中、低热水泥各龄期的强度要求（GB 200—2003）

品　种	强度等级	抗压强度（MPa）			抗折强度（MPa）		
		3d	7d	28d	3d	7d	28d
中热硅酸盐水泥	42.5	12.0	22.0	42.5	3.0	4.5	6.5
低热硅酸盐水泥	42.5	—	13.0	42.5	—	3.5	6.5
低热矿渣水泥	32.5	—	12.0	32.5	—	3.0	5.5

（6）水化热

各龄期的水化热上限值见表 4-16。

表 4-16 中、低热水泥各龄期水化热上限值（GB 200—2003）

品　种	强度等级	水化热（kJ/kg）	
		3d	7d
中热水泥	42.5	251	293
低热水泥	42.5	230	260
低热矿渣水泥	32.5	197	230

3. 水工硅酸盐水泥的特性及应用

这类水泥水化热低，性能稳定，主要适用于要求水化热较低的大坝和大体积混凝土工程，可以克服因水化热引起的温度应力而导致混凝土的破坏。

八、砌筑水泥（masonry cement）

凡是由一种或一种以上的水泥混合材料，加入适量硅酸盐水泥熟料和石膏，经磨细所制得的工作性较好的水硬性胶凝材料，称为砌筑水泥，代号 M。该水泥分为 12.5、22.5 两个强度等级。砌筑水泥各龄期强度值见表 4-17。

表 4-17　砌筑水泥各龄期强度值（GB/T 3183—2003）

强度等级	抗压强度（MPa）		抗折强度（MPa）	
	7d	28d	7d	28d
12.5	7.0	12.5	1.5	3.0
22.5	10.0	22.5	2.0	4.0

砌筑水泥的强度很低，硬化较慢，但其和易性、保水性较好，主要用于工业与民用建筑的砌筑砂浆、内墙抹面砂浆，也可用于配制道路混凝土垫层或蒸养混凝土砌块，但一般不用于钢筋混凝土结构和构件。

复习思考题

1. 硅酸盐水泥的主要矿物成分是什么？各有何特性？
2. 硅酸盐水泥的水化产物是什么？水泥石的组成是什么？
3. 制造硅酸盐水泥时为何要加入适量石膏？加多和加少各有何现象？
4. 硅酸盐水泥体积安定性不良的原因是什么？如何检验安定性？
5. 国家标准为什么要规定水泥的凝结时间和细度？
6. 测定凝结时间、体积安定性时为什么必须采用标准稠度的浆体？
7. 影响硅酸盐水泥强度发展的主要因素有哪些？
8. 硅酸盐水泥为什么不适用于大体积混凝土工程？当不得不用硅酸盐水泥进行大体积施工时，应采取何措施以保证工程质量？
9. 为什么生产硅酸盐水泥时加入适量石膏不会对水泥起破坏作用？而硬化后的水泥石遇到硫酸盐环境时就会受到破坏？
10. 掺混合材水泥和硅酸盐水泥相比性能上有何差异？并请说明原因。
11. 现有下列混凝土工程结构，请分别选用合适的水泥品种，并说明理由。
    (1) 大体积混凝土工程；
    (2) 采用湿热养护的混凝土构件；
    (3) 高强度混凝土工程；
    (4) 严寒地区受到反复冻融的混凝土；
    (5) 与硫酸盐介质接触的混凝土工程；

（6）有耐磨要求的混凝土工程；

（7）紧急抢修工程的军事工程或防洪工程；

（8）高炉基础；

（9）道路工程。

12. 某工地材料仓库存放有白色胶凝材料，可能是磨细生石灰、建筑石膏、白色水泥，可用何简便方法加以鉴别？

第五章　混凝土

本章重点介绍混凝土的组成材料和结构，混凝土的各项技术性质及应用，混凝土的配合比设计。通过学习应掌握和了解以下内容：

（1）掌握普通混凝土组成材料（包括水泥、砂、石、外加剂、掺合料和水）的品种、技术要求及选用。熟练掌握各种组成材料各项性质的要求、测定方法及对混凝土性能的影响。

（2）熟练掌握混凝土拌合物的性质及其测定和调整方法。

（3）熟练掌握硬化混凝土的力学性质、变形性质和耐久性及其影响因素。

（4）熟练掌握普通混凝土的配合比设计方法。

（5）了解混凝土的质量控制与评定方法。

（6）了解混凝土技术的新进展及其发展趋势。

第一节　概　述

一、基本概念与分类

"混凝土"（concrete）一词源自拉丁文术语"Concretus"，是共同生长的意思。从广义上讲，由胶凝材料、集料和水（或不加水）按适当比例配合，拌和制成混合物，经一定时间后硬化而成的人造石材叫做混凝土。目前工程中最常用的是以水泥为胶凝材料、水和砂、石（粗、细集料）为基本材料组成的混凝土，称为水泥混凝土，它是当今世界上用途最广、用量最大的人造建筑材料，而且是重要的建筑结构材料。

混凝土的种类有很多，通常有以下分类方法。

1. 按表观密度分类

按照表观密度，混凝土可分为重混凝土（heavy concrete）、普通混凝土（ordinary concrete）和轻混凝土（lightweight concrete）。重混凝土干表观密度大于 2800kg/m³，主要用于防辐射混凝土，例如核能工程的屏蔽结构、核废料容器等工程。普通混凝土是指干表观密度在 2000～2800kg/m³ 范围内的混凝土，是土木工程中使用最为普遍的混凝土，大量用做各种建筑物、结构物的承重材料。轻混凝土是指干表观密度不大于 2000kg/m³ 的混凝土，采用轻集料或多孔结构，具有保温隔热性能好、质量轻等特点，多用于保温或结构兼保温构件。

2. 按用途分类

按照在工程中的用途或使用部位，混凝土可分为结构混凝土、防水混凝土、耐热混凝土、耐酸混凝土、装饰混凝土、大体积混凝土、膨胀混凝土、防辐射混凝土、道路混凝土等。

3. 按所用胶凝材料分类

按照所用胶凝材料的种类，混凝土可分为水泥混凝土、聚合物混凝土、树脂混凝土、石膏混凝土、沥青混凝土、水玻璃混凝土、硅酸盐混凝土等。

　　4. 按生产和施工方法分类

　　按照搅拌（生产）方式，混凝土可分为预拌混凝土（ready-mixed concrete）（也叫商品混凝土）和现场搅拌混凝土。预拌混凝土是在搅拌站集中搅拌，用专门的混凝土运输车运送到工地进行浇注的混凝土，由于搅拌站专业性强，原材料波动小，称量准确度高，所以混凝土的质量波动性小，故预拌混凝土的使用量越来越大。现场搅拌混凝土是将原材料直接运送到施工现场，在施工现场搅拌后直接浇注，适用于工程量较小的工程。按照施工方法可分为泵送混凝土、喷射混凝土、压力灌浆混凝土（预填集料混凝土）、挤压混凝土、离心混凝土、真空吸水混凝土、碾压混凝土等。

　　由此可以看出，混凝土种类繁多，应用广泛，在实际工程中以普通的水泥混凝土使用最为普遍。如果没有特殊说明，通常将普通的水泥混凝土简称为普通混凝土或混凝土。本章重点讲述水泥混凝土的组成、结构、性能及其在工程中的应用。

二、混凝土的性能特点

　　以水硬性水泥为胶凝材料的混凝土从发明到现在只不过 100 多年的历史，但已经是当今社会使用量最大的建设材料。这主要取决于混凝土具有许多其他材料不可比拟的优点。混凝土原材料来源丰富，造价低廉。混凝土中砂、石集料约占总量的 80% 左右，在大部分地方可以就地取材，并且价格便宜；混凝土配制灵活、适应性好，改变混凝土组成材料的品种及比例，可制得不同物理力学性能的混凝土，以满足各种工程不同使用功能的需求；混凝土在凝结前具有良好的可塑性，借助于模板可以浇注成任意形状和尺寸的构件或结构物；硬化后的混凝土具有较高的抗压强度，很适于作结构材料。一般工程的混凝土抗压强度为 20~40MPa，50~60MPa 的混凝土已经实用化，100MPa 以上的超高强混凝土在工程中也已经开始应用；混凝土与钢筋的粘结能力强，且二者的线膨胀系数相近，利用这一特点可复合制成钢筋混凝土（reinforced concrete），一方面利用钢材的韧性和较高的抗拉强度弥补混凝土容易开裂、脆性大的弱点，同时碱性的混凝土环境可以保护钢筋不生锈，从而使二者在结构中共同发挥作用，大大扩展了混凝土的应用范围；与传统的结构材料——木材、钢材等相比，混凝土材料耐久性好（一般不需要维护保养，维修费用少），不腐朽，不生锈，不易燃烧，耐火性能好；同时混凝土的生产能耗低，表 5-1 为几种常用材料的生产能耗，可见混凝土的生产能耗是最低的。

表 5-1　不同材料的生产能耗

材　　料	能耗（GJ/m³）
纯　铝	360
铝合金	360
低碳钢	300
玻　璃	50
水　泥	22
混凝土	3.4

混凝土材料也存在着诸多缺点。首先，自重大，比强度比较低（混凝土与建筑钢材、木材的相关数据比较见表5-2），致使在建筑工程中形成肥梁、胖柱、厚基础，对高层、大跨度建筑不利；其次，混凝土的抗拉强度低，拉压比只有1/10～1/20，且与钢材相比，具有体积不稳定性（不可逆收缩大），容易开裂；混凝土属于脆性材料，抗冲击能力差，在冲击荷载作用下容易产生脆断；混凝土的导热系数大，普通混凝土导热系数为1.8W/(m·K)，大约为普通烧结砖的3倍，所以保温隔热性差；混凝土的硬化较慢，施工周期长，与钢材相比施工效率较低。

表5-2　混凝土与建筑钢材、木材的比强度

材　料	强度（MPa）	密度（kg/m³）	比强度
建筑钢材（普通低碳钢）	400	7850	0.051
混凝土（抗压）	40	2400	0.017
木材（松木顺纹抗拉）	100	500	0.200

需要着重强调的是，混凝土存在的上述不足，一方面要求工程技术人员在应用混凝土时，在设计、施工、混凝土原材料及配合比的选择等各个环节上采取有效措施，扬长避短、克服其不足；另一方面，如何改善这些不足之处，也就成为了混凝土技术不断向前发展的主要研究内容。这方面现已取得了许多成果并且在不断地继续改进，如采用轻集料，混凝土的自重和导热系数显著降低；在混凝土中掺入纤维或聚合物，可大大降低混凝土的脆性；100MPa以上的超高强混凝土的应用成倍提高了混凝土的比强度；采用减水剂、早强剂等，可明显缩短其硬化周期。综上所述，正是由于混凝土的上述诸多优点和对缺点的不断改进，使得混凝土早已成为工程建设中用途最广、用量最大的建筑材料，广泛应用于工业与民用建筑、水利工程、地下工程、公路、铁路、桥梁及国防建设等工程中。

三、混凝土的发展趋向

现代意义的混凝土，是在1824年英国人发明了波特兰水泥之后才出现，100多年来混凝土技术经历了许多重大的变革。如法国人1850年前后发明的钢筋混凝土和1928年创造的预应力钢筋混凝土技术，1937年美国人发明的外加剂等。20世纪70年代以来，混凝土科学技术更是取得了十分显著的发展，如混凝土外加剂和掺合料的开发应用，使混凝土的高强化和高性能化大大向前迈进了一步，混凝土的工作性、耐久性、体积稳定性也得到了很大提高和改善。这些技术成就为21世纪混凝土科学技术和混凝土的发展奠定了基础。专家指出，混凝土作为现代社会的基础，在工程领域正发挥着其他材料无法替代的作用，在未来的100～200年，混凝土将一直是最主要的建筑材料。在21世纪，随着混凝土科学技术的不断向前发展，混凝土的研究与应用将向以下几个方面发展：

1. 提高并改善混凝土性能

（1）高强化

混凝土高强化的重要意义在于减轻工程建筑的自重和减少混凝土的用量。如美国混凝土协会"ACI2000委员会"曾设想，未来美国常用混凝土的强度将为135MPa，如果需要，在

技术上可以使混凝土强度达到 400MPa。目前，在我国的一些大城市中，预拌混凝土工厂已比较成熟地掌握了 C50～C60 混凝土的配制与泵送技术，今后应提高到 C80～C100，而 C50～C60 应在全国大面积普及推广。

在配制高强混凝土的研究中，应致力于提高混凝土的延性、抗裂性与抗拉强度。

（2）高性能化

高性能混凝土不仅具有良好的耐久性、流动性与体积稳定性，并且在配制的组分材料中利用了大量的工业废渣，显著地减少了生产时严重污染环境的水泥用量。因此，在 21 世纪，高性能混凝土作为可持久发展的绿色建筑材料将得到快速发展和应用。

（3）多功能化和智能化

在 21 世纪，储存太阳能的蓄热混凝土、夜间导向的发光混凝土，监测建筑物安全性的智能混凝土，光致变色混凝土、温度变色混凝土、导电混凝土、灭菌混凝土、透水混凝土、植被混凝土等一批功能性混凝土将得到广泛应用。

（4）艺术化

随着人类对环境美化要求的日益提高，混凝土将发挥越来越重要的作用。如用玻纤增强混凝土等制作人造石、雕塑、园林小品、仿生建筑和仿古建筑。在装点自然、美化城市、改善人居环境等方面，混凝土将占有更大的艺术空间。质朴的、粗犷的、更贴近人类回归自然心理要求的人造石文化时代必将出现。

另外，混凝土在轻质化、体积稳定性的改善方面也将进行更多的研究和探索。

2. 扩大工程应用领域

由于混凝土性能的不断完善和提高，未来混凝土的应用领域将不断扩大。

陆上建筑工程中，超高层的百层大楼与跨度为 400～600m 的桥梁将可由钢筋混凝土来建造，屋盖结构的跨度可达 30m 以上。

海洋构筑物中，包括开采海底石油的钻井平台、海上炼油厂、海上天然气液化贮装站、海上潮汐发电站、海上机场、海上城市、海上旅游设施、海上渔业养殖场与海底隧道等都将逐步兴起并由混凝土建造。在应用于国防军事方面，现俄罗斯正在研究用混凝土建造潜水艇。

在未来的宇宙开发中，混凝土也会占一席之地。在宇宙空间，混凝土在失重状态下硬化，而且还需经受 -150～150℃ 交替温度变化。美国波特兰水泥协会（PCA）早在 1986 年已开始研究直接利用月球表面的材料来制作混凝土，并认为水泥混凝土在月球上是耐久的。

3. 生产工艺的改进与提高

进一步节约生产混凝土及其制品的能源及资源是混凝土制备工艺中最主要的课题。水泥是混凝土组成材料中耗能最多的原材料。因此，在制备混凝土时应合理地减少水泥用量、大量使用工业废渣、再生利用废旧混凝土作为生产混凝土的原材料，变废为宝，化害为利，改善环境，节约资源，造福人类。

4. 提高混凝土的质量控制

随着混凝土向高强化、高性能化发展，混凝土的质量控制就更为重要。以往采用的以 28d 强度作为控制指标已远远不能满足需要。核子示踪技术、声发射技术、同位素技术、红外线摄影技术、磁学和自位测量技术将在混凝土及其工程与制品的质量控制中得到广泛应用。一种便于检测混凝土质量的"显色剂"将作为"监察性"外加剂而进入混凝土的"快速湿态验收试验"也将得到发展和应用。

　　5. 加强学科的理论研究

　　混凝土学科的理论研究是推动混凝土技术发展的动力与基础。混凝土学科涉及工艺技术科学与材料科学。在水泥化学、材料力学、细观力学、断裂力学等多学科发展的带动与促进下，目前已形成以研究混凝土材料组成、结构与性能之间关系和相互影响规律为主要内容的混凝土材料科学。在 21 世纪，它还将进一步充实和提高而形成一门独立学科。特别是在水泥混凝土与有机高分子材料的复合、与金属的复合以及纤维增强等领域，对复合机理的进一步研究必将使水泥基复合材料得到进一步的发展和应用。

　　四、混凝土与可持续发展

　　由于工程建设快速发展的需要，水泥和混凝土的产量也正以前所未有的速度在增长。我国水泥产量已十几年持续占世界第一，1990 年产 2.10 亿 t、1995 年产 4.76 亿 t、2000 年产 5.97 亿 t、2005 年达到了 10.64 亿 t，2005 年世界水泥产量为 22.7 亿 t。折合成混凝土，2005 年我国混凝土产量应不少于 20 亿 m^3，全世界混凝土产量应不少于 60 亿 m^3，全世界每年人均耗用混凝土达 2.5t 以上。

　　大家知道，水泥行业是严重的耗能、耗资源和环境污染大户，每生产 1t 硅酸盐水泥需要约 1.5t 石灰石和大量的煤、石油等燃料或电能，并且要释放约 $1tCO_2$ 和产生 0.01t 粉尘。如此大的水泥和混凝土产量给环境带来极大的压力，水泥和混凝土工业正面临着前所未有的可持续发展问题的严重挑战。人类必须在基础设施建设和环境资源保护两个同等重要的社会需求之间，找出解决矛盾的办法。作为发展基础设施最重要的参与者以及地球天然资源的主要消费者，混凝土工业需要重新定向，接受所有有利于环境的工艺技术，即与环境友好的混凝土技术。它们必须建立在下列四个要素组成的基础上：一是节约混凝土原材料（包括资源和能源），大量利用工业废渣；二是提高混凝土的耐久性；三是解决混凝土生产和使用中的生态环境保护的问题；四是寻找能替代或部分替代硅酸盐水泥的新材料，如辅助胶凝材料掺合料的应用。

　　需要强调的是，要实现混凝土的可持续发展，更需要人的正确意识和对传统思维观念的更新。要在所有相关人员和公众中大力加强混凝土科学技术知识的普及、宣传和教育，以改变我们目前现状的不足。再者混凝土科学技术是一门完整的系统科学，在混凝土技术的研究和教育中应采用整体论和分解论结合、实践论等科学认知方法，才可以得出正确的结论。要推动和促进混凝土原材料行业（包括水泥、掺合料、外加剂、砂、石）、混凝土工业、工程管理、设计和施工行业的战略一体化，避免行业分割带来的诸多弊端。混凝土工业必须把原材料生产、混凝土结构的设计、施工和使用过程中的维护整合成为一个体制上统一管理的体系，才能从根本上解决混凝土目前存在的问题。另外，对待混凝土的设计、生产、施工和使用的全过程，应像对待人的成长过程一样，应赋予它更多的人性化内涵，从而从根本上改变目前许多人对混凝土认识观念上的偏差与不足，引起人们对混凝土问题的足够重视，从而为实现混凝土的可持续发展奠定基础。

第二节　普通混凝土的组成材料

一、混凝土的组成材料及其作用

水泥混凝土的基本组成材料有水泥、水、粗集料（碎石或卵石）和细集料（砂子），其中的水泥和水占总体积的 20% ~ 30%，砂石集料占体积的 70% ~ 80%。为改善混凝土的某些性能还常加入适量的外加剂和掺合料。外加剂和掺合料被认为是混凝土的第五和第六组分。

混凝土中的水泥和水形成水泥浆，起填充、包裹、润滑作用。硬化之前水泥浆具有流动性和可塑性，水泥浆填充砂石空隙并包裹在其表面，将集料联结起来并减少了集料之间的摩擦阻力，赋予混凝土拌合物整体的流动性和可塑性，便于施工操作。硬化之后的水泥石，本身具有一定的强度，具有胶结作用，把砂石集料胶结为坚固的整体，使混凝土产生强度，成为坚硬的人造石。混凝土结构示意图，如图 5-1 所示。

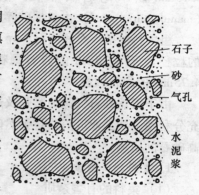

图 5-1　混凝土结构示意图

混凝土中的砂石起骨架、填充和体积稳定作用，故集料称为骨料。与水泥石相比，集料颗粒坚硬、体积稳定性好，相互搭接可形成坚实的骨架，从而抵抗外力的作用；分散、抵抗水泥凝胶体的体积收缩，对保证混凝土的体积稳定性具有重要作用。同时集料的成本大大低于水泥，在混凝土中占据大部分体积，可起到节约水泥，使混凝土成本大大降低的作用。

混凝土中掺入适宜的外加剂和掺合料，对改善混凝土的和易性、提高强度和耐久性、拓展各项使用功能、节约水泥和降低混凝土成本都起到非常重要的作用。如配制高强、高性能混凝土、大流动性混凝土，外加剂和掺合料已成为必不可少的组分。

二、水泥

水泥是普通混凝土的胶凝材料，其性能对混凝土的性质影响很大，在确定混凝土组成材料时，应正确选择水泥品种和水泥强度等级。

水泥品种的选择应根据混凝土工程特点、所处环境条件以及设计、施工的要求进行（见水泥一章）。

水泥强度等级的选择原则为：混凝土设计强度等级越高，则水泥强度等级也宜越高；设计强度等级低，则水泥强度等级也相应低。若采用强度等级高的水泥配制低强度等级混凝土，水泥用量偏少，混凝土的粘聚性变差，不易获得均匀密实的混凝土，影响混凝土的耐久性；采用强度等级低的水泥配制高强度等级混凝土时，水泥用量过多，不经济，且影响混凝土的其他技术性质，因为水泥用量过多，一方面成本增加，另一方面，混凝土收缩增大，对耐久性不利。

三、集料

混凝土中集料占总体积的 70% ~ 80%，对混凝土性能有重要影响。集料需要具有足够高的硬度和强度、不含有害杂质、化学稳定性好和适当的级配。

普通混凝土所用集料按粒径大小分为粗集料（coarse aggregate）和细集料（fine aggregate）两种。

细集料包括天然砂和人工砂。天然砂（natural sand）是由自然条件作用而形成，粒径在 4.75mm 以下的岩石颗粒。按其产源不同，可分为山砂、河砂和海砂。人工砂（manufactured sand）由机械破碎、筛分制成（机制砂）或机制砂和天然砂混合制成。

粗集料包括碎石和卵石。碎石（crushed stone）是由天然岩石或卵石经破碎、筛分而得的粒径大于 4.75mm 的岩石颗粒；卵石（gravel）是由自然条件作用而形成，粒径大于 4.75mm 的岩石颗粒。

由于天然砂石资源的紧张及过度开采对环境的破坏，今后应更多地注意结合当地资源，充分利用一些工业废渣代替天然砂石，并加强对现有砂石生产的管理及工艺的改进，从而提高砂石的质量。

1. 集料的一般要求

（1）集料的有害杂质

集料中的有害杂质是指集料中含有妨碍水泥水化、或降低集料与水泥石的粘附性、或与水泥石产生不良化学反应的各种物质。这些物质包括黏土、云母、轻物质、有机质、硫化物（如 FeS_2）及硫酸盐、氯盐以及草根、树叶、煤块、炉渣等杂物。黏土和云母粘附于集料表面或夹杂其中，严重降低水泥与集料的粘结强度，从而降低混凝土的强度、抗渗性和抗冻性，增大混凝土的收缩。有机质、硫化物及硫酸盐，它们对水泥有腐蚀作用，从而影响混凝土的性能。氯盐会引起钢筋混凝土中钢筋的锈蚀，因此对有害杂质含量必须加以限制。表 5-3 及表 5-4 为混凝土用砂、石子中有害物质的限量。

表 5-3　混凝土用砂中有害物质的限量

项　　目		质　量　标　准		
		I 类	II 类	III 类
含泥量（按质量计），（%）	<	1.0	3.0	5.0
泥块含量（按质量计），（%）	<	0	1.0	2.0
云母（按质量计），（%）	<	1.0	2.0	2.0
轻物质（按质量计），（%）	<	1.0	1.0	1.0
有机质含量（用比色）		合格	合格	合格
硫化物和硫酸盐含量（按 SO_3 质量计），（%）	<	0.5	0.5	0.5
氯化物（以氯离子质量计），（%）	<	0.01	0.02	0.06

注：摘自《建筑用砂》GB/T 14684—2001。I 类宜用于强度等级大于 C60 的混凝土；II 类宜用于强度等级 C30 ~ C60 及抗冻、抗渗或有其他要求的混凝土；III 类宜用于强度等级小于 C30 的混凝土和建筑砂浆。

表 5-4　石子中有害杂质及针片状颗粒限制值

项　　目		质　量　标　准		
		Ⅰ类	Ⅱ类	Ⅲ类
含泥量（按质量计），（%）	<	0.5	1.0	1.5
泥块含量（按质量计），（%）	<	0	0.5	0.7
硫化物和硫酸盐含量（按 SO_3 质量计），（%）	<	0.5	1.0	1.0
针片状颗粒含量（按质量计），（%）	<	5	15	25
有机质含量（用比色）		合格	合格	合格

注：摘自《建筑用卵石、碎石》GB/T 14685—2001。Ⅰ类宜用于强度等级大于 C60 的混凝土；Ⅱ类宜用于强度等级 C30 ~ C60 及抗冻、抗渗或有其他要求的混凝土；Ⅲ类宜用于强度等级小于 C30 的混凝土。

（2）集料的含水状态

集料有四种含水状态，如图 5-2 所示。

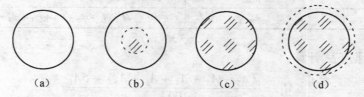

图 5-2　集料的含水状态

（a）绝干状态；（b）气干状态；（c）饱和面干状态；（d）湿润状态

①绝干状态：集料内外不含水，在 105 ±5℃ 条件下烘干而得，亦称烘干状态。

②气干状态：除掉表面水分，但部分内部孔隙中仍充满水。其含水量的大小与空气相对湿度和温度密切相关。

③饱和面干状态：内部孔隙全部吸水饱和，但在表面无水分。

④湿润状态：所有孔隙充满水，而且表面有水膜。

在上述四种状态中，绝干状态和饱和面干状态对应确定的含水量，它们可以用于描述集料含水量和进行混凝土的配合比设计。而砂的湿润状态，常会出现砂的堆积体积增大的现象，砂的这种性质在验收材料和配制混凝土按体积计量时具有重要意义。

2. 细集料的粗细程度和颗粒级配

砂的粗细程度是指不同粒径的砂粒混合后平均粒径的大小，通常用细度模数（fineness modulus）（M_x）表示。砂的颗粒级配（grain gradation）是指不同粒径的砂粒搭配比例。颗粒级配反映了砂的空隙率大小，如图 5-3 所示。

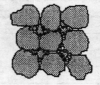

图 5-3　集料的颗粒级配

（1）砂的细度模数和颗粒级配的测定

砂的粗细程度和颗粒级配用筛分析方法测定。细度模数表示砂的粗细程度，级配区表示砂的颗粒级配。根据《建筑用砂》（GB/T 14684—2001），筛分析是用一套孔径为 4.75、2.36、1.18、0.60、0.30、0.15mm 的标准筛，将 500g 干砂由粗到细依次过筛，称量各筛上的筛余量 m（g），计算各筛上的分计筛余率 a（%），再计算累计筛余率 A（%）。a 和 A 的计算关系见表 5-5。

表 5-5　累计筛余与分计筛余计算关系

筛孔尺寸（mm）	筛余量（g）	分计筛余（%）	累计筛余（%）
4.75	m_1	$a_1 = m_1/M$	$A_1 = a_1$
2.36	m_2	$a_2 = m_2/M$	$A_2 = A_1 + a_2$
1.18	m_3	$a_3 = m_3/M$	$A_3 = A_2 + a_3$
0.60	m_4	$a_4 = m_4/M$	$A_4 = A_3 + a_4$
0.30	m_5	$a_5 = m_5/M$	$A_5 = A_4 + a_5$
0.15	m_6	$a_6 = m_6/M$	$A_6 = A_5 + a_6$
底盘	$m_底$	$M = m_1 + m_2 + m_3 + m_4 + m_5 + m_6 + m_底$	

细度模数根据下式计算：

$$M_x = \frac{(A_2 + A_3 + A_4 + A_5 + A_6) - 5A_1}{100 - A_1} \tag{5-1}$$

根据细度模数 M_x 大小，将砂按下列分类：

$M_x > 3.7$　　　　　　特粗砂

$M_x = 3.1 \sim 3.7$　　　粗砂

$M_x = 3.0 \sim 2.3$　　　中砂

$M_x = 2.2 \sim 1.6$　　　细砂

$M_x = 1.5 \sim 0.7$　　　特细砂

砂的颗粒级配根据 0.60mm 筛孔对应的累计筛余百分率 A_4，分成Ⅰ区、Ⅱ区和Ⅲ区三个级配区，见表 5-6 和图 5-4。级配良好的粗砂应落在Ⅰ区；级配良好的中砂应落在Ⅱ区；细砂则在Ⅲ区。实际使用的砂颗粒级配可能不完全符合要求，除了 4.75mm 和 0.60mm 对应的累计筛余率外，其余各档允许有超界，但超出总量应小于 5%。当某一筛档累计筛余率超界 5% 以上时，说明砂级配很差，视作不合格。

表 5-6　砂的颗粒级配区范围

筛孔尺寸（mm）	累计筛余（%）		
	Ⅰ区	Ⅱ区	Ⅲ区
9.50	0	0	0
4.75	10 ~ 0	10 ~ 0	10 ~ 0
2.36	35 ~ 5	25 ~ 0	15 ~ 0
1.18	65 ~ 35	50 ~ 10	25 ~ 0
0.60	85 ~ 71	70 ~ 41	40 ~ 16
0.30	95 ~ 80	92 ~ 70	85 ~ 55
0.15	100 ~ 90	100 ~ 90	100 ~ 90

（2）砂的掺配使用

配制普通混凝土的砂宜为中砂（$M_x = 2.3 \sim 3.0$），Ⅱ区。但实际工程中往往出现砂偏细或偏粗的情况。通常有两种处理方法：

①当只有一种砂源时，对偏细砂适当减少砂用量，即降低砂率；对偏粗砂则适当增加砂用量，即增加砂率。

②当粗砂和细砂可同时提供时，宜将细砂和粗砂按一定比例掺配使用。掺配比例可根据砂资源状况、粗细砂各自的细度模数及级配情况，通过试验和计算确定。

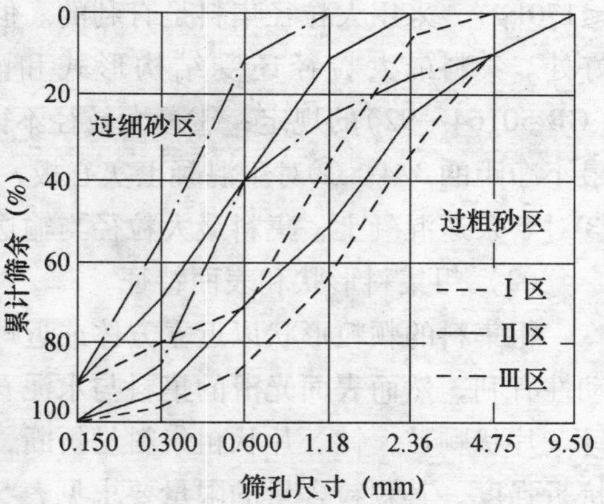

图 5-4 砂级配曲线图

3. 粗集料

（1）粗集料的颗粒级配和最大粒径

石子的级配分为连续粒级和单粒级两种。单粒级一般不宜单独用来配制混凝土，如必须单独使用，则应作技术经济分析，并通过试验证明不发生离析或影响混凝土的质量。

根据《建筑用卵石、碎石》（GB/T 14685—2001）石子的级配与砂的级配一样，通过一套标准筛筛分试验，计算累计筛余率确定。碎石和卵石级配应符合表5-7的要求。

表 5-7　碎石或卵石的颗粒级配范围

级配情况	公称粒级（mm）	累计筛余按质量计（%）											
		筛孔尺寸（方孔筛）（mm）											
		2.36	4.75	9.5	16.0	19.0	26.5	31.5	37.5	53.0	63.0	75.0	90
连续粒级	5～10	95～100	80～100	0～15	0	—	—	—	—	—	—	—	—
	5～16	95～100	85～100	30～60	0～10	0	—	—	—	—	—	—	—
	5～20	95～100	90～100	40～80	—	0～10	0	—	—	—	—	—	—
	5～25	95～100	90～100	—	30～70	—	0～5	0	—	—	—	—	—
	5～31.5	95～100	90～100	70～90	—	15～45	—	0～5	0	—	—	—	—
	5～40	—	95～100	70～90	—	30～65	—	—	0～5	0	—	—	—
单粒级	10～20	—	95～100	85～100	—	0～15	0	—	—	—	—	—	—
	16～31.5	—	95～100	—	85～100	—	—	0～10	0	—	—	—	—
	20～40	—	—	95～100	—	80～100	—	—	0～10	0	—	—	—
	31.5～63	—	—	—	95～100	—	—	75～100	45～75	—	0～10	0	—
	40～80	—	—	—	—	95～100	—	—	70～100	—	30～60	0～10	0

粗集料中公称粒级的上限称为该集料的最大粒径。当集料粒径增大时，其总表面积减小，包裹它表面所需的水泥浆数量相应减少，可节约水泥。所以，在条件许可的情况下，应尽量选用较大粒径的集料。研究表明，对于贫混凝土（lean concrete）（1m³ 混凝土水泥用量

≤170kg），采用大粒径集料是有利的。但是对于结构常用混凝土，集料粒径大于 40mm 并无好处。集料最大粒径还受结构形式和配筋疏密等限制。根据《混凝土质量控制标准》（GB 50164—92）的规定：①最大粒径不得大于构件最小截面尺寸的 1/4，同时不得大于钢筋最小净距的 3/4。②对于混凝土实心板，最大粒径不宜超过板厚的 1/2，且不得大于 50mm。③对于泵送混凝土，集料最大粒径与输送管内径之比应符合有关规定。

（2）粗集料形状和表面特征

粗集料的颗粒形状以近立方体或近球状体为佳。表面光滑时，表面积较小，对混凝土流动性有利，然而表面光滑的集料与水泥石的粘结较差。生产碎石的过程中往往产生一定量的针、片状颗粒，针、片状粗集料易折断，使集料的空隙率增大，降低混凝土的强度，特别是抗折强度，其颗粒含量的限量要求见表 5-4。

粗集料的表面特征指表面粗糙程度。碎石与卵石相比，具有表面粗糙、多棱角的特点，其新拌混凝土的流动性较差，但与水泥粘结性能较好。若配合比相同，碎石配制的混凝土强度相对较高。卵石表面较光滑，少棱角，其拌合物的流动性较好，但粘结性能较差，强度相对较低。若保持流动性相同，卵石的拌合用水较碎石少，因此卵石混凝土强度并不一定低。

（3）粗集料的强度和坚固性

为了保证混凝土的强度，粗集料必须致密并具有足够的强度。碎石的强度可用抗压强度和压碎值指标表示，卵石的强度可用压碎值指标表示。

压碎指标值（index of crushing）是测定堆积后的碎石或卵石承受压力而不破坏的能力。试验时，是将一定质量气干状态下 10～20mm 的石子装入一定规格的圆筒内，在压力机上加荷到 200kN，卸荷后称取试样质量（m_0），用孔径 2.5mm 的筛，筛除被压碎的颗粒，称取试样的筛余量（m_1），则压碎指标按下式计算：

$$压碎指标 = \frac{m_0 - m_1}{m_0} \times 100\% \tag{5-2}$$

压碎指标值越小，说明集料抵抗压碎的能力越强。

集料的坚固性（soundness）反映集料在气候、外力或其他物理因素作用下抵抗破碎的能力。有抗冻要求的混凝土所用粗集料，要求测定其坚固性，即用硫酸钠溶液浸泡法来检验，试样经过 5 次循环后，测定其重量损失，作为衡量其坚固性的指标。

四、混凝土拌和及养护用水

混凝土用水的基本质量要求是：不影响混凝土的和易性和凝结硬化，无损于混凝土强度发展及耐久性，不加快钢筋锈蚀，不引起预应力钢筋脆断，不污染混凝土表面。

混凝土用水按水源可以分为饮用水、地表水、地下水、海水以及经过适当处理或处置后的工业废水。根据标准《混凝土拌和用水标准》（JGJ 63—2006）的规定，凡符合国家标准的生活饮用水，均可拌制各种混凝土。海水可拌制素混凝土，但不宜拌制有饰面要求的素混凝土，更不得拌制钢筋混凝土和预应力混凝土。在野外或山区施工采用天然水拌制混凝土时，均应对水的有机质、Cl^- 和 SO_4^{2-} 含量等进行检测，合格后方能使用。特别是某些污染严重的河道或池塘水，一般不得用于拌制混凝土。

五、矿物掺合料

1. 矿物掺合料的定义及分类

矿物掺合料（mineral admixture）是指在配制混凝土时加入的能改变新拌混凝土和硬化混凝土性能的无机矿物细粉。它的掺量通常大于水泥用量的 5%，细度与水泥细度相同或比水泥更细。掺合料与外加剂主要不同之处在于其参与了水泥的水化过程，对水化产物有所贡献。在配制混凝土时加入较大量的矿物掺合料，可降低温升，改善工作性能，增进后期强度，并可改善混凝土的内部结构，提高混凝土耐久性和抗腐蚀能力。尤其是矿物掺合料对碱-集料反应的抑制作用引起了人们的重视。因此，国外将这种材料称为辅助胶凝材料，已成为高性能混凝土不可缺少的第六组分。

矿物掺合料根据来源可分为天然类、人工类及工业废料类三大类（见表 5-8）

表 5-8　矿物掺合料的分类

类　别	品　种
天然类	火山灰、凝灰岩、沸石粉、硅质页岩等
人工类	水淬高炉矿渣、煅烧页岩、偏高岭土等
工业废料类	粉煤灰、硅灰等

近年来，工业废渣矿物掺合料直接在混凝土中应用的技术有了新的进展，尤其是粉煤灰、磨细矿渣粉、硅灰等具有良好的活性，对节约水泥、节省能源、改善混凝土性能、扩大混凝土品种、减少环境污染等方面有显著的技术经济效果和社会效益。硅灰、磨细矿渣及分选超细粉煤灰可用来生产 C100 以上的超高强混凝土、超高耐久性混凝土、高抗渗混凝土。虽然水泥中也可以掺入一定数量的混合材，但它对混凝土性能的影响与矿物掺合料对混凝土性能的影响并不完全相同。矿物掺合料的使用给混凝土生产商提供了更多的混凝土性能和经济效益的调整余地，因此成为与水泥、集料、外加剂并列的混凝土组成材料。

根据其化学活性，矿物掺合料基本可分为三类：

（1）有胶凝性（或称潜在水硬活性）的

如粒化高炉矿渣、高钙粉煤灰或增钙液态渣、沸腾炉（流化床）燃煤脱硫排放的废渣（固流渣）等。

（2）有火山灰活性的

火山灰性是指本身没有或极少有胶凝性，但在有水存在时，能与 $Ca(OH)_2$ 在常温下发生化学反应，生成具有胶凝性的组分。如粉煤灰、某些烧页岩和黏土、硅灰等。

（3）惰性掺合料

如磨细的石灰岩、石英砂、白云岩以及各种硅质岩石的产物。

矿物掺合料在混凝土中的作用主要体现在几个方面：①形态效应：利用矿物掺合料的颗粒形态在混凝土中起减水作用，有学者称之为"矿物减水剂"。如优质的粉煤灰，其玻璃微珠对混凝土和砂浆的流动起"滚珠轴承"作用，因而有减水作用。②微集料效应：利用矿物掺合料中的微细颗粒填充到水泥颗粒填充不到的孔隙中，混凝土孔结构改善，致密性提高，大幅度提高混凝土的强度和抗渗性能。③化学活性效应：利用矿物掺合料的胶凝性或火山灰性，将混凝土中尤其是浆体与集料界面处大量的 $Ca(OH)_2$ 晶体转化成对强度及致密性更有利的 C-S-H 凝胶，改善界面缺陷，提高混凝土强度。④掺合料的密度通常小于水泥，等质量的掺合料替代水泥后，浆体体积增加，混凝土和易性改善。

不同种类矿物掺合料因其自身性质不同，在混凝土中所体现的效应各有侧重。

几种常用矿物掺合料和水泥的物理性质、化学组成见表 5-9 和表 5-10。

表 5-9 常用矿物掺合料的物理性质

	粉煤灰	磨细矿渣粉	硅 灰	水 泥
密度（g/cm^3）	2.1	2.9	2.2	3.15
堆积密度（kg/m^3）	516 ~ 1073	800 ~ 1100	250 ~ 300	1200 ~ 1300
粒径范围（μm）	10 ~ 150	3 ~ 100	0.01 ~ 0.5	0.5 ~ 100
比表面积（m^2/kg）	350	400	15000	350
颗粒形状	主要是球形颗粒	不规则	球形	有棱角，不规则

表 5-10 常用矿物掺合料的化学组成 %

氧化物	粉煤灰		磨细矿渣粉	硅 灰	水 泥
	低 钙	高 钙			
SiO_2	48	40	36	97	20
Al_2O_3	27	18	9	2	5
Fe_2O_3	9	8	1	0.1	4
MgO	2	4	11	0.1	1
CaO	3	20	40	64	
Na_2O	1	—	—	—	0.2
K_2O	4	—	—	—	0.5

由表 5-10 看出，矿物掺合料的 SiO_2 含量都高于水泥，而且大部分呈有活性的无定形态。硅粉几乎是纯的活性 SiO_2；粉煤灰分低钙灰和高钙灰两种。高钙灰和磨细矿渣含有大量含钙矿物，能水化并有一定的自硬性，但其水化反应在没有水泥存在时非常缓慢，在水泥的激发下会大大加速。

2. 粉煤灰

粉煤灰（fly ash）是从火力发电厂燃煤锅炉排放出的烟气中收集到的粉尘，是一种具有潜在活性的火山灰材料，其颗粒多数呈球形，表面光滑。粉煤灰按其排放方式的不同，分为干排灰与湿排灰两种。湿排灰含水量大、活性降低较多，质量不如干排灰。按收集方法的不同分为机械收尘和静电收尘两种。按照煤种分为 F 类和 C 类，F 类为无烟煤或烟煤煅烧收集的粉煤灰，颜色为灰色或深灰色；C 类为褐煤或次烟煤煅烧收集的粉煤灰，其氧化钙含量一般大于 10%，为高钙粉煤灰，颜色为褐黄色。粉煤灰主要是由不同大小颗粒的玻璃微珠所组成，其颗粒形貌见图 5-5 所示。粉煤灰的物理性质、化学组成见表 5-9 和表 5-10。

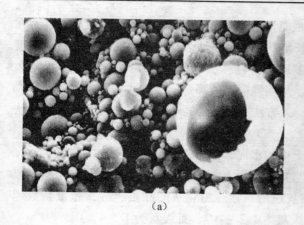 

（a）　　　　　　　　　　　　　　　（b）

图 5-5　粉煤灰与水泥的颗粒形貌（放大 1000 倍的扫描电镜图片）

（a）粉煤灰；（b）水泥

（1）粉煤灰的技术要求

粉煤灰受煤种、煤粉细度、燃烧条件和收尘方式等条件的限制，成分和性能波动很大。根据国家标准《用于水泥和混凝土中的粉煤灰》（GB/T 1596—2005），其分级及其品质指标如表 5-11 所示。

表 5-11　用于砂浆和混凝土中的粉煤灰技术要求

指　标		级　别		
		Ⅰ	Ⅱ	Ⅲ
细度（45μm 方孔筛筛余）（%）	F 类粉煤灰 C 类粉煤灰	≤12	≤25	≤45
需水量比（%）		≤95	≤105	≤115
烧失量（%）		≤5	≤8	≤15
含水量（%）		≤1	≤1	≤1
三氧化硫（%）		≤3	≤3	≤3
游离氧化钙（%）	F 类粉煤灰≤1；C 类粉煤灰≤4			
安定性，雷氏夹沸煮后增加距离（mm）	C 类粉煤灰≤5			

粉煤灰的品质指标直接关系到其在混凝土中的作用效果。粉煤灰细度越细，其微集料效应越显著，需水量比也越低，其矿物减水效应越显著；通常细度小、需水量比低的粉煤灰（Ⅰ级灰），其化学活性也较高。烧失量主要是含碳量，未燃尽的碳粒是粉煤灰中的有害成分，碳粒多孔，比表面积大，吸附性强，强度低，带入混凝土后，不但影响混凝土的需水量，还会导致外加剂用量大幅度增加；对硬化混凝土来说，碳粒影响了水泥浆的粘结强度，成为混凝土中强度的薄弱环节，易增大混凝土的干缩值；它不仅自身是惰性颗粒，还是影响粉煤灰形态效应最不利的颗粒。因此，烧失量是粉煤灰品质中的一项重要指标。

（2）粉煤灰掺入混凝土中的作用和效果

粉煤灰在混凝土中的作用归结为物理作用和化学作用两方面。正是由于粉煤灰具有玻璃微珠的颗粒特征，对减少新拌混凝土的用水量，改善混凝土的流动性和保水性、可泵性，提高混凝土的密实程度具有优良的物理作用效果。而其硅、铝玻璃体在常温常压条件下，可与水泥水化生成的氢氧化钙发生化学反应，生成具有胶凝作用的 C-S-H 水化产物，具有潜在的化学活性，这种潜在的活性效应只有在较长龄期才会明显地表现出来，对混凝土后期强度的增长较为有利，同时还可降低水化热，抑制碱-集料反应、提高抗渗、抗化学腐蚀等耐久性能。但通常混凝土的凝结时间会有所延长、早期强度有所降低。

混凝土中掺入粉煤灰的效果与粉煤灰的掺入方法有关。混凝土中掺入粉煤灰的常用方法有：等量取代法、超量取代法和外掺法。

等量取代法：以等质量粉煤灰取代混凝土中的水泥，但通常会降低混凝土的强度。

超量取代法：为达到掺粉煤灰后混凝土与基准混凝土等强度的目的，粉煤灰采用超量取代，其掺入量等于取代水泥的质量乘以粉煤灰超量系数。粉煤灰的品质越好，超量系数越小，通常 I 级灰的超量系数为 1.0～1.4，II 级灰为 1.2～1.7，III 级灰为 1.5～2.0。

外掺法：指保持混凝土中的水泥用量不变，外掺一定数量的粉煤灰。其目的是为改善混凝土的和易性。

需要说明的是，从有利于发挥粉煤灰的特性和作用、有利于粉煤灰在工程中的应用角度，今后粉煤灰等掺合料应作为混凝土的单独组分来进行配比设计，而不仅仅是作为水泥的替代物来考虑。

在配制混凝土时，粉煤灰一般可取代混凝土中水泥用量的 20%～40%。其掺量大小与混凝土的原材料、配合比、工程部位及气候环境等密切相关。通常混凝土中掺入粉煤灰时应与减水剂、引气剂等同时掺用。

3. 粒化高炉矿渣粉

粒化高炉矿渣属于第一类矿物掺合料，是高炉炼铁时产生的废渣，具有微弱的自身水硬性。粒化高炉矿渣经干燥、粉磨（或添加少量石膏一起粉磨）达到相当细度且符合相应活性指数的粉体叫做粒化高炉矿渣粉（ground granulated blast furnace slag，简称矿渣粉）。

前面提到粒化高炉矿渣可以与水泥熟料一起磨细，生产矿渣水泥。但与熟料混磨时，由于矿渣比熟料坚硬，不易同步磨细，比熟料颗粒更粗。因而矿渣水泥配制的混凝土保水性差、泌水性大、抗渗性差；同时较粗的粒化高炉矿渣颗粒，活性不能得到充分发挥，因而矿渣水泥早期强度低。而将粒化高炉矿渣单独粉磨，则可以根据需要控制粉磨工艺，得到所需细度或比水泥更细的矿渣粉，有利于其中活性组分更快、更充分的水化，从而保证混凝土所需强度，并且微细粉体的填充作用，使混凝土内部结构更加密实。

矿渣粉的活性取决于矿渣的化学成分、矿物组成、冷却条件及粉磨细度。矿渣的化学成分与硅酸盐水泥相类似（见表 5-10），若矿渣中 CaO、Al_2O_3 含量高，SiO_2 含量低时，矿渣活性高。通常矿渣粉的比表面积越大，颗粒越细，其活性越高。国标 GB/T 18046—2008 中用活性指数（strength activity index）表示其强度活性：活性指数 =（掺 50% 磨细矿渣 ISO 胶砂抗压强度/100% 纯水泥 ISO 胶砂抗压强度）×100%，活性指数越大，表明矿渣活性高，对混凝土强度贡献大。矿渣越细，通常早龄期的活性指数越大，但细度对后期活性指数的影响较小。另外，矿渣越细，混凝土的水化热和收缩加大。

矿渣粉的品质应符合表 5-12 的规定。

表 5-12　粒化高炉矿渣粉的品质指标（GB/T 18046—2000）

项　目		级　别		
		S105	S95	S75
密度（g/cm³）		≥2.8		
比表面积（m²/kg）		≥500	≥400	≥300
活性指数（%）	7d	≥95	≥75	≥55
	28d	≥105	≥95	≥75
流动度比（%）		≥85	≥90	≥95
含水量（%）		≤1.0		
三氧化硫（%）		≤4.0		
氯离子（%）		≤0.06		
烧失量（%）		≤3.0		
玻璃体含量（质量分数）（%）		≥85		
放射性		合格		

4. 硅灰

硅灰（silica fume）是指在用高纯度石英冶炼金属硅或硅铁合金时，通过烟道排出的硅蒸气氧化后，经收尘器收集到的以无定形的 SiO_2 为主要成分的超细粉末颗粒。硅灰的物理性质、化学组成见表 5-9 和表 5-10。虽然硅灰的形态也是很漂亮的球状玻璃体，但由于其粒径非常细小，比水泥颗粒小两个数量级，在混凝土胶凝材料颗粒群的体系中不能产生"滚珠轴承"效应，相反因其巨大的比表面积效应，不仅起不到减水的作用，还会导致混凝土的需水量大幅度增加。硅灰的需水量比可达 134%，火山灰活性指标高达 110%。

硅灰的质量可用 SiO_2 含量和活性指数来检验。用于混凝土中的硅灰，SiO_2 含量应大于 85%，其中活性的（在饱和石灰水中可溶）SiO_2 达 40% 以上。以 10% 硅灰等量替代水泥，其 28d 活性指数应≥85%。硅灰颗粒细小，掺入混凝土中，具有优异的火山灰效应和微集料效应，能改善新拌混凝土的泌水性和粘聚性，增加混凝土的强度，提高混凝土的抗渗、抗冲击等性能，抑制碱-集料反应。因硅灰的高填充效果和高火山灰活性，使其成为超高强混凝土的优异矿物掺合料。但混凝土中掺入硅灰后，随着硅灰掺量的提高，需水量增大，黏度增加，自收缩增大。因此，一般硅灰的掺量控制在 5%~10% 之间，并用高效减水剂来调节需水量。

六、外加剂

外加剂（admixture）是在拌制混凝土过程中加入的用以改善混凝土性能的物质，其掺量不大于水泥质量的 5%（特殊情况除外）。由于混凝土外加剂能使混凝土的性能和功能得到显著改善和提高，已被人们称为混凝土中不可缺少的第五组分，混凝土外加剂生产与应用技术亦被认为是混凝土工艺和应用技术上继钢筋混凝土和预应力混凝土之后的第三次重大突破。尤其是当前具有高分散性、高分散维持性的高效减水剂（超塑化剂）的出现，揭开了混凝土技术的新篇章。

1. 混凝土外加剂的分类及主要技术要求

（1）外加剂的分类

按照化学结构式的不同，混凝土外加剂可分三类：①无机电解质；②有机表面活性物质；③聚合物电解质。它们的基本特性如表 5-13 所示。为了较全面地改善水泥混凝土的各种性能，人们往往采用它们三种组成中的二元或三元体系的复合外加剂。

表 5-13　按化学结构式分类的外加剂的基本特性

项　目	无机电解质	有机表面活性物质	聚合物电解质
分子质量	几十～几百	几百～几千	1000～20000
减水作用	无或 5%	5%～18%	>20%
引气作用	无	有	无或极小
掺　量	1%～5%	<1%	0.5%～2%

按照主要功能的不同，混凝土外加剂可分为四类：①改善混凝土拌合物流变性能的外加剂，包括各种减水剂、引气剂和泵送剂等；②调节混凝土凝结时间、硬化性能的外加剂，包括缓凝剂、早强剂和速凝剂等；③改善混凝土耐久性的外加剂，包括引气剂、防水剂和阻锈剂等；④改善混凝土其他性能的外加剂，包括加气剂、膨胀剂、防冻剂、着色剂等。

（2）外加剂的主要技术要求

混凝土外加剂的主要技术要求（即掺外加剂混凝土的性能指标）如表 5-14 所示。在生产过程中控制的项目有：含固量或含水量、密度、氯离子含量、细度、pH 值、表面张力、还原糖、总碱量（$Na_2O + 0.658K_2O$）、硫酸钠、泡沫性能、水泥净浆流动度或砂浆减水率，其匀质性应符合混凝土外加剂标准（GB 8076）的要求。

表 5-14　掺外加剂混凝土的性能指标

试验项目		外加剂品种															
		普通减水剂		高效减水剂		早强减水剂		缓凝高效减水剂		缓凝减水剂		引气减水剂		早强剂		缓凝剂		引气剂	
		一等品	合格品	一等品	合格品	一等品	合格品	一等品	合格品	一等品	合格品	一等品	合格品	一等品	合格品	一等品	合格品	一等品	合格品
减水率（%）		≥8	≥5	≥12	≥10	≥8	≥5	≥12	≥10	≥8	≥5	≥10	≥10	—	—	—	—	≥6	≥6
泌水率比（%）		≤95	≤100	≤90	≤95	≤95	≤100	≤100		≤100		≤70	≤80	≤100		≤100	≤110	≤70	≤80
含气量（%）		≤3.0	≤4.0	≤3.0	≤4.0	≤3.0	≤4.0	<4.5		<5.5		>3.0		—				>3.0	
凝结时间之差（min）	初凝	−90～+120		−90～+120		−90～+90		>+90		>+90		−90～+120		−90～+90		>+90		−90～+120	
	终凝																		
抗压强度比（%）	1d	—	—	≥140	≥130	≥140	≥130	—		—		≥135	≥125						
	3d	≥115	≥110	≥130	≥120	≥130	≥120	≥125	≥120	≥100		≥115	≥110	≥130	≥120	≥100	≥90	≥95	≥80
	7d	≥115	≥110	≥125	≥115	≥115	≥110	≥125	≥115	≥110		≥110		≥110	≥105	≥100	≥90	≥95	≥80
	28d	≥110	≥105	≥120	≥110	≥105	≥100	≥110		≥110	≥105	≥100		≥100	≥95	≥100	≥90	≥90	≥80
收缩率比（%）	28d	≤135		≤135		≤135		≤135		≤135		≤135		≤135		≤135		≤135	
相对耐久性指标（%），200 次		—		—		—		—		—		≥80	≥60	—		—		≥80	≥60
对钢筋锈蚀作用		应说明对钢筋有无锈蚀危害																	

注：1. 除含气量外，表中所列数据为掺外加剂混凝土与基准混凝土的差值或比值。

　　2. 凝结时间"＋"号表示延缓，"－"表示提前。

　　3. 相对耐久性指标（%）一栏中，"200 次≥80 或 60"表示将 28d 龄期的掺外加剂混凝土试件冻溶循环 200 次后，动弹性模量保留值≥80% 或≥60%。

2. 减水剂

减水剂（water reducing agent）是最常用的混凝土外加剂之一，又称为分散剂或塑化剂，属于表面活性剂。使用它时，能在不影响混凝土和易性的条件下，使新拌混凝土的用水量减少，"减水剂"一词即来自此特征。它对混凝土的作用主要表现为：①在不减少单位用水量的情况下，改善新拌混凝土的工作性能，提高流动度；②在保持流动性和水泥用量不变的条件下，减少用水量，提高混凝土的强度，改善混凝土的耐久性和体积稳定性；③在保持一定强度和流动性情况下，在减水的同时，相应减少了单位水泥用量，节约水泥；④改善混凝土拌合物的可泵性以及混凝土的其他物理力学性能。

（1）减水剂塑化—减水的作用机理

水泥加水拌和后，由于水泥颗粒表面电荷及不同矿物在水化过程中所带电荷不同，会产生如图 5-6 所示的絮凝结构。这种絮凝结构中包裹了许多自由水，从而降低混凝土拌合物的和易性。这时，若加入适量减水剂，则由于其表面活性作用，减水剂的憎水基团定向吸附于水泥颗粒表面，亲水基团指向水溶液，构成单分子或多分子吸附膜，使水泥颗粒表面上带有相同符号的电荷，加大了颗粒间的静电斥力，导致水泥颗粒相互分散，絮凝结构解体，包裹的游离水被释放出来，从而有效增加了混凝土拌合物的流动性（如图 5-7 所示）；其次，减水剂的憎水基团定向吸附于水泥颗粒表面，亲水基团指向水溶剂，在水泥颗粒表面形成一层稳定的溶剂化水膜（图 5-7b），阻止了水泥颗粒间的直接接触，并在颗粒间起润滑作用，提高拌合物的流动性。正是由于减水剂所起的吸附分散、润湿和润滑作用，故只需要少量的水就可以较容易地将混凝土拌和均匀。同时，水泥颗粒在减水剂作用下充分分散，增大了水泥颗粒的水化面积，使水化更加充分，提高了混凝土的强度。

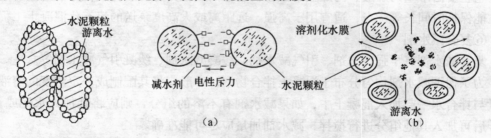

图 5-6　水泥浆絮凝结构　　　　　图 5-7　减水剂的作用机理示意图

（2）减水剂的性能及应用

减水剂按其减水率的不同，可分为普通减水剂和高效减水剂（superplasticizer）；按其兼有的功能分为引气减水剂（air entraining and water reducing admixture）、缓凝减水剂（setretarding and water reducing admixture）、缓凝高效减水剂（set retarding superplasticizer）和早强减水剂（hardening accelerating and water reducing admixture）等。几种常用减水剂介绍如下：

①木质素磺酸盐类减水剂

其基本结构单元是苯基丙烷衍生物，是生产纸浆的废液中提取的各类木质素衍生物，属阴离子型表面活性剂。按其带阳离子的不同，有木质素磺酸钙（木钙）、木质素磺酸钠（木钠）、木质素磺酸镁（木镁）等，是最早研究成功的减水剂。目前我国使用较为广泛的是木钙减水剂，简称 M 剂，其掺量为水泥质量的 0.2% ~ 0.3%，减水率为 5% ~ 15%。该类减水剂具有缓凝作用和一定的引气作用，适用于日最低温度5℃以上的各种预制及现浇混凝土，但不宜单独用于蒸养混凝土。另外，对于粉磨水泥过程中采用硬石膏或氟石膏作为调凝剂的水泥，在使用 M 剂时需特别加以注意。

②萘系减水剂

主要成分为芳香族磺酸盐与甲醛的缩合物，属阴离子表面活性剂。其主要产品为 β 型萘磺酸甲醛缩合物的钠盐，是普通应用的高效减水剂，常用掺量为水泥质量的 0.5% ~ 1.0%，减水率为 10% ~ 25%。该类减水剂除适用于普通混凝土之外，更适用于高强混凝土、早强混凝土、流态混凝土、蒸养混凝土及特种混凝土。

③三聚氰胺甲醛树脂磺酸盐类

该类减水剂是一种水溶性的聚合物树脂，属阴离子早强非引气型高效减水剂。该减水剂是由三聚氰胺、甲醛和亚硫酸钠在一定条件下，经磺化、缩聚而成的。国产产品有 SM 剂，其掺量为水泥质量的 0.5% ~ 1.0%，减水率为 10% ~ 27%。该减水剂对蒸汽养护的适应性优于其他减水剂；适用于铝酸盐水泥，能提高耐火混凝土在高温下的强度。主要用于耐火混凝土、蒸养混凝土、高强混凝土、早强混凝土及流态混凝土。

④氨基磺酸盐系高效减水剂

该类减水剂是以氨基芳香基磺酸盐、苯酚类和甲醛类进行缩合的产物。由于该类减水剂具有掺量低、减水率高（砂浆减水率高达35% ~ 55%）、在低水灰比条件下流动性好、混凝土坍落度大且经时损失小等优点，因而适用于各种高性能及施工要求很高的混凝土工程。

⑤聚缩酸类高效减水剂

它主要由甲基丙烯酸、丙烯酸等原材料制备而成，具有对水泥颗粒分散性强、混凝土流动性能保持时间长等优点，适宜用于高强、远距离或大高度泵送的流态化混凝土工程。

⑥复合减水剂

复合减水剂有早强减水剂、引气减水剂、缓凝减水剂、缓凝引气减水剂等。

为了保证减水剂均匀分布于混凝土拌合物中，一般应将其配制成一定浓度的溶液，按规定量与拌合水一起加入混凝土中，如果减水剂有不溶的组分，则应将其加入水泥或干砂中，干拌后再加入其他组分进行搅拌，减水剂加量应尽可能准确。

减水剂掺入混凝土中的方法有先掺法、后掺法、同掺法和滞水掺入法。

先掺法是将减水剂先与水泥混合后，再与混凝土其他材料一起搅拌；后掺法是指在混凝土拌合物运送到浇注地点后，再加入或再补充部分减水剂；同掺法即将减水剂与混凝土原材料同时加入搅拌机，一起搅拌；滞水掺入法是在搅拌过程中减水剂滞后 1 ~ 3min 加入。实际工程中以同掺法、后掺法应用为多。

3. 缓凝剂

缓凝剂（retarder）是一种能延长混凝土凝结时间的外加剂。目前混凝土中使用的缓凝剂品种较多，按其生产来源可以分为工业副产品类及纯化学品类。按其化学成分又可分为：①无机盐类：磷酸盐、硼砂、硫酸锌、氟硅酸钠等，常用掺量为水泥质量的 0.1% ~ 0.2%；②有机物类：羟基羧酸盐类（如柠檬酸、酒石酸等，掺量为水泥质量的 0.05% ~ 0.2%）、糖类及其化合物（如葡萄糖、蔗糖、糖蜜等，掺量为水泥质量的 0.1% ~ 0.3%）、多元醇及其衍生物（如丙三醇、聚乙烯醇等，掺量为水泥质量的 0.05% ~ 0.2%）、纤维素类（如甲基纤维素、缩甲基纤维素等，掺量通常为水泥质量的 0.1% 以下）。不同缓凝剂的作用机理及效果也不相同。

缓凝剂能延缓混凝土初、终凝时间，降低混凝土拌合物坍落度经时损失，降低水化放热速率。因而缓凝剂适用于夏季高温施工的混凝土、大体积混凝土、商品混凝土与泵送混凝土。

4. 引气剂

引气剂（air entraining agent）是一种能使混凝土在搅拌过程中引入大量微小密闭气泡，从而改善其和易性和耐久性的外加剂。且掺引气剂和引气减水剂都可以减少单位用水量。工程中常用的引气剂有：松香皂及松香热聚物类、烷基苯磺酸盐类、脂肪醇磺酸盐类、蛋白质盐、石油磺酸盐。

引气剂对新拌混凝土及硬化混凝土性能的影响如下：

（1）流动性

引气剂使新拌混凝土中引入大量微小气泡，在水泥颗粒之间起着类似轴承滚珠的作用，从而减少混凝土拌合物流动时的滑移阻力，增大流动性。含气量每增加 1%，混凝土拌合物的坍落度可增加 10mm 左右。在配制引气剂混凝土时，可适当减少拌和用水量，降低水灰比，提高混凝土强度，以补偿由于引入气泡后的强度下降。

（2）泌水性

引气剂引入的微小气泡有阻止集料下沉和水分上浮的作用，并且气泡的膜壁消耗部分水分，减少了能够自由移动的水分。它使混凝土拌合物更好地处于匀质状态，使拌合物的水分能更长时间地停留在水泥浆中而减少泌水量。由于气泡的作用，泌水量一般可减少 30% ~ 40%。

（3）强度

引气剂增加了混凝土中的气泡，减小了浆体的有效面积，造成混凝土抗压强度降低。通常混凝土含气量每增加 1%，混凝土抗压强度约降低 4% ~ 6%，抗折强度降低 2% ~ 3%。引气剂对强度的不利影响可通过引气减水以降低水灰比来部分补偿。

（4）抗冻性

引气剂引入大量微小的气泡均匀地分布在混凝土内部，可以容纳及缓和受冻融破坏时混凝土内部自由水分迁移造成的静水压力，显著提高混凝土的抗冻融性能。性能优良的引气剂引入的气泡平均直径低于 20μm，其气泡间隔系数为 0.1 ~ 0.2mm，此时抗冻性最好。通常掺引气剂后混凝土的抗冻性可提高 1 ~ 6 倍，在一定含气量范围内，抗冻性随含气量的增加而提高，当含气量超过 6% 时抗冻融性能反而有所下降。

（5）抗渗性

掺入引气剂后，混凝土抗渗性能可提高 50% 以上。这是因为引气产生的大量均匀分布的微小气泡促使混凝土中多余的水分散在气泡壁周围，这些水分不能再集中和连通起来形成毛细管通道，这就相当于把开放的毛细管变成封闭的气孔，只有在更大的静水压力下才会产生渗透。由于抗渗性提高、抗冻性提高，因而混凝土耐久性大大提高。

另外，由于大量气泡的存在，混凝土弹性模量下降，对提高混凝土的抗裂性有利。

引气剂可用于抗冻混凝土、防渗混凝土、抗硫酸盐混凝土、贫混凝土、轻集料混凝土以及有饰面要求的混凝土等；但不宜用于蒸养混凝土及预应力混凝土。抗冻要求高的混凝土，必须掺入引气剂或引气减水剂，其掺量应根据混凝土含气量的要求，通过试验确定。为提高混凝土的耐久性，我们国家今后应大力推广引气剂在混凝土中的应用。

5. 早强剂

早强剂（hardening accelerating admixture）是指能加速混凝土早期强度发展，而对后期强度无显著影响的外加剂；混凝土工程中常用的有如下几大类：①无机类早强剂：氯化物（氯化钙、氯化钠、氯化铁等）、硫酸盐类（硫酸钠、硫酸钙、硫酸铝、硫代硫酸钠等）、重铬酸钾等；②有机早强剂：三乙醇胺、三异丙醇胺等；③复合早强剂：主要是无机与有机早强剂的复合（如三乙醇胺＋氯化钠、三乙醇胺＋氯化钠＋亚硝酸钠等）或早强剂与减水剂的复合。

早强剂可用于蒸养混凝土及常温、低温和最低气温不低于－5℃条件下施工的有早强或防冻要求的混凝土工程。

6. 防冻剂

防冻剂（antifreeze agent）是指能使混凝土在负温下硬化，并在规定时间内达到足够强度的外加剂。工程中常用的防冻剂有：①强电解质无机盐类（如氯化钠、氯化钙、氯盐与亚硝酸钠的复合、亚硝酸盐等）；②水溶性有机化合物类（如乙二醇）；③有机化合物与无机盐复合类；④复合型（防冻、早强、引气、减水等组分的复合）。

防冻剂的作用机理表现在：防冻组分降低水的冰点，使水泥在负温下能继续水化；早强组分提高混凝土的早期强度，抵抗水结冰产生的膨胀应力；减水组分减少混凝土中的成冰量，并使冰晶细小且均匀分散，减轻对混凝土的破坏应力；引气组分引入适量的封闭微气泡，减缓冰胀应力。因此防冻剂的综合效果能显著提高混凝土的抗冻性。

防冻剂适用于冬期施工混凝土，其应用应符合有关规范的规定。

7. 膨胀剂

膨胀剂（expansive agent）是一种在水泥凝结硬化过程中使混凝土（包括砂浆和水泥净浆）产生可控膨胀以减少收缩的外加剂。在水泥水化和硬化阶段，膨胀剂既可自身产生膨胀，也能与水泥混凝土中的其他成分反应产生膨胀，对混凝土起到补偿收缩、防止开裂等作用。

混凝土用膨胀剂可分为：①硫铝酸钙类，它利用水泥水化过程中所产生的硫铝酸钙发生体积膨胀。②石灰类膨胀剂，利用 CaO 的水化反应，致使体积发生膨胀。③铁粉类膨胀剂，利用铁屑与氧化剂的作用，产生氢氧化铁、氢氧化亚铁并使体积膨胀。④复合型膨胀剂，它借助特定膨胀组分的水化生成物而产生膨胀作用，其他组分则赋予如减水、早强等功能。

8. 泵送剂

泵送剂（pumping admixture）是指能改善混凝土泵送性能的外加剂。在混凝土工程中，泵送剂主要由普通（或高效）减水剂、引气剂、缓凝剂和保塑剂等复合而成，其质量应符合《混凝土泵送剂》（JC 473）标准。混凝土原材料中加入泵送剂，可以配制出不离析和泌水、粘聚性好、和易性和可泵性好、具有一定含气量和缓凝性能的大坍落度混凝土。泵送剂可用于高层建筑、市政工程、工业民用建筑及其他构筑物混凝土的泵送施工。

9. 外加剂与水泥及混凝土的相容性

人们从实践中可发现，不同厂家生产的符合国家标准质量要求的水泥和外加剂在配制混凝土时，性能会有差异，甚至很大，有些外加剂起不到改善混凝土性能应有的效果，甚至出现了负面影响（如混凝土和易性差、凝结不正常等），人们把这些问题归结为水泥与外加剂的相容性（Compatibility，也称为适应性）。随着外加剂日益广泛使用，水泥与外加剂相容性问题更加突出。

相容性是一个范围很广的概念，包括了外加剂与水泥（掺合料、骨料）相互作用中表现出来的混凝土的工作性能、力学性能、耐久性能、体积稳定性等方面的变化的合理性和优劣性，目前认识水泥与外加剂相容性的好坏，通常是从掺外加剂后混凝土工作性能好坏的角度进行评价，即在相同条件下，混凝土拌合物和易性的好坏。外加剂与水泥相容性好表现为在同一配合比条件下获得相同强度等级、相同流动性能的混凝土，所需减水剂用量少、混凝土拌合物坍落度经时损失小、混凝土拌合物抗离析、抗泌水性能好、凝结时间正常等。

大量研究表明，影响水泥与外加剂相容性的主要因素有：①减水剂的化学结构式和平均分子质量；②减水剂的磺化程度及相关基团；③减水剂的掺量与掺加方式；④水泥的化学和矿物组成，尤其是 C_3A 和碱含量；⑤水泥的细度；⑥水泥中 $CaSO_4$ 的含量与形态；⑦混合材或掺合料的品种、质量、数量；⑧水泥的温度和存放时间；⑨混凝土的配合比（如水灰比）等。由此可见，水泥与减水剂的相互作用既受到减水剂分子结构、极性基团的特性以及平均分子质量等的影响，也受到水泥颗粒的吸附特性、水化特性等的影响。这些因素相互交织在一起，共同对外加剂的使用效果产生影响。

为改善这一问题，工程中应用外加剂时，可能的情况下应多选择几种外加剂和水泥（掺合料）先进行相容性试验，从而选择相容性好的水泥和外加剂。混凝土外加剂的使用应符合《混凝土外加剂应用技术规范》（GB 50119—2003）中的要求。另外需要指出：水泥行业生产水泥时，不应仅仅重视强度指标，而忽略了混凝土其他性能的要求。

第三节　普通混凝土的主要技术性质

混凝土的主要技术性质包括混凝土拌合物的和易性、硬化混凝土的强度、变形及耐久性。

一、混凝土拌合物的和易性

混凝土拌合物（fresh concrete）是混凝土组成材料拌和后尚未凝结硬化的混合物，也称新拌混凝土。混凝土拌合物的性能不仅影响拌合物的制备、运输、浇注、振捣设备的选择，而且还影响硬化后混凝土的性能。

为使硬化混凝土具有满意的质量，混凝土拌合物必须满足以下几个方面的要求：易于拌和和运输；给定的同一批产品或几批产品之间应该是均匀的；具有流动性，能完全充满模具；能够在不需要施加过多能量的条件下完全紧密地结合在一起；浇注和捣实的过程中不离析；依靠模板或通过抹平和其他表面处理方式能很好地饰面。

1. 和易性的概念

混凝土拌合物的和易性，也称工作性（workability），是指混凝土拌合物易于施工操作

（搅拌、运输、浇注、捣实）并能获得质量均匀、成型密实的混凝土性能。和易性是一项综合的技术性质，包括流动性、粘聚性和保水性三方面的含义。

流动性（liquidity）是指混凝土拌合物在本身自重或施工机械振捣的作用下，能产生流动，并均匀密实地填满模板的性能。流动性好的混凝土操作方便，易于捣实、成型。

粘聚性（cohesiveness）是指混凝土拌合物在施工过程中，其组成材料之间具有一定的粘聚力，不产生分层和离析（segregation）现象。

保水性（water retention poroperty）是指混凝土拌合物在施工过程中，具有一定的保水能力，不产生严重的泌水（bleeding）现象。

2. 混凝土拌合物和易性测定方法及指标

（1）坍落度法（slump constant method）

将搅拌好的混凝土拌合物按规定方法装入圆台形坍落度筒内，并按规定方式插捣，待装满刮平后，垂直平稳地向上提起坍落度筒，量出筒高与坍落后混凝土试体最高点之间的高度差（mm），即为混凝土拌合物的坍落度值（见图5-8）。坍落度越大，表示流动性越好。当坍落度大于220mm时，用钢尺测量混凝土扩展后最终的最大和最小直径，在这两个直径之差小于50mm条件下，用其算术平均值作为坍落扩展度值。

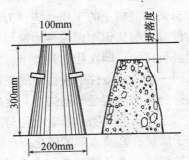

图5-8　混凝土拌合物坍落度的测定

进行坍落度试验时，应同时考察混凝土的粘聚性和保水性。

粘聚性的检查方法是用捣棒在已坍落的混凝土锥体侧面轻轻敲打，如果锥体逐渐下沉，表示粘聚性良好；如果锥体倒塌、部分崩裂或出现离析现象，表示粘聚性不好。

保水性以混凝土拌合物中稀浆析出的程度来评定：坍落度筒提起后，如有较多的稀浆从底部析出，锥体部分的混凝土也因失浆而集料外露，则表明此混凝土拌合物的保水性不好；若无稀浆或仅有少量稀浆自底部析出，则表示此混凝土拌合物的保水性良好。

根据坍落度的不同，可将混凝土拌合物分为四级，见表5-15。

表 5-15　混凝土按坍落度的分级

级　别	名　　称	坍落度（mm）	级　别	名　　称	坍落度（mm）
T_1	低塑性混凝土	10～40	T_3	流动性混凝土	100～150
T_2	塑性混凝土	50～90	T_4	大流动性混凝土	≥160

（2）维勃稠度法（Vebe-Bee's method）

对于干硬性的混凝土拌合物（坍落度值小于10mm）通常采用维勃稠度仪（图5-9）测定其稠度（即维勃稠度）。

维勃稠度的测试方法是：在坍落度筒中按规定方法装满拌合物，提起坍落度筒，将透明盘转到混凝土圆台体台顶，开启振动台，同时用秒表计时，当振动到透明圆盘的底面完全为水泥浆所布满时，停止秒表，关闭振动台，此时可认为混凝土拌合物已密实。所读秒数，称为该混凝土拌合物的维勃稠度值。

该法适用于集料最大粒径不超过 40mm，维勃稠度在 5~30s 之间的混凝土拌合物的稠度测定。根据维勃稠度的大小，混凝土拌合物也分为四级，见表 5-16。

表 5-16 混凝土按维勃稠度的分级

级 别	名 称	维勃稠度（s）	级 别	名 称	维勃稠度（s）
V_0	超干硬性混凝土	≥31	V_2	干硬性混凝土	20~11
V_1	特干硬性混凝土	30~21	V_3	半干硬性混凝土	10~5

3. 流动性（坍落度）的选择

选择混凝土拌合物的坍落度，要根据构件截面大小，钢筋疏密和捣实方法来确定。为保证成型后混凝土的质量和降低混凝土的成本，在满足施工要求的前提下，应尽量选用较小坍落度。混凝土浇注时的坍落度宜按表 5-17 选用。

表 5-17 混凝土浇注时的坍落度

结 构 种 类	坍落度（mm）
基础或地面等的垫层，无配筋的大体积结构（挡土墙、基础等）或配筋稀疏的结构	10~30
板、梁和大型及中型截面的柱子等	30~50
配筋密列的结构（薄壁、斗仓、筒仓、细柱等）	50~70
配筋特密的结构	70~90

注：1. 本表是采用机械振捣时的混凝土坍落度，当采用人工捣实时，其值可适当增大。

2. 当需要配制大坍落度混凝土（如泵送混凝土的坍落度一般应为 100~200mm）时，应掺用外加剂。

4. 混凝土拌合物和易性的影响因素

影响混凝土拌合物和易性的因素很多，主要有拌合物的用水量、混凝土的配合比、集料的性质、拌和时间、环境温度、水泥性质以及外加剂等。

（1）混凝土拌合物单位用水量

混凝土拌合物单位用水量增大，其流动性随之增大。但用水量过大，会使拌合物粘聚性和均匀性变差，产生严重泌水、分层或流浆，并有可能使混凝土强度和耐久性严重降低。混凝土拌合物的单位用水量应根据集料品种、粒径及施工要求的混凝土拌合物坍落度或稠度选用（见表 5-26 和表 5-27）。

（2）水泥浆的数量

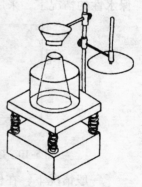

图 5-9 维勃稠度仪

混凝土拌合物中的水泥浆，赋予混凝土拌合物一定的流动性。在水灰比不变的情况下，单位体积拌合物内水泥浆愈多，则拌合物的流动性愈大。但若水泥浆过多，将会出现流浆现象，粘聚性变差；水泥浆过少，则集料之间缺少粘结物质，易使拌合物发生离析和崩塌。

（3）水泥浆的稠度——水灰比

水泥浆的稠度是由水灰比（water-cement ratio）所决定的。水灰比是指混凝土拌合物中水与水泥的重量比。在水泥用量不变的情况下，水灰比越小，水泥浆越稠，混凝土拌合物的流动性越小。当水灰比过小时，水泥浆干稠，混凝土拌合物的流动性过低，施工困难，且不能保证混凝土的密实性。增加水灰比会使流动性加大，水灰比过大又会造成混凝土拌合物的粘聚性和保水性不良，产生流浆、离析现象，并严重影响混凝土的强度。水灰比不能过大或过小，应根据混凝土强度和耐久性要求合理地选用。

　　无论是水泥浆的多少还是水泥浆的稀稠，实际上对混凝土拌合物流动性起决定作用的是用水量。因为无论是提高水灰比或增加水泥浆用量，最终会表现为混凝土用水量的增加。应当注意，在试拌混凝土时，不能用单纯改变用水量的办法来调整混凝土拌合物的流动性。单纯改变用水量会改变混凝土的强度和耐久性，因此应该在保持水灰比不变的条件下，用调整水泥浆量的办法来调整混凝土拌合物的流动性。

　　（4）集料

　　集料对混凝土和易性的影响有两方面，即集料的质量和粗细集料的比例。

　　①砂率（sand ratio）

　　混凝土中细集料的质量占集料总质量的百分率，用砂率（β_s）表示。

　　砂率过大时，集料的总表面积及空隙率都会增大，在水泥浆含量不变的情况下，水泥浆量相对变少，减弱了水泥浆的润滑作用，使混凝土拌合物的流动性减小。砂率过小，在石子间起润滑作用的砂浆层不足，也会降低混凝土拌合物的流动性，而且会严重影响其粘聚性和保水性，容易造成离析、流浆等现象。因此，砂率有一个合理值。

　　当水与水泥用量一定，采用合理砂率能使混凝土拌合物获得最大的流动性且能保持良好的粘聚性和保水性，如图5-10所示。混凝土拌合物获得所要求的流动性及良好的粘聚性与保水性的情况下，采用合理砂率，水泥用量最少，如图5-11所示。

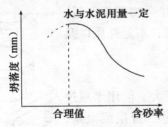
图5-10　砂率与坍落度的关系

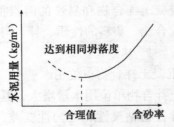
图5-11　砂率与水泥用量的关系

　　一般情况下，在保证拌合物不离析，能很好地浇注、捣实的条件下，应尽量选用较小的砂率，以节约水泥（可参照表5-28选用）。

　　②集料的形状特征

　　一般认为，越接近球形的颗粒，混凝土就越易于成型。表面光滑的颗粒比粗糙的颗粒有更好的工作性。集料的孔隙率大，其吸水率大，混凝土拌合物和易性变差。

　　（5）时间和温度

　　拌合物加水拌和后，随时间的延长而逐渐变得干稠，流动性减少，这是因为水分损失。时间对混凝土拌合物坍落度的影响如图5-12所示。

　　环境温度升高，水分蒸发及水泥水化反应加快，坍落度损失也加快。温度对混凝土拌合物坍落度的影响见图5-13。

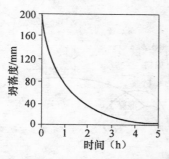

图 5-12 时间对混凝土拌合物坍落度的影响

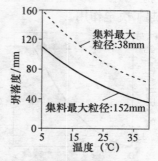

图 5-13 温度对混凝土拌合物坍落度的影响

（6）外加剂和掺合料

在拌制混凝土时，加入适量的掺合料（粉煤灰、矿粉等）和少量的外加剂（如减水剂、引气剂）能使混凝土拌合物在不增加水泥用量（或减少水泥用量）的条件下，获得很好的和易性，增大流动性和改善粘聚性、降低泌水性。由于改变了混凝土的结构，还能提高混凝土的耐久性。

5. 改善和易性的措施

调整混凝土拌合物的和易性时，必须兼顾流动性、粘聚性和保水性的统一，并考虑对混凝土强度、耐久性的影响。综合上述要求，实际调整时可以采取以下措施：

（1）通过试验，采用合理砂率，以利于提高混凝土质量和节约水泥。

（2）采用较粗大的、级配良好的粗、细集料。

（3）当所测混凝土拌合物坍落度小于设计值时，保持水灰比不变，适当增加水泥浆用量；拌合物坍落度大于设计值时，保持砂率不变，增加砂石用量。

（4）掺加适宜的外加剂和掺合料。

6. 混凝土拌合物的凝结时间

水泥的水化反应是混凝土产生凝结的主要原因，但是混凝土的凝结时间与配制该混凝土所用水泥的凝结时间并不一致。通常用贯入阻力仪测定混凝土拌合物的凝结时间。先用 5mm 筛孔的筛从拌合物中筛取砂浆，按规定方法装入规定的容器中，然后每隔一定时间测定砂浆贯入到一定深度时的贯入阻力，绘制贯入阻力与时间的关系曲线，从而确定其凝结时间。通常情况下混凝土的凝结时间为 6～10h，混凝土拌合物贯入阻力与时间的关系曲线，如图 5-14 所示。

二、混凝土的强度

1. 混凝土的受压破坏过程

（1）混凝土中的过渡区（transition zone）

混凝土宏观上可以认为是颗粒状的粗细集料均匀地分散在水泥石中形成的分散体系。因而，混凝土强度与水泥石、砂浆、集料的强度密切相关（见图 5-15）。从图中看出：混凝土强度＜砂浆强度＜水泥石强度＜集料强度；而弹性模量则是，水泥石＜混凝土（砂浆）＜集料。从相组成的角度分析，混凝土由集料相、水泥石相和过渡区相三相组成。由于集料相和水泥石相强度高，但混凝土强度却降低，因此由集料与水泥石之间的界面形成的过渡区对混凝土强度起了决定作用。

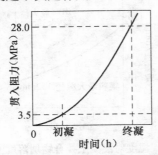

图 5-14　新拌混凝土贯入阻力
与时间的关系曲线

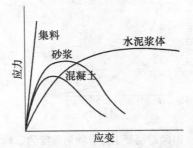

图 5-15　集料、水泥浆体、砂浆和
混凝土的应力-应变曲线

　　过渡区（如图 5-16 所示）是指在集料的表面到水泥石本体之间存在 $10 \sim 50 \mu m$ 的界面过渡薄层。混凝土在凝固硬化之前，集料颗粒受重力作用向下沉降，含有大量水分的稀水泥浆则由于密度小而向上迁移，它们之间的相对运动使集料颗粒的周壁形成一层稀浆膜，待混凝土硬化后，这里就形成了过渡区。

　　与水泥浆本体相相比，过渡区内由于水灰比大，导致氢氧化钙、钙矾石等结晶尺寸较大，含量较多，且大多垂直于集料表面定向生长；在水泥浆体凝结硬化过程中，本体相内的孔隙由来自于周围的水泥颗粒水化生成的产物填充，使得原来充水的空间逐步被水化产物填充而变得密实；而集料与水泥颗粒之间的孔隙，只有来自水泥一侧的水化产物填充，集料一侧对填充孔隙没有任何贡献。因此，过渡区内水化硅酸钙凝胶体的数量较少，密实度差，孔隙率大，尤其是大孔较多，严重降低过渡区的强度。并且由于集料和水泥凝胶体的变形模量、收缩性能等存在着差别，或者由于泌水在集料下方形成的孔隙中的水蒸发等原因、过渡区存在着大量原生微裂缝，是混凝土整体强度的薄弱环节。混凝土的破坏特征往往是界面破坏也证明了这一点。

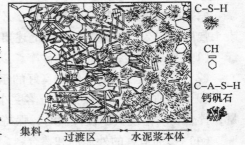

图 5-16　过渡区示意图

　　虽然过渡区的厚度很薄，只是集料颗粒外周的一薄层，但由于集料颗粒数量多，如果将粗细集料合起来统计，过渡区的体积可达到硬化水泥浆体的 20% ～40%，其量是相当可观的，虽然硬化的水泥凝胶体和集料两相的强度都很大，但在这两相之间的过渡区比较薄弱，使混凝土的整体强度明显地降低。

　　过渡区的特性对混凝土的耐久性影响也很明显。因为硬化的水泥石和集料两相在弹性模量、线膨胀系数等参数上的差异，在反复荷载、冷热循环与干湿循环作用下，过渡区作为薄弱环节，在较低的拉应力水平下其裂缝就会扩展，使外界水分和侵蚀性物质通过过渡区的裂缝很容易进入混凝土内部，对混凝土和其中的钢筋产生侵蚀作用，缩短混凝土结构物的使用寿命。

　　（2）混凝土受力裂缝扩展过程——混凝土的受力变形与破坏过程

　　混凝土在单轴受压作用下的破坏过程，是其内部微裂缝（microcracking）随荷载增大而延伸、发展、连通的过程，分为四个阶段（如图5-17和图 5-18 所示）

Ⅰ阶段：荷载达"比例极限"（约为极限荷载的30%）以前，界面裂缝无明显变化，荷载与变形近似直线关系（图中 OA 段）。

Ⅱ阶段：荷载超过"比例极限"后，界面裂缝的数量、长度及宽度不断增大，而砂浆内尚未出现明显的裂缝。此时，变形增大的速度大于荷载增大的速度，荷载与变形之间不再是线性关系，混凝土开始产生塑性变形（图中 AB 段）。

Ⅲ阶段：荷载超过"临界荷载"后（约为极限荷载的 70% ~ 90%），界面裂缝继续发展，砂浆中开始出现裂缝。部分界面裂缝连接成连续裂缝，变形增大的速度进一步加快，曲线明显弯向变形坐标轴（图中 BC 段）。

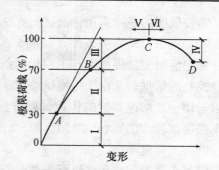

图 5-17　混凝土受压变形曲线

Ⅰ—界面裂缝无明显变化；Ⅱ—界面裂缝增长；Ⅲ—出现砂浆裂缝和连续裂缝；Ⅳ—连续裂缝迅速发展；Ⅴ—裂缝缓慢增长；Ⅵ—裂缝迅速增长

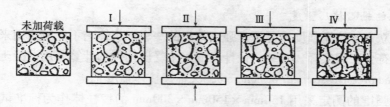

图 5-18　不同受力阶段裂缝示意

Ⅳ阶段：荷载超过极限荷载后，连续裂缝急速扩展，混凝土承载能力下降，荷载减小而变形迅速增大，以至完全破坏，曲线下弯而终止（图中 CD 段）。

由上述可见，混凝土的受压破坏过程，就是内部微裂缝的扩展过程。只有当混凝土内部的微观破坏发展到一定量级时，才会使混凝土的整体遭受破坏。

2. 混凝土立方体抗压强度与强度等级

按照《普通混凝土力学性能试验方法》（GB/T 50081—2002）规定，将混凝土拌合物制作成边长为 150mm 的立方体试件，在标准条件（温度为 20 ± 2℃，湿度为 95% 以上，或在温度为 20 ± 2℃的不流动的 $Ca(OH)_2$ 饱和溶液中）下，养护到 28d 龄期，测得的抗压强度值为混凝土立方体抗压强度（compressive strength of cube），以 f_{cu} 表示。

测定混凝土立方体抗压强度，按粗集料最大粒径而选用不同试件的尺寸，如表 5-18。但是试件尺寸不同、形状不同，会影响试件的抗压强度测定结果。因而在计算其抗压强度时，应乘以换算系数，以得到相当于标准试件的试验结果。

表 5-18　混凝土试件尺寸选用表

试件横截面尺寸（mm）	集料最大粒径（mm）		换算系数
	劈裂抗拉强度实验	其他实验	
100 × 100	20	31.5	0.95
150 × 150	40	40	1.00
200 × 200	—	63	1.05

　　需要说明的是：采用标准试验方法测定混凝土强度是为了使混凝土的质量具有可比性。在实际工程中，其养护条件（温度、湿度）有较大变化，为了反映工程中混凝土的强度情况，常把混凝土试件放在与工程相同条件下养护，再按所需龄期测定强度，作为工地混凝土质量控制的依据。又由于标准试验方法试验周期长，不能及时反映工程中的质量情况，因而可以采用一些加速养护的快速试验方法，来推定混凝土 28d 的强度值，详见《早期推定混凝土强度试验方法》（JGJ 15）。

　　混凝土强度等级（strength grade of concrete）是按混凝土立方体抗压强度标准值来划分的。混凝土立方体抗压强度标准值是指按标准方法制作和养护的标准立方体试件，在 28d 龄期，用标准试验方法测得的强度总体分布中具有不低于 95% 保证率的抗压强度值，以 $f_{cu,k}$ 表示。

　　混凝土强度等级采用符号 C 加立方体抗压强度标准值（以 MPa 计）表示。普通混凝土划分为十二个强度等级：C7.5、C10、C15、C20、C25、C30、C35、C40、C45、C50、C55 及 C60。

　　3. 混凝土的轴心抗压强度

　　混凝土的立方体抗压强度只是评定强度等级的一个标志，它不能直接用来作为结构设计的依据。为了符合工程实际，在结构设计中混凝土受压构件的计算采用混凝土的轴心抗压强度 f_{cp}（axial compressive strength of concrete，又称棱柱体强度）。

　　轴心抗压强度的测定采用 150mm × 150mm × 300mm 的棱柱体作为标准试件。轴心抗压强度 f_{cp} 比同截面的立方体强度值 f_{cu} 小，棱柱体试件高宽比越大，轴心抗压强度越小，但当高宽比达到一定值后，强度就不再降低。但是过高的试件在破坏前由于失稳产生较大的附加偏心，又会降低其试验强度值。

　　在立方抗压强度 f_{cu} = 10 ~ 55MPa 的范围内，轴心抗压强度 f_{cp} 与同截面的立方体抗压强度 f_{cu} 之比约为 0.7 ~ 0.8。

　　4. 混凝土的抗拉强度

　　混凝土的抗拉强度（tensile strength）只有抗压强度的 1/10 ~ 1/20，且随着混凝土强度等级的提高，比值降低。混凝土在工作时一般不依靠其抗拉强度。但抗拉强度对于抗开裂性有重要意义，在结构设计中抗拉强度是确定混凝土抗裂能力的重要指标。有时也用它来间接衡量混凝土与钢筋的粘结强度等。

　　混凝土抗拉强度通常采用立方体劈裂抗拉试验来测定，称为劈裂抗拉强度 f_{ts}（splitting tensile strength）。该方法的原理是在试件的两个相对表面的中线上，作用着均匀分布的压力，这样就能够在外力作用的竖向平面内产生均布拉伸应力（图 5-19），混凝土劈裂抗拉强度应按下式计算：

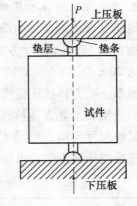

图 5-19　混凝土劈裂抗拉示意图

$$f_{ts} = \frac{2P}{A\pi} = 0.637\,\frac{P}{A} \tag{5-3}$$

式中　　f_{ts}——混凝土劈裂抗拉强度，MPa；

　　　　P——破坏荷载，N；

　　　　A——试件劈裂面面积，mm^2。

混凝土轴心抗拉强度 f_t（axial tensile strength）可按劈裂抗拉强度 f_{ts} 换算得到，换算系数可由试验确定。

5. 混凝土的抗折强度

混凝土抗折强度（bending strength）的试验方法采用三分点加载。试件的抗折强度 f_f 按下式计算：

$$f_f = \frac{Fl}{bh^2} \tag{5-4}$$

式中　　f_f——混凝土抗折强度，MPa；

　　　　F——试件破坏荷载，N；

　　　　l——支座间跨度，mm；

　　　　h——试件截面高度，mm；

　　　　b——试件截面宽度，mm。

6. 影响混凝土抗压强度的因素

普通混凝土受力破坏一般出现在集料和水泥石的界面上，这就是常见的粘结面破坏。当水泥石强度较低时，水泥石本身也会破坏。在普通混凝土中，集料最先破坏的可能性小，因为集料强度一般大大超过水泥石和粘结面的强度。所以混凝土的强度主要决定于水泥石强度及其与集料表面的粘结强度。影响混凝土抗压强度的因素主要有以下几个方面：

（1）原材料因素

①水泥强度

水泥强度的大小直接影响混凝土强度的高低。在配合比相同的条件下，所用的水泥强度等级越高，制成的混凝土强度也越高。

②水灰比

水泥品种及强度相同时，混凝土的强度主要决定于水灰比。因为水泥水化时所需的结合水，一般只占水泥质量的 23% 左右，但在拌制混凝土拌合物时，为了获得必要的流动性，实际加水量约为水泥质量的 40% ~ 70%。当混凝土硬化后，多余的水分或残留在混凝土中形成水泡，或蒸发后形成气孔，使得混凝土内部形成各种不同尺寸的孔隙，这些孔隙削弱了混凝土抵抗外力的能力。因此，满足和易性要求的混凝土，在水泥强度相同的情况下，水灰比越小，水泥石的强度越高，与集料粘结力也越大，混凝土的强度就越高。

但加水太少（水灰比太小），拌合物过于干硬，在一定的捣实成型条件下，无法保证密实成型，混凝土中将出现较多的蜂窝、孔洞，强度也将下降。混凝土强度，随水灰比的增大而降低，呈曲线关系（图5-20a），而混凝土强度和灰水比呈直线关系（图5-20b）。

混凝土强度与水灰比、水泥强度等级等因素之间保持近似恒定的关系。一般采用下面直线型的经验公式来表示：

$$f_{cu} = \alpha_a f_{ce} \left(\frac{C}{W} - \alpha_b \right) \tag{5-5}$$

式中　　f_{cu}——混凝土 28d 抗压强度，MPa；

　　　　C/W——灰水比，水泥与水的质量比；

　　　　f_{ce}——水泥的 28d 抗压强度实测值，MPa；

　　α_a、α_b——回归系数，与集料的品种、水泥品种等因素有关。

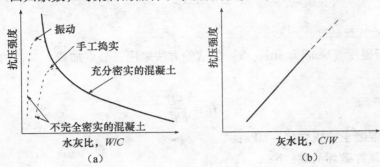

图 5-20　混凝土强度与水灰比及灰水比的关系

（a）强度与水灰比的关系；（b）强度与灰水比的关系

　　水泥厂为了保证水泥的出厂强度等级，其实际抗压强度往往比其强度等级高。当无水泥 28d 抗压强度实测值时，用水泥强度等级（$f_{ce,k}$）代入式中，并乘以水泥强度等级富余系数（γ_c），即 $f_{ce} = \gamma_c \times f_{ce,k}$，$\gamma_c$ 值应按统计资料确定。

　　回归系数 α_a 和 α_b 应根据工程所使用的水泥、集料，通过试验由建立的水灰比与混凝土强度关系式确定；当不具备试验统计资料时，其回归系数可按表 5-19 采用。

表 5-19　回归系数 α_a、α_b 选用表

回归系数 ＼ 石子品种	碎 石	卵 石
α_a	0.46	0.48
α_b	0.07	0.33

　　混凝土强度经验公式具有实用意义，在工程中普遍采用。可以根据所用水泥的强度等级和水灰比来估计混凝土的强度，也可根据混凝土的强度要求来估计水灰比。

　　③集料的种类、质量和数量

　　水泥石与集料的粘结力除了受水泥石强度的影响外，还与集料（尤其是粗集料）的表面状况有关。碎石表面粗糙，粘结力比较大，卵石表面光滑，粘结力比较小。因而在水泥强度等级和水灰比相同的条件下，碎石混凝土的强度往往高于卵石混凝土。当粗集料级配良好，用量及砂率适当，能组成密实的骨架使水泥浆数量相对减小，集料的骨架作用充分，也会使混凝土强度有所提高。集料最大粒径对混凝土强度的影响与水灰比有关，在配制较高强度（即低水灰比）混凝土时，混凝土抗压强度随粗集料最大粒径的增大而降低，此现象反映在水灰比越低时更为明显。当水灰比提高到一定值（低强度混凝土）时，则粗集料的最大粒径对混凝土强度没有很大的影响。因此在配制高强混凝土时，不应采用较大粒径的粗集料。

　　④外加剂和掺合料

　　混凝土中加入外加剂可按要求改变混凝土的强度及强度发展规律，如掺入减水剂可减少

拌和用水量，提高混凝土强度；掺入早强剂可提高混凝土早期强度，但对其后期强度发展无明显影响。超细的掺合料可配制高性能、超高强度混凝土。

（2）生产工艺因素

生产工艺因素包括混凝土生产过程中涉及的施工（搅拌、捣实）、养护条件、养护时间等因素。如果这些因素控制不当，会对混凝土强度产生严重影响。

①施工条件——搅拌与振捣

在施工过程中，必须将混凝土拌合物搅拌均匀，浇注后必须捣固密实，才能使混凝土有达到预期强度的可能。采用机械搅拌比人工搅拌的拌合物更均匀，采用机械捣实比人工捣实的混凝土更密实。改进施工工艺可提高混凝土强度，如采用分次投料搅拌工艺；采用高速搅拌工艺；采用高频或多频振捣器；采用二次振捣工艺等都会有效地提高混凝土强度。

②养护（curing）条件——温度和湿度

环境温度对水泥水化速度有明显影响。环境温度高，水泥早期水化速度快，混凝土早期强度也高；反之，低温下混凝土强度发展相应缓慢（如图5-21）。但早期快速水化会导致水化物分布不均匀，水化物密实程度低的区域将成为水泥石中的薄弱点，从而降低整体的强度；水化物密实程度高的区域，水化物包裹在水泥粒子的周围，会妨碍水化反应的继续进行，对后期强度的发展不利。

当温度降至冰点以下时，由于混凝土中的水分大部分结冰，混凝土的强度停止发展。孔隙内水分结冰引起的膨胀，产生相当大的压力，压力作用在孔隙、毛细管内壁，将使混凝土的内部结构遭受破坏，使已经因水化获得的部分强度受到损失。混凝土早期强度低，容易冻坏（图5-22），所以应当特别防止混凝土早期受冻。

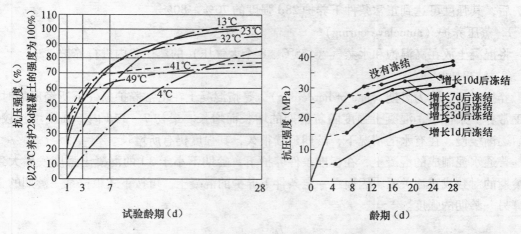

图5-21　养护温度对混凝土强度的影响图　　　图5-22　混凝土强度与冻结日期的关系

环境的湿度（relative humidity）是保证水泥正常水化的重要条件之一。如果环境湿度不够，混凝土拌合物表面水分蒸发，内部水分向外迁移，混凝土会因失水干燥而影响水泥水化作用的正常进行，甚至停止水化，这将严重降低混凝土的强度（见图5-23）。由图可见，混凝土受干燥日期越早，其强度损失越大。混凝土硬化期间缺水，还将导致其结构疏松，易形成干缩裂缝，增大渗水性而影响混凝土耐久性。

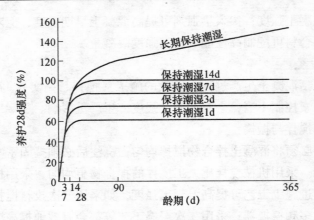

图 5-23　混凝土强度与保持潮湿日期的关系

　　为了使混凝土正常硬化，必须在混凝土拌合物捣实后一定时间内维持周围环境有一定温度和湿度。混凝土在自然条件下的养护，称为自然养护。自然养护的温度随气温变化，为保证混凝土所需的湿度，则应在浇注完毕 12h 内进行表面覆盖或浇水等措施，保持混凝土表面有一定量的水，并且可防止其早期的塑性收缩和干缩。使用硅酸盐水泥、普通水泥和矿渣水泥时，混凝土保湿不少于 7d；使用火山灰水泥和粉煤灰水泥或在施工中掺用缓凝型外加剂或有抗渗要求时，应不少于 14d；使用高铝水泥时，保湿不得少于 3d。

　　为提高混凝土强度，可采用湿热养护的方法，分蒸汽养护和蒸压养护两种：

　　a. 蒸汽养护（steam curing）

　　将混凝土放在温度不高于 100℃ 的常压蒸汽中进行养护。一般混凝土经过 16h 左右蒸汽养护后，其强度可达到正常条件下养护 28d 强度的 70% ~ 80%。

　　b. 蒸压养护（autoclave curing）

　　将混凝土放在高温饱和水蒸气（175℃、8 个大气压）的蒸压釜内进行养护。

　　③养护时间

　　养护时间也称为龄期（age of hardening），是指混凝土在正常养护条件下所经历的时间。在正常养护条件下，混凝土强度随着龄期的增长而增长。最初 7 ~ 14d 内，强度增长较快，以后逐渐缓慢。在有水的情况下，龄期延续很久，其强度仍有所增长。

　　普通水泥制成的混凝土，在标准条件养护下，龄期不小于 3d 的混凝土强度发展大致与其龄期的对数成正比关系，因而在一定条件下养护的混凝土，可按下式根据某一龄期的强度推算另一龄期的强度。

$$\frac{f_n}{\lg n} = \frac{f_a}{\lg a} \tag{5-6}$$

式中　　f_n、f_a——龄期分别为 n 天和 a 天的混凝土抗压强度；

　　　　n、a——养护龄期（d），$a \geqslant 3$，$n \geqslant 3$。

　　（3）实验因素

　　在进行混凝土强度试验时，试件尺寸、形状、表面状态、含水率以及加荷速度等实验因素都会影响到混凝土强度的测试结果。

①试件尺寸和形状

在进行强度试验时，立方体试件尺寸越小，测得的强度值越高；棱柱体（或圆柱体）试件强度低于同截面的立方体试件强度。

混凝土试件在压力机上受压时，在沿加荷方向发生纵向变形的同时，也按泊松比效应产生横向膨胀。而钢制压板的横向膨胀较混凝土小，因而在压板与混凝土试件受压面形成摩擦力，对试件的横向膨胀起着约束作用，这种约束作用称为"环箍效应"（见图 5-24）。"环箍效应"使混凝土抗压强度的测试结果偏大。离压板越远，"环箍效应"越小，在距离试件受压面约 $\frac{\sqrt{3}}{2}a$（a 为试件受压面横向尺寸）范围外这种效应消失。这种破坏后的试件形状，如图 5-25 所示。棱柱体（或圆柱体）试件由于高宽比（或长径比）大，中间区段已无环箍效应，形成了纯压状态，因而其强度低于同截面的立方体试件强度。立方体试件尺寸较大时，环箍效应的相对作用较小，测得的强度因而偏低。

另一方面大试件内存在的孔隙、裂缝等缺陷的几率大，从而降低了材料的强度。

②表面状态

当混凝土受压面非常光滑时（如涂有油脂），由于压板与试件表面的摩擦力减小，使环箍效应减小，试件将出现垂直裂纹而破坏（见图 5-26），且测得的混凝土强度值较低。另外，试件表面高低不平时，将会降低其强度值。

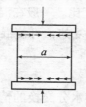　　

图 5-24　压力机压板对试块的约束作用　　　图 5-25　试块破坏后残存的棱锥体　　　图 5-26　不受压板约束时试块破坏情况

③含水程度

混凝土试件含水率越高，其强度越低。

④加荷速度

在进行混凝土试件抗压试验时，加荷速度越快，材料变形落后于荷载的增加，故测得的强度值较高。在进行混凝土立方体抗压强度试验时，应按规定的加荷速度进行。

⑤试验温度

试件的温度对混凝土强度也有影响。即使在标准条件下养护的混凝土，较高的试验温度所获得的强度值较低。试验温度对混凝土强度测试结果的影响如图 5-27 所示。

需要说明的是：实际工程中，混凝土强度的检验、评定和验收通常采用标准试件在标准养护条件下的试验结果，但为保证工程质量起

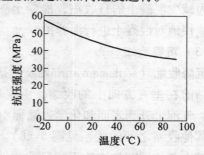

图 5-27　试验温度对混凝土强度测试结果的影响

见，有时需要对混凝土结构实体进行强度检验，常用的方法有钻芯法、回弹法、超声回弹综合法、后装拔出法等。但由于试验各方面因素的巨大差异，这些方法的测试结果与标准条件下的试验结果有较大出入，工程中应结合实际情况，参照相关标准执行。

7. 提高混凝土强度的措施

提高混凝土强度的措施有：采用强度等级高的水泥；采用低水灰比的混凝土；采用有害杂质少、级配良好、最大粒径较小的集料和合理的砂率；采用合理的机械搅拌、振捣工艺；保持合理的养护温度和湿度，可能的情况下采用湿热养护；掺入合适的外加剂和掺合料。

三、混凝土的变形性能

混凝土在硬化和使用过程中将经历体积的变化。体积变化源于不同的起因，例如：施加的应力，湿度和温度的变化等。混凝土对这些因素的响应是复杂的，可导致可逆的或不可逆的以及与时间有关的变形。当变形受到约束时常会引起拉应力，而拉应力超过混凝土的抗拉强度时，就会引起混凝土开裂，产生裂缝。

1. 非荷载作用下的变形

（1）化学收缩

化学收缩（chemical shrinkage）是伴随着水泥水化而进行的，水泥水化后，水化产物的绝对体积要小于水化前水泥与水的绝对体积，从而使混凝土收缩，这种收缩称为化学收缩。其收缩量随混凝土硬化龄期的延长而增长，大致与时间的对数成正比。一般在混凝土成型后40 多天内化学收缩增长较快，以后渐趋稳定。化学收缩是不能恢复的，可使混凝土内部产生微细裂缝。

（2）自收缩

自收缩（autogenous shrinkage）是指混凝土在没有和外界发生水分交换的情况下，水泥水化消耗毛细孔水导致浆体自身的干燥和体积的均匀减少。水灰比越小，混凝土自收缩越大。水灰比≥0.5 的混凝土（相当于 C30 级）自收缩可以忽略；而水灰比低于 0.42 时自收缩极其显著，则不可忽略。高强、低水灰比混凝土的自收缩可达到（200 ~ 400）× 10^{-6}，水灰比为 0.3 的混凝土自收缩可达到干燥收缩的一半。混凝土的自收缩还与水泥细度、胶凝材料的活性、混凝土表面积与体积之比等有关。

为减少混凝土的自收缩，混凝土浇注后应尽可能快地对混凝土进行湿养护。

（3）沉降收缩

沉降收缩（settlement shrinkage）是指混凝土凝结前在垂直方向上的收缩，由集料下沉、泌水、气泡上升到表面和化学收缩而引起（沉降与其他收缩之间的关系见图 5-28）。沉降不均和过大会使同时浇注的不同尺寸构件在交界

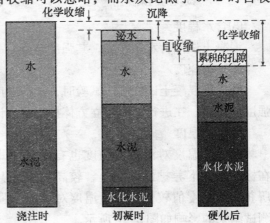

图 5-28　沉降、泌水、化学收缩和自收缩之间的体积关系（未按比例绘制）

处产生裂缝，在钢筋上方的混凝土保护层产生顺筋开裂。沉降过大，通常是由混凝土拌合物不密实而引起，引气、足够细集料、低用水量（低坍落度）可以减少沉降收缩。

（4）塑性收缩

混凝土成型后尚未凝结硬化时属塑性阶段，在此阶段由于表面失水而产生的收缩，称为塑性收缩（plastic shrinkage）。混凝土在新拌状态下，拌合物中颗粒间充满了水，如养护不足，表面失水速率超过内部水向表面迁移的速率时，则会造成毛细管中产生负压，使浆体产生收缩。如果应力不均匀作用于混凝土表面，则混凝土表面将产生裂纹。

塑性收缩开裂多见于道路、地坪、楼板等大面积工程，以夏季施工最为普遍，是由化学收缩、自收缩、表面水分的快速蒸发等共同作用的结果。影响塑性开裂的外部因素是高风速、低相对湿度、高气温等，内部因素则是水灰比、细掺料、浆集比（图5-29为集料对新拌混凝土塑性收缩的影响）、混凝土的温度和凝结时间等。通常，预防塑性收缩开裂的方法是降低混凝土表面的失水速率。当水分蒸发速率大于 $1kg/(m^2 \cdot h)$ 时，应采取防止混凝土塑性收缩而开裂的技术措施。采取挡风、遮阳、喷雾、降低混凝土温度、延缓混凝土凝结速率、二次振捣和抹压等措施都能控制混凝土塑性收缩。最有效的方法是终凝前保持混凝土表面的湿润，如在表面覆盖塑料薄膜、湿麻布、喷洒养护剂等。

（5）干燥收缩

混凝土处于干燥环境中，会引起体积收缩，称为干燥收缩（drying shrinkage，简称干缩）。混凝土干燥收缩产生的原因是：混凝土在干燥过程中，毛细孔水分蒸发，使毛细孔中形成负压，产生收缩力，导致混凝土收缩；当毛细孔中的水蒸发完后，如继续干燥，则凝胶体颗粒间吸附水也发生部分蒸发，缩小凝胶体颗粒间距离，甚至产生新的化学结合而收缩。因此，干缩的混凝土再次吸水时，干缩变形一部分可恢复，也有一部分（约30%~60%）不能恢复（如图5-30所示）。

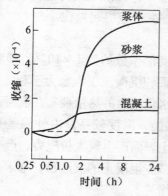

图 5-29　集料对塑性收缩的影响

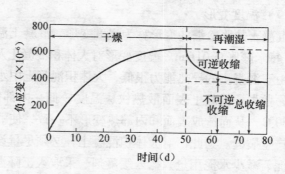

图 5-30　混凝土的干湿变形

干燥收缩与以下因素有关：

①水泥品种及细度

水泥品种不同，混凝土的干缩率也不同。如使用火山灰水泥干缩最大，使用矿渣水泥比使用普通水泥的收缩大。采用高强度等级水泥，由于颗粒较细，混凝土收缩也较大。

②用水量与水泥用量

用水量越多，硬化后形成的毛细孔越多，其干缩值也越大。一般用水量平均每增加1%，干缩率约增大2%~3%。水泥用量越多，混凝土中凝胶体越多，收缩量也较大，而且水泥用量增多会使用水量增加，从而导致干缩偏大。

③集料的质量与数量

砂石在混凝土中形成骨架，对收缩有一定的抵抗作用。在一般条件下水泥浆的收缩值高达 285×10^{-5} mm/mm，而混凝土、砂浆、水泥石三者的收缩之比约为 1∶2∶5。集料的弹性模量越高，混凝土的收缩越小。轻集料混凝土的收缩比普通混凝土大得多。另外含泥量、吸水率大的集料，干缩较大。

④养护条件

延长潮湿条件下的养护时间，可推迟干缩的发生与发展，但对最终干缩值影响不大。若采用蒸养可减少混凝土干缩，蒸压养护效果更显著。

混凝土干缩变形的大小采用 100mm×100mm×515mm 的试件测得，用干缩率表示，它反映混凝土的相对干缩性，一般条件下混凝土的极限收缩值约为 $(50~90) \times 10^{-5}$ mm/mm。由于实际构件尺寸要比试件尺寸大得多，又构件内部的干燥过程较为缓慢，故实际混凝土构件的干缩率远较试验值小。在一般工程设计中，混凝土干缩值通常取 $(15~20) \times 10^{-5}$ mm/mm，即每米混凝土收缩 0.15~0.2mm。

(6) 碳化收缩（carbonation shrinkage）

空气中含 CO_2 约 0.04%，在相对湿度合适的条件下，CO_2 能与水泥石中的 $Ca(OH)_2$（或其他组分）发生反应，生成碳酸钙和水，称为混凝土的碳化。碳化伴随有体积的收缩，称为碳化收缩。碳化收缩是完全不可逆的，收缩原因主要是碳化过程中的水分损失所致。

混凝土工程中，碳化主要发生在混凝土表面处，恰好这里干燥速率也最大，碳化收缩与干燥收缩叠加后，可能引起严重的收缩裂缝。因此，处于 CO_2 浓度较高环境的混凝土工程，如汽车库、停车场、公路路面以及大会堂等，对碳化收缩变形应引起重视。

(7) 温度变形

混凝土热胀冷缩的变形称为温度变形。混凝土温度变形系数约为 1×10^{-5}，即温度升高1℃，每米膨胀 0.01mm。温度变形对大体积混凝土及大面积混凝土工程极为不利。

由于混凝土的导热能力很低，大体积混凝土中水泥水化放出的热量聚集在混凝土内部长期不易散失，混凝土表面散热快、温度较低，内部散热慢、温度较高，内外温差有时可达40~50℃，从而造成表面和内部热变形不一致，使混凝土表面产生较大拉应力，严重时使混凝土产生裂缝。为此，对大体积混凝土，必须尽量设法减少混凝土的发热量，如采用低水化热水泥、减少水泥用量、掺入缓凝剂、采取人工降温等措施。

对纵长的混凝土结构和大面积混凝土工程，常采取每隔一段距离设置伸缩缝以及在结构中设置温度钢筋等措施。

2. 荷载作用下的变形

(1) 在短期荷载作用下的变形

混凝土在受力时，既产生可以恢复的弹性变形，又产生不可恢复的塑性变形，其应力与应变之间的关系不是直线而是曲线，如图 5-31 所示。

在应力-应变曲线（stress-strain curve）上任一点的应力 σ 与其应变 ε 的比值，叫做混凝土在该应力下的变形模量。它反映混凝土所受应力与所产生应变之间的关系。在计算钢筋混凝土的变形、裂缝开展及大体积混凝土的温度应力时均需知道该时混凝土的变形模量。在混凝土结构或钢筋混凝土结构设计中，常采用按标准方法测得的静力受压弹性模量 E_c。混凝土的强度越高，弹性模量（modulus of elasticity）越高。当混凝土的强度等级由 C10 增高到 C60 时，其弹性模量大致是由 $1.75 \times 10^4 \text{MPa}$ 增至 $3.60 \times 10^4 \text{MPa}$。混凝土的弹性模量取决于集料和水泥石的弹性模量，介于二者之间。

（2）长期荷载作用下的变形

混凝土在长期荷载作用下，沿着作用力方向的变形会随时间的延长不断增长，一般要 2～3 年才趋于稳定。这种在长期荷载作用下产生的变形，称为徐变（creep）。

图 5-32 所示为混凝土的徐变。混凝土在长期荷载作用下，一方面在加荷时发生瞬时变形；另一面发生缓慢增长的徐变。在荷载作用初期，徐变变形增长较快，以后逐渐变慢且稳定下来。混凝土的徐变应变可达 $(3\sim15)\times10^{-4}$，即 $0.3\text{mm/m}\sim1.5\text{mm/m}$。

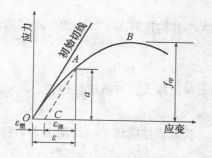

图 5-31　混凝土在压力作用下的应力-应变曲线

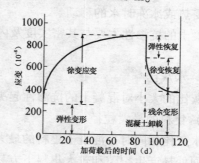

图 5-32　混凝土的徐变与徐变恢复

混凝土徐变产生的原因，一般认为是由于水泥石凝胶体在长期荷载作用下的黏性流动，并向毛细孔中移动，同时吸附在凝胶粒子上的吸附水因荷载应力而向毛细孔迁移渗透的结果。负荷初期，由于毛细孔多，凝胶体较易在荷载作用下移动，因而负荷初期徐变增大较快。

徐变可使钢筋混凝土构件截面的应力重新分布，从而消除或减小其内部的应力集中现象，部分消除大体积混凝土的温度应力。而在预应力混凝土结构中，混凝土徐变使钢筋的预加应力受到损失。

混凝土的徐变与很多因素有关，但可认为，混凝土徐变是其水泥石中毛细孔相对数量的函数，即毛细孔数量越多，混凝土的徐变越大，反之减小。因此，环境湿度减小和混凝土失水会使徐变增加；水灰比越大，混凝土强度越低，则混凝土徐变增大；水泥用量和品种对徐变也有影响，水泥用量越多，徐变越大，采用强度发展快的水泥则混凝土徐变减小；因集料的徐变很小，故增大集料含量会使徐变减小；延迟加荷时间，会使混凝土徐变减小。

四、混凝土的耐久性

混凝土除应具有设计要求的强度以保证其安全承受设计荷载外，还应具备良好抵抗环境侵蚀作用的性能。混凝土结构抵抗环境介质作用并长期保持其良好的使用性能和外观完整性，从而维持混凝土结构的安全、正常使用的能力称为耐久性（durability）。混凝土的耐久性对延长结构使用寿命、减少维修保养费用等具有重要意义，因而混凝土耐久性及耐久性设计越来越引起普遍关注。国内外的一些混凝土结构设计规范也正在把耐久性设计作为一项重要内容。混凝土结构耐久性设计的目标，是使混凝土结构在规定的使用年限即设计使用寿命内，能够保证安全运行使用，并且尽量减少维修和更换部分组件的费用，以达到低服务周期费用的目标。混凝土结构耐久性的设计、施工、评定可参考《混凝土结构耐久性设计与施工指南》CCES01—2004（2005 年修订版）、《混凝土结构耐久性评定标准》（CECS2002：2007）等规范。混凝土结构的耐久性取决于混凝土结构的质量是否与其所处的环境条件相适应，应从环境因素、混凝土材料、混凝土构件和结构三个层次来研究，下面结合环境因素，从混凝土材料方面讨论一些常见的耐久性问题。

1. 混凝土的抗渗性

抗渗性是指混凝土抵抗压力水（或油）渗透的能力。它直接影响混凝土的抗冻性和抗侵蚀性。因为渗透性控制着水分渗入的速率，这些水可能含有侵蚀性的物质，同时也控制混凝土中受热或冰冻时水的移动。

混凝土的抗渗性主要与其密实度及内部孔隙的大小和构造有关。影响混凝土抗渗性的因素有：

（1）水灰比

水灰比的大小对混凝土的抗渗性起决定作用，水灰比越大，其抗渗性越差。

（2）集料的最大粒径

在水灰比相同时，混凝土集料的最大粒径越大，其抗渗性能越差。这是由于集料和水泥石的界面处易产生裂隙和较大集料下方易形成孔穴。

（3）养护方法

蒸汽养护的混凝土，其抗渗性较自然养护的混凝土要差。在干燥条件下，混凝土早期失水过多，容易形成收缩裂隙，因而降低混凝土的抗渗性。

（4）水泥品种

不同品种的水泥，硬化后水泥石孔隙不同，孔隙越小，强度越高，则抗渗性越好。

（5）外加剂

在混凝土中掺入某些外加剂，如减水剂等，可减小水灰比，改善混凝土的和易性，因而可改善混凝土的密实性，提高了混凝土的抗渗性能。

（6）掺合料

在混凝土中加入掺合料，如掺入优质粉煤灰，可提高混凝土的密实度、细化孔隙，改善了孔结构和集料与水泥石界面的过渡区结构，混凝土抗渗性提高。

（7）龄期

混凝土龄期越长，由于水泥的水化，混凝土密实性增大，其抗渗性提高。

混凝土的抗渗性用抗渗等级表示。抗渗等级是以 28d 龄期的混凝土标准试件，按规定的方法进行试验，所能承受的最大静水压力来确定。混凝土的抗渗等级分为 P4、P6、P8、P10、P12 五个等级，相应表示能抵抗 0.4MPa、0.6MPa、0.8MPa、1.0MPa 及 1.2MPa 的静水压力而不渗水。抗渗等级≥P6 的混凝土为抗渗混凝土。

2. 抗冻性

混凝土的抗冻性是指混凝土在使用环境中，经受多次冻融循环作用，能保持强度和外观完整性的能力。在寒冷地区，特别是在接触水又受冻的环境条件下，混凝土要求具有较高的抗冻性能。

混凝土受冻融作用破坏的原因，是由于混凝土内部孔隙水在负温下结冰后体积膨胀造成的静水压力和因冰水蒸气压的差别推动未冻水向冻结区的迁移所造成的渗透压力，以及冻融过程中混凝土内外温度差带来的温度应力，当所产生的内应力超过混凝土的抗拉强度时，混凝土就会产生裂缝，多次冻融使裂缝不断扩展直至破坏。

混凝土的抗冻性取决于其抗渗性，与混凝土密实度、内部孔隙的大小与构造以及孔隙的充水程度有关。密实混凝土或具有闭口孔隙的混凝土具有较好的抗冻性。

随着混凝土龄期增加，混凝土抗冻性能提高。因水泥不断水化，可冻结水量减少；水中溶解盐浓度随水化深入而增加，冰点也随龄期而降低，抵抗冻融破坏的能力也随之增强，所以延长冻结前的养护时间可以提高混凝土的抗冻性。一般在混凝土抗压强度尚未达到 5.0MPa 或抗折强度未达到 1.0MPa 时，不得遭受冰冻。

混凝土的抗冻性用抗冻等级表示。抗冻等级是采用慢冻法，以 28d 龄期的混凝土标准试件吸水饱和状态下，承受反复冻融循环，以抗压强度下降不超过 25%，而且质量损失不超过 5% 时所能承受的最大冻融循环次数来确定。抗冻等级分为 F10、F15、F25、F50、F100、F150、F200、F250、F300 九个等级。抗冻等级≥F50 的混凝土为抗冻混凝土。

对高抗冻性混凝土，其抗冻性也可采用快冻法，以相对动弹性模量值不小于 60%，而且质量损失不超过 5% 时所能承受的最大冻融循环次数来表示。

提高混凝土抗冻性的最有效方法是掺入引气剂、减水剂和防冻剂，或使混凝土更密实。

3. 抗侵蚀性

环境介质对混凝土的侵蚀（aggressiveness）主要是对水泥石的侵蚀，通常有软水侵蚀，酸、碱、盐侵蚀等。海水对混凝土的侵蚀除了对水泥石的侵蚀外，还有反复干湿的物理作用、盐分在混凝土内的结晶与凝聚、海浪的冲击磨损、海水中氯离子对混凝土内钢筋的锈蚀等作用。

提高混凝土抗侵蚀性的措施，主要是合理选择水泥品种、掺入适当的掺合料、降低水灰比、提高混凝土的密实度和改善孔结构。

4. 混凝土的碳化

碳化（carbonization）对混凝土性能既有有利的影响，也有不利的影响。碳化可使混凝土的抗压强度提高，这是因为碳化反应生成的水分有利于水泥的水化作用，而且反应形成的碳酸钙减少了水泥石内部的孔隙。同时，碳化增大了混凝土的收缩，并且由于碳化使混凝土碱度降低，减弱了其对钢筋的防锈保护作用，使钢筋易出现锈蚀。

混凝土的碳化过程是二氧化碳由表及里向混凝土内部逐渐扩散的过程，因此，气体扩散规律决定了碳化速度的快慢。影响混凝土碳化的因素有混凝土自身因素、外部环境因素和施工质量。

（1）水泥品种和用量

混凝土中胶结料所含能与 CO_2 反应的 CaO 总量越高，则能吸收 CO_2 的量也越大，碳化速度越慢。胶结料中的 CaO 主要来自熟料，因此，胶结料中混合材或掺合料越多，碳化越快。

（2）混凝土的水灰比和强度

混凝土的密实度和孔径分布是影响混凝土碳化的主要因素。混凝土水灰比小、密实度大、强度高，混凝土碳化缓慢。水灰比大于 0.6 时，碳化加快。强度大于 50MPa 的混凝土碳化非常缓慢，可不考虑由于碳化引起的钢筋锈蚀。

（3）外部环境因素

空气湿度和空气中 CO_2 浓度也会影响混凝土的碳化速度。混凝土在水中或在相对湿度 100% 的条件下，CO_2 没有孔的通道，碳化停止。同样，处于特别干燥条件下（如相对湿度在 25% 以下）的混凝土，由于缺乏碳化所需的水分，碳化也会停止。一般认为相对湿度 50%～75% 时，碳化速度最快。

CO_2 浓度大自然会加快碳化进程。实测数据表明，露天受雨淋的结构比不露天受雨淋的结构碳化慢得多。一般农村室外大气中 CO_2 浓度为 0.03%，城市为 0.04%；而室内可达 0.1%，室内结构的碳化速率为室外的 2～3 倍。处于 CO_2 浓度较高环境的混凝土工程，如铸造车间、汽车库、停车场、公路路面以及大会堂等碳化加快。

（4）施工质量

在实际工程中，钢筋锈蚀往往由于施工质量低劣引起。施工中振捣不密实、养护不足，混凝土产生蜂窝、裂纹使碳化大大加快。

5. 碱-集料反应（alkali-aggregate reaction）

水泥中碱性氧化物水解后形成的氢氧化钠和氢氧化钾与集料中的活性氧化硅起化学反应，结果在集料表面生成了复杂的碱-硅酸凝胶。生成的凝胶可不断吸水，体积不断膨胀，把水泥石胀裂。这种碱性氧化物和活性氧化硅之间的化学作用通常称为碱-集料反应。发生碱-集料反应需同时具备下列三个条件：一是碱含量高；二是集料中存在活性二氧化硅；三是环境潮湿，水分渗入混凝土。

预防或抑制碱-集料反应的措施有：①使用含碱小于 0.6% 的水泥，并且要控制混凝土各原材料的含碱量，以降低混凝土总的含碱量；②混凝土所使用的碎石或卵石应进行碱活性检验；③使混凝土致密，防止水分进入混凝土内部；④采用能抑制碱-集料反应的掺合料，如粉煤灰、硅灰等。

6. 混凝土的开裂

一般情况下，开裂并不影响混凝土的承载能力，但如果混凝土本身提供了容易入侵的开口，则可以明显影响混凝土的耐久性。

表 5-20 和表 5-21 汇总了混凝土开裂的原因和种类。混凝土裂缝的控制需要根据混凝土的使用状况及环境条件，从设计、施工、原材料及配合比、保养与维修等多方面采取综合措施，设计和施工阶段是裂缝控制的最佳时机，预防性维修（定期检查和修补密封接缝、排水系统等）对防止和减少开裂、提高耐久性起着重要作用。对于已经出现的裂缝，尽早地封闭和修复可以提高结构的耐久性和防止以后修复时的费用过大。修复材料可以采用环氧树脂、水泥砂浆、聚合物砂浆、沥青等多种材料。

表 5-20　混凝土开裂的原因

组　成	类　型	事故原因	环境原因	控制变量
水　泥	不安定	体积膨胀	水分	游离氧化钙和氧化镁
	温度开裂	热应力	温度	水化热和冷却速率
集　料	碱-硅酸盐反应	体积膨胀	水分	水泥含碱量，集料组分
	冻融破坏	水压力	冻融	集料吸水性，混凝土含气量，集料最大尺寸
水泥浆体	塑性收缩	失水	风与温度	混凝土温度，表面的防护
	干缩	失水	相对湿度	配合比设计，干燥速度
	硫酸盐侵蚀	体积膨胀	硫酸盐离子	配合比设计，水泥种类，外加剂
	热膨胀	体积膨胀	温度变化	温度升高和变化速率
混凝土	沉降	钢筋周围的塑性混凝土固化		混凝土坍落度、保护层、钢筋直径
钢　筋	电化学腐蚀	体积膨胀	氧气和水	保护层、混凝土抗渗性

表 5-21　混凝土开裂的种类

开裂本性	开裂原因	附　注
大，不规则，随高差不同频繁出现	支撑不适当，超载	地面上的板，承重混凝土
大，规律性间隔	收缩开裂，热开裂	地面上的板，承重混凝土，大体积混凝土
粗，不规则"地图样开裂"	碱-集料反应	凝胶挤出
细，不规则"地图样开裂"	泌水过多，塑性收缩	修饰太早，涂抹过多
在板表面有大致平行的细裂纹	塑性收缩	垂直于风向
裂缝平行于邻近节点的板的侧边	含水过多，多孔集料	由于集料受冻导致混凝土板破坏
裂缝平行分布在钢筋上方	沉降开裂	承重楼板因靠近上部钢筋周围塑性混凝土被振捣密实
沿钢筋布置方向开裂，频繁出现锈迹	钢筋锈蚀	遭受氯化物的侵蚀

7. 提高混凝土耐久性的措施

混凝土遭受各种侵蚀作用的破坏虽各不相同，但提高混凝土的耐久性措施有很多共同之处，即：选择适当的原材料；提高混凝土密实度；改善混凝土内部的孔结构。一般提高混凝土耐久性的具体措施有：

（1）合理选择水泥品种，使其与工程环境相适应；

（2）采用较小水灰比和保证水泥用量，见表 5-22；

表 5-22　混凝土的最大水灰比和最小水泥用量

环境条件		结构物类别	最大水灰比			最小水泥用量（kg）		
			素混凝土	钢筋混凝土	预应力混凝土	素混凝土	钢筋混凝土	预应力混凝土
干燥环境		正常的居住或办公用房屋内部件	无规定	0.65	0.60	200	260	300
潮湿环境	无冻害	高湿度的室内部件 室外部件 在非侵蚀性土或水中的部件	0.70	0.60	0.60	225	280	300
	有冻害	经受冻害的室外部件 在非侵蚀性土或水中且经受冻害的部件 高湿度且经受冻害的室内部件	0.55	0.55	0.55	250	280	300
有冻害和除冰剂的潮湿环境		经受冻害和除冰剂作用的室内和室外部件	0.50	0.50	0.50	300	300	300

注：当用活性掺合料取代部分水泥时，表中的最大水灰比及最小水泥用量即为替代前的水灰比和水泥用量。

（3）选择质量良好、级配合理的集料和合理的砂率；

（4）掺用适量的引气剂、减水剂和掺合料；

（5）加强混凝土质量的生产控制；

（6）加强使用过程中的例行检测、维护与维修。

第四节　普通混凝土的质量控制

混凝土的质量控制（quality control）具有十分重要的意义，否则，即使有良好的原材料和正确的配合比，仍不一定能生产出优质的混凝土。

一、混凝土质量的波动与控制

混凝土的生产质量由于受各种因素的作用或影响总是有所波动。引起混凝土质量波动的因素主要有原材料质量的波动，组成材料计量的误差，搅拌时间、振捣条件与时间、养护条件的波动与变化以及试验条件等的变化。对混凝土质量进行检验与控制的目的是：研究混凝土质量（强度等）波动的规律，从而采取措施，使混凝土强度的波动值控制在预期的范围内，以便制作出既满足设计要求，又经济合理的混凝土。

混凝土生产中的质量控制，可以分为三个阶段：

（1）初步控制。这是为混凝土的生产控制提供组成材料的有关参数，包括组成材料的质量检验与控制、混凝土配合比的确定等。

（2）生产控制。这是使生产和施工全过程的工序能正常运行，以保证生产的混凝土稳定地符合设计要求的质量。它主要包括混凝土组成材料的计量、混凝土拌合物的搅拌、运输、浇注和养护等工序的控制。

（3）合格控制。它包括对混凝土产品的检验与验收、混凝土强度的合格评定等。

混凝土质量控制与评定的具体要求、方法与过程见《混凝土质量控制标准》（GB 50164）、《混凝土结构工程施工质量验收规范》（GB 50204）、《混凝土及预制混凝土构件质量控制规程》（CECS 40）、《混凝土强度检验评定标准》（GBJ 107）等标准。为提高混凝土结构的耐久性和安全性，今后还应加强对混凝土结构使用过程中混凝土质量的监测，评定与控制。

二、混凝土强度波动规律——正态分布

多年来的研究证明，用以反映工程质量的混凝土试块强度值，可以看作是遵循正态分布曲线分布的。混凝土强度正态分布曲线具有以下特点（见图5-33）。

（1）曲线呈钟形，在对称轴两侧曲线上各有一个拐点，拐点距对称轴等距离。

（2）曲线高峰为混凝土平均强度 $\bar{f}_{cu}$ 的概率，以平均强度为对称轴，左右两边曲线是对称的。距对称轴愈远，出现的概率愈小，并逐渐趋近于零，亦即强度测定值比强度平均值愈低或愈高者，其出现的概率就愈少，最后逐渐趋近于零。

（3）曲线与横坐标之间围成的面积为概率的总和，等于100%。

可见，若概率分布曲线形状窄而高，说明强度测定值比较集中，混凝土均匀性较好、质量波动小，施工控制水平高，这时拐点至对称轴的距离小。若曲线宽而矮，则拐点距对称轴远，说明强度离散程度大，施工控制水平低，如图5-34所示。

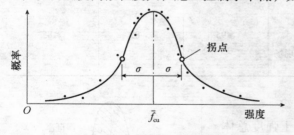
图 5-33　混凝土强度的正态分布曲线

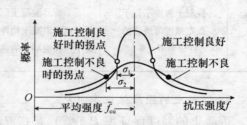
图 5-34　混凝土强度离散性不同的正态分布曲线

三、混凝土质量评定的数理统计方法

用数理统计方法进行混凝土强度质量评定，是通过求出正常生产控制条件下混凝土强度的平均值、标准差、变异系数和强度保证率等指标，然后进行综合评定。

1. 混凝土强度平均值 $(\bar{f}_{cu})$

$$\bar{f}_{cu} = \frac{1}{n} \sum_{i=1}^{n} f_{cu,i} \tag{5-7}$$

式中　　n——试验组数；

　　　　$\bar{f}_{cu,i}$——第 i 组试验值。

强度平均值仅代表混凝土强度总体的平均值，而不能反映其强度的波动情况。

2. 混凝土强度标准差（σ）

$$\sigma = \sqrt{\frac{\sum_{i=1}^{n} (f_{cu,i} - \bar{f}_{cu})^2}{n-1}} \text{ 或 } \sigma = \sqrt{\frac{\sum_{i=1}^{n} f_{cu,i}^2 - n\bar{f}_{cu}^2}{n-1}} \tag{5-8}$$

标准差又称均方差，它表明分布曲线拐点距强度平均值的距离。σ 值愈大，说明其强度离散程度愈大，混凝土质量也愈不稳定。

3. 变异系数（C_V）

$$C_V = \frac{\sigma}{\bar{f}_{cu}} \tag{5-9}$$

变异系数又称离散系数或标准差系数。C_V 值愈小，说明混凝土质量愈稳定，混凝土生产的质量水平愈高，可根据标准差 σ 和强度不低于要求强度等级值的百分率 P，参照表 5-23 来评定混凝土生产管理水平。

表 5-23　混凝土生产管理水平

生产质量水平		优良		一般		差	
混凝土强度等级		< C20	≥ C20	< C20	≥ C20	< C20	≥ C20
评定指标 — 混凝土强度标准差 σ（MPa）	商品混凝土厂 预制混凝土构件厂	≤3.0	≤3.5	≤4.0	≤5.0	>4.0	>5.0
	集中搅拌混凝土的施工现场	≤3.5	≤4.0	≤4.5	≤5.5	>4.5	>5.5
混凝土强度不低于规定强度等级值的百分率 P（%）	商品混凝土厂 预制混凝土构件厂 集中搅拌混凝土的施工现场	≥95		> 85		≤85	

4. 混凝土的强度保证率（P）

混凝土的强度保证率 P（%）是指混凝土强度总体中，大于设计强度等级（$f_{cu,k}$）的概率，以混凝土强度正态分布曲线上的阴影部分来表示（如图5-35）。低于设计强度等级（$f_{cu,k}$）的强度所出现的概率为不合格率。

混凝土强度保证率 P（%）的计算方法为：首先根据混凝土设计等级（$f_{cu,k}$）、混凝土强度平均值（$\bar{f}_{cu}$）、标准差（σ）或变异系数（C_V），计算出概率度（t），即

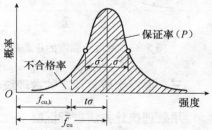

图 5-35　混凝土强度保证率

$$t = \frac{\bar{f}_{cu} - f_{cu,k}}{\sigma} \text{ 或 } t = \frac{\bar{f}_{cu} - f_{cu,k}}{C_V \bar{f}_{cu}} \tag{5-10}$$

则强度保证率 P（%）就可由正态分布曲线方程积分求得，或由数理统计书中的表内查到 P 值，如表 5-24 所列。

表 5-24　不同 t 值的保证率 P

t	0.00	0.50	0.80	0.84	1.00	1.04	1.20	1.28	1.40	1.50	1.60
P（%）	50.0	69.2	78.8	80.0	84.1	85.1	88.5	90.0	91.9	93.3	94.5
t	1.645	1.70	1.75	1.81	1.88	1.96	2.00	2.05	2.33	2.50	3.00
P（%）	95.0	95.5	96.0	96.5	97.0	97.5	97.7	98.0	99.0	99.4	99.87

工程中 P（%）值，可根据统计周期内混凝土试件强度不低于要求强度等级的组数 N_0 与试件总数 N（$N \geqslant 25$）之比求得，即

$$P = \frac{N_0}{N} \times 100\% \tag{5-11}$$

四、混凝土配制强度

在施工中配制混凝土时，如果所配制混凝土的强度平均值（$\bar{f}_{cu}$）等于设计强度（$f_{cu,k}$），则由图 5-35 可知，这时混凝土强度保证率只有 50%。因此，为了保证工程混凝土具有设计所要求的 95% 强度保证率，则在进行混凝土配合比设计时，必须要使混凝土的配制强度大于设计强度。混凝土的配制强度（$f_{cu,o}$）可按下列方法进行计算。

令混凝土配制强度等于混凝土平均强度，即 $f_{cu,o} = \bar{f}_{cu}$ 再以此式代入概率度（t）计算式，即得

$$t = \frac{f_{cu,o} - f_{cu,k}}{\sigma} \tag{5-12}$$

由此得混凝土配制强度的关系式为：

$$f_{cu,o} = f_{cu,k} + t\sigma = f_{cu,k} + 1.645\sigma \tag{5-13}$$

五、混凝土强度的合格性判定

混凝土强度的评定采用抽样检验，根据设计对混凝土强度的要求和抽样检验的原理划分验收批、确定验收规则。

混凝土强度应分批进行检验评定。一个验收批的混凝土由强度等级相同、龄期相同以及生产工艺条件和配合比基本相同的混凝土组成。混凝土强度评定分为统计法和非统计法两种。采用何种方法评定应根据实际生产情况确定，应符合国家标准《混凝土强度检验评定标准》（GBJ 107）的规定。

当评定结果满足标准规定时，该批混凝土强度判为合格。否则，判为不合格。

由不合格批混凝土制成的结构或构件，应进行鉴定。对不合格的结构或构件必须及时处理。当对混凝土试件强度的代表性有怀疑时，可采用从结构或构件中钻取试件的方法或采用非破损检验方法，按有关标准的规定对结构或构件中混凝土的强度进行推定，并作为处理的依据。

结构或构件拆模、出池、出厂、吊装、预应力筋张拉或放张，以及施工期间需短暂负荷时的混凝土强度，应满足设计要求或现行国家标准的有关规定。

整个混凝土质量检验的过程可参照图 5-36 来进行。

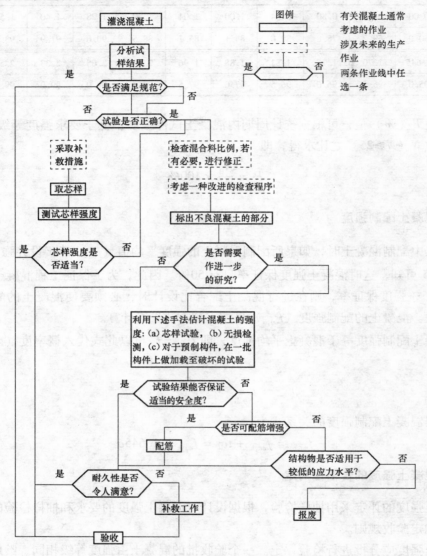

图 5-36　判断混凝土质量的流程图

第五节　普通混凝土配合比设计

混凝土配合比是指混凝土中各组成材料数量之间的比例关系。常用的表示方法有两种：一种是以每 $1m^3$ 混凝土中各项材料的质量表示，如水泥 300kg、水 180kg、砂 720kg、石子 1200kg，其每 $1m^3$ 混凝土总质量为 2400kg；另一种表示方法是以各项材料相互间的质量比来表示（以水泥质量为 1），将上例换算成质量比为：水泥:砂:石 = 1:2.4:4，水灰比 = 0.60。当掺加外加剂或混凝土掺合料时，其用量以水泥（或胶凝材料）用量的质量百分比来表示。

一、混凝土配合比设计的基本要求和主要参数

混凝土配合比设计（mixing proportion design of concrete）的任务，是根据材料的技术性能、工程要求、结构形式和施工条件来确定混凝土各组分的配合比例。混凝土配合比设计必须达到以下四项基本要求，即：

（1）满足结构设计的强度等级要求；

（2）应使混凝土拌合物具有良好的和易性；

（3）应满足工程所处环境对混凝土耐久性的要求，即满足抗冻、抗渗、抗腐蚀等方面的要求；

（4）符合经济原则，在保证混凝土质量的前提下，应尽量做到节约水泥，合理地使用材料和降低成本。

在原材料、工艺条件、外界条件一定的情况下，普通混凝土配合比设计，实质上就是确定水泥、水、砂与石子这四项基本组成材料用量之间的三个比例关系：

水与水泥之间的比例关系，用水灰比表示；

砂与石之间的比例关系，用砂率表示；

水泥浆与集料之间的比例关系，用单位用水量（1m³ 混凝土的用水量）来反映。

二、混凝土配合比设计的步骤

按照《普通混凝土配合比设计规程》（JGJ 55—2000）的规定。混凝土配合比设计包括初步配合比计算、试配和调整等步骤。

1. 初步配合比的计算

按选用的原材料性能及对混凝土的技术要求进行初步配合比的计算，得出供试配用的配合比。

（1）配制强度（$f_{cu,o}$）的确定

当设计要求的混凝土强度等级已知，混凝土的配制强度可按下式确定：

$$f_{cu,o} \geqslant f_{cu,k} + 1.645\sigma \tag{5-14}$$

其中混凝土强度标准差 σ 可由混凝土生产单位同类混凝土统计资料计算确定（$n \geqslant 25$）。

当混凝土强度等级为 C20、C25，其强度标准差计算值低于 2.5MPa 时，计算配制强度用的标准差应取不低于 2.5MPa；当强度等级等于或大于 C30 级，其强度标准差计算值低于 3.0MPa 时，计算配制强度用的标准差应取不低于 3.0MPa。无统计资料计算混凝土强度标准差时，其 σ 可按表 5-25 取用。

表 5-25　σ 值　　　　MPa

混凝土强度等级	低于 C20	C20 ~ C35	高于 C35
σ	4.0	5.0	6.0

（2）初步确定水灰比值（W/C）

根据已测定的水泥实际强度 f_{ce}、粗集料种类及所要求的混凝土配制强度（$f_{cu,o}$），当混

凝土强度等级小于 C60 时，按混凝土强度公式计算所要求的水灰比值；

$$\frac{W}{C} = \frac{\alpha_a f_{ce}}{f_{cu,o} + \alpha_a \cdot \alpha_b \cdot f_{ce}} \tag{5-15}$$

为了保证混凝土必要的耐久性，水灰比还不得大于表 5-22 中规定的最大水灰比值，如计算所得的水灰比大于规定的最大水灰比值时，应取规定的最大水灰比值。

（3）选取每 $1m^3$ 混凝土的用水量（m_{w0}）

用水量的多少，主要根据所要求的混凝土坍落度值及所用集料的种类、最大粒径来选择。所以应先考虑工程种类与施工条件，按表 5-17 确定适宜的坍落度值，再确定每 $1m^3$ 混凝土的用水量。

①干硬性和塑性混凝土用水量的确定

水灰比范围在 0.4 ~ 0.8 之间的干硬性和塑性混凝土，其用水量按表 5-26 和表 5-27 选取。水灰比小于 0.4 的混凝土以及采用特殊成型工艺的混凝土用水量应通过试验确定。

表 5-26　干硬性混凝土的用水量　　　　　　　　　　　kg/m^3

拌合物稠度		卵石最大粒径（mm）			碎石最大粒径（mm）		
项　目	指　标	10	20	40	16	20	40
维勃稠度（s）	16 ~ 20	175	160	145	180	170	155
	11 ~ 15	180	165	150	185	175	160
	5 ~ 10	185	170	155	190	180	165

表 5-27　塑性混凝土的用水量　　　　　　　　　　　kg/m^3

拌合物稠度		卵石最大粒径（mm）				碎石最大粒径（mm）			
项　目	指　标	10	20	31.5	40	16	20	31.5	40
坍落度（mm）	10 ~ 30	190	170	160	150	200	185	175	165
	35 ~ 50	200	180	170	160	210	195	185	175
	55 ~ 70	210	190	180	170	220	205	195	185
	75 ~ 90	215	195	185	175	230	215	205	195

注：1. 本表用水量是采用中砂时的平均取值；采用细砂时，$1m^3$ 混凝土的用水量可增加 5 ~ 10kg；采用粗砂时，则可减少 5 ~ 10kg。

　　2. 掺用各种外加剂或掺合料时，用水量应相应调整。

②流动性或大流动性混凝土用水量的确定

a. 用水量以表 5-27 中坍落度为 90mm 的用水量为基础，按坍落度每增大 20mm 用水量增加 5kg，计算出未掺外加剂时的混凝土用水量。

b. 掺外加剂时的混凝土用水量可按下式计算：

$$m_{wa} = m_{w0}(1 - \beta) \tag{5-16}$$

式中　　m_{wa}——掺外加剂混凝土每立方米混凝土的用水量，kg；

　　　　m_{w0}——未掺外加剂混凝土每立方米混凝土的用水量，kg；

　　　　β——外加剂的减水率,%，由试验确定。

（4）计算 $1m^3$ 混凝土的水泥用量（m_{c0}）

根据已选定的 $1m^3$ 混凝土用水量（m_{w0}）和算出的水灰比（W/C）值，可求出水泥用量（m_{c0}）：

$$m_{c0} = \frac{m_{w0}}{W/C} \tag{5-17}$$

为保证混凝土的耐久性，由上式计算得出的水泥用量还要满足表 5-22 中规定的最小水泥用量的要求，如计算出水泥用量小于规定的最小水泥用量，则取规定的最小水泥用量值。

（5）选取合理的砂率值（β_s）

合理的砂率值主要应根据混凝土拌合物的坍落度、粘聚性及保水性等特征来确定。一般应通过试验找出合理砂率。如无使用经验和历史资料可参考时，混凝土砂率可按表 5-28 选取。

表 5-28　混凝土砂率选用表　　%

水灰比（W/C）	碎石最大粒径（mm）			卵石最大粒径（mm）		
	16	20	40	10	20	40
0.40	30～35	29～34	27～32	26～32	25～31	24～30
0.50	33～38	32～37	30～35	30～35	29～34	28～33
0.60	36～41	35～40	33～38	33～38	32～37	31～36
0.70	39～44	38～43	36～41	36～41	35～40	34～39

注：1. 本表适用于坍落度为 10～60mm 的混凝土。坍落度大于 60mm 的混凝土砂率，可经试验确定，也可在表 5-28 的基础上，按坍落度每增大 20mm，砂率增大 1% 的幅度予以调整。坍落度小于 10mm 的混凝土，其砂率应经试验确定。

2. 表中数值是中砂的选用砂率。对细砂或粗砂，可相应地减少或增加砂率。

3. 只用一个单粒级粗集料配制混凝土时，砂率值应适当增大。

另外，砂率也可根据以砂填充石子空隙，并稍有富余，以拨开石子的原则来确定。根据此原则可列出砂率计算公式如下：

$$V_{os} = V_{og} \cdot P' \tag{5-18}$$

$$\beta_s = \beta \frac{m_{s0}}{m_{s0} + m_{g0}} = \beta \frac{\rho'_{os} \cdot V_{os}}{\rho'_{os} \cdot V_{os} + \rho'_{og} \cdot V_{og}}$$

$$= \beta \frac{\rho'_{os} \cdot V_{og} \cdot P'}{\rho'_{os} \cdot V_{og} \cdot P' + \rho'_{og} \cdot V_{og}} = \beta \frac{\rho'_{os} \cdot P'}{\rho'_{os} \cdot P' + \rho'_{og}} \tag{5-19}$$

式中　　β_s——砂率，%；

m_{s0}、m_{g0}——分别为每 $1m^3$ 混凝土中砂及石子用量，kg；

V_{os}、V_{og}——分别为每 $1m^3$ 混凝土中砂及石子松散体积，m^3；

ρ'_{os}、ρ'_{og}——分别为砂和石子堆积密度，kg/m^3；

P'——石子空隙率，%；

β——砂浆剩余系数，又称拨开系数，一般取 1.1～1.4。

（6）计算粗、细集料的用量（m_{g0} 和 m_{s0}）

粗、细集料用量的计算方法有假定表观密度法和体积法两种。

①假定表观密度法（重量法）

根据经验，如果原材料质量比较稳定，所配制的混凝土拌合物的表观密度接近一个固定值。根据工程经验估计每立方米混凝土拌合物的重量，按下列方程组计算粗、细集料用量：

$$\begin{cases} m_{c0} + m_{g0} + m_{s0} + m_{w0} = m_{cp} \\ \beta_s = \dfrac{m_{s0}}{m_{g0} + m_{s0}} \times 100\% \end{cases} \tag{5-20}$$

式中　　m_{c0}——每立方米混凝土的水泥用量，kg；

　　　　m_{g0}——每立方米混凝土的粗集料用量，kg；

　　　　m_{s0}——每立方米混凝土的细集料用量，kg；

　　　　m_{w0}——每立方米混凝土的用水量，kg；

　　　　β_s——砂率，%；

　　　　m_{cp}——每立方米混凝土拌合物的假定重量，kg。

每立方米混凝土拌合物的假设重量可根据历史经验取值。如无资料时可根据集料的类型、粒径以及混凝土强度等级，在 2350～2450kg 范围内选取。

②体积法

假定混凝土拌合物的体积等于各组成材料绝对体积和混凝土拌合物中所含空气体积之总和。因此对 $1m^3$ 混凝土拌合物，可按下列方程组计算出粗、细集料的用量：

$$\begin{cases} \dfrac{m_{c0}}{\rho_c} + \dfrac{m_{g0}}{\rho_g} + \dfrac{m_{s0}}{\rho_s} + \dfrac{m_{w0}}{p_w} + 0.01\alpha = 1 \\ \beta_s = \dfrac{m_{s0}}{m_{g0} + m_{s0}} \times 100\% \end{cases} \tag{5-21}$$

式中　　ρ_c——水泥密度，kg/m³，可取 2900～3100kg/m³；

　　　　ρ_g——粗集料表观密度，kg/m³；

　　　　ρ_s——细集料表观密度，kg/m³；

　　　　ρ_w——水的密度，kg/m³，可取 1000kg/m³；

　　　　α——混凝土含气量百分数，%；在不使用引气型外加剂时，α 可取为 1。

通过以上步骤便可将水、水泥、砂和石子的用量全部求出，得到初步配合比，供试配用。

注：以上混凝土配合比计算公式和表格，均以干燥状态集料为基准（干燥状态集料系指含水率小于 0.5% 的细集料或含水率小于 0.2% 的粗集料），如需以饱和面干集料为基准进行计算时，则应作相应的修改。

2. 配合比的试配、调整与确定

（1）配合比的试配、调整

以上求出的各材料的用量，是借助于一些经验公式和数据计算出来的，或是利用经验资料查得的，因而不一定能够符合实际情况，必须通过试拌调整，直到混凝土拌合物的和易性符合要求为止，然后提出供检验混凝土强度用的基准配合比。以下介绍和易性的调整方法：

　　按初步配合比称取材料进行试拌。混凝土拌合物搅拌后应测定坍落度，并检查其粘聚性和保水性能的好坏。当坍落度低于设计要求，可保持水灰比不变，增加适量水泥浆。如坍落度太大，可在保持砂率不变条件下增加集料。如出现含砂不足，粘聚性和保水性不良时，可适当增大砂率；反之应减小砂率。每次调整后再试拌，直到符合要求为止。当试拌调整工作完成后，应测出混凝土拌合物的表观密度（$\rho_{c,t}$）。

　　经过和易性调整试验得出的混凝土基准配合比，其水灰比值不一定选用恰当，其结果是强度不一定符合要求，所以应检验混凝土的强度。一般采用三个不同的配合比，其中一个为基准配合比，另外两个配合比的水灰比值，应较基准配合比增加及减少 0.05，其用水量与基准配合比相同，砂率值可分别增加或减少 1%。每种配合比制作一组（三块）试块，标准养护 28d 试压（在制作混凝土强度试块时，尚需检验混凝土拌合物的和易性及测定表观密度，并以此结果作为代表这一配合比的混凝土拌合物的性能）。

　　注：在有条件的单位可同时制作一组或几组试块，供快速检验或较早龄期时试压，以便提前定出混凝土配合比供施工使用，但以后仍必须以标准养护 28d 的检验结果为准，调整配合比。

　　（2）配合比的确定

　　由试验得出的各灰水比值时的混凝土强度，用作图法或计算求出与 $f_{cu,0}$ 相对应的灰水比值。并按下列原则确定每立方米混凝土的材料用量：

　　用水量（m_w）——取基准配合比中的用水量值，并根据制作强度试块时测得的坍落度（或维勃稠度）值，加以适当调整；

　　水泥用量（m_c）——取用水量乘以经试验定出的、为达到 $f_{cu,0}$ 所必需的灰水比值；

　　粗、细集料用量（m_g）及（m_s）——取基准配合比中的粗、细集料用量，并按定出的水灰比值作适当调整。

　　（3）混凝土表观密度的校正

　　经试配确定配合比后的混凝土，尚应按下列步骤进行校正：

　　①应根据前面确定的材料用量按下式计算混凝土的表观密度计算值 $\rho_{c,c}$：

$$\rho_{c,c} = m_c + m_s + m_g + m_w \qquad (5\text{-}22)$$

式中，m_c、m_s、m_g 和 m_w 分别指每立方米混凝土的水泥、砂、石、水的用量。

　　②按下式计算混凝土配合比校正系数：

$$\delta = \frac{\rho_{c,t}}{\rho_{c,c}} \qquad (5\text{-}23)$$

式中　　$\rho_{c,t}$——混凝土表观密度实测值，kg/m³；

　　　　$\rho_{c,c}$——混凝土表观密度计算值，kg/m³。

　　当混凝土表观密度实测值与计算值之差的绝对值不超过计算值 2% 时，由以上步骤定出的配合比即为确定的设计配合比；当二者之差超过 2% 时，应将配合比中每项材料用量均乘以校正系数，即为确定的设计配合比。

　　若对混凝土还有其他技术性能要求，如抗渗等级、抗冻等级、高强、泵送、大体积等方面要求，混凝土的配合比设计应按《普通混凝土配合比设计规程》（JGJ 55—2000）的有关规定进行。

3. 施工配合比

设计配合比时是以干燥材料为基准的，而工地存放的砂、石料都含有一定的水分，所以现场材料的实际称量应按工地砂、石的含水情况进行修正，修正后的配合比，叫做施工配合比。施工配合比按下列公式计算：

$$m'_c = m_c \ (\text{kg}) \tag{5-24}$$

$$m'_s = m_s(1 + W_s) \ (\text{kg}) \tag{5-25}$$

$$m'_g = m_g(1 + W_g) \ (\text{kg}) \tag{5-26}$$

$$m'_w = m_w - m_s \cdot W_s - m_g \cdot W_g \ (\text{kg}) \tag{5-27}$$

式中，W_s 和 W_g 分别为砂的含水率和石子的含水率，m'_c、m'_s、m'_g 和 m'_w 分别为修正后每立方米混凝土拌合物中水泥、砂、石和水的用量。

三、混凝土配合比设计实例

【例题】某工程的预制钢筋混凝土梁（不受风雪影响），混凝土设计强度等级为 C25，要求强度保证率 95%，施工要求坍落度为 30～50mm（混凝土由机械搅拌、机械振捣），该施工单位无历史统计资料。采用的材料：

普通水泥：32.5（实测 28d 强度 35.0MPa），表观密度 $\rho_C = 3.1\text{g/m}^3$；

中砂：表观密度 $\rho_s = 2.65\text{g/cm}^3$，堆积密度 $\rho_s' = 1500\text{kg/m}^3$；

碎石：表观密度 $\rho_g = 2.70\text{g/cm}^3$，堆积密度 $\rho_g' = 1550\text{kg/m}^3$，最大粒径为 20mm；

自来水。

①设计该混凝土的配合比（按干燥材料计算）。

②施工现场砂含水率 3%，碎石含水率 1%，求施工配合比。

【解】

（1）计算初步配合比

①计算配制强度（$f_{cu,o}$）

$$f_{cu,o} = f_{cu,k} + 1.645\sigma$$

查表 5-25，当混凝土强度等级为 C25 时，$\sigma = 5.0\text{MPa}$，试配强度 $f_{cu,o}$ 为：

$$f_{cu,o} = 25 + 1.645 \times 5.0 = 33.2\text{MPa}$$

②计算水灰比（W/C）

已知水泥实际强度 $f_{ce} = 35.0\text{MPa}$；

所用粗集料为碎石，查表 5-19，回归系数 $\alpha_a = 0.46$，$\alpha_b = 0.07$。按下式计算水灰比 W/C：

$$\frac{W}{C} = \frac{\alpha_a f_{ce}}{f_{cu,o} + \alpha_a \cdot \alpha_b \cdot f_{ce}} = \frac{0.46 \times 35.0}{33.2 + 0.46 \times 0.07 \times 35.0} = 0.47$$

查表 5-22 最大水灰比规定为 0.65，所以取 $W/C = 0.47$。

③确定每立方米混凝土用水量 m_{w0}

该混凝土所用碎石最大粒径为 20mm，坍落度要求为 30～50mm，查表 5-27 取 $m_{w0} = 195\text{kg}$。

④计算水泥用量（m_{c0}）

$$m_{c0} = \frac{m_{w0}}{W/C} = \frac{195}{0.47} = 414.9\text{kg}$$

查表 5-22 最小水泥用量规定为 260kg，所以取 $m_{c0} = 414.9\text{kg}$。

⑤确定砂率（β_s）

该混凝土用碎石最大粒径为 20mm，计算出水灰比为 0.47，查表 5-28 取 $\beta_s = 30\%$。

⑥计算粗、细集料用量（m_g）及（m_s）

重量法按下面方程组计算：

$$\begin{cases} m_{c0} + m_{g0} + m_{s0} + m_{w0} = m_{cp} \\ \beta_s = \dfrac{m_{s0}}{m_{g0} + m_{s0}} \times 100\% \end{cases}$$

假定每立方米混凝土重量 $m_{cp} = 2400\text{kg}$；则：

$$\begin{cases} 414.9 + m_{g0} + m_{s0} + 195 = 2400 \\ 30\% = \dfrac{m_{s0}}{m_{g0} + m_{s0}} \times 100\% \end{cases}$$

解得砂、石用量分别为 $m_{s0} = 537.2\text{kg}$，$m_{g0} = 1253.3\text{kg}$。

按重量法算得该混凝土基准配合比：

$m_{c0} : m_{s0} : m_{g0} : m_{w0} = 414.9 : 537.2 : 1253.3 : 195 = 1 : 1.29 : 3.02 : 0.47$

体积法按下面方程组计算：

$$\begin{cases} \dfrac{m_{c0}}{\rho_c} + \dfrac{m_{g0}}{\rho_g} + \dfrac{m_{s0}}{\rho_s} + \dfrac{m_{w0}}{\rho_w} + 0.01\alpha = 1 \\ \beta_s = \dfrac{m_{s0}}{m_{g0} + m_{s0}} \times 100\% \end{cases}$$

代入砂、石、水泥、水的表观密度数据，取 $\alpha = 1$，则：

$$\begin{cases} \dfrac{414.9}{3.1 \times 10^3} + \dfrac{m_{g0}}{2.70 \times 10^3} + \dfrac{m_{s0}}{2.65 \times 10^3} + \dfrac{195}{1 \times 10^3} + 0.01 \times 1 = 1 \\ 30\% = \dfrac{m_{s0}}{m_{g0} + m_{s0}} \times 100\% \end{cases}$$

得：$m_s = 532.3\text{kg}$，$m_g = 1242.0\text{kg}$

按体积法算得该混凝土基准配合比：

$m_{c0} : m_{s0} : m_{g0} : m_{w0} = 414.9 : 532.3 : 1242.0 : 195 = 1 : 1.28 : 2.99 : 0.47$

计算结果与重量法计算结果相近。

（2）配合比的试配、调整与确定

以重量法计算结果进行试配。

①配合比的试配、调整

按初步配合比试拌 15L，其材料用量：

水泥	$0.015 \times 414.9 = 6.22\text{kg}$
水	$0.015 \times 195 = 2.93\text{kg}$

砂　　　　　　　　　　　　　　　　$0.015 \times 537.2 = 8.06\text{kg}$

碎石　　　　　　　　　　　　　　$0.015 \times 1253.3 = 18.80\text{kg}$

搅拌均匀后，做坍落度试验，测得的坍落度为 20mm。增加水泥浆用量 5%，即水泥用量增加到 6.53kg，水用量增加到 3.07kg，坍落度测定为 40mm，粘聚性、保水性均良好。经调整后各项材料用量：水泥 6.53kg，水 3.07kg，砂 8.06kg，碎石 18.80kg，因此其总量为 $m = 36.46\text{kg}$。实测混凝土的表观密度 $\rho_{c,t}$ 为 2420kg/m³。

②设计配合比的确定

采用水灰比为 0.42、0.47 和 0.52 三个不同的配合比（水灰比为 0.42 和 0.52 两个配合比也经坍落度试验调整，均满足坍落度要求），并测定出表观密度分别为 2415kg/m³、2420kg/m³、2425kg/m³。28d 强度实测结果见表 5-29。

表 5-29　试配混凝土 28d 强度实测值

水灰比 W/C	灰水比 C/W	MPa
0.42	2.38	38.6
0.47	2.13	35.6
0.52	1.92	32.6

从图 5-37 可判断，配制强度 33.2MPa 对应的灰水比为 $C/W = 2.00$，即水灰比 $W/C = 0.50$。至此，可初步定出混凝土配合比为：

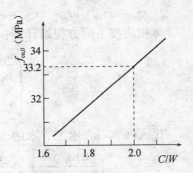

图 5-37　$f_{cu,0}$ 与 C/W 关系图

$$m_w = \frac{3.07}{36.46} \times 2420 = 203.7\text{kg}$$

$$m_c = 203.7/0.50 = 407.4\text{kg}$$

$$m_s = \frac{8.06}{36.46} \times 2420 = 535.0\text{kg}$$

$$m_g = \frac{18.80}{36.46} \times 2420 = 1247.8\text{kg}$$

计算该混凝土的表观密度：

$$\rho_{c,c} = 203.7 + 407.4 + 535.0 + 1247.8 = 2393.7\text{kg/m}^3 。$$

重新按确定的配合比测得其表观密度 $\rho_{c,t} = 2412\text{kg/m}^3$。其校正系数 δ 为：

$$\delta = \frac{\rho_{c,t}}{\rho_{c,c}} = \frac{2412}{2393.7} = 1.008$$

混凝土表观密度的实测值与计算值之差 ξ（%）为：

$$\xi = \frac{\rho_{c,t} - \rho_{c,c}}{\rho_{c,c}} \times 100\% = \frac{2412 - 2393.7}{2393.7} \times 100\% = 0.8\%$$

由于混凝土表观密度的实测值与计算值之差不超过计算值的 2%，所以前面的计算配合比即为确定的设计配合比，即：

$$m_c : m_s : m_g : m_w = 407.4 : 535.0 : 1247.8 : 203.7 = 1 : 1.31 : 3.06 : 0.50$$

（3）计算施工配合比

将设计配合比换算为现场施工配合比，用水量应扣除砂、石所含水量，而砂石则应增加砂、石的含水量。施工配合比计算如下：

$$m'_c = m_c = 407.4(kg)$$

$$m'_s = m_s(1 + W_s) = 535 \times (1 + 3\%) = 551.0(kg)$$

$$m'_g = m_g(1 + W_g) = 1247.8 \times (1 + 1\%) = 1260.2(kg)$$

$$m'_w = m_w - m_s \cdot W_s - m_g \cdot W_g = 203.7 - 535 \times 3\% - 1247.8 \times 1\% = 175.2(kg)$$

第六节　其他品种混凝土

一、绿色混凝土

1. 可持续发展与绿色材料

材料在人类社会发展中起着极为重要的作用，它是人类社会进步的物质基础。新材料是新技术发展的必要物质基础，也是技术革命的先导。在社会发展的进程中，材料的进步带来了社会的变革。但是，发展迄今，传统的材料已经不适应社会发展的进程，传统的材料从设计制造、使用到最后废弃的过程中，因为大量生产、大量废弃，造成资源枯竭、能源短缺、环境污染、生态破坏等一系列问题，与地球资源、地球环境容量的有限性以及地球生态系统的安全性之间产生了尖锐的矛盾，对社会经济的可持续发展和人类自身的生存构成严重的障碍和威胁。因此，认识资源、环境与材料的关系，开展绿色材料及其相关理论的研究，是历史发展的必然，也是材料科学的进步。

1987 年联合国环境与发展委员会发表《我们共同的未来》，1988 年第一届国际材料联合会提出了"绿色材料（Green Materials）"的概念，即"在原料采取、产品制造、使用或者再循环以及废料处理等环节中，对地球环境负荷最小和有利于人类健康的材料"。1990 年日本东京大学的山本良一教授在材料研究中提出了"环境材料"的概念，1992 年在巴西的里约热内卢召开了联合国环境与发展大会，从此，人类社会进入了"保护自然，崇尚自然，促进持续发展"为核心的绿色时代。材料、环境及社会可持续发展的关系，在全球范围内得到空前的关注。

绿色材料的特点包括材料本身的先进性（优质的、生产能耗低的材料）；生产过程的安全性（低噪声、无污染）；材料使用的合理性（节省的、可以回收的）以及符合现代工程学的要求等。绿色材料是材料发展的必然。绿色浪潮在全球掀起后，人们的绿色意识得到增强：开发自然、造福人类是我们的责任，然而在利用自然的同时，保护自然、节约能源和原材料更是我们的义务。

绿色材料的研究与应用对可持续发展战略的实施影响重大。虽然目前的工作还主要局限在材料的回收和重复利用技术、减少"三废"的材料技术与工艺、减少环境污染的代用材料、环境净化材料、可降解材料等方面，但随着环境意识的加强，在研究和应用材料时，考虑环境因素已是必然趋势，绿色材料制造的绿色产品时代也将随之到来。

2. 绿色混凝土的含义

在以上大背景条件下，作为绿色建材的一个分支，具有环境协调性和自适应性的绿色混凝土应运而生。

绿色混凝土（green concrete）的环境协调性是指对资源和能源消耗少、对环境污染小和循环再生利用率高。绿色混凝土的自适应性是指具有满意的使用性能，能够改善环境，具有感知、调节和修复等机敏特性。

自 20 世纪 90 年代以来，国内外科技工作者对绿色混凝土开展了广泛深入的研究。其涉及的研究范围包括：绿色高性能混凝土、再生集料混凝土、环保型混凝土和机敏混凝土等。

（1）绿色高性能混凝土（GHPC—green high performance concrete）

各国学者对高性能混凝土（high performance concrete）有不同的定义和解释，但高性能混凝土的共性可归结为：在新拌阶段具有高工作性，易于施工，甚至无须振捣就能密实成型；在水化、硬化早期和使用过程中具有高体积稳定性，很少产生由于水化热和干缩等因素而形成的裂缝；在硬化后具有足够的强度和低渗透性，满足工程所需的力学性能和耐久性。

吴中伟院士则将高性能混凝土定义为：高性能混凝土是一种新型高技术混凝土，是在大幅度提高普通混凝土性能的基础上采用现代混凝土技术制作的混凝土，它以耐久性作为设计的主要指标。针对不同用途要求，高性能混凝土对下列性能有重点地予以保证：耐久性、工作性、适用性、强度、体积稳定性、经济性。为此，高性能混凝土配制上的特点是低水胶比，选用优质原材料，并除水泥、水、集料外，必须掺加足够数量的矿物细掺料和高效外加剂。

高性能混凝土的绿色化特征主要体现为：

①更多地节约熟料水泥，减少环境污染；

②更多地掺加以工业废渣为主的活性细掺料；

③更大地发挥高性能优势，减少水泥和混凝土的用量，因而可称之为绿色混凝土。

高性能混凝土在微观结构方面与普通混凝土相比有以下特点：

①未水化水泥颗粒增多，这些未水化颗粒可视为硬化混凝土中的微集料，混凝土的骨架作用得到加强；

②孔隙率很低，而且基本上不存在大于 100nm 的大孔；

③集料与水泥石的界面与水泥石本体无明显区别，消除了普通混凝土中的薄弱环节——界面过渡区；

④游离氧化钙含量低；

⑤自身收缩造成混凝土内部产生自应力状态，导致集料受到强有力的约束。

配制高性能混凝土时应遵循以下法则：

①水灰比法则

与普通混凝土一样，水灰比的大小决定硬化后高性能混凝土的强度，并影响其耐久性。混凝土的强度与灰水比成正比。水灰比一经确定，绝不能随意变动。为保证高性能混凝土的耐久性，通常其水灰比较低，一般在 0.2~0.45。当然这里的"灰"包括所有胶凝材料，因此水灰比也被称为水胶比（water to binder ratio）。

②混凝土密实体积法则

混凝土的组成是以石子为骨架，以砂子填充石子空隙，又以浆体填充砂石空隙，并包裹砂石表面，以减少砂石之间的摩擦阻力，保证混凝土有足够的流动性。这样，可塑状态混凝土总体积为水、水泥（胶凝材料）、砂、石的密实体积之和。

③最小单位加水量或最小胶凝材料用量法则

在水灰比固定、原材料一定的情况下，使用满足工作性的最小加水量（即最小的浆体量），可以得到体积稳定的、经济的混凝土。通常情况下，干燥的、级配良好的砂、石混合体的空隙率约为21%～22%，综合考虑强度、工作性和体积稳定性能达到最佳的均衡，水泥浆体体积以25%～30%为宜。胶凝材料宜在300～500kg/m³之间，用水量应小于175kg/m³。

④最小水泥用量法则

为降低混凝土的温升、提高混凝土抗环境因素的侵蚀能力，在满足混凝土早期强度要求的前提下，应尽量减少胶凝材料中的水泥用量。

⑤最小砂率法则

在最小胶凝材料用量并且砂石颗粒实现最密实堆积的条件下，使用满足工作性要求的最小砂率，以提高混凝土的弹性模量，降低收缩和徐变。

高性能混凝土的配制和应用可参考《高性能混凝土应用技术规程》（CECS207：2006）。需要说明的是高性能混凝土并不是完善的混凝土或理想的混凝土，其最为突出的弱点是自收缩和脆性增大。

（2）再生集料混凝土

再生集料混凝土是指用废混凝土、废砖块、废砂浆做集料而制得的混凝土。

混凝土制备过程还将消耗大量砂石。若以每吨水泥生产混凝土时消耗6～10吨砂石材料计，我国每年将生产砂石材料（48～80）亿吨。全球已面临优质砂石材料短缺的问题，我国不少城市亦不得不远距离运送砂石材料。同时，我国每年拆除的建筑垃圾产生的废弃混凝土约为1360万吨，新建房屋产生的废弃混凝土约为4000万吨，大部分是送到废料堆积场堆埋。因此实现再生集料的循环利用对保护环境，节约能源、资源的意义十分显著。

废弃混凝土加工的集料取决其洁净度和坚实度，这与其来源和加工技术有关。利用预制厂和预拌混凝土搅拌站剩余混凝土加工的集料通常比较干净；来源于拆除的路面或水工结构的废弃混凝土，需筛分去除粉粒。许多实验室和现场研究表明：废弃混凝土相当于粗集料的颗粒可以用来替代天然集料，进行比较试验的结果是前者作为集料配制的混凝土抗压强度和弹性模量至少是后者的2/3。拆除建筑物时的废弃混凝土比较难处理，因为常混有其他杂物。与拆除时的分选相结合，这类废弃物可以分门别类地回收和再生，效果较好。

再生集料的性质同天然砂石集料相比因其含有30%左右的硬化水泥砂浆，从而导致其吸水性能、表观密度等物理性质与天然集料不同。再生集料表面粗糙、棱角较多，并且集料表面还包括着相当数量的水泥砂浆（水泥砂浆孔隙率大、吸水率高），再加上混凝土块在解体、破碎过程中，由于损伤积累使再生集料内部存在大量微裂缝，这些因素都使再生集料的吸水率和吸水速率增大，这对配制再生混凝土是不利的。同样由于集料表面水泥砂浆的存在，使再生集料的密度和表观密度比普通集料低。再生混凝土的抗拉强度、抗弯强度、抗剪强度和弹性模量通常较低，而徐变和收缩率却是较高的。各种性能的差异程度取决于再生集料所占的比重、原混凝土特征、污染物质的数量和性质、细粒材料和附着砂浆的数量。研究之目的在于测定这些因素的最佳组合，以便经济地生产适合于某种用途的再生集料混凝土。含有再生集料的混凝土耐久性，也受上述各种因素的影响，然而最直接的因素就是污染物质的存在。

因价格费用的原因，由废弃物加工成人造集料，往往要比天然集料价格贵，但这种状况很快将改变，因为天然集料来源日趋短缺，而人造集料的加工技术逐渐完善和高效。

目前，德国、荷兰、比利时等国废弃物再生率已达50%以上。德国钢筋混凝土委员会1998年8月提出了"在混凝土中采用再生集料的应用指南"，日本也制定了《再生集料和再生混凝土使用规范》，并相继在各地建立了以处理混凝土废弃物为主的再生加工厂。

另外，人造集料技术近年来也得到迅速发展。日本已经开发利用城市下水道污泥生产集料的技术，这种集料其强度达到了普通河砂砂浆的90%，很有利用前景。除此之外，还有粉煤灰陶粒、黏土页岩陶粒等人造轻集料。使用轻集料还可制造轻质混凝土材料，减轻结构物的自重，提高建筑物的保温隔热性能，减少建筑能耗。

用海砂取代山砂和河砂，作混凝土的细集料，也是解决混凝土细集料资源问题的有效方法。因为海砂的资源很丰富，但是海砂中含有盐分、氯离子，容易使钢筋锈蚀，硫酸根离子对混凝土也有很强的侵蚀作用。此外，海砂颗粒较细，且粒度分布不均一，很难形成级配；有些海砂往往混入较多的贝壳类轻物质。因此，必须先进行适当的处理才能使用。目前已经开发出一些对海砂中盐分的处理方法，例如洒水自然清洗法、机械清洗法、自然放置法等。对于海砂的级配问题，主要采取掺入粗砂的办法进行调整，使之满足级配要求。日本在海砂方面的利用已经达到了工业化生产的阶段。

（3）环保型混凝土

环保型混凝土则是指能够改善、美化环境，对人类与自然的协调具有积极作用的混凝土材料。这类混凝土的研究和开发刚起步，它标志着人类在处理混凝土材料与环境的关系过程中采取了更加积极、主动的态度。目前所研究和开发的品种主要有透水、排水性混凝土，绿化植被混凝土和净水混凝土等。

如利用多孔混凝土（porous concrete）多孔的特性，将使混凝土具备透水、排水、净水、绿化植被、吸音、隔音等功能。多孔混凝土由粗集料与水泥浆结合而成，具有连续孔隙结构是其一大特征。它具有良好的透水性和透气性，孔隙率一般为5%～35%，因而具有能够提供生物的繁殖生长空间、净化和保护地下水资源、吸收环境噪声等功能。

将光催化技术应用于水泥混凝土材料中而制成的光催化混凝土则可以起到净化城市大气的作用。如在建筑物表面使用掺有 TiO_2 的混凝土，可以通过光催化作用，使汽车和工业排放的氮氧化物、硫化物等污染物氧化成碳酸、硝酸和硫酸等随雨水排掉，从而净化环境。

（4）机敏混凝土

机敏混凝土是指具有感知、调节和修复等功能的混凝土，它是通过在传统的混凝土组分中复合特殊的功能组分而制备的具有本征机敏特性的混凝土。机敏混凝土是信息科学与材料科学相结合的产物，其目标不仅仅是将混凝土作为具有优良力学性能的建筑材料，而且更注重混凝土与自然的融合和适应性。

随着现代电子信息技术和材料科学的迅猛发展，促使社会及其各个组成部分，如交通系统、办公场所、居住社区等向智能化方向发展。混凝土材料作为各项建筑的基础，其智能化的研究和开发自然成为人们关注的热点。自感知混凝土、自调节混凝土、仿生自愈合混凝土等一系列机敏混凝土的相继出现，为智能混凝土的研究和发展打下了坚实基础。

①自感知机敏混凝土材料对诸如热、电和磁等外部信号刺激具有监测、感知和反馈的能力，是未来智能建筑的必需组件。自感知机敏混凝土材料是本征机敏材料，它与其他土木工程材料具有很好的兼容性，它可以在非破损情况下感知并获得被测结构物全部的物理、力学参数，如：温度、变形、应力应变场等。

②自调节机敏混凝土材料对由于外力、温度、电场或磁场等变化具有产生形状、刚度、湿度或其他机械特性相应的能力。如在建筑物遭受台风、地震等自然灾害期间，能够调整承载能力和减缓结构振动。对于那些对室内湿度有严格要求的建筑物，如各类展览馆、博物馆及美术馆等，为实现稳定的湿度控制，往往需要许多湿度传感器、控制系统及复杂的布线等，其成本和使用维持的费用都较高。目前人们研制的自动调节环境湿度的混凝土材料自身即可完成对室内环境湿度的探测，并根据需求对其进行调控。这种材料已成功地用于多家美术馆的室内墙壁，取得非常好的效果。

③自修复机敏混凝土材料是模仿动物的骨组织结构和受创伤后的再生、恢复机理，采用粘结材料和水泥基材相符合的方法，对材料损伤破坏具有自行愈合和再生功能，恢复甚至提高材料性能的新型复合材料。日本学者将内含粘结剂的空心胶囊掺入混凝土材料中，一旦混凝土材料在外力作用下发生开裂，空心胶囊就会破裂而释放粘结剂，粘结剂流向开裂处，使之重新粘结起来，起到愈伤的效果。美国学者采用类似的方法，所不同的是以玻璃空心纤维替代空心胶囊，其内注入缩醛高分子溶液作为粘结剂。

机敏混凝土是智能化时代的产物，它在对重大土木基础设施应变的实时监测、损伤的无损评估、及时修复以及减轻台风、地震的冲击等诸多方面有很大的潜力，对确保建筑物的安全和长期的耐久性都极具重要性。将先进的机敏混凝土材料融入智能建筑的安全系统，形成具有传感、调节和修复一体化的高智能结构，是未来智能建筑的发展趋势。它使智能建筑能够自行诊断变形、损伤和老化的发生；能够自发产生对应与其状态的形状变化；本身能够对振动、冲击产生适应性调整；能够根据需要对结构或材料进行控制和修复。具有上述功能的高智能结构，不仅提高了智能建筑的性能和安全度、综合利用了有限的建筑空间、减少了综合布线的工序、节省建筑运行和维修费用，而且延长了建筑物的寿命。因此，在不远的将来，可以预见机敏混凝土材料与智能建筑的有机结合将对建筑业乃至整个社会的发展产生重大影响。

总之，绿色混凝土具有降低混凝土制造、使用过程的环境负荷，保护生态、美化环境，提高居住环境的舒适和安全性的巨大优越性，它将是 21 世纪大力提倡、发展和应用的混凝土。

二、高强混凝土

在 20 世纪 20 年代，超过 21MPa 的混凝土可称为高强混凝土（high strength concrete），

20 世纪 70 年代，强度达到 40MPa 的被看作是高强混凝土。现在的高强混凝土是指强度等级为 C60 及其以上的混凝土。

1. 高强混凝土的优点和不利条件

高强混凝土主要有以下优点：

（1）高强混凝土可以减少结构断面，增加房屋使用面积和有效空间，减轻地基负荷。在高层建筑柱结构、建筑物剪力墙和承重墙、桥梁箱梁（尤其是大跨度桥梁）中的应用具有广阔的应用前景。但对于楼板和梁，高强度并不能改变构件的尺寸，高强混凝土并不具有经济优势。

（2）对于预应力钢筋混凝土构件，高强混凝土由于刚度大、变形小，故可以施加更大的预应力和更早地施加预应力，以及减少因徐变导致的预应力损失。

（3）高强混凝土致密坚硬，抗渗性、抗冻性、耐磨性等耐久性大大提高。应用在极端暴露条件下的混凝土结构中（例如公路、桥面和停车场），则可大大提高其耐久性。

高强混凝土的不利条件：

（1）高强混凝土对原材料质量要求严格。

（2）生产、施工各环节的质量管理水平要求高，高强混凝土的质量对生产、运输、浇注、养护、环境条件等因素非常敏感。

（3）高强混凝土的延性差、脆性大、自收缩大。

2. 高强度混凝土的配制要求

（1）选用质量稳定、强度等级不低于 42.5 级的硅酸盐水泥或普通硅酸盐水泥。水泥用量不宜大于 $550kg/m^3$；水泥和矿物掺合料的总量不应大于 $600kg/m^3$。

（2）粗集料的最大粒径不宜大于 25mm，强度等级高于 C80 级的混凝土，其粗集料的最大粒径不宜大于 20mm，并严格控制其针片状颗粒含量、含泥量和泥块含量。细集料的细度模数宜大于 2.6，并严格控制其含泥量和泥块含量。混凝土的砂率宜为 28%～34%，泵送时的砂率可为 34%～44%。

（3）配制高强混凝土时应掺用高效减水剂或缓凝高效减水剂，其品种、掺量应通过试验确定。

（4）配制高强混凝土时应该掺用活性较好的掺合料，宜复合使用掺合料，品种、掺量应通过试验确定。

（5）高强混凝土的水胶比采用 0.25～0.42，强度等级愈高，水胶比愈低。

（6）当采用三个不同配合比进行混凝土强度试验时，其中一个应为基准配合比，另两个配合比的水灰比，宜较基准配合比分别增加和减少 0.02～0.03；高强混凝土设计配合比确定后，还应用该配合比进行不少于 6 次的重复试验验证，其平均值不应低于配制强度。

三、轻混凝土

表观密度小于 $1950kg/m^3$ 的混凝土称为轻混凝土（light-weight concrete），轻混凝土又可分为轻集料混凝土、多孔混凝土及无砂大孔混凝土三类。

1. 轻集料混凝土（lightweight aggregate concrete）

凡是用轻粗集料、轻细集料（或普通砂）、水泥和水配制而成的轻混凝土称为轻集料混凝土。由于轻集料种类繁多，故混凝土常以轻集料的种类命名。例如：粉煤灰陶粒混凝土、浮石混凝土等。轻集料按来源分为三类：①工业废渣轻集料（如粉煤灰陶粒、煤渣等）；②天然轻集料（如浮石、火山渣等）；③人工轻集料（如页岩陶粒、黏土陶粒、膨胀珍珠岩等）。

轻集料混凝土强度等级与普通混凝土相对应，按立方体抗压标准强度划分为：LC5.0、LC7.5、LC10、LC15、LC20、LC25、LC30、LC35、LC40、LC45、LC50、LC55 和 LC60。轻集料混凝土的应变值比普通混凝土大，其弹性模量为同强度等级普通混凝土的 50% ~70%。轻集料混凝土的收缩和徐变约比普通混凝土相应大 20% ~50% 和 30% ~60%。

许多轻集料混凝土具有良好的保温性能，当其表观密度为 $1000kg/m^3$ 时，导热系数为 $0.28W/(m \cdot K)$；表观密度为 $1800kg/m^3$ 时，导热系数为 $0.87W/(m \cdot K)$。可用作保温材料、结构保温材料或结构材料。

2. 多孔混凝土（porous concrete）

一种不用集料的轻混凝土，内部充满大量细小封闭的气孔，孔隙率极大，一般可达混凝土总体积的 85%。它的表观密度一般在 $300 \sim 1200kg/m^3$ 之间，导热系数为 $0.08 \sim 0.29W/(m \cdot K)$。因此多孔混凝土是一种轻质多孔材料，兼有结构及保温、隔热等功能，同时容易切削、锯解和握钉性好。多孔混凝土可制作屋面板、内外墙板、砌块和保温制品，广泛地用于工业及民用建筑和管道保温。

根据气孔产生的方法不同，多孔混凝土可分为加气混凝土和泡沫混凝土。加气混凝土在生产上比泡沫混凝土具有更多的优越性，所以生产和应用发展较快。

（1）加气混凝土（aerated concrete）

是用含钙材料（水泥、石灰）、含硅材料（石英砂、粉煤灰、矿渣、页岩等）和加气剂为原料，经磨细、配料、浇注、切割和压蒸养护等工序加工而成。

加气剂（gas-forming admixture）一般采用铝粉，它与含钙材料中的氢氧化钙反应放出氢气，形成气泡，使料浆成为多孔结构。加气混凝土的抗压强度一般为 $0.5 \sim 7.5MPa$。

（2）泡沫混凝土（foam concrete）

是将水泥浆和泡沫剂拌和后形成的多孔混凝土。其表观密度多在 $300 \sim 500kg/m^3$，强度不高，仅 $0.5 \sim 7MPa$。

通常用氢氧化钠加水拌入松香粉（碱:水:松香 =1:2:4），再与溶化的胶液（皮胶或骨胶）搅拌制成松香胶泡沫剂。将泡沫剂加温水稀释，用力搅拌即成稳定的泡沫。然后加入水泥浆（也可掺入磨细的石英砂、粉煤灰、矿渣等硅质材料）与泡沫拌匀，成型后蒸养或压蒸养护即成泡沫混凝土。

3. 无砂大孔混凝土（no-fines concrete）

无砂大孔混凝土是以粗集料、水泥、水配制而成的一种轻混凝土，表观密度为 $500 \sim 1000kg/m^3$，抗压强度为 $3.5 \sim 10MPa$。

无砂大孔混凝土中因无细集料，水泥浆仅将粗集料胶结在一起，所以是一种大孔材料。它具有导热性低、透水性好等特点，也可作绝热材料及滤水材料。水工建筑中常用作排水暗管、井壁滤管等。

四、纤维混凝土

纤维混凝土（fiber concrete）是以混凝土为基体，外掺各种纤维材料而成，掺入纤维的目的是提高混凝土的力学性能，如抗拉、抗裂、抗弯、冲击韧性，也可以有效地改善混凝土的脆性性质。

常用的纤维材料有钢纤维、玻璃纤维、石棉纤维、碳纤维和合成纤维等。所用的纤维必须具有耐碱、耐海水、耐气候变化的特性。

在纤维混凝土中，纤维的含量、纤维的几何形状以及纤维的分布情况，对混凝土性能有重要影响。钢纤维混凝土一般可提高抗拉强度 2 倍左右，抗冲击强度提高 5 倍以上。

纤维混凝土目前主要用对抗裂、抗冲击性要求高的工程，如机场跑道、高速公路、桥面面层、管道、屋面板、墙板等，随着纤维混凝土技术提高，各类纤维性能改善，在土木建筑工程中将会广泛应用纤维混凝土。

五、防水混凝土

防水混凝土（waterproof concrete）是通过调整混凝土配合比、掺入外加剂或采用合理的胶凝材料等方法提高其自身密实性、憎水性、抗渗性以满足抗渗防水要求的混凝土。与防水卷材、防水涂料相比，防水混凝土具有以下特点：兼有防水和承重功能，能节约材料，加快施工进度；在结构复杂的情况下施工简便，防水性能可靠；渗漏发生时易于检查和维修；耐久性好；材料来源广，成本较低。

1. 普通防水混凝土

普通防水混凝土通过配合比的设计和调整，改善混凝土内部的孔结构以提高混凝土自身的密实性，从而达到防水的目的。

2. 外加剂防水混凝土

外加剂防水混凝土通过在混凝土中掺入少量有机或无机外加剂来改善混凝土拌合物的工作性，提高混凝土密实性和抗渗性以满足抗渗防水的要求。常用的外加剂包括减水剂、防水剂、引气剂、膨胀剂等。

3. 膨胀水泥防水混凝土

膨胀水泥混凝土是以膨胀水泥为胶凝材料配制而成的防水混凝土。依靠膨胀水泥自身水化反应过程中的体积膨胀提高混凝土密实性、补偿收缩，从而提高混凝土的防水抗渗性能。

六、装饰混凝土（decoration concrete）

水泥混凝土外观颜色单调、灰暗、呆板，给人以压抑感，装饰性差。于是人们设法在建筑物混凝土的表面（混凝土墙面、地面、屋面等）作适当处理，使其产生一定的装饰效果，具有艺术感，这就成了装饰混凝土。装饰效果可以通过选择合适的混凝土材料、浇模材料以及特殊的浇注技术或者对硬化混凝土表面进行斑纹化表现出来。

混凝土的色彩可以通过使用特殊的水泥或选择彩色集料来获得。

1. 水泥

通过加入一些着色剂来改善水泥颜色，也可使用白水泥配制浅色混凝土或白色混凝土。

2. 着色剂

要得到整体性的彩色混凝土，最常用的方法是在拌和过程中加入色素。色素包括氧化铁（红色、黄色、棕色）、氧化铬（绿色）、氧化钴（蓝色）、石墨（黑色）等。

色素是固体粉末，可以和外加剂一起使用。减水剂能提高色素的分散性，降低色素颗粒浮向表面的趋势。

3. 集料

自然界中由很多彩色石头可以用作混凝土集料，从而获得很好的颜色效果。集料所能获得的颜色种类比用单纯的色素所能获得的颜色要多得多。最常见的颜色是白色、棕色和赭石色。

混凝土表面的结构可以通过模板衬托、露石饰面以及机械抹面等方法获得。

复习思考题

1. 名词解释
　　（1）碱-集料反应　　　（2）混凝土和易性　　　　（3）砂率
　　（4）混凝土强度等级　（5）混凝土立方体抗压强度（6）混凝土立方体抗压强度标准值
2. 普通混凝土的组成材料有哪些？各在混凝土中起什么作用？
3. 对于普通水泥混凝土粗细集料的技术要求如何？
4. 集料中有害杂质有哪些？各有何危害？
5. 砂、石的粗细程度与颗粒级配如何评定？有何意义？
6. 碎石和卵石拌制混凝土有何不同？为何高强度混凝土都用碎石拌制？
7. 为什么要在技术条件许可的情况下尽可能选用粒径较大的粗集料？
8. 两种砂筛分结果如下表：

筛孔尺寸（mm）		4.75	2.36	1.18	0.60	0.30	0.15	筛　底
筛余量	细　砂	0	24	26	76	94	260	20
（g）	粗　砂	52	144	150	74	50	30	0

求：（1）这两种砂的细度模数是多少？能否单独配制混凝土？
　　（2）若将它们掺1:1配合，混合砂细度模数是多少？能否配制混凝土？为什么？
9. 影响混凝土拌合物和易性因素有哪些？如何影响？改善拌合物和易性措施有哪些？
10. 什么是坍落度损失？其影响因素是什么？
11. 混凝土流动性如何测定？用什么单位表示？
12. 什么是合理砂率？为什么采用合理砂率时技术和经济效果都较好？
13. 混凝土强度和强度等级有何异同？
14. 影响混凝土强度的因素有哪些？提高混凝土的强度可采用哪些措施？
15. 混凝土的轴心抗压强度为什么比立方体强度低？
16. 什么是混凝土的徐变？混凝土徐变和哪些因素有关？
17. 什么是混凝土的碳化？它对混凝土性能有何影响？如何提高混凝土抗碳化能力？

18. 碱-集料反应对混凝土有何危害？如何抑制混凝土的碱-集料反应？

19. 如何提高混凝土抗渗性能？

20. 影响混凝土耐久性的主要因素是什么？在集料和水泥品种均已限定的条件下，如何保证混凝土的耐久性？

21. 减水剂的作用原理是什么？混凝土中掺减水剂的技术经济效果如何？

22. 混凝土中掺入引气剂，对混凝土的和易性、抗冻性、抗渗性、强度将产生什么影响？

23. 进行混凝土配合比设计时，应当满足哪些基本要求？

24. 初步计算配合比、试验室配合比、施工配合比之间的关系如何？各阶段应完成什么工作？

25. 粉煤灰的质量指标包括哪些方面？级别如何划分？粉煤灰掺入混凝土中，对混凝土性能产生哪些有利的影响，为什么？

26. 按 C20 混凝土配合比制成的一组 20cm × 20cm × 20cm 试块，标准条件下养护 28d，测定其抗压强度，破坏荷载分别为 800kN、890kN、1034kN，该混凝土强度等级是否合格？

27. 已知某建筑物构件用 C20 普通混凝土（不受风雪影响），施工时要求坍落度 10 ~ 30mm，所用原料是：32.5 级矿渣水泥，$\rho_c = 3.04\text{g/cm}^3$；中砂 $\rho_s = 2.60\text{g/cm}^3$；卵石 5 ~ 40mm，$\rho_g = 2.6\text{g/cm}^3$，用绝对体积法和假定表观密度法（假定混凝土表观密度 2350kg/m³），求该混凝土的配合比。

28. 某工程设计要求的混凝土强度等级为 C30，试求：

   （1）当混凝土强度标准差 $\sigma = 5.5\text{MPa}$ 时，混凝土的配制强度应为多少？

   （2）若提高施工管理水平，σ 降为 3.0MPa，混凝土的配制强度为多少？

   （3）若采用强度等级为 42.5 普通水泥和碎石配制混凝土，用水量为 180kg/m^2，问 σ 从 5.5MPa 降到 3.0MPa，每立方米混凝土可节约水泥多少？

29. 已知混凝土的配合比为 1:2.30:4.00，水灰比为 0.60，拌合物的表观密度为 2400kg/m³，若施工工地砂含水 3%，碎石含水 1%，求该混凝土的施工配合比。若施工时不进行配合比换算，直接把试验室配合比在现场使用，对混凝土的性能有何影响？若采用强度等级为 32.5 的普通水泥，对混凝土的强度将产生多大的影响？

第六章 建筑砂浆

砂浆是由胶结料、细集料、掺合料、水以及外加剂配制而成的建筑材料。主要用于砌筑、抹面、修补、装饰等工程。

建筑砂浆按用途不同可分为砌筑砂浆、抹面砂浆（普通抹面砂浆、防水砂浆、装饰砂浆等）以及特殊用途砂浆（隔热砂浆、耐腐蚀砂浆、吸声砂浆等）。

按所用胶结材不同可分为水泥砂浆（cement mortar）、石灰砂浆（lime mortar）、水泥石灰混合砂浆（cement lime mortar）、石膏砂浆（gypsum mortar）、沥青砂浆（asphalt mortar）、聚合物砂浆（polymer mortar）等。

按砂浆的生产工艺不同，可分为预拌砂浆、干粉砂浆、工地现场搅拌砂浆。

本章主要介绍建筑砂浆（building mortar）的组成材料、技术性质和砌筑砂浆的配合比设计，并简介了其他种类砂浆。通过学习，要求掌握砂浆的主要技术性质和砌筑砂浆的配合比设计。

第一节 建筑砂浆的组成材料

一、胶结材料

建筑砂浆常用的胶结材料有：水泥、石灰、石膏等，为配制修补砂浆或有特殊用途的砂浆，有时也采用有机胶结剂作为胶凝材料。选用时应根据使用环境、用途等合理选择。

砌筑砂浆用水泥的强度等级应根据设计要求进行选择。为合理利用资源、节约材料，在配制砂浆时要尽量选用低强度等级水泥或砌筑水泥。水泥砂浆采用的水泥，其强度等级不宜大于32.5级；水泥混合砂浆中石灰膏等掺合料会降低砂浆强度，因而所选用的水泥强度等级，可略高，但不宜大于42.5级。

二、砂

建筑砂浆用砂，应符合混凝土用砂的技术要求。对于砌筑砂浆用砂，优先选用中砂，既可满足和易性要求，又可节约水泥。

砂的含泥量过大，不但会增加砂浆的水泥用量，还可能使砂浆的收缩值增大、耐水性降低，影响砌筑质量。M5 及以上的水泥混合砂浆，如砂子含泥量过大，对强度影响比较明显。因此，M5 及以上的砂浆，其砂含泥量不应超过5%；强度等级为 M2.5 的水泥混合砂浆，砂的含泥量不应超过10%。

当采用人工砂（manufactured sand）、山砂（mountain sand）、特细砂（super-fine sand）和炉渣砂（industrial waste sand）时，应通过试验满足砂浆的技术要求。

三、掺合料

掺合料是指为改善砂浆和易性而加入的无机材料，例如：石灰膏、黏土膏、粉煤灰等。

1. 石灰膏（lime paste）

为了保证砂浆质量，需将生石灰熟化成石灰膏后，方可使用。生石灰熟化成石灰膏时，应用孔径不大于 3mm×3mm 的网过滤，熟化时间不得少于 7d；磨细生石灰粉的熟化时间不得小于 2d。

为了保证石膏质量，沉淀池中贮存的石灰膏，应采取防止干燥、冻结和污染的措施。严禁使用脱水硬化的石灰膏，因为脱水硬化的石灰膏不但起不到塑化作用，还会影响砂浆强度。

2. 黏土膏（clay paste）

黏土膏必须达到所需的细度，才能起到塑化作用。采用黏土或亚黏土制备黏土膏时，宜用搅拌机加水搅拌，并通过孔径不大于 3mm×3mm 的网过筛。黏土中有机物含量过高会降低砂浆质量，因此，用比色法鉴定黏土中的有机物含量时应浅于标准色。

四、水

对水质的要求，与混凝土的要求相同。

五、外加剂

为改善砂浆的和易性和其他性能，在砂浆中可掺入增塑剂、早强剂、缓凝剂、防冻剂等外加剂。建筑砂浆的常用外加剂是增塑剂（又称微沫剂，其主要成分是引气剂，mortar mini-foaming admixture）。引气剂在砂浆中产生大量的微小气泡，增加水泥分散性、使水泥颗粒之间摩擦力减小，砂浆的流动性和保水性得到改善。

第二节　砂浆拌合物性质

砂浆拌合物与混凝土拌合物相似，应具有良好的和易性。砂浆的和易性指砂浆拌合物便于施工操作，并能保证质量均匀的综合性质。包括流动性和保水性两个方面。

一、流动性（稠度）

砂浆的流动性（consistence of mortar）指砂浆在自重或外力作用下流动的性能，用稠度表示。

稠度是以砂浆稠度测定仪的圆锥体沉入砂浆内的深度（mm）表示。圆锥沉入深度越大，砂浆的流动性越大。若流动性过大，砂浆易分层、泌水；若流动性过小，不便于施工操作，灰缝不易填充，所以新拌砂浆应具有适宜的稠度。

影响砂浆稠度的因素有：胶结材料种类及数量；用水量；掺合料的种类与数量；砂的形状、粗细与级配；外加剂的种类与掺量；搅拌时间。

砂浆稠度的选择与砌体材料的种类、施工条件及气候条件等有关。对于吸水性强的砌体材料和高温干燥的天气，要求砂浆稠度要大些；对于密实不吸水的砌体材料和湿冷天气，砂浆稠度可小些。砂浆稠度选择可按表 6-1 规定选用。

表 6-1　建筑砂浆流动性的稠度　　　　　　　　　　　mm

砌体种类	砂浆稠度	砌体种类	砂浆稠度
烧结普通砖砌体	70～90	烧结普通砖平拱式过梁 空斗墙、筒拱 普通混凝土小型空心砌块砌体 加气混凝土砌块砌体	50～70
轻集料混凝土小型 空心砌块砌体	60～90		
烧结多孔砖、空气砖砌体	60～80	石砌体	30～50

二、保水性

保水性（water keep ability of mortar）指砂浆拌合物保持水分的能力。保水性好的砂浆在存放、运输和使用过程中，能很好地保持水分不致很快流失，各组分不易分离，在砌筑过程中容易铺成均匀密实的砂浆层，能使胶结材料正常水化，最终保证了工程质量。

砂浆的保水性用分层度表示。分层度试验方法是：砂浆拌合物测定其稠度后，再装入分层度测定仪中，静置 30min 后取底部 1/3 砂浆再测其稠度，两次稠度之差值即为分层度（以 mm 表示）。

砂浆的分层度不得大于 30mm，一般应在 10～20mm。分层度过大（如大于 30mm），砂浆容易泌水、分层或水分流失过快，不便于施工。分层度过小（如小于 10mm），砂浆过于干稠不易操作，易出现干缩开裂。可通过如下方法改善砂浆保水性：保证一定数量的胶结材料和掺合料，$1m^3$ 水泥砂浆中水泥用量不宜小于 200kg；水泥混合砂浆中水泥和掺合料总量应在 300～350kg；采用较细砂并加大掺量；掺入引气剂。

三、凝结时间

与混凝土类似，砂浆的凝结时间（setting time of mortar）不能过短也不能过长。凝结时间采用贯入阻力法进行测试，从拌和开始到贯入阻力为 0.5MPa 时所需的时间为砂浆凝结时间值。具体试验方法如下：将制备好的砂浆（砂浆稠度为 100±10mm）装入砂浆容器中，抹平后在室温 20℃±2℃下保存，从成型后 2h 开始测定砂浆的贯入阻力（贯入试针压入砂浆内部 25mm 时所受的阻力），直到贯入阻力达到 0.5MPa 时为止。并根据记录时间和相应的贯入阻力值绘图从而得到砂浆的凝结时间。

四、粘结性

砖、石、砌块等材料是靠砂浆粘结成一个坚固整体并传递荷载的，因此，要求砂浆与基材之间应有一定的粘结强度。砂浆的粘结力（bond of mortar）是影响砌体抗剪强度、耐久性和稳定性乃至建筑物抗震能力和抗裂性的基本因素之一。

一般砂浆抗压强度越高，与基材的粘结强度越高。此外，砂浆的粘结强度与基层材料的表面状态、清洁程度、湿润状况、施工养护以及胶凝材料种类有很大关系，加入聚合物可使砂浆的粘结性大为提高。

针对砌体而言，砂浆的粘结性较砂浆的抗压强度更为重要。但抗压强度相对容易测定，因此，将砂浆抗压强度作为必检项目和配合比设计的依据。

五、变形性

砌筑砂浆在承受荷载或在温度变化时会产生变形。如果变形过大或不均匀，容易使砌体的整体性下降，产生沉陷或裂缝，影响到整个砌体的质量。抹面砂浆在空气中也容易产生收缩等变形，变形过大也会使面层产生裂纹或剥离等质量问题，因此要求砂浆具有较小的变形性。

砂浆变形性（deformation of mortar）的影响因素很多，如胶凝材料的种类和用量、用水量、细集料的种类、级配和质量以及外部环境条件等。

第三节　砌筑砂浆

砌筑砂浆（masonry mortar）指将砖、石、砌块等粘结成为砌体的砂浆。砌筑砂浆在砌筑工程中起粘结砌体材料和传递应力的作用。砌筑砂浆除应有良好的和易性外，硬化后还应有一定强度、粘结力及耐久性。

一、强度

砌筑砂浆的强度用强度等级来表示。砂浆强度等级（strength grading of mortar）是以边长为 70.7mm 的立方体试件，在标准养护条件下，用标准试验方法测得 28d 龄期的抗压强度值（MPa）确定。标准养护条件为：温度：20℃ ±3℃；相对湿度：水泥砂浆大于 90%，混合砂浆 60% ~ 80%。

砌筑砂浆的强度等级宜采用 M20、M15、M10、M7.5、M5、M2.5 六个等级。

影响砂浆强度的因素很多，除了砂浆的组成材料、配合比、施工工艺等因素外，砌体材料的吸水率也会对砂浆强度产生影响。

1. 不吸水砌体材料

当所砌筑的砌体材料不吸水或吸水率很小时（如密实石材），砂浆组成材料与其强度之间的关系与混凝土相似，主要取决于水泥强度和水灰比。计算公式如下：

$$f_{\mathrm{m},28} = Af_{\mathrm{ce}}\left(\frac{C}{W} - B\right) \tag{6-1}$$

式中　　$f_{\mathrm{m},28}$——砂浆 28d 抗压强度，MPa；

　　　　f_{ce}——水泥的实际强度，确定方法与混凝土中相同，MPa；

　　　　C/W——灰水比（水泥与水质量比）；

　　　　A、B——经验系数。根据试验资料统计确定。

2. 吸水砌体材料

当砌体材料具有较高的吸水率时，虽然砂浆具有一定的保水性，但砂浆中的部分水仍会被砌体吸走。因而，即使砂浆用水量不同，经基底吸水后保留在砂浆中的水分却大致相同。这种情况下，砌筑砂浆的强度主要取决于水泥的强度及水泥用量，而与拌合水量无关。强度计算公式如下：

$$f_{m,0} = \frac{\alpha \cdot f_{ce} \cdot Q_c}{1000} + \beta \tag{6-2}$$

式中　　　Q_c——每立方米砂浆的水泥用量，kg/m^3；

　　　　　$f_{m,0}$——砂浆的配制强度，MPa；

　　　　　f_{ce}——水泥的实测强度，MPa；

　　α、β——砂浆的特征系数，$\alpha = 3.03$，$\beta = -15.09$。

二、砂浆的配合比设计

砌筑砂浆要根据工程类别及砌体部位的设计要求来选择砂浆的强度等级。再按所要求的强度等级确定其配合比。

砂浆的强度等级一般按如下原则选取：一般的砖混多层住宅采用 M5 或 M10 的砂浆；办公楼、教学楼及多层商店常采用 M2.5 ~ M10 砂浆；平房宿舍、商店常采用 M2.5 ~ M5 砂浆；食堂、仓库、锅炉房、变电站、地下室、工业厂房及烟囱常采用 M2.5 ~ M5 砂浆；检查井、雨水井、化粪池等可用 M5 砂浆；特别重要的砌体，可采用 M15 ~ M20 砂浆。高层混凝土空心砌块建筑，应采用 M20 及以上强度等级的砂浆。

确定砂浆配合比时，一般可查阅有关手册或资料来选择相应的配合比，再经试配、调整后确定出施工用的配合比。水泥混合砂浆也可按下面介绍的方法进行计算，水泥砂浆配合比根据经验选用，再经试配、调整后确定其配合比。

1. 水泥混合砂浆配合比计算

混合砂浆的配合比计算，可按下列步骤进行：

（1）计算砂浆试配强度 $f_{m,0}$

由于砂浆材料的强度保证率为 85%，为使砂浆具有 85% 的强度保证率，以满足强度等级要求，砂浆的试配强度应按下式计算：

$$f_{m,0} = f_2 + 0.645\sigma \tag{6-3}$$

式中　　　$f_{m,0}$——砂浆的试配强度，精确至 0.1MPa；

　　　　　f_2——砂浆抗压强度平均值（强度等级），精确至 0.1MPa；

　　　　　σ——砂浆现场强度标准差，精确至 0.01MPa。

砌筑砂浆现场强度标准差 σ 可按下式计算：

$$\sigma = \sqrt{\frac{\sum_{i=1}^{n} f_{m,i}^2 - n\mu_{fm}^2}{n-1}} \tag{6-4}$$

式中　　　$f_{m,i}$——统计周期内同一品种砂浆第 i 组试件的强度，MPa；

　　　　　μ_{fm}——统计周期内同一品种砂浆 n 组试件强度的平均值，MPa；

　　　　　n——统计周期内同一品种砂浆试件的总组数，$n \geq 25$。

当不具有近期统计资料时，其砂浆现场强度标准差 σ 可按表6-2取用。

表6-2　砂浆强度标准差 σ 选用值　　　　　　　　MPa

砂浆强度等级 施工水平	M2.5	M5.0	M7.5	M10.0	M15.0	M20
优　良	0.5	1.00	1.50	2.00	3.00	4.00
一　般	0.62	1.25	1.88	2.50	3.75	5.00
较　差	0.75	1.50	2.25	3.00	4.50	6.00

（2）计算每立方米砂浆中的水泥用量 Q_C

对于吸水材料，水泥强度和用量成为影响砂浆强度的主要因素。因此，每立方米砂浆的水泥用量，可按下式计算：

$$Q_C = \frac{1000(f_{m,0} - \beta)}{\alpha \cdot f_{ce}} \tag{6-5}$$

在无法取得水泥的实测强度值时，可按下式计算：

$$f_{ce} = \gamma_C \cdot f_{ce,k} \tag{6-6}$$

式中　　$f_{ce,k}$——水泥强度等级对应的强度值；

γ_C——水泥强度等级值的富余系数，该值应按实际统计资料确定。无统计资料时，γ_C 可取 1.0。

（3）计算每立方米砂浆掺合料用量 Q_D

根据大量实践，每立方米砂浆水泥与掺合料的总量宜为 300～350kg，基本上可满足砂浆的塑性要求。因而，掺合料用量的确定可按下式计算：

$$Q_D = Q_A - Q_C \tag{6-7}$$

式中　　Q_D——每立方米砂浆的掺合料用量，精确至1kg；

Q_C——每立方米砂浆的水泥用量，精确至1kg；

Q_A——每立方米砂浆中水泥和掺合料的总量，精确至1kg；一般应在 300～350kg/m³ 之间。

石灰膏、黏土膏等试配时的稠度应为 120±5mm。当石灰膏稠度不同时，其换算系数可按表6-3进行换算。

表6-3　石灰膏不同稠度时的换算系数

石灰膏的稠度（mm）	120	110	100	90	80	70	60	50	40	30
换　算　系　数	1.00	0.99	0.97	0.95	0.93	0.92	0.90	0.88	0.87	0.86

（4）确定每立方米砂浆砂用量 Q_s（kg）

砂浆中的水、胶结料和掺合料是用来填充砂子的空隙，1m³ 砂子就构成了 1m³ 砂浆。因此，每立方米砂浆中的砂子用量，以干燥状态（含水率小于0.5%）砂的堆积密度值作为计算值，即：

$$Q_s = \rho'_s \tag{6-8}$$

式中　　ρ'_s——砂的堆积密度。

砂子干燥状态体积恒定，当砂子含水 5%～7% 时，体积最大可膨胀 30% 左右，当砂子含水处于饱和状态，体积比干燥状态要减少 10% 左右。工程上如用含水砂来配砂浆，应予以调整。

（5）每立方米砂浆用水量 Q_w（kg）

砂浆中用水量多少，对其强度影响不大，满足施工所需稠度即可。每立方米砂浆中的用水量，根据砂浆稠度等要求可选用 240～310kg。混合砂浆用水量选取时应注意以下问题：混合砂浆中的用水量不包括石灰膏或黏土膏中的水，一般小于水泥砂浆用量；当采用细砂或粗砂时，用水量分别取上限和下限；稠度小于 70mm 时，用水量可小于下限；施工现场气候炎热或干燥季节，可酌量增加用水量。

2. 水泥砂浆配合比选用

水泥砂浆如按水泥混合砂浆同样计算水泥用量，则水泥用量普遍偏少，因为水泥与砂浆相比，其强度太高，造成通过计算出现不太合理的结果。因而，水泥砂浆材料用量可按表 6-4 选用，避免由于计算带来的不合理情况，每立方米砂浆用水量范围仅供参考，不必加以限制，仍以达到稠度要求为根据。

表 6-4　每立方米水泥砂浆材料用量

强度等级	每立方米砂浆水泥用量（kg）	每立方米砂子用量（kg）	每立方米砂浆用水量（kg）
M2.5～M5	200～230		
M7.5～M10	220～280	$1m^3$ 砂子的堆积密度值	270～330
M15	280～340		
M20	340～400		

注：1. 此表水泥强度等级为 32.5 级，大于 32.5 级水泥用量宜取下限；

2. 根据施工水平合理选择水泥用量；

3. 当采用细砂或粗砂时，用水量分别取上限或下限；

4. 稠度小于 70mm 时，用水量可小于下限；

5. 施工现场气候炎热或干燥季节，可酌量增加水量；

6. 试配强度的确定与水泥混合砂浆相同。

3. 配合比试配、调整与确定

按计算或查表所得配合比进行试拌时，应测定其拌合物的稠度和分层度，当不能满足要求时，应调整材料用量，直到符合要求为止。然后确定为试配时的砂浆基准配合比（即计算配合比经试拌后，稠度、分层度已合格的配合比）。

为了使砂浆强度能在计算范围内，试配时应采用三个不同的配合比。其中一个为基准配合比，其他配合比的水泥用量应按基准配合比分别增加及减少 10%。在保证稠度、分层度合格的条件下，可将用水量或掺合料用量作相应调整。

对三个不同的配合比进行调整后，按《建筑砂浆基本性能试验方法》（JGJ 70）的规定成型试件，测定砂浆强度，并选定符合试配强度要求且水泥用量最低的配合比作为砂浆配合比。

第四节　其他建筑砂浆

一、普通抹灰砂浆

抹灰砂浆（plastering mortar）是指涂抹在建筑物内外表面的砂浆。根据其功能不同可分为：普通抹灰砂浆；特殊用途砂浆：防水、耐酸、绝热、吸声及装饰等用途。

普通抹灰砂浆对建筑物和墙体起保护作用，它直接抵抗风、霜、雨、雪等自然环境对建筑物的侵蚀，提高了建筑物的耐久性，同时可使建筑物达到表面平整、光洁和美观的效果。

抹灰砂浆应与基面牢固地粘合，因此要求砂浆应有良好的和易性及较高的粘结力。抹灰砂浆常有两层或三层做法。一般底层砂浆应有良好的保水性，这样水分才能不致被底面材吸走过多而影响砂浆的流动性，使砂浆与底面很好的粘结。中层主要是为了找平，有时可省去不做。面层主要为了平整美观。

用于砖墙的底层抹灰，多为石灰砂浆；有防水、防潮要求时应采用水泥砂浆。用于混凝土基层的底层抹灰，多为水泥混合砂浆。中层抹灰多用水泥混合砂浆或石灰砂浆。面层抹灰多用水泥混合砂浆、麻刀灰或纸筋灰。水泥砂浆不得涂抹在石灰砂浆层上。

对防水、防潮要求部位及容易碰撞的部位应采用水泥砂浆，如墙裙、踢脚板、地面、雨篷、窗台以及水井、水池等处。在硅酸盐砌块墙面上做砂浆抹面或粘贴饰面材料时，最好在砂浆层内夹一层事先固定好的钢丝网，以免久后脱落。

普通抹灰砂浆的配合比，可参照表 6-5 选用。

表 6-5　普通抹灰砂浆参考配合比

材　料	体积配合比	材　料	体积配合比
水泥∶砂	1∶2～1∶3	石灰∶石膏∶砂	1∶0.4∶2～1∶2∶4
石灰∶砂	1∶2～1∶4	石灰∶黏土∶砂	1∶1∶4～1∶1∶8
水泥∶石灰∶砂	1∶1∶6～1∶2∶9	石灰膏∶麻刀	100∶1.3～100∶2.5（质量比）

二、预拌砂浆和干粉砂浆

我国建筑砂浆传统的生产方式是在施工现场由施工单位自行拌制使用，由于其质量不稳定、文明施工程度低和污染环境，取消现场拌制砂浆，采用工业化生产的预拌砂浆和干粉砂浆势在必行。

预拌砂浆（ready-mixed mortar）即将砂浆在集中搅拌站（厂）拌制后，再由搅拌运输车运至使用地点使用的砂浆。

干粉砂浆（也叫干拌砂浆）（dry-mixed mortar）是将砂浆各组成材料按一定比例混合而成的一种颗粒状或粉状混合物，它可采用专用罐车或袋装形式运到工地，然后加水拌和使用。

预拌砂浆和干粉砂浆分砌筑、抹面、地面、特种砂浆等类别。强度等级可分为：M30、M25、M20、M15、M10、M7.5、M5 七个等级。

　　预拌砂浆和干粉砂浆运输、贮存和使用方便，性能优良、品种多样，有利于提高砌筑、抹灰、装饰、修补工程的施工质量、改善现场施工条件和环境，是我们国家今后的发展方向。

三、防水砂浆

　　制作防水层的砂浆叫做防水砂浆（waterproofed mortar）。砂浆防水层又叫刚性防水层。这种防水层仅用于不受振动和具有一定刚度的混凝土工程或砌体工程。对于变形较大或可能发生不均匀沉陷的建筑物，都不宜采用刚性防水层。

　　防水砂浆可以用普通水泥砂浆来制作，也可以在水泥砂浆中掺入防水剂、掺合料来提高砂浆的抗渗能力，或采用聚合物水泥砂浆防水。常用的防水剂有氯化物金属盐类、金属皂类、硅酸钠、无机铝酸盐等。常用的聚合物有天然橡胶胶乳、合成橡胶胶乳（氯丁橡胶、丁苯橡胶、丁腈橡胶、聚丁二烯橡胶等）、热塑性树脂乳液（聚丙烯酸酯、聚酯酸乙烯酯等）、热固性树脂乳液（环氧树脂、不饱和聚酯树脂等）、水溶性聚合物（聚乙烯醇、甲基纤维素、聚丙烯酸钙等）、有机硅。

　　用于混凝土或砌体结构基层上的水泥砂浆防水层，应采用多层抹压的施工工艺，以提高水泥砂浆层的防水能力。普通水泥砂浆防水层是采用不同配合比的水泥浆和水泥砂浆，通过分层抹压构成防水层。此方法在防水要求较低的工程中使用较为适宜，其配合比设计应按表6-6选用。

表6-6　普通水泥砂浆防水层的配合比

名　称	配合比（质量比）		水灰比	适用范围
	水　泥	砂		
水泥浆	1	—	0.55～0.60	水泥砂浆防水层的第一层
水泥浆	1	—	0.37～0.40	水泥砂浆防水层的第三层、第五层
水泥砂浆	1	1.5～2.0	0.40～0.50	水泥砂浆防水层的第二层、第四层

四、装饰砂浆

　　涂抹在建筑物内外墙表面，且具有美观装饰效果的抹灰砂浆通称为装饰砂浆（decoration mortar）。装饰砂浆的底层和中层抹灰与普通抹灰砂浆基本相同。主要是装饰砂浆的面层，要选用具有一定颜色的胶凝材料和集料以及采用某种特殊的操作工艺，使表面呈现出各种不同的色彩、线条与花纹等装饰效果。

　　装饰砂浆采用的胶凝材料有普通水泥、矿渣水泥、火山灰质硅酸盐水泥和白色水泥、彩色水泥，或是在常用水泥中掺加些耐碱矿物配成彩色水泥以及石灰、石膏等。集料常采用大理石、花岗石等带颜色的细石渣或玻璃、陶瓷碎片。

　　外墙面的装饰砂浆有如下的常用做法：

　　1. 拉毛

　　先用水泥砂浆做底层，再用水泥石灰砂浆做面层，在砂浆尚未凝结时，用刀将表面拍拉成凹凸不平的形状。

2. 水刷石

用颗粒细小的石渣所拌成的砂浆做面层，在水泥初始凝固时，喷水冲刷表面，使其石渣半露而不脱落。水刷石多用于建筑物的外墙装饰，具有一定的质感，经久耐用。

3. 水磨石

用普通水泥、白色水泥或彩色水泥拌和各种色彩的大理石渣做面层。硬化后用机械磨平抛光表面。水磨石多用于地面装饰，可事先设计图案和色彩，抛光后更具其艺术效果。除可用做地面之外，还可预制做成楼梯踏步、窗台板、柱面、台度、踢脚板和地面板等多种建筑构件。水磨石一般应用于室内。

4. 干粘石

在水泥砂浆面层的整个表面上，粘结粒径 5mm 以下的彩色石渣、小石子、彩色玻璃粒。要求石渣粘结牢固不脱落。干粘石的装饰效果与水刷石相同，而且避免了湿作业，施工效率高，也节约材料。

5. 斩假石

又称为剁假石。制作情况与水刷石基本相同。它是在水泥浆硬化后，用斧刃将表面剁毛并露出石渣。斩假石表面具有粗面花岗岩的效果。

6. 假面砖

将普通砂浆用木条在水平方向压出砖缝印痕，用钢片在竖直方向压出砖印，再涂刷涂料。亦可在平面上画出清水砖墙图案。

装饰砂浆还可采取喷涂、弹涂、辊压等新工艺方法，可做成多种多样的装饰面层，操作方便，施工效率可大大提高。

五、绝热砂浆

采用水泥、石灰、石膏等胶凝材料与膨胀珍珠岩、膨胀蛭石或陶砂等轻质多孔集料，按一定比例配制的砂浆称为绝热砂浆（thermal insulation mortar）。绝热砂浆具有质轻和良好的绝热性能，其导热系数约为 $0.07 \sim 0.10 \text{W/(m·K)}$，可用于屋面绝热层、绝热墙壁以及供热管道绝热层等处。

六、吸声砂浆

一般绝热砂浆是由轻质多孔集料制成的，同时具有吸声性能。还可以用水泥、石膏、砂、锯末（其体积比为 1:1:3:5）等配成吸声砂浆（sound absorption mortar），或在石灰、石膏砂浆中掺入玻璃纤维、矿物棉等松软纤维材料。吸声砂浆用于室内墙壁和顶棚的吸声。

七、耐酸砂浆

用水玻璃与氟硅酸钠为胶结材料，掺入石英岩、花岗岩、铸石等耐酸粉料和细集料拌制并硬化而成耐酸砂浆（acid resisting mortar）。水玻璃硬化后具有很好的耐酸性能。耐酸砂浆多用作衬砌材料、耐酸地面和耐酸容器的内壁防护层。

八、防射线砂浆

在水泥中掺入重晶石粉、重晶石砂可配制有防 X 射线和 γ 射线能力的砂浆（radiation shielding mortar）。其配合比约为水泥：重晶石粉：重晶石砂 = 1：0.25：4～5。如在水泥浆中掺加硼砂、硼酸等可配制成有抗中子辐射能力的砂浆。此类防射线砂浆应用于射线防护工程。

九、膨胀砂浆

在水泥砂浆中掺入膨胀剂，或使用膨胀水泥可配制膨胀砂浆（expanded mortar）。膨胀砂浆可在修补工程中及大板装配工程中填充裂缝，达到粘贴密实的目的。

复习思考题

1. 土木工程中所用砂浆可分为几类？用途有何区别？
2. 砂浆和易性包括哪些含义？各用什么方法检测？用什么指标表示？
3. 影响砂浆强度的主要因素有哪些？
4. 一工程砌砖墙。需配制 M7.5 级、稠度 80mm 水泥石灰混合砂浆，施工水平一般。现材料供应如下：水泥为 32.5 级的普通水泥；中砂，含水率小于 0.5%，堆积密度 1450kg/m³；石灰膏稠度 100mm。求 1m³ 砂浆中各材料的用量。

第七章　墙体材料和屋面材料

墙体在建筑中起承重、围护、隔断、防水、保温、隔声等作用。屋面为建筑物的最上层，起围护作用。它们对建筑物的功能、自重、成本、工期以及建筑能耗等均有着直接的关系。随着现代建筑的发展，传统墙体材料、屋面材料，如烧结黏土砖和瓦，存在自重大、生产能耗高、耗用大量耕地、施工速度慢、耐久性差等缺点。因此，大力开发和使用节土、节能、轻质、高强、耐久、多功能、可工业化生产和可利用工业废弃物的新型墙体和屋面材料显得十分重要。

目前我国用于墙体的材料品种较多，总体可归为三类：砖、砌块、板材。用于屋面的材料为各种材质的瓦以及一些板材。

本章主要介绍砌墙砖、墙用砌块、墙用板材的技术性质与应用，简要介绍屋面材料。通过学习，了解砌墙砖、墙用砌块、墙用板材的技术性质、等级划分、品种规格，了解我国进行墙体改革的目的、意义。

第一节　砌墙砖

砌墙砖按孔洞率的大小分为：实心砖、多孔砖、空心砖。实心砖又称普通砖，孔洞率 <25%；多孔砖孔洞率 ≥25%，孔的尺寸小而数量多；空心砖孔洞率 ≥40%，孔的尺寸大而数量少。

按制造工艺分为：烧结砖、蒸养（压）砖、免烧（蒸）砖。

按原料分有黏土砖、页岩砖、灰砂砖、粉煤灰砖、煤矸石砖、煤渣砖等。

一、烧结砖

凡经焙烧而制成的砖称为烧结砖。烧结砖根据其孔洞率大小分别有烧结普通砖、烧结多孔砖和烧结空心砖三种。

1. 烧结普通砖（ordinary fired brick）

（1）烧结普通砖的种类

黏土、页岩、煤矸石、粉煤灰等原料的化学组成相近，都可用作烧结砖的主要原料。因此，烧结砖有黏土砖（N）、页岩砖（Y）、煤矸石砖（M）、粉煤灰砖（F）等多种。

①烧结黏土砖（fired clay brick）

烧结黏土砖是以黏土原料为主，并加入少量添加料，经配料、混合匀化、制坯、干燥、预热、焙烧而成。黏土质原料的可塑性和烧结性是制坯与烧成的工艺基础。黏土中的主要成分为高岭石（$Al_2O_3 \cdot 2SiO_2 \cdot 2H_2O$），还含有少量杂质（如石英砂、云母、碳酸盐、黄铁矿、碱、有机质等）以及少量添加料，在干燥、预热、焙烧过程中发生一系列物理-化学反应，重新化合形成一些合成矿物（如硅线石等）和易熔硅酸盐类新产物。当温度升高达到某些矿物的最低共熔点时，便出现液相，此液相包裹于一些不溶固体颗粒表面并填充其颗粒间空隙。高温时所形成的液相在制品冷却时凝固成玻璃相。所以烧结砖一类的烧土制品，其内部微观结构为结晶的固体颗粒被玻璃相牢固地粘结在一起，因而其制品具有一定的强度。砖的焙烧温度为 950～1000℃。

砖坯在氧化气氛中焙烧，黏土中的铁被氧化成呈红色的高价铁（Fe_2O_3），此时砖为红色，称红砖。若砖坯开始在氧化气氛中焙烧，当达到烧结温度后又处于还原气氛（如通入水蒸气）中继续焙烧，此时高价铁被还原成呈青灰色的低价铁，此时砖呈青灰色，称青砖。

砖在焙烧过程中若火候不足，会成欠火砖。若焙烧火候过度，则会成过火砖。欠火砖呈淡红色、强度低、耐久性差。过火砖呈深红色，强度虽高，但经常有弯曲等变形，不便于砌筑。

普通黏土砖的表观密度在 1600～1800kg/m³ 之间；吸水率一般为 6%～18%；导热系数约为 0.55W/(m·K) 左右。砖的吸水率与砖的焙烧温度有关，焙烧温度高，砖的孔隙率小、吸水率低，强度高。但砖的吸水率过低，则会影响砖的砌筑性质。

②烧结页岩砖（fired shale brick）

烧结页岩砖是以泥质及碳质页岩，经粉碎成型，焙烧而成。页岩是一类以黏土矿物为主要成分的泥质沉积岩。页岩的化学性能和物理性能均优于黏土。就物理性能而言，页岩原料的干燥收缩和干燥敏感系数均较普通黏土低，因而砖坯干燥工艺更易掌握，在适当提高风温和风速条件下，可实现快速干燥而不引起坯体收缩，出现干燥裂纹。在化学性能方面，页岩原料的矿物组成较黏土物料更适宜烧结，烧成速度可较黏土砖提高 15%～20%。

从黏土砖和页岩砖产品的性能看，页岩砖普遍优于黏土砖。由于成型水分低，成型压力较大，坯体密实性好、变形小，缺棱掉角现象明显低于黏土砖，因此在外观质量方面，页岩砖产品尺寸偏差小，一般不会出现坯体严重变形及弯曲等外观缺陷。而且页岩砖吸水率较黏土砖低，其抗冻性和耐久性也明显优于黏土砖。

页岩砖性能优良，烧砖能耗低，故也是目前我国大力推广的墙体材料。

③烧结煤矸石砖（fired coal spoil brick）

烧结煤矸石砖指开采煤时剔除的废石（煤矸石）为主要原料，经选择、粉碎，再根据其含炭量和可塑性，进行适当配料，经成型、干燥、焙烧而成。煤矸石的化学成分与黏土近似。焙烧过程中，煤矸石发热作为内燃料，基本不用外投煤，可节约用煤量 50%～60%。煤矸石砖生产周期短、干燥性好、色深红而均匀，声音清脆，抗压强度一般为 10～20MPa，抗折强度为 2.3～5MPa，表观密度约 1500kg/m³，可用于工业与民用建筑工程。

利用煤矸石工业废渣烧砖，不仅可以减少环境污染，而且节约了黏土和燃煤，是变废为宝的有效途径。

④烧结粉煤灰砖（fired fly ash brick）

烧结粉煤灰砖指以火力发电厂排出的粉煤灰为主要原料，再掺入适量黏土，经配料、成型、干燥、焙烧而成。坯体干燥性好，与烧结普通黏土砖相比吸水率偏大（约为 20%），但能满足抗冻性要求，能经受 15 次冻融循环而不破坏。这种砖呈淡红或深红色，抗压强度一般为 10～15MPa，抗折强度为 3～4MPa，表观密度约 1480kg/m³。烧结粉煤灰砖可代替烧结普通黏土砖，用于建筑工程中。

（2）烧结普通砖的技术性能指标

国家标准《烧结普通砖》（GB 5101—2003）中对烧结普通砖的尺寸偏差、外观质量、强度等级、抗风化性质等主要技术性能指标均作了具体规定。强度、抗风化性能和放射性物质合格的砖，根据尺寸偏差、外观质量、泛霜和石灰爆裂分为优等品（A）、一等品（B）、合格品（C）三个产品等级。

①尺寸偏差与外观质量要求

烧结普通砖的公称尺寸为 240mm×115mm×53mm，若加上砌筑灰缝厚约 10mm，则 4 块砖长、8 块砖宽或 16 块砖厚约 1m，因此，每立方米砖砌体需砖 4×8×16＝512 块。砖的尺寸允许有一定偏差，见表 7-1。

表 7-1　烧结普通砖尺寸允许偏差　　　　　　　　　　　　mm

公称尺寸	优 等 品		一 等 品		合 格 品	
	样品平均偏差	样品平均级差≤	样品平均偏差	样品平均级差≤	样品平均偏差	样品平均级差≤
240	±2.0	6	2.5	7	±3.0	8
115	±1.5	5	2.0	6	±2.5	7
53	±1.5	4	1.6	5	±2.0	6

砖的外观质量包括两条面高度差、弯曲程度、缺棱掉角、裂缝等，要求见表 7-2。

表 7-2　烧结普通砖外观质量要求　　　　　　　　　　　　mm

项　目		优等品	一等品	合格品
两条面高度差≤		2	3	4
弯曲≤		2	3	4
杂质凸出高度≤		2	3	4
缺棱掉角的三个破坏尺寸，不得同时大于		5	20	30
裂缝长度≤	大面上宽度方向及其延伸到条面的长度	30	60	80
	大面上长度方向及其延伸到顶面的长度或条顶面上水平裂缝的长度	50	80	100
完整面	不得少于	二条面和二顶面	一条面和一顶面	—
颜色		基本一致	—	—

注：1. 为装饰面施加的色差、凹凸纹、拉毛、压花等不算作缺陷。

2. 凡有下列缺陷之一者，不得称为完整面：

（1）缺损在条面或顶面上造成的破坏面尺寸同时大于 10mm×10mm；

（2）条面或顶面上裂纹宽度大于 1mm，其长度超过 30mm；

（3）压陷、粘底、焦花在条面或顶面上的凹陷或凸出超过 2mm，区域尺寸同时大于 10mm×10mm。

②强度等级

烧结普通砖根据 10 块砖样的抗压强度平均值和强度标准值，分为 MU30、MU25、MU20、MU15、MU10 五个强度等级，见表 7-3。

表 7-3　烧结普通砖强度等级划分规定

强度等级	抗压强度（MPa）		
	抗压强度平均值（$\bar{f}$）≥	变异系数 $\delta \leq 0.21$	变异系数 $\delta > 0.21$
		抗压强度标准值 f_K ≥	单块最小抗压强度值 f_{min} ≥
MU30	30.0	22.0	25.0
MU25	25.0	18.0	22.0
MU20	20.0	14.0	16.0
MU15	15.0	10.0	12.0
MU10	10.0	6.5	7.5

烧结普通砖的抗压强度标准值按下式计算：

$$f_K = \bar{f} - 1.8S$$

$$S = \sqrt{\frac{1}{9}\sum_{i=1}^{10}(f_i - \bar{f})^2}$$

式中　f_K——烧结普通砖抗压强度标准值，MPa；

　　　$\bar{f}$——10 块砖样的抗压强度算术平均值，MPa；

　　　S——10 块砖样的抗压强度标准差，MPa；

　　　f_i——单块砖样的抗压强度测定值，MPa。

强度变异系数（δ）按下式计算：

$$\delta = \frac{S}{\bar{f}}$$

③抗风化性能

砖的抗风化性能（weather resistance）与砖的使用寿命密切相关，抗风化性能好的砖其使用寿命长，砖的抗风化性能除与砖本身性质有关外，还与所处的环境风化指数有关。

国家标准《烧结普通砖》（GB 5101—2003）中规定，严重风化区中的东北三省以及内蒙、新疆等地区用砖应做冻融试验，其他地区用砖可用沸煮吸水率与饱和系数指标表示其抗风化性能。烧结普通砖抗风化性指标见表 7-4。

表 7-4　烧结普通砖抗风化性指标

项目	严重风化区				非严重风化区			
	5h 沸煮吸水率,% ≤		饱和系数≤		5h 沸煮吸水率,% ≤		饱和系数≤	
砖种类	平均值	单块最大值	平均值	单块最大值	平均值	单块最大值	平均值	单块最大值
黏土砖	18	20	0.85	0.87	19	20	0.88	0.90
粉煤灰砖	21	23			23	25		
页岩砖	16	18	0.74	0.77	18	20	0.78	0.80
煤矸石砖	16	18			18	20		

注：粉煤灰掺入量（体积比）小于 30% 时，按黏土砖规定判定。

④泛霜

泛霜（effloresce）系砖的原料中含有的可溶性盐类，在砖使用过程中，随水分蒸发在砖表面产生盐析，常为白色粉末。严重者会导致粉化剥落。优等品应无泛霜，一等品不允许出现中等泛霜，合格品不得严重泛霜。

⑤石灰爆裂

石灰爆裂（lime imploding）指砖内存在生石灰时，待砖砌筑后，生石灰吸水消解体积膨胀而使砖开裂的现象。优等品不允许出现最大破坏尺寸大于 2mm 的爆裂区域。允许有一定数目小于 15mm 的爆裂区域，但不允许出现最大破坏尺寸大于 15mm 的爆裂区域。

⑥酥砖和螺旋纹砖

酥砖指砖坯被雨水淋、受潮、受冻，或在焙烧过程中受热不均等原因，从而产生大量的网状裂纹的砖，这种现象会使砖的强度和抗冻性严重降低。

螺纹砖指从挤泥机挤出的砖坯上存在螺旋纹的砖。它在烧结时不易消除，导致砖受力时易产生应力集中，使砖的强度下降。

产品中不允许有欠火砖、酥砖和螺旋纹砖。

（3）烧结普通砖的应用

烧结普通砖具有一定的强度，较好的耐久性，可用于砌筑承重或非承重的内外墙、柱、拱、沟道及基础等。优等品砖可用于清水墙建筑，合格品砖可用于混水墙建筑。中等泛霜的砖不能用于潮湿部位。

2. 烧结多孔砖（fired perforated bricks）

烧结多孔砖是以黏土、页岩、煤矸石等为主要原料，经焙烧而成。生产过程与普通烧结砖基本相同，但塑性要求较高。

烧结多孔砖为大面有孔的直角六面体，孔多而小，孔洞垂直于受压面。砖的形状如图7-1所示，圆孔直径≤22mm，非圆孔内切圆直径≤15mm，手抓孔(30～40) mm×（75～85）mm。长、宽、高尺寸应符合下列要求：290mm、240mm、190mm、180mm；175mm、140mm、115mm、90mm。其他规格尺寸由供需双方协商确定。

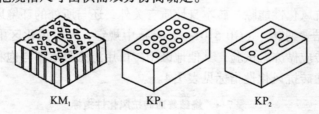

KM₁   KP₁   KP₂

图 7-1　烧结多孔砖

我国多孔砖又分为 P 型砖和 M 型砖。P 型砖的外形尺寸为 240mm×115mm×90mm；M 型砖的外形尺寸为 190mm×190mm×90mm。

按国家标准《烧结多孔砖》（GB 13544—2000）的规定，根据砖的抗压强度平均值和标准值或单块最小抗压强度值，分为 MU30、MU25、MU20、MU15、MU10 五个强度等级（见表 7-5）。强度、抗风化性能合格的砖，根据尺寸偏差、外观质量、孔型及孔洞排列、泛霜、石灰爆裂、吸水率分为优等品（A）、一等品（B）和合格品（C）三个产品等级。尺寸允许偏差、外观质量、抗风化性能要求见表7-6、表7-7及表7-8。烧结多孔砖的泛霜及石灰爆裂要求同烧结普通砖，也不允许有欠火砖、酥砖和螺旋纹砖。

表 7-5 烧结多孔砖的强度等级

强度等级	抗压强度（MPa）		
	抗压强度平均值 $\bar{f}$ ≥	变异系数 $\delta \leqslant 0.21$	变异系数 $\delta > 0.21$
		抗压强度标准值 f_K ≥	单块最小抗压强度值 f_{min} ≥
MU30	30.0	22.0	25.0
MU25	25.0	18.0	22.0
MU20	20.0	14.0	16.0
MU15	15.0	10.0	12.0
MU10	10.0	6.5	7.5

表 7-6 烧结多孔砖的尺寸允许偏差 mm

尺寸	优 等 品		一 等 品		合 格 品	
	样本平均偏差	样本极差≤	样本平均偏差	样本极差≤	样本平均偏差	样本极差≤
290、240	±2.0	6	±2.5	7	±3.0	8
190、180、175、140、115	±1.5	5	±2.0	6	±2.5	7
90	±1.5	4	±1.7	5	±2.0	6

表 7-7 烧结多孔砖的外观质量要求 mm

项 目		优等品	一等品	合格品
颜色（一条面和一顶面）		一致	基本一致	—
完整面 不得少于		一条面和一顶面	一条面和一顶面	—
缺棱掉角的三个破坏尺寸不得同时大于		15	20	30
裂纹长度≤	大面上深入孔壁15mm以上宽度方向及其延伸到条面的长度	60	80	100
	大面上深入孔壁15mm以上长度方向及其延伸到顶面的长度	60	100	120
	条顶面上的水平裂纹	80	100	120
杂质在砖面上造成的凸出高度≤		3	4	5

注：1. 为装饰面施加的色差、凹凸纹、拉毛、压花等不算作缺陷。

2. 凡有下列缺陷之一者，不得称为完整面：

（1）缺损在条面或顶面上造成的破坏面尺寸同时大于20mm×30mm；

（2）条面或顶面上裂纹宽度大于1mm，其长度超过70mm；

（3）压陷、粘底、焦花在条面上的凹陷或凸出超过2mm，区域尺寸同时大于20mm×30mm。

表7-8　烧结多孔砖的抗风化性能指标

项目	严重风化区				非严重风化区			
	5h 沸煮吸水率,% ≤		饱和系数≤		5h 沸煮吸水率,% ≤		饱和系数≤	
砖种类	平均值	单块最大值	平均值	单块最大值	平均值	单块最大值	平均值	单块最大值
黏土砖	21	23	0.85	0.87	23	25	0.88	0.90
粉煤灰砖	23	25			30	32		
页岩砖	16	18	0.74	0.77	18	20	0.78	0.80
煤矸石砖	19	21			21	23		

注：粉煤灰掺入量（体积比）小于30%时，按黏土砖规定判定。

　　烧结多孔砖孔洞率在25%以上，表观密度为1200kg/m³左右。虽然多孔砖具有一定的孔洞率，使砖受压时有效受压面积减小，但因制坯时受较大的压力，使砖孔壁致密程度提高，且对原材料要求也较高，这就补偿了因有效面积减少而造成的强度损失，故烧结多孔砖的强度仍较高，常被用于砌筑六层以下的承重墙。

　　3. 烧结空心砖（fired hollow bricks）

　　烧结空心砖是以黏土、页岩、煤矸石、粉煤灰等为主要原料，经焙烧而成。烧结空心砖为顶面有孔洞的直角六面体，孔大而少，孔洞为矩形条孔或其他孔形、平行于大面和条面，如图7-2所示。

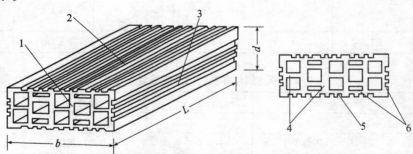

图7-2　烧结空心砖
1—顶面；2—大面；3—条面；4—肋；5—凹线槽；6—外壁
L—长度；b—宽度；d—高度

　　根据国家标准《烧结空心砖和空心砌块》（GB 13545—2003）规定，砖的长、宽、高尺寸应符合下列要求：390mm、290mm、240mm、190mm、180mm、175mm、140mm、115mm、90mm（也可由供需双方商定）。

　　按砖的表观密度分成800、900、1000、1100四个体积密度级别（见表7-9）；根据抗压强度分为 MU10.0、MU7.5、MU5.0、MU3.5、MU2.5 五个强度等级（见表7-10）。强度、密度、抗风化性能和放射性物质合格的砖和砌块根据尺寸偏差、外观质量、孔洞排列及其结构、泛霜、石灰爆裂、吸水率分为优等品（A）、一等品（B）、合格品（C）三个质量等级。对于黏土、页岩、煤矸石空心砖和空心砌块优等品的砖吸水率要求不大于16%，一等品的砖吸水率不大于18%，合格品的砖吸水率不大于20%。烧结多孔砖的泛霜及石灰爆裂要求同烧结普通砖，不允许有欠火砖、酥砖。

表 7-9　烧结空心砖和空心砌块的密度等级

密度等级	5 块密度平均值（kg/m³）
800	≤800
900	801～900
1000	901～1000
1100	1001～1100

表 7-10　烧结空心砖和空心砌块的强度等级

强度等级	抗压强度（MPa）			密度等级范围（kg/m³）
	抗压强度平均值 $\bar{f}$ ≥	变异系数 $\delta \leqslant 0.21$ 抗压强度标准值 f_K ≥	变异系数 $\delta > 0.21$ 单块最小抗压强度值 f_{min} ≥	
MU10.0	10.0	7.0	8.0	
MU7.5	7.5	5.0	5.8	
MU5.0	5.0	3.5	4.0	≤1100
MU3.5	3.5	2.5	2.8	
MU2.5	2.5	1.6	1.8	≤800

烧结空心砖，孔洞率一般在 40% 以上，表观密度在 800～1100kg/m³ 之间，自重较轻，强度不高，因而多用作非承重墙，如多层建筑内隔墙或框架结构的填充墙等。

目前我国的烧结多孔砖与空心砖主要为烧结黏土多孔砖和烧结黏土空心砖，习惯上将这两类砖统称为空心黏土砖。

据有关测算，由生产烧结黏土砖改为烧结空心黏土砖，仅在生产环节上，可节约黏土原材料用量 15%～60%；节省煤炭等烧砖燃料 30%～50%；砖坯干燥周期缩短 20%～30%；由于烧成速度和窑炉生产能力提高，劳动生产率可提高 25%～35%。使用空心黏土砖，砖的运输费用大致可减少 20%，砌筑效率提高 15%～30%；节约砌筑砂浆约 20%。通过对孔洞结构和大小的合理设计，空心砖除能满足建筑设计所要求的足够强度外，其热导率可低于 0.29W/(m·K)，与加气混凝土接近，故空心砖砌体具有良好的保温性能。实践表明，240mm 的双面粉刷空心砖墙，隔声指数为 47～51dB，足以满足分户墙的隔声要求。空心砖透气性好，平衡水分低，有利于调节室内湿度，使居室环境更为舒适。并且由于其良好的绝热隔声性能，可使墙体厚度减少，使有效使用面积增加，其多孔结构可使建筑物自重减轻 10%～20%，从而可节省建筑的结构材料消耗，降低基础造价，使建筑物的抗震性能提高。

由于可以节土省地，节省烧砖能耗，并且墙体保温隔热性能较好，故烧结多孔砖和空心砖得到越来越广泛的应用，发展高强多孔砖、空心砖是墙体材料改革的方向。

二、蒸养（压）砖

蒸养（压）砖以石灰和含硅材料（砂子、粉煤灰、煤矸石、炉渣和页岩等）加水拌和，经压制成型、蒸汽养护或蒸压养护而成。主要品种有灰砂砖、粉煤灰砖、煤渣砖。

1. 灰砂砖（又称蒸压灰砂砖，autoclaved lime-sand brick）

灰砂砖是由磨细生石灰或消石灰粉、天然砂和水按一定配比，经搅拌混合、陈伏、加压成型，再经蒸压（一般温度为 175~203℃、压力为 0.8~1.6MPa 的饱和蒸汽）养护而成的。

实心灰砂砖的规格尺寸与烧结普通砖相同，其表观密度为 1800~1900kg/m³，导热系数约为 0.61W/(m·K)。国家标准《蒸压灰砂砖》（GB 11945—1999）规定，按砖的尺寸偏差、外观质量、强度及抗冻性分为优等品、一等品、合格品。按砖浸水 24h 后的抗压强度和抗折强度分为 MU25、MU20、MU15、MU10 四个等级（见表 7-11）。MU25、MU20、MU15 的砖可用于基础及其他建筑；MU10 的砖仅可用于防潮层以上的建筑。

表 7-11　蒸压灰砂砖的性能指标

强度等级（标号）	抗压强度（MPa）		抗折强度（MPa）		抗冻性	
	平均值不小于	单块值不小于	平均值不小于	单块值不小于	抗压强度平均值不小于（MPa）	单块砖的干质量损失不大于（%）
MU25	25.0	20.0	5.0	4.0	20.0	2.0
MU20	20.0	16.0	4.0	3.2	16.0	2.0
MU15	15.0	12.0	3.3	2.6	12.0	2.0
MU10	10.0	8.0	2.5	2.0	8.0	2.0

灰砂砖应避免用于长期受热高于 200℃、受急冷急热交替作用或有酸性介质侵蚀的建筑部位。此外，砖中的氢氧化钙等组分会被流水冲失，所以灰砂砖不能用于有流水冲刷的地方。

灰砂砖的表面光滑，与砂浆粘结力差，砌筑时灰砂砖的含水率会影响砖与砂浆的粘结力，所以，应使砖含水率控制在 5%~8%。在干燥天气，灰砂砖应在砌筑前 1~2d 浇水。砌筑砂浆宜用混合砂浆，不宜用微沫砂浆。

2. 粉煤灰砖（fly ash brick）

粉煤灰砖是以粉煤灰、石灰为主要原料，掺加适量石膏和集料经坯料制备、压制成型、常压或高压蒸汽养护而成。

粉煤灰砖的规格尺寸与烧结普通砖相同。按建材行业标准《粉煤灰砖》（JC 239—2001）的规定，根据砖的抗压强度和抗折强度分为 MU30、MU25、MU20、MU15、MU10 五个强度等级（见表 7-12）。根据砖的尺寸偏差、外观质量、强度等级、干燥收缩分为优等品（A）、一等品（B）、合格品（C）。优等品的强度等级应不低于 MU15 级，优等品和一等品的干燥收缩值不大于 0.65mm/m。

表7-12　粉煤灰砖的性能指标

强度等级	抗压强度（MPa）		抗折强度（MPa）		抗冻性	
	10 块平均值不小于	单块值不小于	10 块平均值不小于	单块值不小于	抗压强度平均值不小于（MPa）	单块砖的干质量损失不大于（%）
MU30	30.0	24.0	6.2	5.0	24.0	2.0
MU25	25.0	20.0	5.0	4.0	20.0	2.0
MU20	20.0	16.0	4.0	3.2	16.0	2.0
MU15	15.0	12.0	3.3	2.6	12.0	2.0
MU10	10.0	8.0	2.5	2.0	8.0	2.0

注：强度等级以蒸汽养护后 1d 的强度为准。

粉煤灰砖是深灰色，表观密度为 1550kg/m³ 左右。粉煤灰砖可用于工业与民用建筑的墙体和基础，使用于基础或易受冻融和干湿交替作用的建筑部位必须使用 MU15 及以上强度等级的砖。粉煤灰砖不得用于长期受热（200℃以上），受急冷、急热和有酸性介质侵蚀的建筑部位。用粉煤灰砖砌筑的建筑物，应适当增设圈梁及伸缩缝，或采取其他措施，以避免或减少收缩裂缝的产生。

3. 煤渣砖（cinder brick）

煤渣砖又名炉渣砖，是以煤燃烧后的炉渣为主要原料，加入适量石灰、石膏（或电石渣、粉煤灰）和水搅拌均匀，并经陈伏、轮碾、成型、蒸汽养护而成。

煤渣砖呈黑灰色，表观密度一般为 1500～1800kg/m³，吸水率 6%～18%。按建材行业标准《煤渣砖》（JC 525—1993）规定，炉渣砖按抗压强度和抗折强度分为 MU20、MU15、MU10、MU7.5 四个强度等级（见表 7-13）。按外观质量及物理性能分为优等品（A）、一等品（B）、合格品（C）三个质量等级。

表7-13　煤渣砖的强度指标　　　　　　　　　　MPa

强度等级	抗压强度		抗折强度	
	样组砖平均强度不小于	单块最小值不小于	10 块砖平均强度不小于	单块最小值不小于
MU20	20.0	15.0	4.0	3.0
MU15	15.0	11.0	3.2	2.4
MU10	10.0	7.5	2.5	1.9
MU7.5	7.0	5.6	2.0	1.5

注：强度等级以蒸汽养护后 24～36h 的强度为准。

煤渣砖可用于一般工程的内墙和非承重外墙。其他使用要点与灰砂砖、粉煤灰砖相似。

煤渣砖不得用于长期受热（200℃以上），受急冷、急热和有酸性介质侵蚀的建筑部位。由于蒸养炉渣砖的初期吸水速度较慢，故与砂浆的粘结性能差，在施工时应根据气候条件和砖的不同湿度，及时调整砂浆的稠度。对经常受干湿交替及冻融作用的建筑部位（如勒脚、窗台、落水管等），最好使用高强度的煤渣砖，或采取用水泥砂浆抹面等措施。防潮层以下的建筑部位，应采用 MU15 级以上的煤渣砖；MU10 级的煤渣砖最好用在防潮层以上。

第二节 墙用砌块

砌块是用于砌筑的人造块材，外形多为直角六面体，也有各种异形的。砌块系列中主规格的长度、宽度或高度有一项或一项以上分别大于365mm、240mm 或115mm。但高度不大于长度或宽度的6 倍，长度不超过高度的3 倍。砌块不仅尺寸大，制作工艺简单，施工效率高，可改善墙体的热工性能，而且其生产所采用的原材料可以是炉渣、粉煤灰、煤矸石等，从而充分地利用地方材料和工业废料，因此砌块应用广泛，是目前常用的墙体材料。

根据主规格尺寸，砌块分为小型砌块、中型砌块和大型砌块。其中，系列中主规格的高度大于115mm 而又小于380mm 的砌块为小型砌块，也简称为小砌块；系列中主规格的高度为380 ~980mm 的砌块为中型砌块，可简称为中砌块；系列中主规格的高度大于980mm 的砌块为大型砌块，可简称为大砌块。目前，我国以中小型砌块使用较多。

砌块按其空心率大小分为空心砌块和实心砌块两种。实心砌块空心率小于25% 或无孔洞，空心砌块空心率等于或大于25% 。

砌块按其所用主要原料及生产工艺分为水泥混凝土砌块、粉煤灰硅酸盐砌块、石膏砌块、烧结砌块等。

一、普通混凝土小型空心砌块（normal concrete small hollow block）

普通混凝土小型空心砌块是由水泥、砂、石加水搅拌，经装模、振动（或加压振动或冲压）成型，并经养护而成，其空心率不小于25% 。

混凝土小型空心砌块的主体规格尺寸为390mm × 190mm × 190mm，最小壁厚应不小于30mm，最小肋厚应不小于25mm（见图7-3）。

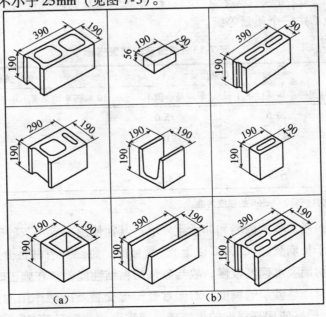

图7-3 混凝土小型空心砌块的形状

(a) 主规格砌块；(b) 辅助规格砌块

混凝土小型空心砌块分为承重砌块和非承重砌块两类。根据《普通混凝土小型空心砌块》GB 8239—1997 的规定,按其尺寸偏差、外观质量分为优等品(A)、一等品(B)及合格品(C)三个产品等级。按砌块的抗压强度分为 MU20、MU15.0、MU10.0、MU7.5、MU5.0、MU3.5 六个等级(见表 7-14)。相对含水率对于潮湿、中等、干燥地区应分别不大于 45%、40%、35%。

表 7-14 混凝土小型空心砌块的抗压强度

强度等级	抗压强度(MPa)	
	5 块平均值	单块最小值不小于
MU3.5	3.5	2.8
MU5.0	5.0	4.0
MU7.5	7.5	6.0
MU10.0	10.0	8.0
MU15.0	15.0	12.0
MU20.0	20.0	16.0

混凝土砌块的导热系数随混凝土材料及孔型和空心率的不同而有差异。普通水泥混凝土小型空心砌块,空心率为 50% 时,其导热系数约为 0.26W/(m·K)左右。

混凝土小型空心砌块可用于低层和中层建筑的内墙和外墙。

这种砌块在砌筑时一般不宜浇水,但在气候特别干燥炎热时,可在砌筑前稍喷水湿润。砌筑时尽量采用主规格砌块,并应先清除砌块表面污物和砌块孔洞的底部毛边。采用反砌(即砌块底面朝上),砌块之间应对孔错缝砌筑。

二、混凝土中型空心砌块(concrete medium hollow block)

混凝土中型空心砌块是由水泥或无熟料水泥,配以一定比例的集料制成的,其空心率大于或等于 25%。

混凝土中型空心砌块的主体规格尺寸为:长度 500mm,600mm,800mm,1000mm;宽度 200mm,240mm;高度 400mm,450mm,800mm,900mm。其壁、肋厚度不应小于 30mm(见图 7-4)。按抗压强度砌块分为 15.0、10.0、7.5、5.0、3.5 五个等级,其物理性能、外观尺寸偏差、缺棱掉角、裂缝均不应超过规定范围。

混凝土中型空心砌块表观密度小,强度高,施工效率高,主要用作民用及一般工业建筑的墙体。

三、轻集料混凝土小型空心砌块(lightweight aggregate concrete small hollow block)

轻集料混凝土小型空心砌块是由水泥、普通砂或轻砂、轻粗集料加水搅拌,经装模、振动(或加压振

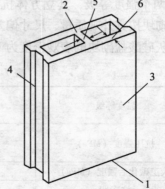

图 7-4 混凝土中型空心砌块构造示意图
1—铺浆面;2—坐浆面;3—侧面;
4—端面;5—壁;6—肋

动或冲压）成型，并经养护而成。轻集料有陶粒、煤渣、煤矸石、火山渣、浮石等。

根据《轻集料混凝土小型空心砌块》GB 15229—2002 的规定，轻集料混凝土小型空心砌块主规格尺寸为 390mm × 190mm × 190mm，根据表观密度变动范围的上限将砌块分为 500、600、700、800、900、1000、1200、1400 八个密度等级，10.0、7.5、5.0、3.5、2.5、1.5 六个强度等级（见表 7-15）。

表 7-15　轻集料混凝土小型空心砌块的强度等级　　　　　　　　MPa

强度等级	砌块抗压强度		密度等级范围
	平均值	最小值	
1.5	≥1.5	1.2	≤600
2.5	≥2.5	2.0	≤800
3.5	≥3.5	2.8	≤1200
5.0	≥5.0	4.0	≤1200
7.5	≥7.5	6.0	≤1400
10.0	≥10.0	8.0	≤1400

轻集料混凝土小型空心砌块可用于工业及民用的建筑承重和非承重墙体，特别适合于高层建筑的填充墙和内隔墙。

四、粉煤灰硅酸盐中型砌块（medium-sized fly ash silicate block）

粉煤灰硅酸盐砌块简称粉煤灰砌块。粉煤灰中型砌块是以粉煤灰、石灰、石膏和集料等为原料，经加水搅拌、振动成型、蒸汽养护而制成的密实砌块。通常采用炉渣作为砌块的集料。粉煤灰砌块原材料组成间的互相作用及蒸养后所形成的主要水化产物等与粉煤灰蒸养砖相似。

按《粉煤灰砌块》（JC 238—91）要求，粉煤灰砌块主规格外形尺寸为 880mm × 380mm × 240mm 及 880mm × 430mm × 240mm。砌块的强度等级按其立方体试件的抗压强度分为 10 级和 13 级两个强度等级，其立方体抗压强度、碳化后强度、抗冻性能和表观密度应符合表 7-16 规定。砌块按其外观质量、尺寸偏差和干缩性能分为一等品（B）和合格品（C）两个产品等级。粉煤灰硅酸盐砌块的表观密度为 1300 ~ 1550kg/m³，导热系数为 0.465 ~ 0.582W/(m·K)。

表 7-16　粉煤灰硅酸盐中型砌块性能指标

强度等级	指　　　标	
	10 级	13 级
抗压强度（MPa）	3 块试件平均值不小于 10.0 单块最小值不小于 8.0	3 块试件平均值不小于 13.0 单块最小值不小于 10.5
人工碳化后强度（MPa）	不小于 6.0	不小于 7.5
抗冻性	冻融循环结束后，外观无明显松疏、剥落或裂缝，强度损失不大于 20%	
表观密度（kg/m³）	不超过设计密度 10%	
干缩值（mm/m）	一等品（B）　　　　　　　　　　　　合格品（C）	
	≤0.75	≤0.90

粉煤灰砌块可用于一般工业和民用建筑的墙体和基础。但不宜用于有酸性介质侵蚀的建筑部位，也不宜用于经常处于高温影响下的建筑物。常温施工时，砌块应提前浇水湿润；冬季施工时砌块不得浇水湿润。粉煤灰砌块的墙体内外表面宜作粉刷或其他饰面，以改善隔热、隔声性能并防止外墙渗漏，提高耐久性。

五、蒸压加气混凝土砌块（autoclaved aerated concrete block）

蒸压加气混凝土砌块是以钙质材料和硅质材料以及加气剂、少量调节剂，经配料、搅拌、浇注成型、切割和蒸压养护而成的多孔轻质块体材料。原料中的钙质材料和硅质材料可分别采用石灰、水泥、矿渣、粉煤灰、砂等。根据所采用的主要原料不同，加气混凝土砌块也相应有水泥-矿渣-砂；水泥-石灰-砂；水泥-石灰-粉煤灰三种。

按《蒸压加气混凝土砌块》（GB/T 11968—1997）的规定，砌块的规格尺寸见表7-17。砌块按外观质量、尺寸偏差分为优等品（A）、一等品（B）、合格品（C）三个产品等级。按砌块抗压强度分 A1.0、A2.0、A2.5、A3.5、A5.0、A7.5、A10 七个强度等级（见表7-18）。按表观密度分 B03、B04、B05、B06、B07、B08 六个级别（见表7-19）。

表7-17 蒸压加气混凝土砌块的规格尺寸 mm

砌块公称尺寸			砌块制作尺寸		
长度 L	宽度 B	高度 H	长度 L_1	宽度 B_1	高度 H_1
600	100 125 150 200 250 300	200 250	L-10	B	H-10
	120 180 240	300			

表7-18 蒸压加气混凝土砌块的抗压强度

强度等级	立方体抗压强度（MPa）	
	平均值不小于	单块最小值不小于
A1.0	1.0	0.8
A2.0	2.0	1.6
A2.5	2.5	2.0
A3.5	3.5	2.8
A5.0	5.0	4.0
A7.5	7.5	6.0
A10.0	10.0	8.0

表 7-19　蒸压加气混凝土砌块的干体积密度　　　　　　　　　　kg/m³

体积密度级别		B03	B04	B05	B06	B07	B08
体积密度	优等品（A）	300	400	500	600	700	800
	一等品（B）	330	430	530	630	730	830
	合格品（C）	350	450	550	650	750	850

　　砌块具有轻质、保温隔热、隔声、耐火、可加工性能好等特点。加气混凝土砌块的表观密度小，一般仅为黏土砖的1/3，作为墙体材料，可使建筑物自重减轻2/5～1/2，从而降低造价；其导热系数为0.14～0.28W/(m·K)，仅为黏土砖导热系数的1/5，普通混凝土的1/9，用作墙体可降低建筑物的采暖、制冷等使用能耗。

　　蒸压加气混凝土砌块可用于一般建筑物的墙体，可作多层建筑的承重墙和非承重外墙及内隔墙，也可用于屋面保温。加气混凝土砌块不得用于建筑物基础和处于浸水、高湿和有化学侵蚀的环境（如强酸、强碱或高浓度二氧化碳）中，也不能用于承重制品表面温度高于80℃的建筑部位。加气混凝土砌块是应用广泛的墙体材料。

六、石膏空心砌块（gypsum hollow block）

　　石膏空心砌块是以建筑石膏为主要原料，经加水搅拌、浇注成型和干燥而制成的。在生产中根据性能要求可加入轻集料、纤维增强材料、发泡剂等辅助材料。有时也可用部分高强石膏代替建筑石膏。

　　按《石膏砌块》（JC/T 698—1998）的规定，石膏空心砌块现有规格为：666mm × 500mm × （60、80、90、100、110、120）mm。结构示意图见图7-5，孔洞率不小于43%。其性能指标见表7-20。

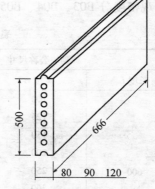

图 7-5　石膏空心砌块结构示意图

表 7-20　石膏砌块的规格、尺寸偏差、外观质量及其他性能要求

项　目		指　标
规格与尺寸误差（mm）	长度 666	±3
	宽度 500	±2
	厚度 60、80、90、100、110、120	±1.5
平整度（mm）	不大于	1.0
断裂荷载（kN）	不小于	1.5
防潮砌块软化系数	不低于	0.6
外观质量	缺角	同一砌块不得多于1处，缺角尺寸应小于30mm×30mm
	板面裂纹	非贯穿裂纹不得多于1条，裂纹长度小于30mm，宽度小于1mm
	油污	不允许
	气孔	直径5～10mm，不多于2处；>10mm，不允许

石膏空心砌块轻质、吸声、绝热，具有一定的耐火性，并可钉可锯，用于高层建筑、框架轻板结构、室内分隔等。

第三节　墙用板材

与砖和砌块相比，墙用板材的明显优势是便于工业化生产，自重轻、安装快、施工效率高，同时可提高建筑物的抗震性能，增加建筑物的使用面积，节省生产和使用能耗。因此，是近几十年发展起来的一种很有前途的墙体材料。墙用板材品种很多，大体上可分为以下三类：

1. 薄板材

这类墙用板材主要以薄板和龙骨组成墙体。通常以墙体轻钢龙骨或石膏龙骨为骨架，以矿棉、岩棉、玻璃棉、泡沫塑料等作为保温、吸声填充层，外覆以新型薄板。目前，薄板品种很多，用量最大的是纸面石膏板，其次有各种石棉水泥板、纤维增强硅酸钙板等。此外，水泥木屑板、水泥刨花板、稻壳板、蔗渣板、竹篾胶合板等也可作为墙用薄板。这类墙体的最大特点是轻质、高强、应用形式灵活、施工方便。

2. 墙用条板

墙用条板主要有加气混凝土条板及轻质空心隔墙板，如增强石膏空心条板、菱镁圆孔隔墙板等。由于条板尺寸比砌块大，甚至还可拼装成大板，故施工简便、迅速，是目前我国常用的一种墙用板材。

3. 新型复合墙板

目前我国已用于建筑的复合墙体材料主要有钢丝网泡沫塑料墙板（又称泰柏板）、混凝土岩棉复合板、超轻隔热夹心板等。复合墙板具有较好的保温、隔热、防水、隔声和承重等多种功能。

一、石膏板（plasterboard）

石膏板在我国轻质墙板的使用中占有很大比重，石膏板有纸面石膏板、无面纸纤维石膏板、石膏空心条板、装饰石膏板等多种。

1. 纸面石膏板

纸面石膏板有普通纸面石膏板（P）、耐水纸面石膏板（S）、耐火纸面石膏板（H）三种。

普通纸面石膏板是以建筑石膏为主要原料，加入适量纤维类增强材料以及少量外加剂，经加水搅拌成料浆，浇注在行进中的纸面上，成型后再覆以上层面纸，再经固化、切割、烘干、切边而成。普通纸面石膏板所用的纤维类增强材料有玻璃纤维、纸浆等。外加剂一般起增粘、增稠及调凝作用，可选用聚乙烯醇、纤维素等，起发泡作用则可选用磺化醚等。所用的护面纸必须有一定强度，且与石膏芯板能粘结牢固。若在板芯配料中加入防水、防潮外加剂，并用耐水护面纸，即可制成耐水纸面石膏板；若在配料中加入适量轻集料、无机耐火纤维增强材料构成耐火芯材，即成耐火纸面石膏板。

纸面石膏板规格一般为：

长度：1800mm、2100mm、2400mm、2700mm、3000mm、3300mm、3600mm；

宽度：900mm、1200mm；

厚度：9.5mm、12mm、15mm、18mm、21mm、25mm。

按《纸面石膏板》GB/T 9775—1999 规定，纸面石膏板的性能指标应满足表 7-21 要求。

表 7-21 纸面石膏板性能要求

板材厚度（mm）	单位面积质量（kg/m³）	断裂荷载（N），不低于		吸水率	表面吸水量	遇火稳定性
		纵向	横向			
9.5	9.5	360	140	不大于10.0%（仅适用于耐水纸面石膏板）	不大于160g/m²（仅适用于耐水纸面石膏板）	不小于20min（仅适用于耐火纸面石膏板）
12.0	12.0	500	180			
15.0	15.0	650	220			
18.0	18.0	800	270			
21.0	21.0	950	320			
25.0	25.0	1100	370			

纸面石膏板与其他石膏制品一样具有质轻（表观密度为 800～1000kg/m³）、表面平整、易加工装配、施工简便等特点。此外，还具有调湿、隔声（12mm 厚的板，隔声量为 28dB，若与矿棉等组成复合板，隔声量可达 48dB）、隔热［石膏板导热系数低，一般为 0.194～0.209W/(m·K)］、防火等多种功能。

普通纸面石膏板可用于一般工程的内隔墙、墙体复面板、天花板和预制石膏板复合隔墙板。在厨房、厕所以及空气相对湿度经常大于 70% 的潮湿环境中使用时，必须采取相应的防潮措施。

耐水纸面石膏板可用于相对湿度大于 75% 的浴室、厕所、盥洗室等潮湿环境下的吊顶和隔墙，如表面再做防水处理，效果更好。

耐火纸面石膏板主要用于对防火有较高要求的房屋建筑中。

纸面石膏板可与石膏龙骨或轻钢龙骨共同组成隔墙。这类墙体可大幅度减少建筑物自重，增加建筑的使用面积，提高建筑物中房间布局的灵活性，提高抗震性，缩短施工周期等。

2. 纤维石膏板

纤维石膏板是以石膏为主要原料，以木质刨花、玻璃纤维或纸筋等为增强材料，经铺浆、脱水、成型、烘干等加工而成。按板材结构分，有单层纤维石膏板（又称均质板）和三层纤维石膏板；按用途分为复合板、轻质板（表观密度为 450～700kg/m³）和结构板（表观密度为 1100～1200kg/m³）等不同类型。其规格尺寸为：长度 1200～3000mm；宽度 600～1220mm；厚度 10mm、12mm。导热系数 0.18～0.19W/(m·K)，隔声指数 36～40dB。

与纸面石膏板相比，纤维石膏板具有以下优点：纤维石膏板强度高；易于安装，板体密实，不易损坏，可开槽、可锯、可钉性好，螺钉拔出力强；密度高，隔声较好；无纸面，耐火性能好，表面不会燃烧；充分利用废纸资源。纤维石膏板也存在表观密度较大，板上划线较难，表面不够光滑，价格较高，投资较大等不足。

纤维石膏板一般用于非承重内隔墙、天棚吊顶、内墙贴面等。

3. 石膏空心条板

石膏空心板是以石膏或化学石膏为主要材料，加入少量增强纤维，并以水泥、石灰、粉煤灰等为辅胶结料，经浇筑成型、脱水烘干制成。石膏空心板的特点为表面平整光滑、洁白，板面不用抹灰，只在板与板之间用石膏浆抹平，并可在上喷刷或贴各种饰面材料，而且防滑性能好，质量轻，可切割、锯、钉，空心部位还可预埋电线和管件，安装墙体时可以不用龙骨，施工简单。

其规格尺寸为：长度 2500~3000mm；宽度 500~600mm；厚度 60~90mm。一般有 7 孔或 9 孔的条形板材，如图 7-6 所示。表观密度为 600~900kg/m³，抗折强度为 2~3MPa，导热系数 0.20W/（m·K），隔声指数 ≥30dB，耐火限 1~2.5h。适用于高层建筑、框架轻板建筑及其他各类建筑的非承重内隔墙。

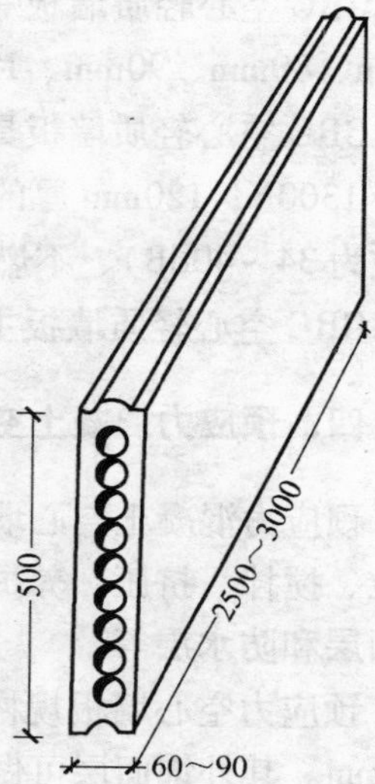

4. 石膏刨花板

石膏刨花板是以建筑石膏为胶结材，木质刨花为增强材料，外加适量的缓凝剂和水，采用半干法生产工艺，在受压状态下完成石膏与木质材料的固结而制成的板材。

石膏刨花板可分为素板和表面装饰板。素板，即未经装饰的石膏刨花板，表观密度一般为 1100~1300kg/m³；规格尺寸为（2400~3050）mm×1220mm×（8~28）mm。表面装饰板主要包括微薄木饰面石膏刨花板、三聚氰胺饰面石膏刨花板、PVC薄膜饰面石膏刨花板等。

图 7-6　石膏空心条板示意图

石膏刨花板轻质、高强并具有一定的保温性能，可钉、可锯，装饰加工性能好，不含挥发性刺激物，属绿色环保型新型建筑材料。其质量轻，抗冲击力强，整体性好，具有良好的抗震能力。由于石膏刨花板的上述特点，因此适于用作公用建筑与住宅建筑的隔墙、吊顶以及复合墙体基材等。用作墙体材料，适合用于纸面石膏板的配套龙骨，对石膏刨花板也同样适用。表面装饰板被广泛应用于天花板、隔墙板和内墙装修。

二、纤维水泥板（fiber reinforced cement plate）

纤维水泥板是以温石棉、短切中碱玻璃纤维或抗碱玻璃纤维为增强材料，低碱度硫铝酸盐水泥为胶结料，经制浆、抄取或流浆法成坯制坯、蒸汽养护等工序制成的。其中掺石棉纤维的称为 TK 板，不掺石棉纤维的称为 NTK 板。常见规格：长度为 1200~2800mm，宽度为 800~1200mm，厚度为 4mm、5mm 和 6mm。

纤维水泥板具有强度高（加压板抗折强度为 15MPa；抗冲击强度 ≥0.25J/cm²）、防火（6mm 板双面复合墙耐火极限为47min）、防潮、不易变形和可锯、可钻、可钉、可表面装饰等优点。

纤维水泥板适用于各类建筑物，特别是高层建筑有防火、防潮要求的隔墙，也可用作吊顶板和墙裙板。表观密度不低于 1700kg/m³，吸水率不大于 20% 且表面经涂覆处理的纤维水泥加压板可用作建筑物非承重外墙外侧与内侧的面板。

三、GRC 空心轻质墙板（glass fiber reinforced cement hollow lightweight wallboard）

GRC 空心轻质墙板是以低碱水泥为胶结料、抗碱玻璃纤维网格布为增强材料、膨胀珍珠岩为集料（也可用炉渣、粉煤灰等），并配以起泡剂和防水剂等，经配料、搅拌、浇注、成型、养护而成。

GRC 空心轻质墙板一般规格：长度为 2500～3500mm，宽度为 600mm，厚度为 60mm、70mm、80mm、90mm、120mm。板的外形与石膏空心条板相似。

GRC 空心轻质墙板具有质轻（60mm 厚板 35kg/m²）、强度高（抗折荷载，60mm 厚的板大于 1300N；120mm 厚的板大于 3000N）、隔热［导热系数≤0.2W/（m·K）］、隔声（隔声指数为 34～40dB）、不燃（耐火极限＞2h）以及加工方便等优点。

GRC 空心轻质墙板主要用于工业和民用建筑的内隔墙。

四、预应力混凝土空心墙板（prestressing concrete hollow wallboard）

预应力混凝土空心墙板是以高强度低松弛预应力钢绞线、早强水泥及砂、石为原料，经张拉、搅拌、挤压、养护、放张、切割而成。使用时按要求可配以泡沫聚苯乙烯保温层、外饰面层和防水层等。

预应力空心墙板规格：长度为 2100～6600mm，宽度为 500～1200mm，高度为 120mm、180mm。其外饰面层可做成彩色水刷石、剁斧石、喷砂、釉面砖等多种式样。

预应力空心墙板可用于承重或非承重外墙板、内墙板、楼板、屋面板、雨罩和阳台板等。

五、钢丝网夹芯板（wire mesh-foam coreboard）

钢丝网夹芯板是以钢丝制成不同的三维空间结构以承受荷载，选用发泡聚苯乙烯或半硬质岩棉板或玻纤板为保温芯材而制成的一类轻型复合板材。如泰柏板、GY 板、舒乐合板、三维板、3D 板、万力板等。板的名称不同，但板的基本结构相似。板的综合性能与钢丝直径、网格尺寸及焊接强度、横穿钢丝的焊点数量和焊接强度、夹芯板的材质、密度和厚度以及水泥砂浆的厚度等均有密切关系。

下面以泰柏板为例。泰柏板即钢丝网聚苯乙烯夹芯板，是以钢丝桁条排列组成，桁条之间装有断面为 50mm × 57mm 的聚苯乙烯作保温隔声材料，然后将钢丝桁条和条状轻质材料压至所要求的墙板宽度，再在墙体两个表面上用钢丝横向焊接于钢丝桁条上，使墙体构成一个牢固的钢丝网笼，并用水泥砂浆抹面或喷涂，其构造见图 7-7。

钢丝网聚苯乙烯夹芯板按桁条间距分为两种，普通型间距为 50.8mm，轻型间距为

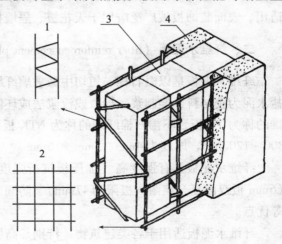

图 7-7　钢丝网聚苯乙烯夹芯板
1—钢丝桁条；2—平连接网；3—聚苯乙烯条；4—水泥砂浆

203mm。墙板的标准规格为 1220mm × 2440mm，未抹砂浆厚度为 76mm，抹砂浆后厚度为 102mm。

钢丝网聚苯乙烯夹芯板质量轻（两面抹水泥砂浆后质量约 90kg/m³），绝热隔声性能好（热阻 0.64·K/W，隔声 45dB），加工方便，施工速度快，主要用于宾馆、办公楼等的内隔墙，在一定条件下，也可以作为承重的内墙和外墙。

这类板的特点是耐久性好、施工速度较快、易于异形造型。

六、其他轻型夹芯板

轻型复合板除上述的钢丝网水泥夹芯板外，还有用各种高强度轻质薄板为外层、轻质绝热材料为芯材而组成的复合板。外层板材可用彩色镀锌钢板、铝合金板、不锈钢板、高压水泥板、木质装饰板、塑料装饰板及其他无机材料、有机材料合成的板材，轻质绝热芯材可用阻燃型发泡聚苯乙烯、发泡聚氨酯、岩棉和玻璃棉等。

此种板的最大特点是质轻、隔热，具有良好的防潮性能和较高的抗弯、抗剪强度。并且安装灵活快捷，可多次拆装重复使用，故广泛用于厂房、仓库和净化车间、办公楼、商场等，还可用于加层、组合式活动房、室内隔断、天棚、冷库等。

第四节　屋面材料

瓦是最常用的屋面材料。目前，瓦的种类较多，按成分分，有黏土瓦、混凝土瓦、石棉水泥瓦、钢丝网水泥大瓦、聚氯乙烯瓦、玻璃钢瓦、沥青瓦；按形状分为平瓦和波形瓦。

一、黏土瓦（clay tile）

黏土瓦是以黏土为主要原料，加适量水搅拌均匀后，经模压成型或挤出成型，再经干燥、焙烧而成。制瓦的黏土应杂质含量少、塑性好。

黏土瓦按颜色分有红瓦和青瓦两种，按用途分有平瓦和脊瓦两种，平瓦用于屋面，脊瓦用于屋脊。

按照《黏土瓦》（GB 11710—89）规定，黏土平瓦的规格尺寸有Ⅰ、Ⅱ和Ⅲ三个型号，分别为 400mm × 240mm × （10～17）mm，380mm × 225mm × （10～17）mm 和 360mm × 220mm × （10～17）mm。平瓦按尺寸偏差、外观质量和物理、力学性能分优等品、一等品和合格品三个产品等级。单片平瓦最小抗折荷载不得小于 680N，覆盖 1m² 屋面的瓦吸水后重量不得超过 55kg，抗冻性要求经 15 次冻融循环后无分层、开裂和剥落等损伤，抗渗性要求不得出现水滴。脊瓦分为一等品和合格品两个产品等级，脊瓦的规格尺寸要求长度大于或等于 300mm，宽度大于或等于 180mm。单片脊瓦最小抗折荷重不得低于 680N，抗冻性等要求同平瓦。

黏土平瓦用于建筑物具有较大坡度的屋面，屋脊处铺脊瓦。黏土瓦最大的缺点是自重大，质脆，易破碎，因此在贮运时应轻拿轻放，横立堆垛，且垛高不得超过五层。

二、混凝土瓦（concrete tile）

混凝土平瓦是以水泥、砂或无机硬质细集料为主要原料，经配料混合、加水搅拌、机械滚压或人工挤压成型养护而成。

　　按照《混凝土平瓦》（GB 8001—87）规定，混凝土平瓦的标准尺寸有 400mm×240mm 和 385mm×235mm 两种，瓦的主体厚度（指除边缘以外的中间区域的厚度）为 14mm。单片瓦的抗折荷载不得低于 600N，抗渗性、抗冻性应符合要求。

　　混凝土平瓦耐久性好、成本低、但自重大于黏土瓦。在配料中加入耐碱颜料，可制成彩色瓦。

三、石棉水泥瓦（asbestos cement tile）

　　石棉水泥瓦是用水泥和温石棉为原料，经加水搅拌、压滤成型、养护而成。石棉水泥瓦分大波瓦、中波瓦、小波瓦和脊瓦四种。

　　按照国家标准《石棉水泥波瓦及其脊瓦》（GB 9772—88）的要求，石棉水泥瓦根据其抗折力、吸水率与外观质量分为三个等级：优等品、一等品及合格品。其标准尺寸为：

　　大波瓦：2800mm×994mm×7.5mm；

　　中波瓦：2400mm×745mm×6.5mm、1800mm×745mm×6.0mm；

　　小波瓦：1800mm×720mm×6.0mm、1800mm×720mm×5.0mm。

　　生产石棉水泥瓦所用的原料，要求采用强度等级不低于 42.5 的水泥。但不得使用掺有煤、碳粉作助磨剂及页岩、煤矸石作混合材的普通硅酸盐水泥。石棉纤维必须采用符合 GB 8071—87《温石棉》规定的五级和五级以上的温石棉纤维。也可掺加适量耐久性好、对制品性能不起损害作用的其他纤维，但代用纤维含量不得超过纤维总量的 30%。

　　石棉水泥瓦单张面积大，有效利用面积大，还具有防火、防腐、耐热、耐寒、质轻等特性，适用于简易工棚、仓库及临时设施等建筑物的屋面，也可用于装敷墙壁。但石棉纤维对人体健康有害，现正采用耐碱玻璃纤维和有机纤维生产水泥波瓦。

四、钢丝网水泥大波瓦（large-size ferro-cement corrugated tile）

　　钢丝网水泥大波瓦是用普通水泥和砂子加水拌和后浇模，中间放置一层冷拔低碳钢丝网，成型后再经养护而成的大波波形瓦。这种瓦的尺寸为 1700mm×830mm×14mm，块重较大（50±5kg/块），适于做工厂散热车间、仓库及临时性建筑的屋面，有时也可用作这些建筑的围护结构。

五、聚氯乙烯波纹瓦（PVC corrugated tile）

　　聚氯乙烯波纹瓦又称塑料瓦楞板，它是以聚氯乙烯树脂为主体，加入其他配合剂，经塑化、压延、压波而制成的波形瓦，其规格尺寸为 2100mm×（1100～1300）mm×（1.5～2）mm。这种瓦质轻、防水、耐腐、透光、有色泽，常用作车棚、凉棚、果棚等简易建筑的屋面，另外也可用作遮阳板。

六、玻璃钢波形瓦（glass reinforced plastic corrugated tile）

　　玻璃钢波形瓦是用不饱和聚酯树脂和玻璃纤维为原料，经手工糊制而成的波形瓦，其尺寸为：长 1800～3000mm，宽 700～800mm，厚 0.5～1.5mm。这种波形瓦质轻、强度大、耐冲击、耐高温、透光、有色泽，适用于建筑遮阳板及车站月台、凉棚等的屋面。

七、沥青瓦（asphalt tile）

沥青瓦是以玻璃纤维薄毡为胎料，以改性沥青为涂敷材料而制成的一种片状屋面材料。其特点是重量轻，可减少屋面自重，施工方便，具有互相粘结的功能，有很好的抗风化能力。制作沥青瓦时，表面可撒以各种不同色彩的矿物粒料，形成彩色沥青瓦，可对建筑物增添装饰美化作用。沥青瓦适用于一般民用建筑的屋面，彩色沥青瓦宜作乡村别墅、园林宅院、仿西洋建筑的斜坡屋面工程。

八、琉璃瓦（coloured glaze tile）

琉璃瓦是用难熔黏土制坯，经干燥、上釉后焙烧而成的。颜色有绿、黄、蓝、青等。品种可分为三类：瓦类（板瓦、滴水瓦、筒瓦、沟瓦）、脊类和饰件类（吻、博古、兽）。琉璃制品色彩绚丽、造型古朴、质坚耐久，用它装饰的建筑物富有我国传统的民族特色。主要用于具有民族色彩的宫殿式房屋和园林中的亭、台、楼阁等。

复习思考题

1. 什么是红砖、青砖？如何鉴别欠火砖和过火砖？

2. 普通黏土砖的强度等级是怎样划分的？质量等级是依据砖的哪些具体性能划分的？

3. 烧结多孔砖和空心砖的强度等级是如何划分的？各有什么用途？

4. 何为烧结普通砖的泛霜和石灰爆裂？它们对砌筑工程有何影响？

5. 烧结黏土砖在砌筑施工前为什么一定要浇水润湿？

6. 目前所用的墙体材料有哪几种？简述墙体材料的发展方向。

7. 某工地备用红砖 10 万块，在储存两个月后，尚未砌筑施工就发现有部分砖自裂成碎块，试解释这是因何原因所致？

8. 试计算 $10m^2$ 的 240 厚砖墙需用普通黏土砖的块数及砌筑用砂浆数量？

第八章 金属材料

金属材料通常分为黑色金属和有色金属两大类。黑色金属包括铁及其合金、钢、锰及铬等；有色金属包括轻金属（铝、镁、锂、铍等），重金属（铜、锌、镍、铅等），贵金属（金、银、铂族），稀有金属（钛、锆、钒、钨、钼等）。钢铁材料是金属材料中生产量最大的一类材料，占世界金属总产量的95%，同时也是土木工程中用量最大的金属材料。

钢材具有优良的性能，且其价格相对于其他金属材料更为便宜，被广泛地应用于建筑、铁路、桥梁等结构工程中。除钢材外，近年来铜、铝及其合金的应用也发展迅速，主要应用于建筑安装及装饰工程中。

本章主要介绍钢材的基本知识、化学组成、力学性能、热加工与冷加工等知识以及建筑钢材的标准与选用。简要介绍其他金属材料。通过本章学习，应掌握建筑钢材的性质及应用。

第一节 钢的基本知识

土木工程所用钢材是指用于钢结构的各种型钢（如圆钢、角钢、工字钢等）、钢板和钢管以及钢筋混凝土用的各种钢筋和钢丝等。

钢材与其他土木工程材料相比具有如下特点：材质均匀、性能可靠，强度高；塑性、韧性好，抗疲劳性能好，具有承受冲击和振动荷载的能力；加工性能好，便于装配，可采用焊接、铆接或螺栓连接等。但是钢材也存在易锈蚀及耐火性差的缺点。

一、钢的冶炼

钢（steel）是由生铁冶炼而成。生铁是由铁矿石、熔剂（石灰石）、焦炭在高炉中经过还原反应和造渣反应而得到的一种碳铁合金，其中碳的含量为2.06%～6.67%，磷、硫等杂质的含量也较高。生铁硬而脆，无塑性和韧性，不能进行焊接、锻造、轧制等加工，在建筑中很少应用。钢是将生铁在炼钢炉内进行氧化，除去其中大部分碳和杂质，使含碳量控制在2.06%以下的铁碳合金。钢的密度为$7.84 \sim 7.86 g/cm^3$。

目前，大规模炼钢方法主要有氧气转炉炼钢法、电炉炼钢法和平炉炼钢法三种。

1. 氧气转炉炼钢法

氧气转炉炼钢法是现代炼钢法的主流方式。它用纯氧代替空气吹入炼钢炉的铁水中，有效地除去硫、磷等杂质，显著提高钢的质量。这种方法冶炼速度快而成本却较低，常用来冶炼较优质的碳素钢和合金钢。

2. 电炉炼钢法

电炉炼钢法冶炼温度高，且温度可控，能很好地清除杂质。因此钢的质量最好，但成本高。主要用于冶炼优质碳素钢及特殊合金钢。

3. 平炉炼钢法

以固态或液态生铁、废钢铁或铁矿石作原料，用煤气或重油为燃料在平炉中进行冶炼。平炉炼钢熔炼时间长，化学成分控制严格，杂质含量少，成品质量较高。但由于设备一次投资大，燃料热效率较低，冶炼时间较长，故其成本较高。

二、钢的分类

1. 按钢的化学成分分类

（1）碳素钢（carbon steel）

含碳量为 0.02% ~ 2.06% 的铁碳合金称为碳素钢，也称碳钢。碳素钢根据含碳量可分为：低碳钢（含碳量小于 0.25%）、中碳钢（含碳量为 0.25% ~ 0.6%）、高碳钢（含碳量大于 0.6%）。

（2）合金钢（alloy steel）

碳素钢中加入一定量的合金元素则称为合金钢。合金元素的掺入可改善钢材的使用性能和工艺性能。按合金元素的总含量可分为：低合金钢（合金元素总含量小于 5%）、中合金钢（合金元素总含量为 5% ~ 10%）、高合金钢（合金元素总含量大于 10%）。

建筑上所用的钢材主要是碳素钢中的低碳钢和合金钢中的低合金钢。

2. 按品质（杂质含量）分类

按钢中有害杂质的含量，可将钢材分为如下几类：

普通钢：含硫量≤0.050%；含磷量≤0.045%。

优质钢：含硫量≤0.035%；含磷量≤0.035%。

高级优质钢：含硫量≤0.025%；含磷量≤0.025%。

特级优质钢：含硫量≤0.015%；含磷量≤0.025%。

3. 按冶炼时脱氧程度分类

根据炼钢过程中脱氧程度不同，钢材可分为沸腾钢、镇静钢、半镇静钢和特殊镇静钢四类。

（1）沸腾钢（boiling steel）

如果炼钢时脱氧不充分，钢液中还有较多金属氧化物，浇注钢锭后钢液冷却到一定的温度，其中的碳会与金属氧化物发生反应，生成大量 CO 气体外逸，引起钢液激烈沸腾，因而这种钢材称为沸腾钢，代号为"F"。沸腾钢的冲击韧性和可焊接性较差，特别是低温冲击韧性的降低更显著。但从经济上比较，沸腾钢只消耗少量的脱氧剂，钢锭的收缩孔减少，成品率较高，故成本较低。

（2）镇静钢（killed steel）

如果炼钢时脱氧充分，钢液中金属氧化物很少或没有，在浇注钢锭时钢液会平静地冷却凝固，这种钢称为镇静钢，代号为"Z"。镇静钢组织致密，气泡少，偏析程度小，各种力学性能都比沸腾钢优越，可用于受冲击荷载的结构或其他重要结构。

（3）半镇静钢（semi-killed steel）

半镇静钢是指脱氧程度和性能都介于沸腾钢和镇静钢之间的钢材，代号为"b"。

（4）特殊镇静钢（special killed steel）

特殊镇静钢比镇静钢脱氧程度更充分彻底，代号为"TZ"。特殊镇静钢的质量最好，适用于特别重要的结构工程。

4. 按钢的用途分类

按照钢材的用途可分为结构钢、工具钢和特殊性能钢三类。

第二节　钢的晶体组织和化学成分

一、钢的晶体组织及其对钢材性能的影响

钢是一种多晶体材料。它的宏观力学性能基本上取决于它的原子排列方式及原子间的相互作用力。

1. 晶体结构对钢力学性能的影响

钢材晶体结构中各个原子是以金属键方式结合的。这种结合方式是钢材具备较高强度和良好塑性的根本原因。钢材是由许多晶粒组成的（图8-1），各晶粒中原子规则排列。描述原子在晶体中排列形式的空间格子称为晶格。例如纯铁在910℃以下为体心立方晶格，称为 α-铁，其最小几何单元（晶胞）如图8-2所示。单晶体具有各向异性，而多晶体由于是不规则聚集的，呈各向同性，因而钢材是各向同性材料。

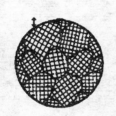

图8-1　晶粒聚集示意

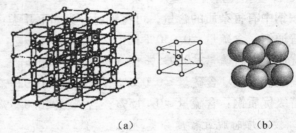

（a）　　　　　　　（b）

图8-2　体心立方晶体铁原子排列图

（a）体心立方晶格；（b）晶胞

钢的晶体结构对其力学性能的影响主要表现在以下几方面：

（1）晶格滑移面较多，钢材塑性变形能力较大。

晶格中有些平面上的原子较为密集，因而结合力较强。这些面与面之间则由于原子间距离较大，结合力较弱。这种情况下，当有外力作用于晶格上时，容易沿原子密集面产生相对滑移（图8-3）。α-铁晶格中这种容易导致滑移的面比较多，是钢材塑性变形能力较大的原因。

（2）晶格中存在缺陷，钢材实际强度小于其理论强度。

晶格中存在许多缺陷，如点缺陷"空位"、"间隙原子"，线缺陷"刃型位错"和晶粒间的面缺陷"晶界面"（图8-4）。

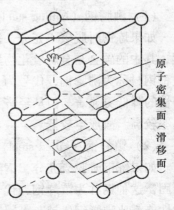

图8-3　晶格滑移面示意图

由于缺陷的存在，使晶格受力滑移时，不是整个滑移面上全部原子一齐移动，只是缺陷处局部移动，这是钢材的实际强度远小于其理论强度的原因。

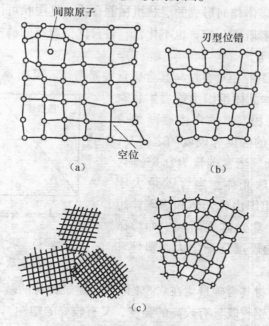

图 8-4　晶格缺陷示意图
(a) 点缺陷空位和间隙原子；(b) 线缺陷刃型位错；(c) 面缺陷晶界面

（3）细化晶粒，提高钢材综合性能。

晶粒界面处原子排列紊乱，对滑移的阻力很大。对于同体积钢材，晶粒越细，晶界面积越大，因而强度将越高。同时，由于细晶粒的受力变形比粗晶粒均匀，故晶粒越细，其塑性和韧性也越好。在生产中常利用合金元素以细化晶粒，提高钢材的综合性能。

（4）固溶强化。

α-铁晶格中可熔入其他元素，如碳、锰、硅、氮等，形成固溶体。这样会使晶格产生畸变，因而强度提高，塑性和韧性则降低。生产中常利用合金元素形成固溶体以提高钢材强度。

2. 钢的基本晶体组织

钢材的基本成分是铁和碳，由于铁原子和碳原子的结合方式不同而形成不同形态的聚合体，称为晶体组织。铁原子和碳原子之间的结合有三种基本形式：固溶体、化合物和二者的机械混合物。碳素钢在常温下形成的基本组织有：

（1）铁素体（ferrite）

铁素体是碳溶于 α-铁晶格中的固溶体，铁素体体心立方晶格原子间的空隙较小，其溶碳能力很低，室温下最大能溶入 0.006% 的碳，基本上是纯铁。由于溶碳少而且晶格中滑移面较多，故其强度低，但塑性和韧性很好。

（2）渗碳体（cementite）

渗碳体是铁和碳的化合物，分子式为 Fe_3C，含碳量为 6.67%，其晶体结构复杂，性质硬脆，是碳钢中的主要强化组分，但塑性较差。

（3）珠光体（pearlite）

珠光体是铁素体和渗碳体相间形成的层状机械混合物。其层状可认为是铁素体基体上分布着硬脆的渗碳体片，二者既不互溶，也不化合，各自保持原有的晶格和性质。珠光体的性能介于铁素体和渗碳体之间。

碳素钢中基本晶体组织的相对含量与其含碳量关系密切，见图 8-5。由图可知，当含碳量小于 0.8% 时，钢的基本晶体组织由铁素体和珠光体组成。随着含碳量的提高，铁素体逐渐减少而珠光体逐渐增多，钢材的强度和硬度随之提高，而塑性、韧性则逐渐降低。当含碳量为 0.8% 时，钢的基本晶体组织仅为珠光体。当含碳量大于 0.8% 时，钢的基本晶体组织由珠光体和渗碳体组成，此后随含碳量增加，珠光体逐渐减少而渗碳体相对渐增，从而使钢的硬度逐渐增大，塑性和韧性减小，且强度降低。

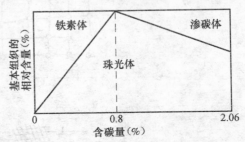

图 8-5　碳素钢基本晶体组织
相对含量与含碳量的关系

建筑工程中所用的钢材其含碳量均在 0.8% 以下，建筑钢材的基本晶体组织是由铁素体和珠光体组成，因而建筑钢材既具有较高的强度，又有较好的塑性、韧性，从而能很好地满足工程所需的技术性能要求。

二、钢的化学成分及其对钢材性能的影响

钢中除主要化学成分铁以外，还含有少量的碳（C）、硅（Si）、锰（Mn）、磷（P）、硫（S）、氧（O）、氮（N）、钛（Ti）、钒（V）等元素，这些元素含量虽少，但对钢材性能的影响很大，现分述如下：

1. 碳（carbon）

碳是决定钢材性能的最重要元素，它对钢材的强度、塑性、韧性等机械力学性能有重要影响，如图 8-6 所示。当钢中含碳量在 0.8% 以下时，随着含碳量的增加，钢的强度和硬度提高，塑性和韧性下降；但当含碳量大于 1.0% 时，随含碳量增加，钢的强度反而下降，这是由于呈网状分布于珠光体晶界上的渗碳体使钢变脆所致。钢中含碳量增加，还会使钢的焊接性能变差（含碳量大于 0.3% 的钢，可焊性显著降低），冷脆性和时效敏感性增大，并使钢耐大气锈蚀能力下降。

2. 硅（silicon）

硅在钢中是有益元素，炼钢时为脱氧而加入。当硅含量小于 1.0% 时，大部分溶于铁素体中，使铁素体强化，显著提高钢的强度，而对钢的塑性和韧性无明显影响。硅是我国钢筋用钢的主加合金元素，它的作用主要是提高钢的机械强度。通常碳素钢中硅含量小于 0.3%，低合金钢含硅量小于 1.8%。

3. 锰（manganese）

锰是炼钢时为脱氧去硫而加入的，也是有益元素。锰能消除由硫所引起的热脆性，改善

钢的热加工性，同时能提高钢材的强度和硬度。当含锰量为 0.8%～1.0% 时，对钢的塑性和韧性影响不大。锰是我国低合金钢的主加合金元素，其含量一般在 1%～2% 范围内。当含锰量达 11%～14% 时，称为高锰钢，具有较高的耐磨性。

4. 磷（phosphorus）

磷是钢中的有害元素。随磷含量的增加，钢材的塑性和韧性显著下降。特别是温度越低，对塑性和韧性的影响越大，显著增加钢的冷脆性。磷在钢中的偏析倾向强烈。一般认为，磷的偏析富集使铁素体晶格严重畸变，是钢材冷脆性显著增大的原因。磷也会降低钢材的可焊性，但磷可提高钢的耐磨性和耐蚀性，故在低合金钢中可配合其他元素，如铜作合金元素使用。建筑用钢一般要求含磷量小于 0.045%。

5. 硫（sulfur）

硫也是钢中的有害元素，由炼铁原料中带入，可降低钢材的各种机械性能。由于硫化物熔点低，使钢材在热加工过程中造成晶粒的分离，引起钢材断裂，形成热脆现象，即热脆性。硫还能降低钢的可焊性、冲击韧性、耐疲劳性和抗腐蚀性等。建筑钢材要求硫含量应小于 0.050%。

6. 氧（oxygen）

氧是钢中的有害元素，主要存在于非金属夹杂物内，少量溶于铁素体中。非金属夹杂物能使钢的机械性能下降，特别是韧性。氧还有促进时效倾向的作用。氧化物所造成的低熔点使钢的可焊性变差。通常要求钢中含氧量小于 0.03%。

7. 氮（nitrogen）

氮主要溶于铁素体中，也可呈化合物形式存在。氮对钢材性能的影响与碳、磷相似，使钢的强度提高，塑性和韧性显著下降。溶于铁素体中的氮，有向晶格的缺陷处移动、集中的倾向，故可加剧钢材的时效敏感性和冷脆性，降低可焊性。在用铝或钛补充脱氧的镇静钢中，氮主要以氮化铝或氮化钛等形式存在，这时可减少氮的不利影响，并细化晶粒，改善性能。故在有铝、钛、铌等元素的配合下，氮可作为低合金元素使用。钢中含氮量一般小于 0.008%。

8. 钛（titanium）

钛是强脱氧剂，能细化晶粒，显著提高强度和改善韧性。钛能减少时效倾向，改善可焊性。钛是常用的微量合金元素。

9. 钒（vanadium）

钒是弱脱氧剂，钒加入钢中可减弱碳和氮的不利影响，能细化晶粒，有效地提高强度，减小时效敏感性，但有增加焊接时的淬硬倾向。钒也是合金钢常用的微量合金元素。

第三节 建筑钢材的主要技术性能

钢材的主要技术性能包括力学性能和工艺性能。力学性能是钢材最重要的使用性能，包括抗拉性能、冲击韧性、硬度和疲劳强度等；工艺性能是指钢材在各种加工过程中的行为，包括冷弯性能和可焊性。

一、力学性能

1. 抗拉强度

抗拉性能是钢材的重要性能。钢材受拉时，在产生应力的同时，相应地产生应变。应力和应变之间的关系反映出钢材的主要力学特征。从图 8-6 低碳钢（软钢）的应力-应变关系图可以看出，低碳钢从受拉到断裂，经历了四个阶段：弹性阶段（*OA* 段）、屈服阶段（*AB* 段）、强化阶段（*BC* 段）、颈缩阶段（*CD* 段）。

（1）弹性阶段（*OA* 段，elastic stage）

在图中弹性阶段 *OA* 范围内，应力较低，应力与应变成比例关系，此时，如卸去拉力，试件能完全恢复原状，无残余形变，这一阶段称为弹性阶段。弹性阶段的最高点 *A* 点所对应的应力称为弹性极限，用 σ_p 表示。在此

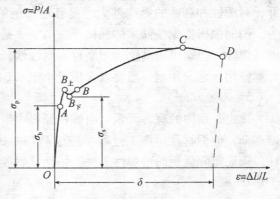

图 8-6　低碳钢受拉的应力-应变图

阶段，应力和应变的比值为常数，称为弹性模量，用 *E* 表示，即 $E = \dfrac{\sigma}{\varepsilon}$。弹性模量反映钢材的刚度，即产生单位弹性应变时所需应力的大小。它是钢材在受力条件下计算结构变形的重要指标。土木工程中常用的碳素结构钢 Q235 的弹性模量为 $(2.0 \sim 2.1) \times 10^5 \text{MPa}$。

（2）屈服阶段（*AB* 段，yield stage）

当应力超过弹性极限后，应变的增长比应力快，此时，如卸去拉力，试件除产生弹性变形外，还产生塑性变形。当应力达到 $B_上$ 点后，塑性变形急剧增加，应力-应变曲线出现一些波动，这种现象称为屈服，这一阶段称为屈服阶段。在屈服阶段中，外力不增大，而变形继续增加。这时相应的应力称为屈服极限（σ_s）或屈服强度。屈服点分为上屈服点 $B_上$ 和下屈服点 $B_下$。上屈服点是指试件发生屈服而应力首次降低前的最大应力；下屈服点是指不计初始瞬时效应时屈服阶段中的最小应力。由于下屈服点比较稳定容易测定，因此，一般采用下屈服点作为钢材的屈服强度。钢材受力达到屈服强度后，变形迅速增长，尽管尚未断裂，已不能满足使用要求，故结构设计中以屈服强度作为许用应力取值的依据。常用碳素结构钢 Q235 的屈服强度在 235MPa 以上。

（3）强化阶段（*BC* 段，strengthening stage）

钢材屈服到一定程度后，由于内部晶格扭曲、晶粒破碎等原因，阻止了塑性变形的进一步发展，钢材抵抗拉力的能力重新提高，在图 8-6 上，曲线从 $B_下$ 点开始上升至最高点 *C* 点，这一过程称为强化阶段。对应于 *C* 点的应力称为抗拉强度（σ_b），它是钢材所承受的最大拉应力。常用低碳钢的抗拉强度在 375 ~ 500MPa 之间。

抗拉强度在设计中虽然不能利用，但是抗拉强度与屈服强度之比（强屈比）σ_b / σ_s，却是评价钢材使用可靠性的一个参数。强屈比越大，钢材受力超过屈服点工作时的可靠性越大，安全性越高。但是，强屈比太大，钢材强度的利用率偏低，浪费材料。钢材的强屈比一

般不低于 1.2，用于抗震结构的普通钢筋实测的强屈比不低于 1.25。

（4）颈缩阶段（*CD* 段，necking stage）

当钢材达到最高点 *C* 后，试件薄弱处的断面将显著减小，塑性变形急剧增加，产生"颈缩现象"（图 8-7），拉力下降，直到发生断裂。

将拉断后的试件于断裂处对接在一起（图 8-8），测其断后标距 L_1（mm）。标距的伸长值占原始标距 L_0（mm）的百分率，称为伸长率，以 δ 表示。即

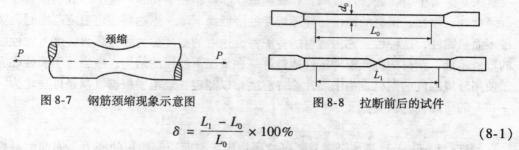

图 8-7　钢筋颈缩现象示意图　　　　图 8-8　拉断前后的试件

$$\delta = \frac{L_1 - L_0}{L_0} \times 100\% \qquad (8\text{-}1)$$

伸长率是衡量钢材塑性的重要技术指标，伸长率越大，表明钢材的塑性越好。

钢材拉伸时塑性变形在试件标距内的分布是不均匀的，颈缩处的伸长较大，因而原始标距 L_0 与直径 d_0 之比越大，颈缩处的伸长值在总伸长值中所占的比例就越小，则计算所得伸长率也越小。通常钢材以 δ_5 和 δ_{10} 分别表示 $L_0 = 5d_0$ 和 $L_0 = 10d_0$ 时的伸长率。对于同一种钢材，δ_5 大于 δ_{10}。

钢材的塑性也可以用其断面收缩率（ψ）表示，即

$$\psi = \frac{A_0 - A_1}{A_0} \times 100\% \qquad (8\text{-}2)$$

式中，A_0 和 A_1 分别为试件拉伸前后的断面积。

中碳钢与高碳钢（硬钢）拉伸时的应力-应变曲线与低碳钢不同，其抗拉强度高，塑性变形小，没有明显的屈服现象。这类钢材由于不能测定屈服点，故规范规定以产生 0.2% 残余变形时的应力值作为屈服极限，称为条件屈服点，用 $\sigma_{0.2}$ 表示，如图 8-9 所示。

2. 冲击韧性

冲击韧性（impact toughness）是指钢材抵抗冲击荷载的能力。钢材的冲击韧性试验是将标准试件置于冲击机的支架上，并使切槽位于受拉的一侧（图 8-10）。当试验机的重摆从一

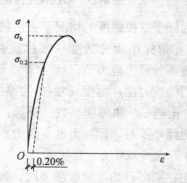

图 8-9　中、高碳钢的应力-应变图

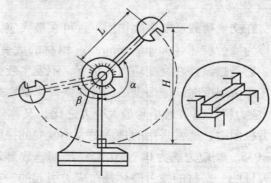

图 8-10　冲击韧性试验原理图

定高度自由落下时，在试件中间开 V 形缺口，试件吸收的能量等于重摆所做的功 W。若试件在缺口处的最小横截面积为 A，则冲击韧性 α_k 为：

$$\alpha_k = \frac{W}{A} \tag{8-3}$$

式中 α_k 的单位为 J/cm^2。

钢材的冲击韧性高低与钢材的化学成分、组织状态、冶炼、轧制质量有关，还与环境温度有关。钢材中磷、硫含量较高，存在偏析、非金属夹杂物和焊接中形成的微裂纹等都会显著降低冲击韧性。钢材的冲击韧性随温度的降低而下降，当达到一定温度范围时，突然下降很多而呈脆性，这种性质称为钢材的冷脆性，这时的温度称为脆性临界温度。脆性临界温度的数值越低，钢材的抗低温冲击性能越好。在负温下使用的结构，应当选用脆性临界温度低于使用环境温度的钢材。由于脆性临界温度难以测定，规范中根据气温条件规定为 −20℃ 或 −40℃ 的负温冲击值指标。

3. 硬度

硬度（hardness）是指金属材料抵抗硬物压入表面局部体积的能力。亦即材料表面抵抗塑性变形的能力。

测定钢材硬度采用压入法。即以一定的静荷载（压力），通过压头压在金属表面，然后测定压痕的面积或深度来确定硬度。按压头或压力不同，有布氏法、洛氏法等，相应的硬度试验指标称为布氏硬度（HB）和洛氏硬度（HR）。较常用的方法是布氏法。

布氏法的测定原理是：利用直径为 D（mm）的淬火钢球以 P（N）的荷载将其压入试件表面，经规定持续时间后卸荷，即得直径为 d（mm）的压痕，以压痕表面积 F（mm）除荷载 P，所得应力值即为试件的布氏硬度值 HB，以数字表示，不带单位。HB 值越大，表示钢材越硬。图 8-11 为布氏硬度测定示意图。

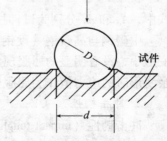

各类钢材的 HB 值与抗拉强度之间有较好的相关关系。材料的强度越高，塑性变形抵抗力越强，硬度值也就越大。对于碳素钢，当 HB < 175 时，$\sigma_b \approx 3.6HB$；HB > 175 时，$\sigma_b \approx 3.5HB$。根据这一关系，可以直接在钢结构上测出钢材的 HB 值，并估算该钢材的 σ_b。

图 8-11 布氏硬度测定示意图

4. 疲劳强度

钢材在交变荷载反复多次作用下，可在最大应力远低于抗拉强度的情况下突然破坏，这种破坏称为疲劳破坏（fatigue failure）。钢材的疲劳破坏指标用疲劳强度（或称疲劳极限）来表示，它是指试件在交变应力作用下，不发生疲劳破坏的最大应力值。

测定疲劳强度时，应根据结构使用条件来确定采用的应力循环类型（如拉-拉型、拉-压型等）、应力特征值（最小与最大应力之比，又称应力比值 ρ）和周期基数。例如，测定钢筋的疲劳极限时，通常采用的是承受大小改变的拉应力循环；对非预应力筋，应力比值通常为 0.1 ~ 0.8，预应力筋为 0.7 ~ 0.85；周期基数为 200 万次或 400 万次以上。

研究证明，钢材的疲劳破坏是拉应力引起的，首先在局部开始形成微细裂纹，其后由于裂纹尖端处产生应力集中而使裂纹迅速扩展至钢材断裂。因此，钢材的内部成分的偏析、夹杂物的多少以及最大应力处的表面光洁程度、加工损伤等，都是影响钢材疲劳强度的因素。疲劳破坏经常是突然发生的，因而具有很大的危险性，往往造成严重事故。

　　钢材的疲劳强度与其抗拉强度有关，一般抗拉强度高，其疲劳强度也较高。

　　二、工艺性能

　　良好的工艺性能，可以保证钢材顺利通过各种加工，而使钢材制品的质量不受影响。冷弯和焊接性能均是钢材的重要工艺性能。

　　1. 冷弯性能

　　冷弯性能（cold bending properties）是指钢材在常温下承受弯曲变形的能力。钢材的冷弯性能指标以试件被弯曲的角度（α）和弯心直径对试件厚度（或直径）的比值（d/a）来表示。钢材的冷弯试验见图 8-12。

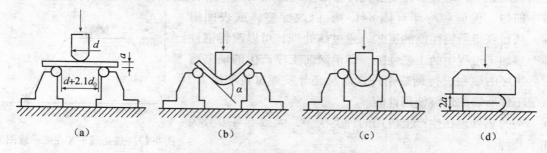

图 8-12　钢材冷弯试验示意图

　　试验时采用的弯曲角度越大，弯心直径对试件厚度（或直径）的比值越小，表示冷弯性能越好。钢的技术标准中对各号钢的冷弯性能都有规定：按规定的弯曲角度和弯心直径进行试验，试件的弯曲处不产生裂缝、断裂或起层，即认为冷弯性能合格。

　　冷弯试验是钢材处于不利变形条件下的塑性变形，钢材局部发生非均匀变形，有助于暴露钢材的某些内在缺陷。相对于伸长率而言，冷弯是对钢材塑性更严格的检验，它能揭示钢材内部是否存在组织不均匀、内应力和夹杂物等缺陷。冷弯试验对焊接质量也是一种严格的检验，能揭示焊件在受弯表面存在未熔合、微裂纹及夹杂物等缺陷。

　　2. 焊接性能

　　焊接是钢结构、钢板、钢筋和预埋件的主要连接方式。土木工程中的钢结构有 90% 以上是焊接结构。焊接时温度很高，金属熔化的体积很小，其传热和冷却的速度都快，在焊件中常产生复杂的、不均匀的反应和变化，存在剧烈的膨胀和收缩，易产生变形、内应力，甚至导致裂纹出现。焊接的质量取决于焊接工艺、焊接材料及钢的焊接性能（welding performance）。

　　钢材的可焊性，是指钢材是否适应用通常的方法与工艺进行焊接的性能。可焊性好的钢材，是指易于用一般焊接方法和工艺施焊，焊口处不易形成裂纹、气孔、夹渣等缺陷；焊接后钢材的力学性能，特别是强度不低于原有钢材，硬脆倾向小。

　　钢材可焊性的好坏与钢材的化学成分和含量有关。钢的含碳量高将增加焊接接头的硬脆性，含碳量小于 0.25% 的碳素钢具有良好的可焊性。加入合金元素硅、锰、钒、钛等，也将增大焊接处的硬脆性，降低可焊性，尤其是硫能使焊接产生热脆性。

土木工程中的焊接结构用钢，应选用含碳量较低的氧气转炉或平炉镇静钢。对于高碳钢及合金钢，为了改善可焊性，焊接时一般需要采用焊前预热及焊后热处理等措施。

在钢筋焊接中应注意一些问题，如冷拉钢筋的焊接应在冷拉之前进行；钢筋焊接之前，焊接部位应清除铁锈、熔渣、油污等；应尽量避免不同国家的进口钢筋之间或进口钢筋与国产钢筋之间的焊接等。

第四节　钢材的热加工与冷加工

一、钢材的热处理

热处理（heat treatment）是改善金属使用性能和工艺性能的一种非常重要的加工方法。在机械工业中，绝大部分重要机件都必须经过热处理。热处理是将固态金属或合金在一定介质中加热、保温和冷却（图 8-13），以改变整体或表面组织，从而获得所需性能的工艺。通过热处理，可以改善钢件在冷热加工过程中的工艺性能，即消除前工序产生的缺陷而为后工序的顺利进行创造条件；以及充分发挥材料的潜力，赋予工件所需的最终使用性能。

钢的热处理在生产上应用的种类很多，大致上可以分为如下几种。

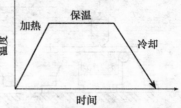

图 8-13　热处理工艺曲线示意图

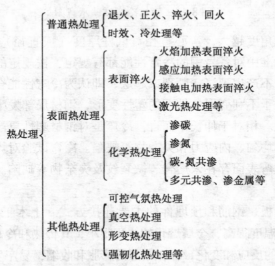

土木工程中钢材应用最多的普通热处理是退火、正火、淬火和回火。

1. 退火（anneal）

将钢加热到相变温度（约 723℃）以上适当温度，保温一定时间，然后缓慢冷却（一般为随炉冷却），以获得接近于平衡状态组织的热处理工艺叫退火。

退火可消除前工序（铸、锻、焊）所造成的组织缺陷，细化晶粒，提高力学性能；调整硬度以利于切削加工；消除残余内应力，防止工件变形；为最终热处理（淬火、回火）

做好组织上的准备。

2. 正火（normalizing）

钢材或钢件加热到相变温度以上 30 ~ 50℃，保温适当时间后，在空气中匀速冷却，得到珠光体类组织的热处理称为正火。

正火与完全退火的主要差别在于冷却速度较快，转变温度较低，使组织中珠光体量增多，获得的珠光体型组织较细，钢的强度、硬度也较高。

3. 淬火（quenching）

淬火是将钢加热到相变温度以上 30 ~ 50℃，保温后快速冷却的热处理工艺。

淬火的目的是与回火相配合，赋予工件最终使用性能。例如，高碳工具钢淬火后低温回火可得到高硬度、高耐磨性；中碳结构钢淬火后高温回火可得到强度、塑性、韧性良好配合的综合力学性能等。

4. 回火（temper）

钢件淬火后，为了消除内应力并获得所要求的性能，将其加热到相变温度以下的某一温度，保温一定时间，然后冷却到室温的热处理工艺叫做回火。回火紧接着淬火后进行，除等温淬火外，其他淬火零件都必须及时回火。按回火温度不同，可分为高温回火（500 ~ 650℃）、中温回火（300 ~ 500℃）和低温回火（150 ~ 300℃）三种。

淬火钢回火的目的主要是为了降低脆性，减少或消除内应力，防止工件变形或开裂；获得工件所要求的力学性能；稳定工件尺寸以及改善某些合金钢的切削性能等。

二、钢材的冷加工及时效处理

1. 钢材的冷加工强化处理

冷加工强化（cold-working strengthening）处理是指将钢材在常温下进行冷拉、冷拔或冷轧。

（1）冷拉

冷拉是将热轧钢筋用冷拉设备加力进行张拉，使之伸长。钢材经冷拉后屈服阶段缩短，伸长率降低，冲击韧性降低，材质变硬。

（2）冷拔

冷拔是将光圆钢筋通过硬质合金拔丝模孔强行拉拔。每次拉拔断面缩小应在 10% 以下。钢筋再冷拔过程中，不仅受拉，同时还受到挤压作用，因而冷拔的作用比纯冷拉作用强烈。经过一次或多次冷拔后的钢筋，表面光洁度高，屈服强度提高 40% ~ 60%，但塑性大大降低，具有硬钢的性质。

（3）冷轧

冷轧是将圆钢在冷轧机上轧成断面形状规则的钢筋，可提高其强度及与混凝土的粘结力。钢筋在冷轧时，纵向与横向同时产生变形，因而能较好地保持其塑性和内部结构均匀性。

土木工程中大量使用的钢筋采用冷加工强化具有明显的经济效益。经过冷加工的钢材，可适当减小钢筋混凝土结构设计截面或减小混凝土中配筋数量，从而达到节约钢材、降低成本的目的。钢筋冷拉还有利于简化施工工序。但冷拔钢丝的屈强比较大，相应的安全储备较小。

2. 时效处理

钢材冷加工后，在常温下存放 15～20d 或加热至 100～200℃，保持 2h 左右，其屈服强度、抗拉强度及硬度明显提高，而塑性及韧性明显降低，弹性模量则基本恢复，这个过程称为时效处理（aging treatment）。

时效处理方法有两种：在常温下存放 15～20d，称为自然时效，适合用于低强度钢筋；加热至 100～200℃后保持一定时间，称为人工时效，适合于高强钢筋。由于时效过程中内应力的消减，故弹性模量可基本恢复到冷加工前的数值。钢材的时效是普遍而长期的过程，有些未经冷加工的钢材，长期存放后也会出现时效现象。冷加工只是加速了时效发展进度。

钢材经冷加工及时效处理后，其应力-应变关系变化的规律，可明显地在应力-应变图上得到反映。如图 8-14 所示，$OABCD$ 为未经冷拉和时效试件的曲线。当试件冷拉至超过屈服强度的任意一点 K，卸去荷载，此时由于试件已产生塑性变形，则曲线沿 KO' 下降，KO' 大致与 AO 平行。如立即再拉伸，则 σ-ε 曲线将成为 O' KCD（虚线）曲线，屈服强度由 B 点提高到 K 点。但如在 K 点卸荷后进行时效处理，然后再拉伸，则 σ-ε 曲线将成为 O' $K_1C_1D_1$ 曲线，这表明冷拉时效后，屈服强度和抗拉强度均得到提高，但塑性和韧性则相应降低。钢材经冷加工及时效处理后，屈服强度可提高 20%～50%，节约钢材 20%～30%。

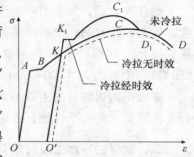

图 8-14　钢材经冷加工时效后的应力-应变图的变化

第五节　建筑钢材标准与选用

建筑钢材可分为钢结构用钢和钢筋混凝土结构用钢两大类。

一、主要钢种

1. 碳素结构钢（carbon structural steel）

碳素结构钢包括一般结构钢工程中用热轧钢板、钢带、型钢等。现行国家标准《碳素结构钢》（GB 700—88）具体规定了它的牌号表示方法、代号和符号、技术要求、试验方法和检验规则等。

（1）牌号表示方法

按照国家标准《碳素结构钢》（GB 700—2006）中的规定，碳素结构钢的牌号表示方法由代表屈服点的字母 Q、屈服点数值 MPa、质量等级和脱氧程度四个部分组成。碳素结构钢按屈服点的数值（MPa）分为 195、215、235、275 五个等级；按硫、磷杂质的含量由多到少分为 A、B、C、D 四个质量等级；按脱氧程度不同分为特殊镇静钢（TZ）、镇静钢（Z）和沸腾钢（F）。对于镇静钢和特殊镇静钢，在钢的牌号中予以省略。如 Q235AF，表示屈服点不小于 235MPa 的 A 级沸腾钢；Q235C，表示屈服点不小于 235MPa 的 C 级镇静钢。

（2）技术要求

碳素结构钢的化学成分、力学性能和冷弯试验应分别符合表8-1、表8-2、表8-3的要求。

表8-1　碳素结构钢的化学成分（GB/T 700—2006）

牌　号	统一数字代号	等级	厚度（或直径）（mm）	化学成分（%）					脱氧方法
				C	Mn	Si	S	P	
				≤					
Q195	U11952	—	—	0.12	0.50	0.30	0.035	0.040	F、Z
Q215	U12152	A	—	0.15	1.20	0.35	0.045	0.050	F、Z
	U12155	B					0.045	0.045	
Q235	U12352	A		0.22	1.40	0.35	0.045	0.050	F、Z
	U12355	B	—	0.20			0.045	0.045	
	U12358	C		0.17			0.040	0.040	Z
	U12359	D					0.035	0.035	TZ
Q275	U12752	A	—	0.24	1.50	0.35	0.045	0.050	F、Z
	U12755	B	≤40	0.21			0.045	0.045	Z
			>40	0.22					
	U12758	C		0.20			0.040	0.040	Z
	U12759	D					0.035	0.035	TZ

注：①沸腾钢牌号的统一数字代号如下：Q195F—U11950；Q215AF—U12150，Q215BF—U12153；Q235AF—U12350，Q235BF—U12353；Q275AF—U12750。②经需方同意，Q235B的碳含量可不大于0.22%。

表8-2　碳素结构钢的力学性能（GB/T 700—2006）

牌号	等级	拉伸试验												冲击试验	
		屈服点 σ_S（N·mm^{-2}）						抗拉强度 σ_b（N·mm^{-2}）	伸长率 σ_5（%）						V形冲击功（纵向）（J）
		钢材厚度（直径）（mm）							钢材厚度（直径）（mm）					温度（℃）	
		≤16	>16～40	>40～60	>60～100	>100～150	>150～200		≤40	>40～60	>60～100	>100～150	>150～200		
		≥							≥						≥
Q195	—	195	185	—	—	—	—	315～430	33	—	—	—	—	—	—
Q215	A	215	205	195	185	175	165	335～450	31	30	29	27	26	—	—
	B													+20	27
Q235	A	235	225	215	205	195	185	375～500	26	25	24	22	21	—	—
	B													+20	27
	C													0	
	D													−20	
Q275	A	275	265	255	245	235	215	410～540	22	21	20	18	17	—	—
	B													+20	27
	C													0	
	D													−20	

表 8-3　碳素结构钢的冷弯性能（GB 700—2006）

牌　号	试样方向	冷弯试验　180°　$B=2\alpha$	
		钢材厚度（直径）（mm）	
		≤60	>60 ~ 100
		弯心直径 d	
Q195	纵	0	—
	横	0.5α	
Q215	纵	0.5α	1.5α
	横	α	2α
Q235	纵	α	2α
	横	1.5α	2.5α
Q275	纵	1.5α	2.5α
	横	2α	3α

注：B 为试样宽度，α 为钢材厚度（直径）。

（3）各类牌号钢材的性能和用途

从表 8-2、表 8-3 中可知，随着钢号的增大，钢材含碳量增加，强度和硬度相应提高，而塑性和韧性则降低。

土木工程中主要使用 Q235 碳素结构钢。Q235 号钢具有较高的强度、良好的塑性、韧性和加工性能，时效敏感性小，综合性能好。因而能满足一般钢结构和钢筋混凝土用钢要求，且成本较低，可轧制成钢筋、型钢、钢板和钢管等。

Q195、Q215 号钢的强度低，塑性、韧性和冷加工性能好，常用作钢钉、铆钉、螺栓和铁丝等。Q215 号钢经冷加工后可代替 Q235 号钢使用。

Q255、Q275 号钢的强度高，但塑性、韧性和可焊性差，不易进行冷弯加工，可用于轧制带肋钢筋、螺栓、机械零件和工具等。

2. 优质碳素结构钢（high-quality carbon structural steel）

根据国家标准《优质碳素结构钢技术条件》（GB 699—1999）的规定，根据其含锰量不同可分为普通含锰量（含 Mn<0.8%，共 20 个钢号）和较高含锰量（含 Mn0.7% ~ 1.2%，共 11 个钢号）两组。

优质碳素结构钢的钢号用两位数字表示，它表示平均含碳量的万分数。含锰量较高时，在钢号后加注"Mn"。在优质碳素钢中，只有三个钢号属沸腾钢，应在钢号后加注"F"，其余均为镇静钢。例如：45Mn 即表示平均含碳量为 0.45%，较高含锰量的优质碳素结构钢。

优质碳素结构钢的特点是生产过程中对硫、磷等有害杂质控制较严（S<0.035%，P<0.035%），一般都用平炉、氧气转炉或电弧炉冶炼，脱氧程度大部分为镇静状态，因此质量较稳定。优质碳素结构钢的性能主要取决于含碳量，含碳量高则强度高，但塑性和韧性降低。

在建筑工程中，优质碳素结构钢主要用于重要结构的钢铸件及高强螺栓，常用 30 ~ 45

号钢。在预应力钢筋混凝土中常用 45 号钢制作锚具以及 65～80 号钢制作碳素钢丝、刻痕钢丝和钢绞线。

3. 低合金高强度结构钢（high strength low alloy structural steel）

在碳素结构钢的基础上，添加总量小于 5% 的一种或几种合金元素即得低合金高强度结构钢。所加合金元素主要有锰、硅、钒、钛、铌、镍及稀土元素。其目的是为了提高钢的屈服强度、抗拉强度、耐磨性、耐蚀性及耐低温性等。因此，低合金高强度结构钢是一种综合性能较为理想的建筑钢材，尤其在大跨度、承受动荷载和冲击荷载的结构中更为适用。另外，与使用碳素钢相比，可节约钢材 20%～30%。

根据国家标准《低合金高强度结构钢》（GB/T 1591—94）规定，共有五个牌号。其牌号的表示方法由屈服点字母 Q、屈服点数值、质量等级（A、B、C、D、E 五级）三个部分组成。

低合金高强度结构钢的化学成分和力学性能应符合表 8-4 和表 8-5 中的规定。

表 8-4　低合金高强度结构钢的化学成分（GB/T 1591—94）

牌号	质量等级	化学成分（%）										
		C≤	Mn	Si	P≤	S≤	V	Nb	Ti	Al≥	Cr≤	Ni≤
Q295	A	0.16	0.80～1.50	0.55	0.045	0.045	0.02～0.15	0.015～0.060	0.02～0.20	—		
	B	0.16			0.040	0.040				—		
Q345	A	0.20	1.00～1.60	0.55	0.045	0.045	0.02～0.15	0.015～0.060	0.02～0.20			
	B	0.20			0.040	0.040						
	C	0.20			0.035	0.035				0.015		
	D	0.18			0.030	0.030				0.015		
	E	0.18			0.025	0.025				0.015		
Q390	A	0.20	1.00～1.60	0.55	0.045	0.045	0.02～0.20	0.015～0.060	0.02～0.20		0.30	0.70
	B	0.20			0.040	0.040						
	C	0.20			0.035	0.035				0.015		
	D	0.20			0.030	0.030				0.015		
	E	0.20			0.025	0.025				0.015		
Q420	A	0.20	1.00～1.70	0.55	0.045	0.045	0.02～0.20	0.015～0.060	0.02～0.20		0.40	0.70
	B	0.20			0.040	0.040						
	C	0.20			0.035	0.035				0.015		
	D	0.20			0.030	0.030						
	E	0.20			0.025	0.025				0.015		
Q460	C	0.20	1.00～1.70	0.55	0.030	0.030	0.02～0.20	0.015～0.060	0.02～0.20	0.015	0.70	0.70
	D	0.20								0.015		
	E	0.20			0.025	0.025				0.015		

注：表中的 Al 为全铝含量。如化验酸溶铝时，其含量应不小于 0.010%。

表 8-5　低合金高强度结构钢的力学性能（GB/T 1591—94）

牌号	质量等级	屈服点 σ_S（MPa）				抗拉强度 σ_b（MPa）	伸长率 δ_S（%）	冲击功（AkV）（纵向）（J）				180°弯曲试验 d = 弯心直径；α = 试样厚度（直径）	
		厚度（直径，边长）（mm）						+20℃	0℃	-20℃	-40℃	钢材厚度（直径）（mm）	
		≤15	16~35	35~50	50~100							≤16	>16~100
		不小于						不小于					
Q295	A	295	275	255	235	390~570	23					d = 2α	d = 3α
	B						23	34					
Q345	A	345	325	295	275	470~630	21					d = 2α	d = 3α
	B						21	34					
	C						22		34				
	D						22			34			
	E						22				27		
Q390	A	390	370	350	330	490~650	19					d = 2α	d = 3α
	B						19	34					
	C						20		34				
	D						20			34			
	E						20				27		
Q420	A	420	400	380	360	520~680	18					d = 2α	d = 3α
	B						18	34					
	C						19		34				
	D						19			34			
	E						19				27		
Q460	C	460	440	420	400	550~720	17		34			d = 2α	d = 3α
	D						17			34			
	E						17				27		

　　低合金结构钢主要用于轧制型钢、钢板来建造桥梁、高层及大跨度建筑。在重要的钢筋混凝土结构或预应力钢筋混凝土结构中，主要应用低合金钢加工成的热轧带肋钢筋。

二、钢结构用钢材

1. 钢材的种类

　　钢结构构件一般应直接选用各种型钢，构件之间可直接连接或附以钢板进行连接。连接方式有铆接、螺栓连接或焊接。钢结构用钢材主要选用碳素结构钢和低合金高强度结构钢，类型主要是型钢和钢板。型钢和钢板的成型有热轧和冷轧两类。

　　（1）热轧型钢（hot-rolled section steel）

　　热轧型钢有角钢、工字钢、槽钢、T 形钢、H 形钢、Z 形钢等。

我国建筑用热轧型钢主要采用碳素结构钢 Q235-A（含碳量约为 0.14% ~ 0.22%），其强度适中，塑性和可焊性较好，成本低，适合土木工程使用。在钢结构设计规范中，推荐使用的低合金高强度结构钢主要有两种：Q345 和 Q390，用于大跨度、承受动荷载的钢结构中。采用低合金结构钢可减轻结构的重量，延长使用寿命，特别是大跨度、大柱网结构技术经济效果更显著。

（2）冷弯薄壁型钢（cold-rolled lightweight section steel）

冷弯薄壁型钢通常用 2 ~ 6mm 薄钢板冷弯或模压而成，有角钢、槽钢等开口薄壁型钢及方形、矩形等空心薄壁型钢，主要用于轻型钢结构。

（3）钢板和压型钢板（steel plate and profiled steel sheet）

钢板是用碳素结构钢和低合金钢轧制而成的扁平钢材。以平板状态供货的称钢板，以卷状供货称钢带。厚度大于 4mm 以上为厚板，厚度小于或等于 4mm 的为薄板。可热轧或冷轧生产。

热轧碳素结构钢厚板是钢结构的主要用材。薄板用于屋面、墙面或压型板的原料等。低合金钢厚板用于重型结构、大跨度桥梁和高压容器等。

压型钢板用薄板经冷压或冷轧成波形、双曲形、V 形等，制成彩色、镀锌、防腐等薄板。其质量轻、强度高、抗震性能好、施工快、外形美观等特点。主要用于围护结构、楼板、屋面等。

2. 钢材的选用原则

土木工程中钢筋混凝土用钢材和钢结构用钢材，主要根据结构的重要性、荷载性质（动荷载或静荷载）、连接方法（焊接或铆接）、温度条件（正温或负温）等，综合考虑钢种或钢号、质量等级和脱氧程度等选用，以保证结构的安全。

对经常承受动力或振动荷载的结构，易产生应力集中，引起疲劳破坏，需选用材质高的钢材。经常处于低温状态的结构，钢材易发生冷脆断裂，特别是焊接结构，冷脆倾向更为明显，应选用具有良好塑性和低温冲击韧性的钢材。钢材的力学性能一般随其厚度增大而降低，钢材经多次轧制后，钢的内部结晶组织更为紧密，强度更高，质量更好。因此，一般结构用钢材厚度不宜超过 40mm。焊接结构在温度变化和受力性质改变时，易导致焊缝附近的母体金属出现冷、热裂纹，促使结构早期破坏。所以，焊接结构对钢材的化学成分和机械性能要求应较严。

三、钢筋混凝土用钢材

钢筋混凝土结构用的钢筋和钢丝主要由碳素结构钢和低合金结构钢轧制而成。主要品种有热轧钢筋、冷拉钢筋、热处理钢筋、冷拔低碳钢丝、冷轧带肋钢筋、预应力混凝土用钢丝和钢绞线。

1. 热轧钢筋（hot-rolled bar）

热轧钢筋是建筑工程中用量最大的钢材品种之一，主要用于钢筋混凝土结构和预应力钢筋混凝土结构的配筋。

热轧钢筋按其轧制外形分为光圆钢筋和带肋钢筋。带肋钢筋通常为圆形横截面，且表面通常带有两条纵肋和沿长度方向均匀分布的横肋。按肋纹的形状分为月牙肋和等高肋。月牙肋的纵横肋不相交，而等高肋则纵横相交。月牙肋钢筋有生产简便、强度高、应力集中、敏感性小、疲劳性能好等优点，但其与混凝土的粘结性能不如等高肋钢筋。按国家规范《钢筋混凝土用热轧光圆钢筋》（GB 13013—91）和《钢筋混凝土用钢第 2 部分：热轧带肋钢筋》（GB 1499.2—2007），热轧钢筋的力学性能和工艺性能应符合表 8-6 的规定。

表 8-6　热轧钢筋的力学性能和工艺性能（GB 1499.2—2007）

表面形状	强度等级代　号	公称直径（mm）	屈服点 σ_S（MPa）	抗拉强度 σ_b（MPa）	伸长率 δ_S（%）	冷弯 180° 弯芯直径 a（mm）
				不小于		
光圆	HPB235	8 ~ 20	235	370	25	d
带肋	HRB335 HRBF335	6 ~ 25	335	455	17	3d
		28 ~ 40				4d
		>40 ~ 50				5d
带肋	HRB400 HRBF400	6 ~ 25	400	540	16	4d
		28 ~ 40				5d
		>40 ~ 50				6d
带肋	HRB500 HRBF500	6 ~ 25	500	630	15	6d
		28 ~ 40				7d
		>40 ~ 50				8d

注：HRB 表示普通热轧带肋钢筋；HRBF 表示细晶粒热轧带肋钢筋。

2. 预应力混凝土用热处理钢筋（heat-treated steel bar used for prestressed concrete）

预应力混凝土用热处理钢筋指用热轧中碳低合金钢筋经淬火、回火调质处理的钢筋。通常有直径为 6mm、8.2mm、10mm 三种规格，其抗拉强度 $\sigma_b \geq 1470$MPa，屈服点 $\sigma_{0.2} \geq 1325$MPa，伸长率 $\delta_{10} \geq 6\%$。

预应力混凝土用热处理钢筋按外形分为有纵肋和无纵肋两种，但都有横肋。热处理钢筋不能用电焊切断，也不能焊接，以免会引起强度下降或脆断。热处理钢筋在预应力结构中使用，具有与混凝土粘结性能好，应力松弛率低，施工方便等优点。

3. 冷轧扭钢筋（cold-rolled-twisted bar）

冷轧扭钢筋是采用 Q235 低碳钢热轧盘圆条，经冷轧扁和冷扭而成的具有连续螺旋状的钢筋。其刚度大，不易变形，与混凝土的握裹力大，无须再加工（预应力或弯钩），可直接用于混凝土工程，节约钢材 30%。使用冷轧扭钢筋可减小板的设计厚度、减轻自重，施工时可按需要将成品钢筋直接供应现场铺设，免除现场加工钢筋。冷轧扭钢筋主要适用于板和小梁等构件，其抗拉强度 $\sigma_b \geq 580$MPa，伸长率 $\delta_{10} \geq 4.5\%$。

4. 预应力混凝土用钢丝及钢绞线（steel wire and steel strand used for prestressed concrete）

预应力混凝土用钢丝是用优质碳素钢经过冷拉加工、绞捻和热处理消除应力等工艺制成，是预应力钢筋混凝土的专用钢丝。

根据国家规范《预应力混凝土用钢丝》（GB/T 5223—2002）的规定，碳素钢丝分为冷拉钢丝（代号 WCD）、消除应力钢丝。消除应力钢丝又分为低级松弛应力钢丝（代号 WLR）和普通松弛应力钢丝（代号 WNR）。钢丝根据外形分为光圆钢丝（代号 P）、螺旋肋钢丝（代号 H）和刻痕钢丝（代号 I）三种。消除应力钢丝比冷拉钢丝的塑性和韧性好，螺旋肋钢丝、刻痕钢丝比光圆钢丝与混凝土的粘结力好。

预应力混凝土用钢丝具有较好的柔韧性，质量稳定，施工方便，使用时可根据要求的长度进行切断。它适用于大荷载、大跨度和曲线配筋的预应力钢筋混凝土结构。

钢绞线是由 2 根、3 根或 7 根高强碳素钢丝经绞捻和热处理后制成，也是预应力钢筋混凝土的专用产品。钢绞线主要用于大跨度、重负荷的后张法预应力屋架、桥梁、薄腹梁等结构的预应力钢筋。

四、钢材的锈蚀与防止

1. 钢材的锈蚀

钢材的锈蚀（corrosion）指钢的表面与周围介质发生化学反应而遭到的破坏。锈蚀可发生于许多引起锈蚀的介质中，如湿润空气、土壤、工业废气等。温度提高，锈蚀加速。

锈蚀不仅使钢材的有效截面积减小，浪费钢材，而且会形成程度不等的锈坑、锈斑，造成应力集中，加速结构破坏。若受到冲击荷载、循环交变荷载作用，将产生锈蚀疲劳现象，使钢材的疲劳强度大大降低，甚至出现脆性断裂。

根据钢材表面于周围介质的不同作用，锈蚀可分为下述两类：

（1）化学锈蚀（chemical corrosion）

钢材表面与周围介质直接发生化学反应而产生的锈蚀称为化学锈蚀。这种锈蚀多数是氧化作用，使钢材表面形成疏松的氧化物。在常温下，钢材表面形成一薄层钝化能力很弱的氧化保护膜 FeO。在干燥环境下，锈蚀发展缓慢，但在温度或湿度较高的环境条件下，这种锈蚀发展很快。

（2）电化学锈蚀（electrochemical corrosion）

由于金属表面形成原电池而产生的锈蚀称为电化学锈蚀。建筑钢材在存放和使用中发生的锈蚀主要属于这一类。钢材本身含有铁、碳等多种成分，由于这些成分的电极电位不同，形成许多微电池。在潮湿空气中，钢材表面将覆盖一层薄的水膜。在阳极区，铁被氧化成 Fe^{2+} 离子进入水膜，因为水中溶有空气中的氧。故在阴极区氧将被还原为 OH^- 离子，两者结合成为不溶于水的 $Fe(OH)_2$，并进一步氧化成为疏松而易剥落的红棕色铁锈 $Fe(OH)_3$。

2. 钢材锈蚀的防止措施

（1）保护层

在钢材表面施加保护层，使其与周围介质隔离，从而防止锈蚀。保护层可分为两大类：非金属保护层和金属保护层。

非金属保护层是在钢材表面涂刷有机或无机物质。钢结构防锈常用的方法是在表面刷漆，常用底漆有红丹、环氧富锌漆、铁红环氧底漆等；面漆有调和漆、醇酸磁漆等。此方法简单易行，但不耐久。此外，还可采用塑料保护层、沥青保护层及搪瓷保护层等。

金属保护层是用耐蚀性较强的金属，以电镀或喷镀的方法覆盖在钢材表面，如镀锌、镀锡、镀铬等。

（2）制成合金钢

钢材的化学成分对耐锈蚀性有很大的影响。如在钢中加入合金元素铬、镍、钛、铜制成不锈钢，可以提高耐锈蚀的能力。

（3）混凝土配筋的防锈措施

钢筋混凝土配筋的防锈，主要是根据结构的性质和所处的环境条件等来确定。考虑到混凝土的质量要求，限制水灰比和水泥用量，加强施工管理，保证混凝土的密实度、保证足够的保护层厚度、限制氯盐外加剂的掺加量和保证混凝土一定的碱度等。还可掺用阻锈剂。

第六节 其他金属材料

一、铝和铝合金

1. 铝合金的特性及分类

铝在自然界中主要以化合物的状态存在。铝矿石有铝土矿、尖晶石、正长石、云母等，都是冶炼铝的重要原料。通常所说的金属铝即指经工业开采出来的纯铝，其熔点为 660℃，结晶后具有面心立方晶格，无同素异构转变。铝与氧的亲和力很强，在空气中可形成致密的氧化膜（Al_2O_3），具有良好的抗大气腐蚀能力，但铝不能耐酸、碱、盐的腐蚀。由于铝的强度较低，为提高其强度，可通过冷变形加工硬化方法，但最有效的方法是加入合金元素（如硅、铜、镁及稀土元素等），从而形成铝合金（aluminium alloy）。

（1）铝和铝合金的特性

①密度低、比强度高：纯铝的密度只有 $2.7g/cm^3$，仅为铁的 1/3。铝合金的密度也很小，采用各种强化手段后，铝合金可以达到与低合金钢相近的强度，因此比强度比一般高强钢的高。

②优良的物理、化学性能：铝的导电性好，仅次于银、铜和金，居第四位。室温电导率约为铜的 64%。铝及铝合金具有相当好的抗大气腐蚀能力。

③加工性能良好：铝和铝合金（退火状态）的塑性很好，可以冷拔成细丝，切削性能也很好。高强铝合金加工后经热处理，可达到很高的强度。铸造铝合金的铸造性能极好。

④纯铝的强度很低（$\sigma_b = 80 \sim 100MPa$），冷变形加工硬化后强度可提高到 $\sigma_b = 150 \sim 250MPa$，但其塑性却下降到 ψ 为 50% ~60%。

（2）铝合金的分类

根据成分及制造工艺，铝合金分变形铝合金和铸造铝合金两类。土木工程中主要用变形铝合金。变形铝合金包括防锈铝合金、硬铝合金、超硬铝合金及锻铝合金四种。

①防锈铝合金的主要合金元素是锰和镁。锰的主要作用是提高抗蚀能力，并起固溶强化作用；镁亦有固溶强化作用，同时降低密度。防锈铝合金锻造退火后是单相固溶体，抗蚀性能高，塑性好。这类合金不能进行时效强化，属于不可热处理强化的铝合金，但可冷变形，利用加工硬化提高强度。主要用于受力不大、要求耐腐蚀、表面光洁的构件和管道等。

②硬铝合金属于 Al-Cu-Mg 系合金，另含有少量 Mn。这类合金可进行热处理强化，也可进行形变强化，主要用于门窗、货架、柜台等的型材。

③超硬铝合金为 Al-Mg-Zn-Cu 系合金，并含有少量的 Cr，主要用于承重构件和高荷载零件。

④锻铝合金为 Al-Cu-Mg-Ni-Fe 系合金，主要用于中等荷载的构件。

变形铝合金可进行热轧、冷轧、冲压、挤压、弯曲、卷边等加工，制成不同形状和不同尺寸的型材、线材、管材、板材等。

2. 常用铝合金制品

（1）铝合金门窗

铝合金门窗是将按特定要求成型并经表面处理的铝合金型材，经下料、打孔、铣槽、攻丝等加工，制得门窗框料构件，再加连接件、密封件、开闭五金件等一起组合装配而成。铝合金门窗尽管其造价较高，但由于长期维修费用低，强度及抗风压力较高、质量轻、密封性好且造型、色彩、玻璃镶嵌、密封材料和耐久性等均比钢、木门窗有着明显的优势，所以得到了广泛应用。

铝合金门窗按其结构与开启方式可分为：推拉窗（门）、平开窗（门）、悬挂窗、回转窗、百叶窗、纱窗等。铝合金门窗产品通常要满足强度、气密性、水密性、隔热性、隔声性、开闭力性能方面的要求。

土木工程中用铝合金制品的标准主要有：《平开铝合金门》（GB 8478—87）、《平开铝合金窗》（GB 8479—87）、《推拉铝合金门》（GB 8480—87）、《推拉铝合金窗》（GB 8481—87）和《铝合金弹簧门》（GB 8482—87）等。铝合金门窗的产品代号和规格见表 8-7 及表 8-8 所示。

表 8-7　铝合金门窗产品代号

产品名称	平开铝合金窗		平开铝合金门		推拉铝合金窗		推拉铝合金门	
	不带纱窗	带纱窗	不带纱窗	带纱窗	不带纱窗	带纱窗	不带纱窗	带纱窗
代号	PLC	APLC	PLM	SPLM	TLC	ATLC	TLM	STLM
产品名称	滑轴平开窗	固定窗		上悬窗	中悬窗	下悬窗		主转窗
代号	HPLC	GLC		SLC	CLC	XLC		LLC

表 8-8　铝合金门窗规格

名　称	同口尺寸（mm）		厚度基本尺寸系列（mm）
	高	宽	
平开铝合金窗	600　900　1200 1500　1800　2100	600　900　1200 1500　1800　2100	40　45　50　55 60　65　70
平开铝合金门	2100　2400　2700	800　900　1000 1200　1500　1800	40　45　50　55 60　70　80
推拉铝合金窗	600　900　1200 1500　1800　2100	1200　1500　1800 2100　2400　2700　3000	40　55　60　70 80　90
推拉铝合金门	2100　2400　2700　3000	1500　1800　2100 2400　2700　3000	70　80　90

（2）铝合金幕墙板

铝合金幕墙板的种类主要有铝塑复合板、单层铝板和蜂巢复合铝板。

①铝塑复合板：又名铝塑板，是由铝板作为表层，以聚乙烯（PE）或聚氯乙烯（PVC）作为芯层或底层经过加工复合（以热复合为优）而成。

铝塑复合板有三层（铝-塑-铝）和两层（铝-塑）两种结构。前者又称双面铝塑板，后者又称单面铝塑板。

双面铝塑板为外墙板，厚度有 3mm、4mm、6mm，每层铝板厚度不小于 0.5mm。作为幕墙的铝塑板常用厚度为 4~6mm，以夹聚乙烯塑料为优，经采用氟碳烤漆进行表面处理后具有不吸附灰尘的自洁性，外观光洁平整，价格适中，可保持 20 年不褪色。

单面铝塑板为内墙板，不能用于幕墙装饰，主要用于室内墙面、顶棚装饰及广告标牌等饰面，厚度为 3mm 左右，其中铝板厚度不小于 0.2mm。

铝塑板的规格主要为 1220mm×2440mm。

②单层铝板：由纯铝或合金铝板制成，合金铝板强度高，重量轻，因此国内以合金铝板制作幕墙居多。单层铝板厚度为 2~4mm，需在工厂由钣金工按单元尺寸、形状加工，装加强筋后再作铝板表面处理和氟碳烤漆涂装。该板材可在工厂加工成复杂的形状，使板面有变化更富有装饰性，具有良好的整体性和耐久性。

③蜂巢复合铝板：又称蜂巢铝板，是由两块铝板中间夹 5~45mm 铝蜂巢，通过专门的工艺用胶在一定的温度下压制而成。铝板厚度为 0.6~1.5mm，蜂巢铝板的厚度为 10~70mm，也需在工厂加工，它是内、外铝板先涂装后，钣金加工、切割，装夹层蜂巢，内、外铝板涂胶压制而成。其平整度和刚度较好，可实现较大板块，并且抗风压强度大，自重轻、保温、隔热、隔音等性能均较优良。但加工较困难，价格较高。

二、铜和铜合金

自然界中的铜分为自然铜、氧化铜矿和硫化铜矿。自然铜及氧化铜的储量较少，现在世界上 80% 以上的铜都是从硫化铜矿中精炼出来的。通常所说的金属铜即为工业纯铜，又称紫铜。为提高铜的强度，并同时保持纯铜的其他优良性质，往铜中加入一些如锌、锡、铅等合金元素后，便得到铜合金（cuprum alloy）。

1. 紫铜（工业纯铜）

工业纯铜呈紫红色，常称紫铜，其熔点为 1083℃，密度是 8.9g/cm³，为镁的 5 倍，比普通钢还重 15%。紫铜具有优良的导电性、导热性、耐腐蚀性和易加工性。紫铜可压制成铜片和线材，由于强度低，不适合作结构材料。

2. 铜合金

铜合金一般分为黄铜、青铜和白铜三大类。土木工程中常用黄铜、青铜。

（1）黄铜

含锌量低于 50%，以锌为唯一的或主要的合金元素的铜合金称为黄铜。按照化学成分，黄铜分为普通黄铜和复杂黄铜两种。

普通黄铜是铜锌二元合金。其力学性能随铜的质量分数变化。复杂黄铜是为了获得更高的强度、抗蚀性和良好的铸造性能，在铜锌合金中加入铝、铁、硅、锰、镍等元素而形成。黄铜不仅有良好的变形加工性能，还具有优良的铸造性能。黄铜的耐蚀性较好，与纯铜接近，超过铁、碳钢以及许多合金钢。

黄铜常用于扶手、把手、门锁、纱窗、卫生器具、五金配件等方面。普通黄铜粉用于调制装饰材料，代替金粉使用。

（2）青铜

青铜原指铜锡合金，但工业上习惯统称含 Al、Si、Pb、Be、Mn 等的铜基合金为青铜，所以青铜包括锡青铜、铝青铜和铍青铜三类。青铜强度较高，硬度大，耐磨性、耐腐蚀性好，主要用于板材、管材、弹簧、螺栓和机械零件。

三、铸铁

铸铁（cast iron）是含碳量大于 2.06% 的铁碳合金。它是以铁、碳、硅为主要组成元素并比碳素钢含有较多的锰、硫、磷等杂质的多元合金。有时为了提高铸铁的机械性能或物理、化学性能，还可加入一定量的合金元素，得到合金铸铁。土木工程中常用灰口铸铁（断口呈暗灰色）。

铸铁抗压强度较高，铸造性能良好，但性脆，无塑性，抗拉和抗弯强度不高，不适用于结构材料，常用于排水沟、地沟、窨井等的盖板、铸铁水管、暖气片及零部件、门、窗、栏杆、栅栏等。

复习思考题

1. 试解释下列钢牌号的含义：

  （1）Q235-A   （2）Q255-Bb   （3）Q420-D   （4）Q460-C

2. 何谓屈强比？说明钢材的屈服点和屈强比的实用意义，并解释 $\sigma_{0.2}$ 的含义。

3. 钢中的主要有害元素有哪些？它们造成危害的原因是什么？

4. 钢材的主要力学性能有哪些？试述它们的定义和测定方法。

5. 何为冷加工、冷加工时效？冷加工、冷加工时效后钢材的性质发生了哪些变化？

6. 钢材的脱氧程度对钢的性能有何影响？

7. 低碳钢在拉伸试验时，在应力-应变图上分哪几个阶段？

8. 何谓镇静钢和沸腾钢？它们有何优缺点？

9. 钢材的冲击韧性与哪些因素有关？何为冷脆临界温度和时效敏感性？

10. 试述钢材锈蚀的原因与防锈措施。

11. 直径为 16mm 的钢筋，截取两根试样作拉伸试验，达到屈服点的荷载分别为 72.3kN 和 72.2kN，拉断时的荷载分别为 104.5kN 和 108.5kN。试样标距长度为 80mm，拉断后的标距长度分别为 96mm 和 94.4mm。问该钢筋属何牌号？

12. 伸长率表示钢材的什么性质？如何计算？对同一种钢材来说，δ_5 和 δ_{10} 哪个值大，为什么？

13. 钢材冷弯性能有何实用意义？冷弯试验的主要规定有哪些？什么是可焊性？哪些因素对可焊性有影响？

14. 简述铝合金的分类。建筑工程中常用的铝合金制品有哪些？其主要技术性能如何？

第九章 木 材

木材是一种天然的建筑材料，轻质高强、易加工，隔热、隔声、绝缘性好，弹性和塑性好，具有优良的性质，能承受冲击和振动。但也存在有一些缺陷，如构造不均匀性，各向异性，易吸湿变形，耐久性较差，易燃、易腐，天然疵病较多等。随着人造建筑材料的发展，木材用于结构逐渐减少，但由于其具有独特的天然花纹，装饰性好，目前被广泛用作装饰与装修材料。建筑工程中所用木材主要来自树木的树干部分。树木的生长非常缓慢，而木材的使用需求量较大，因此，对木材的节约使用与综合利用显得尤为重要。

本章主要介绍木材的分类、构造、物理力学性质以及木材的处理方法，简要介绍木材的应用。通过本章学习，应掌握木材的性质及应用。

第一节 木材的分类与构造

一、木材的分类

木材（lumber）可以按树木成长的状况分为外长树木材和内长树木材。外长树是指树干的成长是向外发展的，由细小逐渐长粗成材，且成长情况因季节气候差异而有所不同，因而形成年轮。内长树的成长则主要是内部木质的密实。热带地区木材几乎全为内长树木材。

由树叶的外观形状可将木材分为针叶树木材和阔叶树木材。针叶树树干通直而且高大，纹理平顺，树质较为均匀，木质较软，又称软木。其强度较高，材质较轻，胀缩变形较小，耐腐蚀性较强，在工程中广泛用作承重构件。常用树种有松木、杉木、柏木等。阔叶树树干通直部分较短，材质较硬，加工较难，又称硬木。其强度高，一般较重，纹理显著，胀缩变形较大，易翘曲、开裂。常用作尺寸较小的构件及装修材料。常用树种有榆木、柞木、水曲柳等。

按木材加工的不同，可以分为原木、板材和枋材三类。原木是指去皮去枝梢后，按一定规格锯成一定长度的材料；板材是指宽度为厚度三倍或三倍以上的木料；枋材则指宽度不足厚度三倍的木料。

二、木材的构造

木材的构造是决定木材性能的重要因素。由于树种的差异和生长环境的不同，各种木材的构造差异也很大。木材的构造分为宏观构造和微观构造。

1. 木材的宏观构造

木材的宏观构造是指用肉眼或借助低倍放大镜所能观察到的木材组织，亦称木材的粗视特征。根据木材各向异性的特点，我们可以从树干的三个切面上来剖析其宏观构造，此三切面分别为横切面（垂直于树轴的切面）、径切面（通过树轴的纵切面）和弦切面（平行于树轴的纵切面），如图9-1所示。由径切面上可看到，树干是由树皮、木质部和髓心三部分组成。

（1）树皮

树皮是指木材外表面的整个组织，起保护树木作用，建筑上用途不大，可用作造纸原料。针叶树材树皮一般呈红褐色，阔叶树材多呈褐色。

（2）木质部

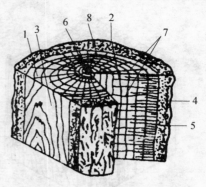

图9-1　木材的宏观构造
1—横切面；2—径切面；3—弦切面；4—树皮；
5—木质部；6—髓心；7—髓线；8—年轮

木质部是髓心和树皮之间的部分，即木材的主体。木质部是木材作为建筑材料使用的主要部分。木材的构造主要就是指木质部的构造。许多树木的木质部接近树干中心的部分颜色较深，称为心材。心材是由树干中心部分角落的细胞，随着树龄的增加而逐渐失去活性机能所形成的，仅起支持树干的力学作用。心材湿涨干缩变形较小，抗腐蚀能力较强。心材外部颜色较浅的部分称为边材，它是由负担运输与储存养料的活细胞所组成。

从横切面上可以看到深浅相间的同心圆环，即为年轮。在同一年轮内，春天生长的木质，色浅质软，称为春材（早材）；夏秋两季生长的木质，色深质硬，称为夏材（晚材）。同一树种，年轮越密实而均匀，材质越好；夏材部分越多，木材强度越高。

（3）髓心

在树干中心由第一轮年轮组成的初生木质部分称为髓心。其细胞已无活性机能，材质松软，强度低，易腐朽开裂。

从髓心向外呈放射状穿过年轮的线条，称为髓线，木材弦切面上髓线呈长短不一的纵线，在径切面上则形成宽度不一的射线斑纹。髓线与周围细胞结合力弱，木材干燥时易沿髓线开裂。

2. 木材的微观结构

在显微镜下观察到木材的三个切面上的细胞排列，90%都是由纵向空心管状细胞紧密结合而成，少数呈横向排列（如髓线）。每个细胞分为细胞壁和细胞腔两部分。细胞壁由纤维素（约占50%）、半纤维素（约占24%）和木质素（约占25%）组成。其间微小的间隙能吸收和渗透水分，细纤维的纵向联结较横向牢固。细胞壁越厚，细胞腔越小，木材越密实，表观密度和强度越大，但胀缩也大。与春材相比，夏材的细胞壁较厚，细胞腔较小，因而夏材的构造比春材密实。

针叶树材的微观结构简单而规则，主要是由管胞和髓线组成，其髓线较细小，不很明显（图9-2）。阔叶树材的微观结构较复杂，主要由导管、木纤维和髓线组成（图9-3）。其髓线很发达，粗大而明显。有无导管和髓线是阔叶树材和针叶树材微观结构上的重要差别。阔叶树材因导管大小和分布不同而分为环孔材和散孔材。环孔材的早材导管大于晚材导管，沿年轮呈环状排列，如图9-4所示；散孔材早材与晚材的导管大小无明显差别，均较小，分布均匀，故不显年轮，如图9-5所示。

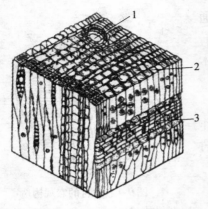

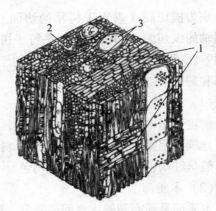

图 9-2　马尼松的微观构造　　　　　　　图 9-3　柞木的微观构造
1—树脂道；2—管胞；3—髓线　　　　　1—髓线；2—木纤维；3—导管

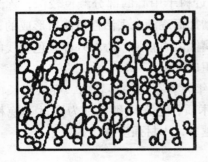

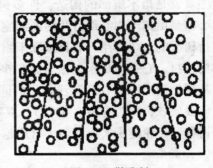

图 9-4　环孔材　　　　　　　　　　图 9-5　散孔材

第二节　木材的性质

一、化学性质

　　纤维素、半纤维素、木质素是木材细胞壁的主要组成，其中纤维素占 50% 左右。此外，还有少量的油脂、树脂、果胶质、蛋白质、无机物等。由此可见，木材的组成主要是一些天然高分子化合物。

　　木材的化学性质复杂多变。在常温下木材对稀的盐溶液、稀酸、弱碱有一定的抵抗能力，但随着温度升高，木材的抵抗能力显著降低。而强氧化性的酸、强碱在常温下也会使木材发生变色、湿胀、水解、氧化、酯化、降解交联等反应。在高温下即使是中性水也会使木材发生水解等反应。

　　木材的上述化学性质也正是木材某些处理、改性以及综合利用的工艺基础。

二、物理性质

1. 密度与表观密度

　　木材的密度各树种相差不大，一般为 $1.48 \sim 1.56 \mathrm{g/cm^3}$。

　　木材的表观密度则随木材孔隙率、含水量以及其他一些因素的变化而不同。一般有气干表观密度、绝干表观密度和饱水表观密度之分。木材的表观密度越大，其湿胀干缩率也越大。根据木材表观密度的大小可以评估其物理力学性质。

2. 吸湿性和含水率

木材的含水率是指木材中所含水的质量占干燥木材质量的百分数。新伐木材含水率常在35%以上，长期处于水中的木材含水率更高，风干木材的含水率为15%～25%，室内干燥的木材含水率常为8%～15%。

（1）木材中的水分

木材中主要有三种水，即自由水、吸附水和结合水。自由水是存在于细胞腔中和细胞间隙中的水，其含量影响木材的表观密度、燃烧性和抗腐蚀性；吸附水是被吸附在细胞壁内细纤维间的水，其含量影响木材体积的胀缩和强度；化合水是木材化学组成中的结合水，它在常温下不变化，故其对木材性质无影响。

（2）木材的纤维饱和点

当木材细胞腔和细胞间隙中的自由水完全失去，而细胞壁吸附水尚未饱和时，这时木材的含水率称为纤维饱和点。纤维饱和点随树种而异，一般在25%～30%之间，平均为30%左右。木材含水量的多少与木材的表观密度、强度、耐久性、加工性、导热性、导电性等有一定关系。尤其是纤维饱和点，它是木材物理力学性质发生变化的转折点。

（3）木材的平衡含水率

潮湿的木材能在较干燥的空气中失去水分，干燥的木材也能从周围的空气中吸收水分。当木材长时间处于一定温度和湿度的空气中，则会达到相对稳定的含水率，亦即水分的蒸发和吸收趋于平衡，这时木材的含水率称为平衡含水率。平衡含水率随大气的温度和相对湿度的变化而变化，是木材进行干燥时的重要指标。

木材的平衡含水率随其所在地区不同而异，我国北方12%左右，南方约为18%，长江流域一般为15%。

3. 湿胀干缩

木材具有很显著的湿胀干缩性，其规律是：当木材的含水率在纤维饱和点以下时，随着含水率的增大，木材体积产生膨胀，随着含水率减小，木材体积收缩；而当木材含水率在纤维饱和点之上，只是自由水增减变化时，木材的体积不发生变化。木材含水率与其胀缩变形的关系如图9-6所示，从图中可以看出，纤维饱和点是木材发生湿胀干缩变形的转折点。

由于木材为非匀质构造，故其胀缩变形各向不同，其中以弦向最大，径向次之，纵向（即顺纤维方向）最小。当木材干燥时，弦向干缩约为6%～12%，径向干缩为3%～6%，纵向仅为0.1%～0.35%。木材弦向胀缩变形最大，是因受管胞横向排列的髓线与周围联结较差所致。木材的湿胀干缩变形还随树种不同而不同。一般来说，表观密度大，夏材含量多的木材，胀缩变形就较大。

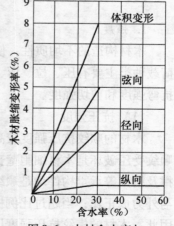

图9-6 木材含水率与胀缩变形的关系

图 9-7 展示出树材干燥时其横截面上各部位的不同变形情况。由图可知，加工板材距髓心越远，由于其横向更接近于典型的弦向，因而干燥时收缩越大，板材产生背向髓心的反翘变形。

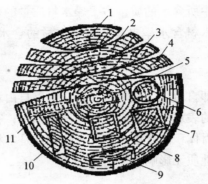

图 9-7　木材干燥后截面形状的改变
1—弓形成橄榄形状；2、3、4—成反翘；5—通过髓心经锯板两头缩小成纺锤形
6—圆形成椭圆形；7—与年轮成对角线的正方形变菱形；8—两边与年轮平行
的正方形变长方形；9、10—长方形的翘曲；11—边材经锯板较均匀

木材显著的湿胀干缩变形，对木材的实际应用带来严重影响。干缩会造成木结构拼缝不严、接榫松弛、翘曲开裂，而湿胀又会使木材产生凸起变形。为了避免这种不利影响，最根本的措施是，在木材加工制作前预先将其进行干燥处理，使木材干燥至其含水率与将作成的木构件使用时所处环境的湿度相适应时的平衡含水率。

4. 其他物理性质

木材的导热系数随其表观密度增大而增大，顺纹方向的导热系数大于横纹方向。

干木材具有很高的电阻。当木材的含水量提高或温度升高时，木材电阻会降低。

木材具有较好的吸声性能，故常用软木板、木丝板、穿孔板等作为吸声材料。

三、木材的力学性质

1. 强度

木材构造的不均质性，使木材的力学性质也具有明显的方向性，土木工程中的木材所受荷载种类主要有压、拉、弯、剪切等，因而木材的强度也分为相应的抗压强度、抗拉强度、抗弯强度和剪切强度。

（1）抗压强度

木材的顺纹抗压强度较高，仅次于顺纹抗拉和抗弯强度，且木材的疵病对其影响较小。顺纹受压破坏是木材细胞壁丧失稳定性的结果，并非纤维的断裂。工程中常见的柱、桩、斜撑及桁架等承重构件均是顺纹受压。木材横纹受压时，刚开始细胞壁是弹性变形，此时变形与外力成正比；当超过比例极限时，细胞壁失去稳定，细胞腔被压扁，随即产生大量变形。因此，木材的横纹抗压强度以使用中所限制的变形量来决定，通常取其比例极限作为横纹抗压强度极限指标。木材横纹抗压强度比顺纹抗压强度低得多。通常只有顺纹抗压强度的

10% ~ 20%。

（2）抗拉强度

木材的顺纹抗拉强度是木材各种力学强度中最高的。顺纹受拉破坏时往往不是纤维被拉断而是纤维间被撕裂。顺纹抗拉强度为顺纹抗压强度的 2 ~ 3 倍，但强度值波动范围大。木材的疵病如木节、斜纹、裂缝等都会使顺纹抗拉强度显著降低。同时，木材受拉杆件连接处应力复杂，这是使顺纹抗拉强度难以被充分利用的原因之一。木材的横纹抗拉强度很小，仅为顺纹抗拉强度的 1/40 ~ 1/10。

（3）抗弯强度

木材受弯时内部应力十分复杂，其上部受顺纹压应力，下部受顺纹拉应力，而在水平面中则受剪切应力。木材受弯破坏时，通常在受压区首先达到强度极限，开始形成微小的不明显的皱纹，但并不立即破坏。随着外力增大，皱纹慢慢地在受压区扩展，产生大量塑性变形。当受拉区内部分纤维达到强度极限时，则由于纤维本身及纤维间联结的断裂而最后破坏。

木材的抗弯强度很高，是顺纹抗压强度的 1.5 ~ 2 倍。因此，在土木工程中有着广泛应用，如桁架、梁、桥梁、地板等。但木节、斜纹等对木材的抗弯强度有很大影响，特别是当它们分布在受拉区时。

（4）剪切强度

木材的剪切有顺纹剪切、横纹剪切和横纹切断三种，如图9-8所示。

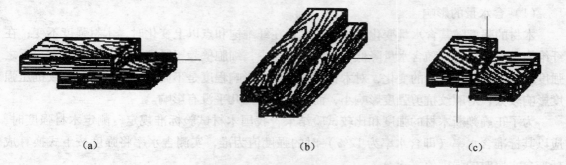

（a）　　　　　　　　　　（b）　　　　　　　　　　（c）

图 9-8　木材的剪切
（a）顺纹剪切；（b）横纹剪切；（c）横纹切断

顺纹剪切破坏是由于纤维间联结撕裂产生纵向位移和受横纹拉力作用所致；横纹剪切破坏完全是因剪切面中纤维的横向联结被撕裂的结果；横纹切断破坏则是木材纤维被切断，这时强度较大，一般为顺纹剪切的 4 ~ 5 倍。

以木材的顺纹抗压强度为1，木材各种强度之间的比例关系如表9-1所示。

表 9-1　木材各种强度大小关系

抗 压		抗 拉		抗 弯	抗 剪	
顺 纹	横 纹	顺 纹	横 纹		顺 纹	横纹切断
1	1/10 ~ 1/3	2 ~ 3	1/20 ~ 1/3	1.5 ~ 2	1/7 ~ 1/3	1/2 ~ 1

建筑工程中常用木材的主要物理和力学性质见表9-2。

表 9-2　常用树种木材的主要物理力学性能

树种名称		产地	气干表观密度（g/cm³）	干缩系数		顺纹抗压强度（MPa）	顺纹抗拉强度（MPa）	抗弯强度（MPa）	顺纹抗剪强度（MPa）	
				径向	弦向				径面	弦面
针叶树	杉木	湖南	0.371	0.123	0.277	38.8	77.2	63.8	4.2	4.9
		四川	0.416	0.136	0.286	39.1	93.5	68.4	6.0	5.0
	红松	东北	0.440	0.122	0.321	32.8	98.1	65.3	6.3	6.9
	马尾松	安徽	0.533	0.140	0.270	41.9	99.0	80.7	7.3	7.1
	落叶松	东北	0.641	0.168	0.398	55.7	129.9	109.4	8.5	6.8
	鱼鳞云杉	东北	0.451	0.171	0.349	42.4	100.9	75.1	6.2	6.5
	冷杉	四川	0.433	0.174	0.341	38.8	97.3	70.0	5.0	5.5
阔叶树	柞栎	东北	0.766	0.199	0.316	55.6	155.4	124.0	11.8	12.9
	麻栎	安徽	0.930	0.210	0.389	52.1	155.4	128.6	15.9	18.0
	水曲柳	东北	0.686	0.197	0.353	52.5	138.1	118.6	11.3	10.5
	椆榆	浙江	0.818	—	—	49.1	149.4	103.8	16.4	18.4

2. 影响木材强度的主要因素

（1）含水量的影响

木材的强度随其含水量变化而异。含水量在纤维饱和点以上变化时，木材强度不变；在纤维饱和点以下时，随含水量降低，即吸附水减少，细胞壁趋于紧密，木材强度增大，反之强度减小。木材含水量的变化，对木材各种强度的影响程度是不同的，对抗弯和顺纹抗压强度影响较大，对顺纹抗剪强度影响小，而对顺纹抗拉几乎没有影响。

为了正确判断木材的强度和比较试验结果，我国木材试验标准规定，测定木材强度时，应以其标准含水率（即含水率为12%）时的强度值为准，实测含水率将强度按下式换算成标准含水率时的强度值（σ_{12}）。

$$\sigma_{12} = \sigma_W[1 + a(W - 12)]$$

式中　σ_{12}——含水率为12%时的木材强度，MPa；

　　　σ_W——含水率为W时的木材强度，MPa；

　　　W——试验时木材含水率，%；

　　　a——校正系数，随荷载种类和力作用方式而异。

a随作用力和树种不同而异，如顺纹抗压所有树种a均为0.05；顺纹抗拉时阔叶树为0.015，针叶树为0；抗弯所有树种都为0.04；弦面或径面顺纹抗剪均为0.03。

（2）负荷时间的影响

木材对长期荷载的抵抗能力与暂时荷载不同。木材在荷载长期作用下，只有当应力远低于强度极限的某一范围以下时，才可避免木材因长期负荷而破坏。

木材在长期荷载下不致引起破坏的最大强度，称为持久强度。木材在长期极限荷载下其极限强度将降低，仅为瞬时测定的极限强度的 55%（以年计）或 60% ~ 65%（以月计）。图 9-9（a）表明，应力不超过持久强度时，变形到一定限度后则趋于稳定。图 9-9（b）表明，应力超过持久强度时，变形不断发展，到一定时间后，会急剧增加，最后导致破坏。

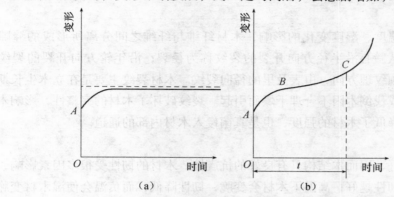

图 9-9 木材变形与初始应力关系
（a）荷载小于长期荷载；（b）荷载大于长期荷载
A—初始荷载；BC—变形不断发展；C—突变点

一切木结构都处于一定负荷的长期作用下，因此在设计木结构时，应以持久强度作为限值。

（3）温度的影响

木材的强度随环境温度的升高而降低。在通常气候条件下，如温度升高未引起化学成分改变，则当温度降低时，木材强度将恢复原有强度。木材含水率越大，其强度受温度的影响也越大。当温度从 25℃升至 50℃时，针叶树材抗拉强度降低 10% ~ 15%，抗压强度降低 20% ~ 24%。当木材长期处于 60 ~ 100℃时，会引起水分和所含挥发物的蒸发，木材呈暗褐色，强度下降，变形增大。温度超过 140℃时，由于木材中纤维素发生热裂解，颜色逐渐变黑，强度明显下降。因此，木结构不宜应用于温度长期超过 50℃的环境中。

（4）疵点的影响

木材在生长、采伐、储运、加工和使用过程中会产生一些缺陷（疵点），如节子、裂纹、夹皮、斜纹、弯曲、伤疤、腐朽和虫害等。这些缺陷不仅降低木材的力学性能，而且还影响木材的外观质量，严重的甚至可导致木材完全不能使用。其中节子、裂纹和腐朽对材质的影响最大。

①节子

埋藏在树干中的枝条称为节子，分为活节、死节、健全节、腐朽节、漏节等。活节由活枝条所形成，与周围木质紧密连生在一起，质地坚硬，构造正常。死节由枯死枝条所形成，与周围木质大部或全部脱离，质地坚硬或松软，在板材中有时脱落而形成空洞。材质完好的节子称为健全节；腐朽的节子称为腐朽节；漏节不但节子本身已经腐朽，而且深入树干内部，引起木材内部腐朽。

节子可破坏木材的均匀性和完整性，显著降低其顺纹抗拉强度，而对顺纹抗压强度影响较小；节子可增大木材横纹抗压强度，顺纹和横纹抗剪强度。节子对木材质量的影响随节子的种类、分布位置、大小、密集程度及木材用途的不同而不同。健全活节对木材力学性能无不利影响，死节、腐朽节和漏节对木材力学性能和外观质量影响最大。

②裂纹

由于受外力或温度、湿度变化的影响，木材纤维与纤维之间分离所形成的缝隙称为裂纹。在木材内部，从髓心沿半径方向开裂的裂纹称为径裂；沿年轮方向开裂的裂纹称为轮裂；纵裂是沿材身顺纹理方向，由表及里的径向裂纹。木材裂纹主要是在立木生长期因环境或生长应力等因素或伐倒木因不合理干燥而引起。裂纹破坏了木材的完整性，影响木材的利用率和装饰价值，降低了木材的强度，也是真菌侵入木材内部的通道。

3. 木材的韧性

木材的韧性较好，因而木结构具有良好的抗震性。木材的韧性受很多因素影响，如木材的密度越大，冲击韧性越好；高温下木材会变脆，韧性降低，而负温会使湿木材变脆，且韧性和强度都降低；任何缺陷的存在都会严重降低木材的冲击韧性。

4. 木材的硬度和耐磨性

木材的硬度和耐磨性主要取决于细胞组织的紧密度，各个截面上相差显著。木材横截面的硬度和耐磨性都较径切面和弦切面高。髓线发达的木材其弦切面的硬度和耐磨性均比径切面高。

第三节　木材的干燥、防腐、防火

木材作为工程材料具有很多优点，但同时也存在两大缺点：一是易腐蚀，二是易燃。因此，必须考虑木材应用中的防腐和防火问题。

一、木材的干燥

木材在采伐后，使用前一般都应经过干燥处理。干燥处理可防止木材受细菌等腐蚀，减少木材在使用中发生收缩裂缝，提高木材的强度和耐久性。

木材的干燥通常采用自然干燥和人工干燥两种方法。

1. 自然干燥

自然干燥就是将锯开的板材或枋材按一定的方式堆积在通风良好的场所，避免阳光直射和雨淋，使木材中的水分自然蒸发。这种方法简单易行，不需要特殊设备，干燥后木材的质量较好。但干燥时间长，占用场地大，只能干燥到风干状态。

2. 人工干燥

人工干燥是利用人工的方法排除木材中的水分，常用的方法有热水加热窑干法、蒸材法和热炕法等。

二、木材的腐朽与防腐

1. 木材的腐朽

木材的腐朽为真菌侵害所致。木材中常见的真菌有霉菌、变色菌和腐朽菌三种。前两种真菌只能使木材变色，影响其外观，对其力学性质影响较小，而腐朽菌则对木材性能影响很大。腐朽菌寄生在木材的细胞壁中，通过分泌酶将木材细胞壁物质分解为其所需养料，从而致使木材产生腐朽，并彻底破坏。

真菌在木材中的生存和繁殖必须同时具备以下三个条件：

（1）水分

木材中含水率在18%以上真菌就能生存，其繁殖生存最适宜的木材含水率是35%～50%。含水率低于18%时，真菌就难以生存，故18%作为木材气干的极限含水率。木材含水率过大时，由于空气难以流通，真菌得不到足够的氧或排不出废气，也无法生存，所以木材长期浸泡于水中也不会腐朽。

（2）温度

真菌繁殖的适宜温度是25～35℃，温度低于5℃时，真菌停止繁殖，而高于60℃时，真菌则死亡。

（3）空气

真菌生存和繁殖需要有一定量的空气存在，因此，深埋地下或完全浸入水中的木材，由于缺氧而不易腐朽。

木材除易受真菌侵蚀外，还会遭受昆虫的蛀蚀，如白蚁、天牛等。

2. 木材的防腐措施

木材的防腐通常采用两种方式：一种是创造条件，使木材不适于真菌寄生和繁殖；另一种是把木材变为有毒的物质，使其不能作真菌和昆虫的养料。

第一种方式最常用的办法是通过通风、排湿和表面涂刷油漆等措施，保证木结构经常处于干燥状态，使其含水率在18%以下。

第二种方式通常是把化学防腐剂、防虫剂注入木材内，使木材成为对真菌和昆虫有毒的物质。注入防腐剂、防虫剂的方法有以下几种：

（1）常压法

①表面喷涂法

将防腐剂、防虫剂直接涂刷或用喷枪喷射在气干木材的表面。此法简单易行，但药效透入深度浅，使用时要选药效高的药剂，主要用于防治虫害。

②常温浸渍法

常温下将木材浸入防腐、防虫剂中一定时间后取出，使药剂渗入木材内部。此法适用于马尾松等易浸注的木材。

③热冷槽浸注法

将木材浸入装有热的防腐、防虫剂槽中（90℃以上）数小时，然后迅速移入冷的防腐、防虫剂槽中再浸泡数小时。此法是常压法中最好的方法。

（2）压力渗注法

压力渗注法又分为满细胞法和空细胞法两种。

①满细胞法

将热的防腐、防虫剂加压充满放有风干木材的密闭罐内，经一定时间后去压取出木材风干。这时防腐、防虫剂充满整个细胞，防腐、防虫效果好。

②空细胞法

使防腐、防虫剂只充满细胞壁，而细胞腔及细胞间隙不保留或少保留药剂。此法药效次于满细胞法。

三、木材的防火

木材的易燃性是其主要缺点之一。木材的防火处理（也称阻燃处理）是将木材经过具有阻燃性的化学物质处理后，使其不易燃烧，提高木材的耐火性；或当木材着火后，火焰不致沿材料表面很快蔓延；或当火焰源移开后，木材表面上的火焰立即熄灭。

1. 木材燃烧及阻燃机理

木材在热的作用下要发生热分解反应，随着温度升高，热分解加快。当温度高至220℃以上达到木材燃点时，木材燃烧放出大量可燃气体，这些可燃气体中有着大量的活化基，活化基氧化燃烧后继续放出新的活化基，如此形成一种燃烧链反应，于是火焰在链状反应中得到迅速传播，使火越烧越旺，此称为气相燃烧。当温度达到450℃以上时，木材形成固相燃烧。在实际火灾中，木材燃烧温度可高达 $800\sim1300℃$。

根据燃烧机理，阻止和延缓木材燃烧的途径，通常可有以下几种：

（1）抑制木材在高温下的热分解。实践证明，某些含磷化合物能降低木材的热稳定性，使其在较低温度下即发生分解，从而减少可燃气体的生成，抑制气相燃烧。

（2）阻滞热传递。一些盐类、特别是含有结晶水的盐类，具有阻燃作用。例如含结晶水的硼化物、含水氧化铝和氢氧化镁等，遇热后会吸收热量而释放出水蒸气，从而减少热量传递。磷酸盐遇热缩聚成强酸，使木材迅速脱水炭化，而木炭的导热系数仅为木材的 $1/3\sim1/2$，从而有效地抑制了热的传递。同时，磷酸盐在高温下形成的玻璃状液体物质覆盖在木材表面，也起到了隔热作用。

（3）稀释木材燃烧面周围空气中的氧气和热分解产生的可燃气体，增加隔氧作用。如采用含结晶水的硼化物和含水氧化铝等，遇热放出的水蒸气，能稀释氧气及可燃气体的浓度，从而抑制了木材的气相燃烧，而磷酸盐和硼化物等在高温下形成玻璃状覆盖层，则阻滞了木材的固相燃烧。另外，卤化物遇热分解生成的卤化氢，能稀释可燃气体，卤化氢还可与活化基作用而切断燃烧链，终止气相燃烧。

应当指出，木材阻燃途径一般不单独采用，而是多种方法配合使用，亦即在配制木材阻燃剂时，选用两种以上的成分复合使用，使其相互补充、互为加强阻燃效果，称为协同作用，以达到一种阻燃剂同时具有几种阻燃作用。

2. 木材常见的防火处理方法

（1）表面处理法

表面处理法是采用不燃性材料覆盖在木材表面，阻止木材直接与火焰接触，同时也起到防腐和装饰的作用。这类材料包括金属、水泥砂浆、石膏和防火涂料等。表9-3列出了常用的防火涂料。

表 9-3　木材防火涂料主要品种、特性及应用

品　　种		防火特性	应　　用
溶剂型防火涂料	A60-1 型改性氨基膨胀防火涂料	遇火生成均匀致密的海绵状泡沫隔热层，防止初期火灾或减缓火灾蔓延	高层建筑、商店、电影院、地下工程等可燃部位防火
	A60-501 膨胀防火涂料	涂层遇火体积迅速膨胀 100 倍以上，形成连续蜂窝状隔热层，释放出阻燃气体，具有优异的阻燃隔热效果	木板、纤维板、胶合板等的防火保护
	A60-KG 型快干氨基膨胀防火涂料	遇火膨胀生成均匀致密的泡沫状碳质隔热层，具有极其良好的隔热阻燃效果	公共建筑、高层建筑、地下建筑等有防火要求的场所
	AE60-1 膨胀型透明防火涂料	涂膜透明光亮，能显示基材原有的纹理。遇火时涂膜膨胀发泡，形成防火隔热层。既有装饰性，又有防火性	各种建筑室内的木质、纤维板、胶合板等结构构件及家具的防火保护和装饰
水乳型防火涂料	B60-1 膨胀型丙烯酸水性防火涂料	在火焰和高温作用下，涂层受热分解放出大量灭火性气体，阻止燃烧。同时，涂层膨胀发泡，形成隔热覆盖层，阻止火势蔓延	公共建筑、高级宾馆、酒店、学校、医院、影剧院、商场等建筑物的木板、纤维板、胶合板结构构件及制品的表面防火保护
	B60-2 木结构防火涂料	遇火时涂层反应生成绝热的碳化泡膜	建筑物木墙、木屋架、木吊顶以及纤维板、胶合板构件的表面防火阻燃处理
	B878 膨胀型丙烯酸乳胶防火涂料	涂膜遇火立即生成均匀致密的蜂窝状隔热层，延缓火焰的蔓延，无毒无臭，不污染环境	学校、影剧院、宾馆、商场等公共建筑和民用建筑等内部可燃性基材的防火保护及装饰

（2）溶液浸注法

溶液浸注法是将阻燃剂注入木材内，有常压浸注和加压浸注两种。木材浸注等级及要求为：

一级浸注：保证木材无可燃性；

二级浸注：保证木材缓燃；

三级浸注：在露天火源作用下，能延迟木材燃烧速度。

浸注处理前，要求木材必须达到充分气干，并经初步加工成型，以免防火处理后再进行加工而将浸注处理部分去掉。

第四节　木材的应用

我国森林资源匮乏，森林覆盖率只有 12.7%，人口平均木材蓄积量不及世界平均数的 1/6，但我国建设事业对木材需求量很大。木材的综合、合理利用，既是节约木材、物尽其用的问题，同时也是使木材在性能上扬长避短，充分发挥其建筑功能的问题。对木材进行干燥、防腐、防火处理，以提高木材耐久性，延长使用年限，也是充分利用木材资源、节约木材的重要环节。而充分利用木材的边角废料，生产各种人造板材，则是对木材进行综合利用

的重要途径。

一、木材在建筑结构中的应用

木材是传统的建筑材料，在古建筑和现代建筑中都得到了广泛应用。在结构上，木材主要用于构架和屋顶，如梁、柱、桁檩、椽、斗拱等。我国许多古建筑物均为木结构，它们在建筑技术和艺术上均有很高的水平，并具独特的风格。

木材由于加工制作方便，故广泛用于房屋的门窗、地板、天花板、扶手、栏杆、楼栅等。另外，木材在建筑工程中还常用作脚手架、混凝土模板及木桩等。

二、木材在装饰和装修中的应用

木材作为建筑室内装修与装饰材料也是木材应用的一个主要方面。它能给人以自然美的享受，还能使室内空间产生温暖与亲切感。室内常用的木装修和木装饰有以下几方面。

1. 条木地板

条木地板是室内使用最普遍的木质地面，它是由龙骨、水平撑和地板三部分组成。地板有单层和双层两种，双层地板中的下层为毛板，面层为硬木条板，硬木条板多选用水曲柳、柞木、枫木、柚木、榆木等硬质树材；单层条木板常选用松、杉等软质树材。条板宽度一般不大于 120mm，板厚为 20～30mm，材质要求采用不易腐朽和变形开裂的优质板材。

条木地板自重轻、弹性好，脚感舒适，并且导热性小，故冬暖夏凉，且易于清洁。条木地板被公认为是优良的室内地面装饰材料，它适用于办公室、会议室、会客室、休息室、宾馆客房、幼儿园及仪器室等场所。

2. 拼花木地板

拼花木地板是较高级的室内地面装修材料，分双层和单层两种，前者面层均为拼花硬木板层，双层板下层为毛板层。面层拼花板材多选用水曲柳、柞木、核桃木、榆木、槐木等质地优良、不易腐朽开裂的硬木树材。拼花小木条的尺寸一般为 250～300mm，宽 40～60mm，板厚 20～25mm，木条一般均带有企口。双层拼花木地板固定方法是将面层小板条用暗钉钉在毛板上，单层拼花木地板可采用适宜的粘结材料，将硬木面板条直接粘贴于混凝土基层上。

拼花木地板纹理美观，耐磨性好，且拼花小木板一般均经过远红外线法干燥，含水率恒定（约12%），因而变形小，易保持地面平整、光滑而不翘曲变形。

拼花木地板分高、中、低三个档次，高档产品适合于三星级以上中、高级宾馆、大型会场、会议室等室内地面装饰；中档产品适用于办公室、疗养院、体育馆、酒吧等地面装饰；低档的适用于各种民用住宅地面的铺装。

3. 护壁板

护壁板又称木台度，在铺设拼花地板的房间内，往往采用木台度，以使室内空间的材料格调一致，给人一种和谐整体景观的感受。护壁板可采用木板、企口条板、胶合板等装修，设计和施工时可采取嵌条、拼缝、嵌装等手法进行构图，以达到装饰墙壁的目的。

4. 木花格

木花格即为用木板和枋木制作成具有若干个分格的木架，这些分格的尺寸或形状一般都各不相同。木花格宜选用硬木或杉木树材制作,并要求材质木节少、木色好,无虫蛀和腐朽等缺陷。木花格具有加工制作简便、饰件轻巧纤细、表面纹理清晰等特点。木花格多用作建筑物室内的花窗、隔断等。

5. 旋切微薄木

旋切微薄木是以色木、桦木或多瘤的树根为原料,经水煮软化后,旋切成厚 0.1mm 左右的薄片,再用胶粘剂粘贴在坚韧的纸上(即纸依托),制成卷材,或者采用柚木、水曲柳等树材,通过精密旋切,制得厚度为 0.2~0.5mm 的微薄木,再采用先进的胶粘工艺和胶粘剂,粘贴在胶合板基材上,制成微薄木贴面板。

6. 木装饰线条

木装饰线条简称木线条。木线条种类繁多,主要有楼梯扶手、压边线、墙腰线、天花角线、弯线、挂镜线等。木线条都是采用木质较好的树材加工而成。

三、木材的综合利用

木材的综合利用就是将木材加工过程中的边角、碎料、刨花、木屑、锯末等,经过再加工处理,制成各种人造板材,有效提高木材的利用率。

1. 胶合板 (plywood)

胶合板(即层压板),是将原木沿年轮方向旋转切成薄片,经干燥处理后上胶,将数张薄片按纤维方向垂直叠放,再经热压而制成。通常以奇数层组合,并以层数取名,一般为3~13层,最多可达 15 层,厚度为 2.5~30mm,宽度为 215~1220mm,长度为 95~2440mm。针叶树材和阔叶树材均可制作胶合板。土木工程中常用的是三合板和五合板。

胶合板与普通木板相比具有许多优点:如消除了木材的各向异性,导热系数小,绝热性好,无明显的纤维饱和点,平衡含水率和吸湿性比木材低,木材的疵病被剔除,板面质量好等。

胶合板分类方法很多,按板的结构可分为胶合板、夹芯胶合板和复合胶合板;按用途可分为特种胶合板和普通胶合板。普通胶合板又分为Ⅰ、Ⅱ、Ⅲ、Ⅳ四类。各类胶合板的主要特性与适用范围见表9-4。

表9-4 普通胶合板的分类、特性及适用范围

种 类	分类	名 称	胶 种	特 性	适用范围
普通胶合板	Ⅰ类	耐气候胶合板	酚醛树脂胶或其他性能相当的胶	耐久、耐煮沸或蒸馏处理,耐干热,抗菌	室内、外工程
	Ⅱ类	耐水胶合板	脲醛树脂胶或其他性能相当的胶	耐冷水浸泡及短时间热水浸泡,抗菌,但不耐煮沸	室内、外工程
	Ⅲ类	耐潮胶合板	血胶、低树脂含量的脲醛树脂胶或其他性能相当的胶	耐短期冷水浸泡	室内工程(一般常态下使用)
	Ⅳ类	不耐潮胶合板	豆胶或其他性能相当的胶	有一定的胶合强度,但不耐潮	室内工程(一般常态下使用)

胶合板广泛用于室内隔墙板、天花板、护壁板、顶棚板及各种家具、室内装修等。

2. 胶合夹芯板（plywood sandwich board）

胶合夹芯板有实心板和空心板两种。实心板是由干燥的短木条用树脂胶拼镶成芯，两面用胶合板加压加热粘结制成。空心板内部则由厚纸蜂窝结构填充，表面用胶合板加压加热制成。

胶合夹芯板面宽，尺寸稳定，质轻且构造均匀，多用作门板、壁板和家具。

3. 纤维板（fiber board）

纤维板是将树皮、刨花、树枝等废料，经破碎、浸泡、研磨成木浆，加入胶粘剂或利用木材自身的胶粘物质，再经热压成型、干燥处理等工序而制成的板材。

纤维板木材利用率高达90%以上，且材质均匀，各向强度一致，弯曲强度大，不易胀缩和翘曲开裂。

纤维板按其表观密度分为三种：硬质纤维板（表观密度不小于800kg/m³）、中硬纤维板（表观密度为400~800kg/m³）、软质纤维板（表观密度小于400kg/m³）。硬质纤维板广泛用于替代木板作室内墙壁、地板、家具和装修材料等。软质纤维板表观密度小，孔隙率大，常用作绝热、吸声材料。

纤维板吸水后会导致沿板厚方向膨胀，强度下降，且板面发生变形翘曲。因此，纤维板若用于湿度较大的环境中，应作防潮处理。

4. 刨花板、木丝板、木屑板（shaving board, woodwool board and xylolite board）

刨花板、木丝板和木屑板是利用木材加工中的废料刨花、木丝、木屑等经干燥、拌和胶结料，经热压而制成的板材。所用胶结料有：豆胶、血胶等动植物胶；酚醛树脂、脲醛树脂等合成树脂以及水泥、菱苦土等无机胶凝材料。

刨花板按制造方法可分成平压刨花板和挤压刨花板（实心挤压刨花板和空心挤压刨花板）两类。

刨花板、木丝板和木屑板这类板材表观密度较小，强度较低，主要用作绝热和吸声材料。其中热压树脂刨花板和木屑板，其表面可粘贴熟料贴面或胶合板作饰面层，使其强度增加，具有装饰性，可用作吊顶、隔墙和家具等。

5. 复合板（composite board）

复合板主要有复合地板和复合木板两种。

（1）复合地板

复合地板是一种多层叠压木地板，板材80%为木质。这种地板通常是由面层、芯板和背层三部分组成，其中面层又由数层叠压而成，每层都有其不同的特色和功能。叠压面层是由特别加工处理的木纹纸与透明的密胺树脂经高温、高压压合而成；芯板是用木纤维、木屑或其他木质粒状材料（均为木材加工的边角料）等与有机物混合经加压而成的高密度板材；底层为聚合物叠压的纸质层。

复合地板规格一般为1200mm×200mm的条板，板厚8mm左右，其具有表面光滑美观、坚实耐磨、不变形和干裂、不沾污及褪色、不需打蜡、耐久性较好、易清洁和铺设方便等优点。因板材较薄，故铺设在室内原有地面上时，不需对门作任何改动。复合地板适用于客厅、起居室、卧室等地面铺装。

（2）复合木板

复合木板又称木工板，由三层胶粘压合而成。其上、下面层为胶合板，芯板是由木材加工后剩下的短小木料经再加工制得的木条。

复合木板一般厚为20mm，长2000mm，宽1000mm，幅面大，表面平整，使用方便。复合木板可代替实木板使用，常用作建筑室内隔墙、橱柜等的装修。

复习思考题

1. 解释下列名词

（1）自由水　（2）吸附水　（3）纤维饱和点　（4）平衡含水率　（5）标准含水率

2. 影响木材强度的主要因素有哪些？如何影响？

3. 木材含水率的变化对其强度、变形、导热、表观密度和耐久性等的影响各如何？

4. 将同一树种、含水率分别为纤维饱和点和大于纤维饱和点的两块木材，进行干燥，问哪块干缩率大？为什么？

5. 木材的几种强度中，顺纹抗拉强度最高，但为何实际用作受拉构件的情况较少，反而是较多地用于抗弯和承受顺纹抗压？

6. 一块松木试件长期置于相对湿度为60%、温度为20℃的空气中，测得其顺纹抗压强度为49.4MPa，试计算该木材的标准含水率。

7. 试说明木材腐朽的原因。有哪些方法可以防止木材腐朽，并说明其原理。

8. 有不少住宅的木地板使用一段时间后出现接缝不严，但也有一些木地板出现起拱，请分析其原因。

9. 胶合板的构造如何？它具有哪些特点？用途怎样？

第十章　有机高分子材料

有机高分子材料具有密度小、比强度高、力学性能好、耐水、耐湿、耐腐蚀性好、易加工、使用方便等优良的性能，已成为建设工程中不可缺少的一类建筑材料，它的产品如塑料、橡胶、胶粘剂、涂料以及由它们复合的材料等，在工程中已得到广泛地应用。

本章简要介绍有机高分子的基本知识，重点讲述建筑塑料、胶粘剂、涂料的基本性质以及它们在土木工程中的具体应用。通过学习应掌握有机高分子材料的特性及应用。

第一节　有机高分子材料基本知识

一、高分子基本概念

有机高分子材料（organic macromolecule material）是由高分子化合物组成的材料。高分子化合物常简称高分子，是由千万个原子彼此以共价键结合的大分子构成的。一般是指相对分子质量在 10000 以上的物质，但这仅是一个大体范围，并不存在一个严格的界限。简单地说，高分子就是分子量很大的分子的总称。

一个大分子往往由许多相同、简单的结构单元通过共价键重复连接而成，因此高分子又称作聚合物或高聚物。由单体制备高分子化合物的基本方法有加聚反应和缩聚反应。

1. 加聚反应

加聚反应是由相同或不相同的低分子化合物，相互加合成聚合物而不析出低分子副产物的反应，其生成物称为加聚物。加聚物有两种类型，即均聚物和共聚物。

均聚物是由一种单体加聚而成，例如聚氯乙烯大分子是由许多氯乙烯结构单元重复连接而成：

$$\sim\!\!\sim\!\!\sim CH_2CHCH_2CHCH_2CH\cdots CH_2CH\sim\!\!\sim\!\!\sim$$
$$\underset{Cl}{|}\quad\underset{Cl}{|}\quad\underset{Cl}{|}\qquad\underset{Cl}{|}$$

可缩写成：

$$\begin{array}{c}\displaystyle\text{\Large$\vdash$}CH_2\text{\small---}CH\text{\Large$\dashv$}_n\\[-2pt]\underset{Cl}{|}\end{array}$$

上式是聚氯乙烯分子结构表示式。方括号内是聚氯乙烯的结构单元，也是重复结构单元（简称重复单元），亦称链节。形成结构单元的小分子称为单体。氯乙烯的结构单元与单体的原子种类和原子数目完全相同，故其结构单元又可称为单体单元。n 代表重复单元数，又称聚合度，它是衡量聚合物分子量大小的一个指标。聚合物的分子量 M 是重复单元的分子量（M_0）与聚合度（DP）或重复单元数 n 的乘积。

$$M = DP \cdot M_0$$

常见的均聚物还有聚乙烯、聚丙烯等。

共聚物是由两种或两种以上单体加聚而成，如由乙烯、丙烯、二烯炔共聚而得的乙烯丙烯二烯炔共聚物（又称三元乙丙橡胶），由丁二烯、苯乙烯共聚而得的丁二烯苯乙烯共聚物（又称丁苯橡胶）。

2. 缩聚反应

缩聚反应是由许多相同或不同低分子化合物相互缩合成聚合物并析出低分子副产物的反应，其生成物称缩聚物。如由己二胺和己二酸缩聚制得的聚酰胺：

$$\mathrm{\text{—}NH\,(CH_2)_6NHCO\,(CH_2)_4CO\text{—}_n}$$

其中的重复单元是由—NH（CH$_2$）$_6$NH—和—CO（CH$_2$）$_4$CO—两种结构单元组成，这两种结构单元比其单体己二胺 NH$_2$（CH$_2$）$_6$NH$_2$ 和己二酸 HOOC（CH$_2$）$_4$COOH 要少一些原子，是聚合过程中失去水的结果。常见的缩聚物有酚醛树脂、环氧树脂、有机硅等。

二、高分子的分类

高分子化合物种类极其繁多，可以从不同角度进行多种分类，如从来源、合成方法、大分子主链结构、热行为、聚合物性能和用途、高分子形状等角度分类。这里仅简要介绍最常用的四种分类方法。

1. 按来源分类

根据高分子的来源可将其分为天然高分子、半天然高分子和人工合成高分子。

（1）天然高分子

是指自然界天然存在的高分子，包括天然无机高分子（石棉、云母等）和天然有机高分子（淀粉、纤维、蛋白质、天然橡胶等）。

（2）半天然高分子

是由天然高分子经化学改性而得到的，如醋酸纤维、改性淀粉等。

（3）人工合成高分子

人工合成高分子数量巨大，包括合成树脂、合成橡胶和合成纤维等。它们都是从石油、煤、矿石等中提炼出来的小分子单体经聚合反应制备出来的。

2. 按大分子主链结构分类

根据大分子主链结构中的元素可将高分子分成碳链高分子、杂链高分子和元素有机高分子三类。

（1）碳链高分子

大分子主链完全由碳原子组成。绝大部分烯类和二烯类聚合物都属于这一类，如聚乙烯、聚苯乙烯、聚氯乙烯、聚丁二烯等。

（2）杂链高分子

大分子主链中除碳原子外，还有氧、氮、硫等杂原子，如聚醚、聚酯、聚酰胺、聚脲、聚硫橡胶等。

（3）元素有机高分子

大分子主链中没有碳原子，主要由硅、硼、铝和氧、氮、硫、磷等原子组成，但侧基却由有机基团组成，如甲基、乙基、乙烯基、芳基等。有机硅橡胶就是典型的例子。

元素有机高分子也可称为杂链的半有机高分子；如果主链和侧基均无碳原子，则称为无机高分子。

3. 按聚合物的热行为分类

根据受热后性质的不同，可将聚合物分为热塑性聚合物和热固性聚合物两种。

（1）**热塑性聚合物**（thermoplastic polymer）

具有线型或支链型结构的有机高分子化合物，它包含全部聚合树脂和部分缩合树脂，具有可反复受热软化（或熔化）和冷却硬化的性质。在软化状态下能进行加工，在冷却至软化点以下能保持模具形状。

（2）**热固性聚合物**（thermosetting polymer）

在受热或在固化剂的作用下，能发生交联而变成不熔不溶状态。加工时受热软化，产生化学反应，相邻的分子互相交联而逐渐硬化成型，再受热则不能软化，也不能改变其形状，只能塑制一次。分子结构为体型，包括大部分缩合树脂。

4. 按聚合物的性能与用途分类

根据以聚合物为基础组分的高分子材料的性能和用途，可将其分为塑料、橡胶、纤维、胶粘剂、涂料、功能高分子等不同类别。其中塑料、橡胶、纤维称作三大合成材料。但是这种分类方法也很难进行严格地划分，因为同一种聚合物通过不同的配方和加工成型法，可以同时成为塑料、橡胶或纤维等。

三、聚合物的结构与性能

聚合物是由许多单个的高分子链聚集而成，因而其结构有两方面的含义：（1）单个高分子链的结构；（2）许多高分子链聚在一起表现出来的聚集态结构。可分为以下几个层次：

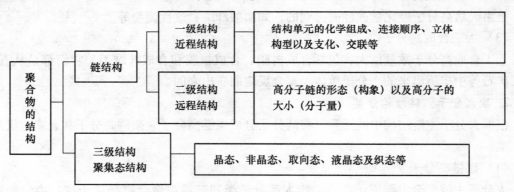

高分子的链结构表明一个高分子链中原子或基团的几何排列情况，它是反映高分子各种特性的最主要的结构层次，直接影响聚合物的某些特性，例如：熔点、密度、溶解性、黏度、粘附性等。高分子的聚集态结构也称三级结构或超分子结构，它是指聚合物内分子链的排列与堆砌结构。虽然高分子的链结构对高分子材料有显著影响，但由于聚合物是由许多高分子链聚集而成，有时即使是链结构相同的同一种聚合物，如果在不同加工成型条件下，会产生不同的聚集态，所得制品的性能也会截然不同。研究和掌握聚合物的聚集态结构与性能

的关系，对选择合适的加工成型条件、改进材料的性能，制备具有预期性能的高分子材料具有重要意义。因而可以说链结构只是间接地影响高分子材料的性能，而聚集态结构对于高分子材料的影响才更为直接，更为重要。

四、聚合物的物理状态与性能

聚合物的物理状态从热力学和动力学不同角度可分为相态和聚集态。相态是热力学概念，由自由焓、温度、压力和体积等热力学参数决定。相态转变伴随着热力学参数的突变，相态的转变仅与热力学参数有关，而与过程无关，也称热力学状态。聚集态是动力学概念，是根据物体对外场（外部作用）特别是外力场的响应特性进行划分，所以也常称为力学状态。聚合物在不同外力条件下所处的力学状态不同，表现出的力学性能也各异。

一般物质在不同条件下呈现出不同的相态，如气态、液态和固态。而聚合物由于其分子大、分子链结构复杂等因素的影响，没有气态，存在晶态和非晶态（无定形）两种相态。聚合物的各种物理状态可以根据温度-形变曲线进行划分。

1. 非晶态聚合物的力学状态

若对某一非晶态聚合物试样施加一恒定外力，观察试样在等速升温过程中发生的形变与温度的关系，便得到该聚合物试样的温度-形变曲线。

非晶态聚合物典型的温度-形变曲线如图 10-1，有两个斜率突变区，这两个突变区把温度-形变曲线分为三个区域，分别对应于下面三种不同的力学状态。

（1）玻璃态

由于温度低，分子热运动的能量很小，整个分子链的运动以及链段的内旋转被冻结，聚合物在外力作用下的形变小，弹性模量高，具有虎克弹性行为，形变在瞬间完成，当外力除去后，形变又立即恢复，表现为质硬而脆，这种力学状态与无机玻璃相似，故称为玻璃态。

（2）高弹态

当温度升高到某一程度时，分子热运动的能量增大，链段能运动，但大分子链仍被冻结，这时即使在较小的外力作用下，也能迅速产生很大的形变，并且当外力除去后，形变又可逐渐恢复。这种受力能产生很大的形变，除去外力后能恢复原状的性能称高弹性或橡胶弹性，相应的力学状态称高弹态或橡胶态。

由玻璃态向高弹态发生突变的区域叫玻璃化转变区，玻璃态开始向高弹态转变的温度称为玻璃化转变温度，以 T_g 表示。对于线型聚合物，高弹态的温度范围随分子量的增大而增大，分子量过小的聚合物则无高弹态。

（3）粘流态

随着温度升到足够高时，分子的热运动能力继续增大，链段和整个大分子链都能发生运动，聚合物受外力作用时，形变急剧增大，并且是不可逆的，这种力学状态称为粘流态。此时聚合物已成为能流动的黏性液体，粘流态是聚合物成型时的状态。

高弹态开始向粘流态转变的温度称为粘流温度，以 T_f 表示，其间的形变突变区域称为粘弹态转变区。分子量越大，T_f 就越高，黏度也越大。交联聚合物由于分子链间有化学键连接，不能发生相对位移，不出现粘流态。

在室温下，塑料处于玻璃态，玻璃化转变温度是非晶态塑料使用的上限温度；对于橡胶，玻璃化转变温度则是使用的下限温度。

2. 晶态聚合物的力学状态

晶态聚合物因存在一定的非晶部分，当温度升高时，其中非晶区由玻璃态转变为高弹态，因此可以观察到 T_g 的存在。但由于结晶部分的存在，链段受晶格能的限制难以运动，限制了形变，所以在晶区熔融之前不出现高弹态，而是保持结晶态。当温度升高到熔点（T_m）以上时，若聚合物分子量足够大且 $T_m < T_f$，则在 T_m 与 T_f 之间将出现高弹态；若分子量较低，$T_m > T_f$，则熔融之后即转变为粘流态，如图 10-2 所示。

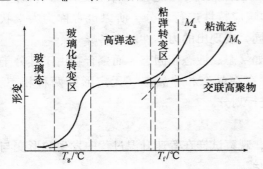

图 10-1　非晶态聚合物温度-形变曲线
（M_a、M_b—分子量，$M_a < M_b$）

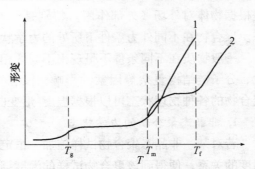

图 10-2　晶态聚合物温度-形变曲线
1—分子量低；2—分子量较高

在室温下，聚合物总是处于玻璃态、高弹态和粘流态三种状态之一。其中，高弹态是聚合物所特有的状态。当温度一定时，不同聚合物可能处于不同的物理状态，因此，也表现出不同的力学性能。

第二节　建筑塑料

塑料是以有机高分子化合物为基本原料，加入各种改性添加剂后，在一定的温度和压力下塑制而成的材料。其中用于建筑工程的塑料即称建筑塑料。

一、塑料的组成

塑料（plastic）的主要成分为合成树脂，次要成分是各种添加剂，如填充剂、增塑剂、稳定剂、固化剂、润滑剂等。加添加剂是为了改善塑料成型加工性、提高制品使用性、降低成本以及利于环保等目的。添加剂的种类及掺量以及添加量的多少完全取决于对塑料制品的性能要求和所选用的合成树脂的性能。

1. 合成树脂（synthetic resin）

合成树脂是塑料的主要成分，约占塑料的 40% ~ 100%，它在塑料中起粘结组分的作用，所以也称为粘料。虽然添加剂有时能大幅度地改变塑料的某些性能，但合成树脂仍是塑料基本性能的决定性因素。

2. 填充剂（filler）

填充剂又称填料，是塑料的另一重要组分，约占塑料重量的 20% ~ 50%。加入填料不仅可以降低塑料的成本（填料比树脂价廉），还可以改善塑料的性能。例如玻璃纤维可以提高塑料的机械强度；石棉可增加塑料的耐热性等。

3. 增塑剂（plasticizer）

增塑剂是能够增加树脂的塑性，改善加工性，赋予制品柔韧性的一种添加剂。增塑剂的作用是削弱聚合物分子间的作用力，因而降低软化温度和熔融温度，减小熔体黏度，增加其流动性，从而改善聚合物的加工性和制品的柔韧性。

4. 稳定剂（stabilizing agent）

稳定剂包括热稳定剂和光稳定剂两类。热稳定剂是指以改善聚合物热稳定性为目的而添加的助剂。聚氯乙烯的热稳定性问题最为突出，因为聚氯乙烯在 160~200℃ 的温度下加工时，会发生剧烈分解，使制品变色，物理力学性能劣化。常用的热稳定剂有硬脂酸盐、铅的化合物以及环氧化合物等。

光稳定剂是指能够抑制或削弱光的降解作用、提高材料的耐光照性能的物质。常用的有炭黑、二氧化钛、氧化锌、水杨酸脂类等。

5. 润滑剂（lubricant）

为防止塑料在成型过程中粘附在其他设备上，所加入的少量物质称为润滑剂。常用的有硬脂酸及其盐类、有机硅等。

6. 固化剂（solidifying agent）

固化剂又称硬化剂或交联剂，是一类受热释放游离基来活化高分子链，使它们发生化学反应，由线型结构转变为体型结构的一种添加剂。其主要作用是在聚合物分子链之间产生横跨链，使大分子交联。

塑料添加剂除上述几种外，还有发泡剂、抗静电剂、阻燃剂、着色剂等。

二、塑料的分类

常用塑料有按受热时的变化特点以及按功能和用途两种分类方法。

1. 按塑料受热时的变化特点，塑料分为热塑性塑料和热固性塑料

（1）热塑性塑料

以热塑性树脂为基材，添加增强材料或添加剂所得的塑料称为热塑性塑料（thermoplastic plastic）。热塑性塑料的特点是受热时软化或熔融，冷却后硬化，再加热时又可软化，冷却后又硬化，这一过程可反复多次进行，而树脂的化学结构基本不变，始终呈线型或支链型。其优点是加工成型简便，有较高的力学性能。缺点是耐热性、刚性较差。常用的热塑性塑料有聚乙烯、聚氯乙烯、聚丙烯、聚苯乙烯、聚甲醛、聚碳酸酯、聚酰胺、ABS 塑料等。

（2）热固性塑料

热固性塑料（thermosetting plastic）的特点是受热时软化或熔融，可塑造成型，随着进一步加热，硬化成不熔的塑料制品。该过程不能反复进行。大分子在成型过程中，从线型或支链型结构最终转变为体型结构。常用的热固性塑料有酚醛树脂、环氧树脂、不饱和聚酯、有机硅塑料等。

2. 按塑料的功能和用途，塑料分为通用塑料、工程塑料和特种塑料

（1）通用塑料

通用塑料是指产量大、价格低、应用范围广的塑料。这类塑料主要包括六大品种，即聚乙烯、聚氯乙烯、聚丙烯、聚苯乙烯、酚醛和氨基塑料。其产量占全部塑料产量的四分之三以上。

（2）工程塑料

工程塑料是指机械强度高，刚性较大，可以代替钢铁和有色金属制备机械零件和工程结构的塑料。这类塑料除具有较高强度外，还具有很好的耐腐蚀性、耐磨性、自润滑性及尺寸稳定性等特点。主要包括聚酰胺、ABS、聚碳酸酯塑料等。

（3）特种塑料

特种塑料是指耐热或具有特殊性能和特殊用途的塑料。其产量少、价格高。主要包括有机硅、环氧树脂、不饱和聚酯、有机玻璃、聚酰亚胺、有机氟塑料等。

随着高分子材料的发展，塑料可采用各种措施来改性和增强，而制成各种新品种塑料。这样通用塑料、工程塑料和特种塑料之间的界限也就很难划分了。

三、塑料的主要性能

塑料与金属和水泥混凝土相比，其性能差别很大。不同品种塑料之间性能也各有差异。其主要性能是：

（1）密度小，比强度高

塑料的密度一般为 $0.8 \sim 2.2 \mathrm{g/cm^3}$，与木材的密度相近，约为钢的 $1/8 \sim 1/4$，铝的 $1/2$，混凝土的 $1/3 \sim 2/3$。塑料的比强度接近甚至超过钢材，是普通混凝土的 $5 \sim 15$ 倍，是一种很好的轻质高强材料。例如，玻璃纤维和碳纤维增强塑料就是很好的结构材料，并在结构加固中得到广泛应用。

（2）可加工性好，装饰性强

塑料可以采用多种方法加工成型，制成薄膜、薄板、管材、异型材等各种产品；并且便于切割、粘结和"焊接"加工。塑料易于着色，可制成各种鲜艳的颜色；也可以进行印刷、电镀、印花和压花等加工，使得塑料具有丰富的装饰效果。

（3）耐化学腐蚀性好，耐水性强

大多数塑料对酸、碱、盐等的耐腐蚀性比金属材料和部分无机材料强，特别适合做化工厂的门窗、地面、墙壁等；热塑性塑料可被某些有机溶剂所溶解，热固性塑料则不能被溶解，仅可能出现一定的溶胀。塑料对环境水也有很好的抗腐蚀能力，吸水率较低，可广泛用于防水和防潮工程。

（4）隔热性能好，电绝缘性能优良

塑料的导热性很小，热导率一般只有 $0.024 \sim 0.69 \mathrm{W/(m \cdot k)}$，是金属的 $1/100$。特别是泡沫塑料的导热性最小，与空气相当。常用于隔热保温工程。塑料具有良好的电绝缘性能，是良好的绝缘材料。

（5）弹性模量低，受力变形大

塑料的弹性模量低，是钢的 $1/20 \sim 1/10$。且在室温下，塑料在受荷载后就有明显的蠕

变现象。因此，塑料在受力时的变形较大，并具有较好的吸振、隔声性能。

（6）耐热性差，受热变形大

塑料的耐热性一般不高，在高温下承受荷载时往往软化变形，甚至分解、变质。普通的热塑性塑料的热变形温度为 $60 \sim 120℃$，只有少量品种能在 $200℃$ 左右长期使用。塑料的热膨胀系数较大，是传统材料的 $3 \sim 4$ 倍。因而，温度形变大，容易因为热应力的累积而导致材料破坏。

（7）老化性

在阳光、氧、热等条件作用下，塑料中聚合物的组成和结构发生变化，致使塑料性质劣化，这种现象称为老化。塑料存在老化问题，但通过适当的配方和加工，并在使用中采取一定措施，塑料制品的使用寿命完全可以和其他材料媲美，有的甚至能高于传统材料。

（8）可燃性

塑料大多可燃，不仅如此，而且在燃烧时会产生大量有毒的烟雾，这是它作为土木工程材料使用的一大弱点。塑料的可燃性受其中聚合物的影响，目前正在研究制取低烧灼性的塑料，例如，合成难燃的卤化或磷的聚合物；或者在生产时可通过特殊的配方技术，如添加阻燃剂、消烟剂、填充剂等来改善塑料的耐燃性，使它成为具有自熄性、难燃甚至不燃的材料。但即使这样，它的耐燃性还是没有无机材料好，使用时应特别注意并采取必要的措施。

四、常用的建筑塑料制品

塑料在建筑的各个领域均有广泛的应用见表 10-1。它既可用做防水、隔热保温、隔声和装饰材料等功能材料，也可制成玻璃纤维或碳纤维增强塑料，用做结构材料。塑料可以加工成塑料壁纸、塑料地板、塑料地毯、塑料门窗和塑料管道等在建筑中应用。其中塑料管材、塑料门窗已为我国重点推广使用的产品。建筑塑料之所以能受到如此的重视，其主要原因：一是该类材料用于建筑施工后利于提高建筑物和住宅的质量与功能；二是有极为显著的节能作用；三是此类产品的性能可设计性好，利于按功能进行产品的生产。

表 10-1　塑料在建筑方面的应用

建筑类别	主要塑料制品	主要材料
装饰塑料	塑料地砖、卷材	聚氯乙烯
	塑料地毯	聚丙烯、聚丙烯腈、尼龙
	塑料壁纸	聚氯乙烯
	装饰层压板	酚醛树脂、三聚氰胺-甲醛树脂
	塑料墙面砖	聚苯乙烯、聚氯乙烯、聚丙烯
装修塑料	塑料门	聚氯乙烯、聚氨酯
	塑料窗	聚氯乙烯、聚氨酯
	百叶窗	聚氯乙烯
	装修线材	聚氯乙烯、聚苯乙烯、聚乙烯
	塑料灯具、小五金	聚氯乙烯、丙烯酸类塑料、酚醛树脂
	塑料隔板	聚氯乙烯、玻璃钢、聚氨酯

建筑类别	主要塑料制品	主要材料
水暖工程塑料	给排水管材、管件 煤气管 浴缸、水箱、洗池	聚氯乙烯、聚丙烯、聚乙烯、ABS 聚氯乙烯、玻璃钢、聚丙烯 玻璃钢、聚丙烯、丙烯酸类塑料、聚乙烯
防水工程塑料	防水卷材 嵌缝材料	聚氯乙烯、聚乙烯、橡胶 聚氯乙烯、丙烯酸类塑料、聚氨酯、硅橡胶
隔热塑料	泡沫塑料	聚氨酯、酚醛树脂、聚氯乙烯、聚苯乙烯、脲醛树脂
混凝土工程塑料	塑料模板 聚合物混凝土塑料	聚氯乙烯、玻璃钢、聚丙烯 聚苯乙烯、丙烯酸类塑料、不饱和树脂、环氧树脂
墙体、屋面材料	护墙板 屋面天窗板	聚氯乙烯、玻璃钢、聚氨酯、聚苯乙烯、丙烯酸类塑料 玻璃钢、聚氯乙烯、聚甲基丙烯酸甲酯
塑料建筑	充气建筑 全塑建筑 盒子卫生间、厨房	聚氯乙烯、橡胶 聚氯乙烯、玻璃钢 玻璃钢、聚氯乙烯

1. 塑料门窗

塑料门窗是继木、钢、铝门窗之后的门窗第四代产品。与传统的木、钢、铝门窗相比，塑料门窗具有节能、节材、保护环境的功效。由于塑料门窗型材本身导热性差和多腔结构，因此具有显著的节能效果，而且它的生产能耗比钢、铝低得多，又因为塑料门窗的应用可节省大量的木、钢、铝材料，有利于环境的保护。此外塑料门窗的可加工性强，可满足门窗各种功能的要求，且具有良好的化学稳定性，能提高抗各种腐蚀的能力，故在国内外都受到大力的推广。

塑料门窗是以树脂为主要原料，加上一定比例的稳定剂、填充剂、着色剂、紫外线吸收剂等添加剂，先经挤出成为型材，然后通过切割、焊接等方式制成门窗框扇，再配装上橡塑密封条、毛条、五金件等而制成的。另外为增强型材的刚性，当超过一定长度时，型材空腔内需要填加钢衬，称之为塑钢门窗。目前世界上已开发出三种材质的塑料门窗：聚氯乙烯（PVC）塑料门窗、玻璃纤维增强不饱和聚酯（GUP）塑料门窗和聚氨基甲酸酯（PUR）硬质泡沫塑料门窗。其中聚氯乙烯塑料门窗所占比例最大，约90%。

塑料门窗按材料分类，可分为全塑窗和复合PVC窗。全塑窗是目前塑料门窗中用量最大的一类，主要采用的是改性聚氯乙烯树脂即硬聚氯乙烯（UPVC）型材。全塑窗框是由UPVC中空型材组装而成，有白色、深棕色、双色、仿木纹等品种。全塑窗框具有隔热、隔音、气密性好、耐腐蚀等特点。复合PVC窗框有两种，一种是塑料窗框内部嵌入金属型材增强，构成PVC包覆金属的复合窗框，又称塑钢门窗；另一种是里面为大多用低发泡的PVC，外表为铝的复合窗框，这种窗框保温性好。

2. 塑料管材

1936 年德国首先应用 PVC 管输送水、酸及排放污水，使金属管材一统天下的局面受到了严峻的挑战。历史的实践证明，塑料管与传统的金属管相比，具有质量轻、能耗低、耐腐蚀、不生锈、不结垢、施工方便和供水效率高等优点，加之用户对此类产品的认识的不断深入，已被人们公认为是目前建筑塑料中重要的品种之一，被大量用于建筑工程中。

塑料管材的品种较多，它的分类通常以生产管材所用的主要高分子材料的种类来区分，常用的塑料管材有硬质聚氯乙烯（UPVC）管、聚乙烯（PE）管、聚丙烯（PP）管、ABS（丙烯腈-丁二烯-苯乙烯共聚物）管、聚丁烯（PB）管、玻璃钢（FRP）管以及复合塑料管等。下面主要介绍目前国内外广泛使用的品种。

（1）硬质聚氯乙烯（UPVC）管

硬质聚氯乙烯管是国内外使用最普遍的一种塑料管，约占全部塑料管材的 80%。

其特点是质量轻、能耗低、耐腐蚀性好、电绝缘性好、摩擦阻力小、导热性低、不结垢、不生锈、许用应力一般在 10MPa 以上、安装维修方便且价格低廉等。其缺点是机械强度低、只有钢管的 1/8，使用温度较低、一般在 −15 ~ 65℃ 之间，刚性较差、只有碳钢的 1/62，膨胀系数较大、达到 $5.9 \times 10^{-5}/℃$，因此安装时必须考虑温度补偿装置。

硬质聚氯乙烯使用很广泛，可用作给水、排水、灌溉、供气、排气、工矿业工艺管道以及电线、电缆套等，用作输运食品及饮用水时，塑料管还必须达到相应的卫生要求。

（2）聚乙烯（PE）管

聚乙烯管具有相对密度小、比强度高、脆化温度低（−80℃）、化学稳定性好等特性，从而成为继硬质聚氯乙烯之后消耗量第二大的塑料管道品种。

由于聚乙烯优良的低温性能和韧性，使之能抵抗车辆和机械振动、冰冻及操作压力突然变化的破坏，因而可采用盘管进行插入或犁埋施工，其施工方便、工程费用低；不受输送介质中液态烃的化学腐蚀；管壁光滑、介质流动阻力小。因而，聚乙烯管的世界总销售量增加很快。

聚乙烯习惯上按其密度分为低密度聚乙烯（LDPE，$0.900 \sim 0.930 \text{g/cm}^3$）、中密度聚乙烯（MDPE，$0.930 \sim 0.940 \text{g/cm}^3$）和高密度聚乙烯（HDPE，$0.940 \sim 0.965 \text{g/cm}^3$）。其中高密度聚乙烯管耐热性能和机械性能最好，是一种难透气、透湿、最低渗透性的管材；中密度聚乙烯管既有高密度聚乙烯的刚性和强度，又有低密度聚乙烯管良好的柔性和耐蠕变性，比高密度聚乙烯有更高的热熔连接性能，对管道安装十分有利，其综合性能高于高密度聚乙烯管；低密度聚乙烯管的特点是化学稳定性和高频绝缘性能十分优良，柔软性、伸长率、耐冲击和透明性比高、中密度聚乙烯管好，但管材许用应力仅为高密度聚乙烯的一半。

在聚乙烯管材中，中密度和高密度聚乙烯管材最适宜作城市燃气和天然气管道，特别是中密度聚乙烯管材更受欢迎。低密度聚乙烯管宜作饮用水管、电缆导管、农业喷洒管道、泵站管道，特别是用于需要移动的管道。

（3）聚丙烯（PP）管

聚丙烯管表面硬度高、表面光滑、液体阻力小、使用温度高（100℃以下），允许压力一般在 5MPa 左右。聚丙烯管与其他塑料管比较，虽具有更高的表面硬度，但使用时仍需防止擦伤；其抗刻痕性能比金属管差，在装运和施工过程中应防止与坚硬的物体接触或碰撞。

由于等规聚丙烯抗冲击能力低，因此用作塑料管材的大多是改性的聚丙烯，目前有 PP-H（共混改性）、PP-B（嵌段共聚改性）、PP-R（无规共聚改性）三种改性产品。

聚丙烯管多用作化学废料排放管、化验室废水管、盐水处理管及盐水管道；并且由于材质轻、吸水性差以及耐土壤腐蚀，常用于灌溉、水处理及农村供水系统。

利用聚丙烯管具有坚硬、耐磨、防腐、使用寿命长（50 年以上）和价格低廉等特点，在国外，聚丙烯管广泛用于新建房屋的室内地面加热，与一般的暖气设备相比可节约能耗20%。

（4）ABS 管

ABS 树脂是丙烯腈-丁二烯-苯乙烯的三元共聚物。它综合了丙烯腈、丁二烯、苯乙烯三者的优点，因此可以根据制品性能要求，通过调整配方，配制出不同性能的 ABS 管。

ABS 管质轻，具有较高的耐冲击强度和表面硬度，在 −40 ~ +100℃ 范围内仍能保持韧性、坚固性和硬度，并不受电腐蚀和土壤腐蚀。ABS 管使用温度为 90℃ 以下，许用压力为 7.6MPa。由于 ABS 管具有比硬质聚氯乙烯管、聚乙烯管更高的冲击韧性和热稳定性，因此可用作工作温度较高的管道。在国外，ABS 管常用作卫生洁具、输气管、污水管、地下电气导管等。

（5）聚丁烯（PB）管

聚丁烯的柔性与中密度聚乙烯相似，强度特性介于聚乙烯和聚丙烯之间，其最大的特性为抗蠕变（冷变形）性能较好。聚丁烯管质量很轻（相对密度 0.925），拉伸强度在屈服极限以上时，能阻止变形，因此需要较大的负荷才能达到破坏，这为管材提供了额外的安全系数，使之能反复绞缠而不折断，允许使用应力为 8MPa，使用温度在 95℃ 以下。聚丁烯管在化学性质上不活泼，能抗细菌、藻类或霉菌，因此可用作地下埋设管道，其正常使用寿命一般估算为 50 年。聚丁烯管主要用作给水管、热水管、冷水管及燃气管道。

（6）玻璃钢（FRP）管

玻璃纤维增强塑料俗称玻璃钢。目前，国内应用的主要品种有酚醛、环氧、呋喃及不饱和聚酯玻璃钢管（包括它们的改性品种）。

玻璃钢管具有强度高、质量轻、耐腐蚀、不结垢、阻力小、耗能低、运输方便、拆装简便、检修容易等优点，主要用于建筑排水管及石油化工大口径给排水管道。

（7）复合塑料管

随着材料科学技术的不断发展，利用多种材料的优点，采取复合的形式生产各种性能优异的管材，已成为现代科学技术发展的必然。复合塑料管有铝塑、钢塑、铜塑复合管等，其中目前应用较多的是铝塑复合管。此类管件兼具两种材质的优点和性能，已成为今后管材革新的一种重要趋势。

第三节　胶粘剂

胶粘剂（bonding adhesive）又称粘合剂或粘结剂，是一种能将两种材料紧密地结合在一起的物质。借助胶粘剂将各种物件连接起来的技术称为胶接（粘结、粘合）技术。由于现代建筑工程中采用了许多装饰材料和特种功能材料，而所有这些材料的安装施工都涉及它们与基体材料的粘结问题，除此之外，一些建筑裂缝和破损的修补等也常用到胶粘剂，因此胶粘剂已成为建筑材料的一个重要组成部分。

一、胶粘剂的基本组成

胶粘剂一般是以聚合物为基本组分的多组分体系。除基本组分聚合物（即粘料）外，根据其功能和用途的不同，尚包含如固化剂、填料、增韧剂、稀释剂、防老剂等添加剂。

1. 粘料（adhesive）

粘料是胶粘剂的基本组分，或称基料，它使胶粘剂具有粘附特性，对胶粘剂的粘结性能起着决定性的作用。粘料一般是由一种高分子化合物或几种高分子化合物混合而成，通常为合成橡胶或合成树脂。常用的合成橡胶有氯丁橡胶、丁腈橡胶、丁苯橡胶、聚硫橡胶；合成树脂有环氧树脂、酚醛树脂、尿醛树脂、过氯乙烯树脂、有机硅树脂、聚氨酯树脂、聚酯树脂、聚醋酸乙烯酯树脂、聚酰亚胺树脂、聚乙烯醇缩醛树脂等。其中用于胶接结构受力部位的胶粘剂是以热固性树脂为主；用于非受力部位和变形较大部位的胶粘剂是以热塑性树脂和橡胶为主。

2. 固化剂（solidifying agent）

固化剂又称硬化剂，它能使线型分子形成网状或体型结构，从而使胶粘剂固化。常用的固化剂有胺类、酸酐类、高分子类和硫磺类等。在选择固化剂时，应按粘料的特性及对固化后胶膜性能（如硬度、韧性和耐热等）的要求来选择。

3. 填料（filler）

加入填料可改善胶粘剂的性能，如它可以增加胶粘剂的弹性模量，降低线膨胀系数，减少固化收缩率，增加电导率、黏度、抗冲击性；提高使用温度、耐磨性、胶结强度；改善胶粘剂耐水、耐介质性和耐老化性等。但会增加胶粘剂的密度，增大黏度，而不利于涂布施工，容易造成气孔等缺陷。填料可分为有机填料和无机填料两类。有机填料可降低树脂的脆性、减小密度，但一般吸湿性提高、耐热性降低；无机填料主要是矿物填料，它可以改善耐热性、减小收缩等，但密度和脆性一般也提高。常用填料有石英粉、滑石粉，以及各种金属、非金属氧化物粉，在建筑工程中水泥也是广泛应用的填料。

4. 增韧剂（plasticizer）

树脂固化后一般较脆，加入增韧剂后可提高冲击韧性，改善胶粘剂的流动性、耐寒性与耐振性，但会降低弹性模量、抗蠕变性、耐热性。增韧剂有两类，一类叫活性增韧剂，它参与固化反应，并进入到固化后形成的大分子结构中。另一类叫非活性增韧剂，它不参与固化反应，是一类高沸点液体或低熔点固体有机物，与粘料有良好的相容性，如邻苯二甲酸二丁酯等。

5. 稀释剂（thinner）

为了改善工艺性（降低黏度）和延长使用期，常加入稀释剂。稀释剂有活性与非活性之分，前者参加固化反应，并成为交联结构中的一部分，既可降低胶粘剂的黏度，又克服了因溶剂挥发不彻底而使胶结性能下降的缺点，但一般对人体有害。后者不参加固化反应，只起稀释作用。常用稀释剂有环氧丙烷、丙酮等。

6. 偶联剂（coupling agent）

偶联剂的分子一般都含有两部分性质不同的基团。一部分基团经水解后能与无机物的表面很好地亲合；另一部分基团能与有机树脂结合，从而使两种不同性质的材料"偶联"起来。将偶联剂掺入胶粘剂中，或用其处理被粘物表面，都能提高胶接强度和改善其水稳定性。常用的偶联剂有硅烷偶联剂。

此外，还有防老剂、促进剂等胶粘剂。

二、胶粘剂的分类

胶粘剂品种繁多，按主要原料的性质可分为无机胶粘剂与有机胶粘剂两大类。无机胶粘剂有磷酸盐类、硼酸盐类、硅酸盐类等。有机胶粘剂又可分为天然胶粘剂和合成胶粘剂。天然胶粘剂常用于胶粘纸浆、木材、皮革等，但来源少，性能不完善，逐渐趋向淘汰。合成胶粘剂发展快、品种多、性能优良。其中，树脂型胶粘剂的粘结强度高，硬度高、耐温、耐介质性能好，但质脆，韧性较差。橡胶型胶粘剂有良好的胶粘性和柔韧性，抗震性能好，但强度和耐热性较低；混合型胶粘剂的性能介于二者之间。

按胶粘剂的主要用途可分为通用胶、结构胶和特种胶。结构胶具有较高的强度和一定的耐温性，用于受力构件的胶接，如酚醛-缩醛胶、环氧-丁腈胶等。通用胶有一定的粘结强度，但不能承受较大的负荷和温度，可用于非受力金属部件的胶结和本体强度不高的非金属材料的胶接，如 α-氰基丙烯酸胶粘剂、聚氨酯胶粘剂等。特种胶不仅具有一定的胶结强度，而且还有导电、导磁、耐高温、耐超低温等特性。例如，酚醛导电胶、环氧树脂点焊接、超低温聚氨酯胶等。

按胶粘剂的固化工艺特点可分为化学反应固化胶粘剂（如环氧树脂胶、酚醛-丁腈胶）、热塑性树脂溶液胶（聚氯乙烯溶液胶、聚碳酸酯溶液胶等）、热熔胶（聚乙烯热熔胶、聚酰胺热熔胶等）、压敏胶（如聚异丁烯压敏胶等）。

三、胶结机理

产生胶接的过程可分为两个阶段。

第一阶段，液态胶粘剂向被粘物表面扩散，逐渐润湿被粘物表面并渗入表面微孔中，取代并解吸被粘物表面吸附的气体，使被粘物表面间的点接触变为与胶粘剂之间的面接触。施加压力和提高温度，有利于此过程的进行。

第二阶段，产生吸附作用形成次价键或主价键，胶粘剂本身经物理或化学的变化由液体变为固体，使胶接作用固定下来。

当然，这两个阶段是不能截然分开的。

胶结机理是胶结强度的形成及其本质的理论分析。人们从不同实验条件出发，从不同角度解释了一些胶接现象，为此提出了不少理论，主要有以下几种：

1. 吸附理论

吸附理论认为粘结力是胶粘剂和被粘物分子之间的相互作用，这种作用力主要是范德华力和氢键，有时也有化学键。

2. 化学键理论

认为某些胶粘剂与被粘物表面之间还能形成化学键，这种化学键是分子内原子之间的作用力，它比分子之间的作用力要大一两个数量级，因此具有较高的胶结强度。

3. 扩散理论

认为物质的分子始终处于运动之中，由于胶粘剂中的高分子链具有柔顺性，在胶结过程中，因为相互扩散的结果能使更多的胶粘剂分子（或原子）与被粘物分子之间更加接近，并形成牢固的粘结。

4. 静电理论

由于胶粘剂和被粘物具有不同的电子亲和力，当它们接触时就会在界面产生接触电势，形成双电层而产生胶结。

5. 机械理论

认为胶结是胶粘剂和被粘物的纯机械咬合或镶嵌作用。任何材料表面都不可能是绝对光滑平整的，在胶结过程中，由于胶粘剂具有流动性和对固体材料表面的润湿性，很容易渗入被粘物表面的微小孔隙和凹陷中去，当胶粘剂固化后就形成了许多微小的机械粘结。胶粘剂主要依靠这些机械粘结与被粘物牢固地粘结在一起。

以上各种理论仅仅反映了粘结现象的本质的一个方面。事实上胶粘剂与被粘物之间的牢固粘结是以上理论涉及的一些因素的综合结果。当然，由于所采用的胶粘剂不同，被粘物的不同，粘结物的表面处理或粘结接头的制作工艺不同，上述诸因素对于粘结力的贡献大小也不一样。

四、常用的胶粘剂

1. 热固性树脂胶粘剂

（1）环氧树脂胶粘剂

凡是含有两个或两个以上环氧基团的高分子化合物统称为环氧树脂。环氧树脂胶粘剂是以环氧树脂为主要成分，添加适量固化剂、增韧剂、填料、稀释剂等配制而成。环氧树脂未固化时是线型热塑性树脂，由于结构中含有羟基、环氧基等极性的活性基，故它可与多种类型的固化剂反应生成网状体型结构高聚物，对金属、木材、玻璃、硬塑料和混凝土都有很高的粘附力，故有"万能胶"之称。固化时无副产物析出，所以体积收缩率低；固化后的树脂耐化学性好、电气性能优良、加工操作工艺简单，所以得到广泛地应用。

（2）聚甲基丙烯酸酯胶和 α-氰基丙烯酸酯胶

①聚甲基丙烯酸酯胶粘剂

是将聚甲基丙烯酸酯（有机玻璃）溶于二氯乙烯、甲酸等有机溶剂中制得的，溶剂不同，黏度也不同。它用于粘结塑料，特别是有机玻璃。这种胶的耐温度性低，只能在 50～60℃温度下工作。

②α-氰基丙烯酸酯胶

它是单组分常温快速固化胶，又称瞬干胶。其主要成分是 α-氰基丙烯酸酯。目前，国内生产的 502 胶就是由 α-氰基丙烯酸酯和少量稳定剂——对苯二酚、二氧化硫、增塑剂邻苯二甲酸二辛酯等配制而成的。

α-氰基丙烯酸酯分子中含有氰基和羧基存在，在弱碱性催化剂或水分作用下，极易打开双键而聚合成高分子聚合物。由于空气中总有一定水分，当胶粘剂涂刷到被胶结物表面后几分钟即初步固化，24h 可达到较高的温度，因此有使用方便、固化迅速等优点。502 胶可粘合多种材料，如金属、塑料、木材、橡胶、玻璃、陶瓷等，并具有较好的胶结强度。502 胶的合成工艺复杂，价格较高，耐热性差，使用温度低于 70℃，脆性大，不宜用在有较大或强烈振动的部位。此外，它还不耐水、酸、碱和某些溶剂。

2. 热塑性合成树脂胶粘剂

（1）聚醋酸乙烯乳液胶粘剂

聚醋酸乙烯乳液胶粘剂是由醋酸乙烯单体聚合而成的一种水溶性乳白色黏稠液体（简称白乳胶）。它是土木工程中用量较大的一种非结构型胶粘剂。可用于胶结各种纤维结构材料，如木材、纤维制品、纸制品等多孔性材料；也可用于胶结水泥混凝土、皮革等其他材料。由于聚醋酸乙烯乳液胶粘剂可溶于水且具有热塑性，当遇水或温度升高时，其内聚力会明显下降而使粘结力减小，使其在潮湿环境中容易开胶，表现出耐水性、抗蠕变能力和耐热性较差。因此，它不适用于潮湿环境的工程，也不适合于高温环境（通常用于 40℃ 以下的环境）。此外，它也不适于低温环境（一般不能低于 5℃），因为胶粘剂涂刷后，胶层中残留的水分在负温下会产生较大的内应力而使胶层破坏。

（2）聚乙烯醇缩醛（PVFO）胶粘剂

它是由聚乙烯醇和甲醛为主要原料，在酸催化剂环境中缩聚而成的聚合物，由其配制而成的胶粘剂常称为 107 胶。

聚乙烯醇缩醛胶粘剂在水中的溶解度很高，其成本低，施工方便；它通常具有较好的粘结强度和较好的抗老化能力，可用于粘贴塑料壁纸、墙布、瓷砖等。在水泥砂浆中掺入少量的 107 胶后，可提高砂浆的粘结性、抗冻性、抗渗性、耐磨性和强度，并减少砂浆的收缩。通过改变其配比与生产工艺，可制成挥发性甲醛较少的 108 胶，以减少其对环境的污染。

3. 合成橡胶胶粘剂

（1）氯丁橡胶胶粘剂（CR）

氯丁橡胶胶粘剂是目前橡胶胶粘剂中广泛应用的溶液型胶。它是由氯丁橡胶、氧化镁、防老剂、抗氧剂及填料等混炼后溶于溶剂而成。这种胶粘剂对水、油、弱酸、弱碱、脂肪烃和醇类都有良好的抵抗性，可在 −50 ~ +80℃ 下工作，具有较高的初粘力和内聚强度。但有徐变性，易老化。多用于结构粘结或不同材料的粘结。为改善性能可掺入油溶性酚醛树脂，配成氯丁醛胶。它可在室温下固化，适于粘结包括钢、铝、铜、陶瓷、水泥制品、塑料和硬质纤维板等多种金属和非金属材料。工程上常用在水泥砂浆墙面或地面上的粘贴塑料或橡胶制品。

（2）丁腈橡胶胶粘剂（NBR）

丁腈橡胶是丁二烯和丙烯腈的共聚产物。丁腈橡胶胶粘剂主要用于橡胶制品，以及橡胶与金属、织物、木材的粘结。它最大特点是耐油性能好，抗剥离强度高，接头对脂肪烃和非氧化性酸有良好的抵抗性，加上橡胶的高弹性，所以更适于柔软的或热膨胀系数相差悬殊的材料之间的粘结，如粘合聚氯乙烯板材、聚氯乙烯泡沫塑料等。为获得更大的强度和弹性，可将丁腈橡胶与其他树脂混合。

五、胶粘剂的选用原则

胶粘剂的品种很多，性能差异很大，每一种胶粘剂都有其局限性。因此，胶粘剂应根据胶接对象、使用及工艺条件等正确选择，同时还应考虑价格与供应情况。选用时一般要考虑以下因素：

1. 被胶接材料

不同的材料，如金属、塑料、橡胶等，由于其本身分子结构，极性大小不同，在很大程度上会影响胶结强度。因此，要根据不同的材料，选用不同的胶粘剂。

2. 受力条件

受力构件的胶接应选用强度高、韧性好的胶粘剂。若用于工艺定位而受力不大时，则可选用通用型胶粘剂。

3. 工作温度

一般而言，橡胶型胶粘剂只能在 $-60 \sim 80℃$ 下工作；以双酚 A 环氧树脂为粘料的胶粘剂工作温度在 $-50 \sim 180℃$ 之间。冷热交变是胶粘剂最苛刻的使用条件之一，特别是当被胶结材料性能差别很大时，对胶结强度的影响更显著，为了消除不同材料在冷热交变时由于线膨胀系数不同产生的内应力，应选用韧性较好的胶粘剂。

4. 其他

胶粘剂的选择还应考虑如成本、工作环境等其他因素。

胶粘剂今后将向着减少污染、节约能源、提高技术经济效益方向发展。主要发展无毒无溶剂胶，包括水性胶和热熔胶及反应型胶；选用低毒溶剂和高固含量；压敏胶也向乳液型和热熔型方面发展。

第四节　涂　料

涂料（coating）是指涂布在物体表面而形成具有保护和装饰作用膜层的材料。随着人类生活、文化和技术的发展，涂料正由过去的保护墙体、美化装饰为目的向着高性能多功能、水性化、绿色化方向发展。特别是随着对高能耗的饰面瓷砖应用的限制，涂料（特别是外墙涂料）的用量将有大幅度的增长。

一、涂料的组成

涂料为多组分体系，其组分大体可分为三部分：即主要成膜物质、次要成膜物质和辅助成膜物质。涂料是由成膜物质（亦称粘料）和颜料、溶剂、催干剂、增塑剂等组分构成。

1. 主要成膜物质

主要成膜物质是涂膜的基础物质，它决定着涂料的基本性能。如以油为主要成膜物质的涂料称为油性涂料，以树脂为主要成膜物质的涂料称为树脂涂料，以油和树脂为主要成膜物质的涂料称为油基涂料。

2. 次要成膜物质

次要成膜物质有体质颜料和着色颜料，它们不能单独构成涂膜，但对涂膜性能有一定影响。油和颜料制成的涂料称磁漆，不加颜料的涂料称为清漆。

3. 辅助成膜物质

辅助成膜物质主要包括固化剂、溶剂、增塑剂、催干剂等其他功能性组分。

普通涂料的组分与原料见表10-2。

表10-2　涂料的组分与原料

组　分	主　要　原　料
主要成膜物质	油料：干油性（桐油及亚麻油等）；半干性油（大豆油、菜籽油等）；不干性油（花生油、棉籽油、蓖麻油等树脂）；天然树脂（生胶、生漆等）；改性及合成树脂（沥青、橡胶、酚醛树脂、环氧树脂等）
次要成膜物质	着色颜料：无机和有机着色颜料 体质颜料：碱土金属、硅酸盐、镁、铝化合物等
辅助成膜物质	溶剂：溶剂、助溶剂及稀释剂等 助剂：催干剂、增塑剂、固化剂及功能组分

二、涂料的分类

涂料的分类方法很多，（1）根据涂料使用的部位，分为外墙涂料、内墙涂料、地面涂料；（2）根据涂料功能可分为防水、防火、防潮、防结露、防锈、防腐涂料，高弹性涂料，道路标识涂料，多彩涂料，杀虫涂料，光选择吸收涂料，耐低温涂料，耐沸水涂料等；（3）从化学组成分为无机高分子涂料和有机高分子涂料，常用的有机高分子涂料有以下三类。

1. 溶剂型涂料（solvent-thinned coating）

它是以合成树脂为主要成膜物质，加入适量的有机溶剂作为稀释剂，再加入颜料、填料等辅助材料制成的涂料。常用的成膜物有聚乙烯醇缩丁醛、环氧树脂、氯乙烯共聚树脂、聚氨酯、氯化橡胶、丁烯酸类等。它在涂刷后依靠其中溶剂的挥发而使成膜物质相互连接，从而形成连续状薄膜。它常用于室内、外各种建筑物的表面或地面覆涂。

溶剂型涂料生成的涂膜细而坚韧，有一定的耐水性，使用这种涂料的施工温度常可低到零度。它主要缺点是有机溶剂较贵，易燃，且挥发后对人体健康有害。

2. 水溶性涂料（water-solubility coating）

水溶性涂料是以溶于水的树脂为主要成膜物质，并掺入一定的颜料、填料等配制而成的涂料。它在涂刷后依靠水分的蒸发而逐渐形成连续薄膜。常用的有聚乙烯醇水玻璃涂料、聚乙烯醇缩甲醛涂料，主要用于不易接触水的室内墙面及顶棚等部位装饰。

3. 乳液型涂料（emulsion coating）

乳液型涂料是以合成树脂微粒分散于含有乳化剂的水中构成的乳液，再加入颜料及助剂而形成的混合液。这类涂料涂刷后，随着水分的蒸发，成膜物质微粒互相靠近，逐渐形成连续状薄膜而粘结覆盖于结构物表面。常用的乳液型涂料有很多，如聚醋酸乙烯乳液、丙烯酸乳液等。它们兼有溶剂型和水溶性涂料的主要特征，采用不同的成分可适用于各种建筑的内、外饰面涂饰。

使用水溶性涂料和乳液型涂料成本低，不易燃，无毒无怪味，也有一定透气性，涂布时不要求基层材料很干，施工七天后的水泥砂浆层上即可涂布。但这种涂料用于潮湿地区易发霉，需加防霉剂，施工时温度不能太低，低于10℃时不易成膜。

三、外墙涂料（exterior wall coatings）

外墙涂料的主要功能是对建筑物起装饰和保护作用。由于在室外应用，所以外墙涂料除具有良好的装饰性能外，还要有较好的耐水、耐污染、耐气候等性能。

目前国内建筑外墙涂料的类型有如下四类：一是石灰浆、聚合物水泥类涂料；二是乳液型的薄质、厚质涂料；三是溶剂型涂料；四是无机钙、硅质涂料。常用外墙涂料见表10-3。

表 10-3　常用外墙涂料

名　称	主要特征	适用范围
过氯乙烯外墙涂料	色彩丰富、干燥快、涂膜平滑、柔韧而富有弹性、不透水，能适应建筑物因温度变化而引起的伸缩变形，耐腐蚀性、耐水性及耐候性良好	适用于抹灰墙面、石膏板、纤维板、水泥混凝土及砖墙饰面
氯化橡胶外墙涂料	耐水、耐碱、耐酸及耐候性好，涂料的维修重涂性好。对水泥混凝土和钢铁表面有较好的附着力	适用于水泥混凝土外墙及抹灰墙面
聚氨酯系外墙涂料	涂膜柔软，弹性变形能力强，与基层黏结牢固，可以随基层变形而延伸，耐候性优良，表面光洁，呈瓷釉状，耐污性好，价格较贵	适用于水泥混凝土外墙、金属、木材等表面
丙烯酸酯系外墙涂料	装饰效果好，施工方便，耐碱性好，耐候性优良，特别耐久，使用寿命可达10年以上，0℃以下的严寒季节也能干燥成膜	适用于各种外墙饰面
丙烯酸酯乳胶漆	涂膜主要性能较丙烯酸酯外墙涂料更好，但成本较高	适用于各种外墙饰面
JH80—2无机外墙涂料	涂膜细腻、致密、坚硬，颜色均匀明快，装饰效果好，耐水、耐酸、碱、耐老化、耐擦洗，对基层附着力强	适用于水泥砂浆墙面、水泥石棉板、砖墙石膏板等多种基层饰面
外墙涂料	装饰性能优良。耐水性、耐碱性、耐候性均好，耐玷污性强，施工性能优异，耐洗刷性可达1万次以上。可在稍潮湿的基层上施工	适用于高层、多层住宅、工业厂房及其他各类建筑物外墙面装饰

1. 苯乙烯-丙烯酸酯乳液涂料

苯乙烯-丙烯酸酯乳液涂料，简称苯-丙乳液涂料，是以苯-丙乳液为基料的乳液型涂料。苯-丙乳液涂料具有优良的耐水性、耐碱性、耐湿擦洗性，外观细腻，色彩艳丽，质感好，与水泥混凝土等大多数建筑材料的粘附力强，并具有丙烯酸酯类涂料的高耐光性、耐候性和不泛黄性。适合用于公用建筑的外墙等。

2. 丙烯酸酯系外墙涂料

丙烯酸酯系外墙涂料是以热性丙烯酸酯树脂为基料的外墙涂料，分为溶剂型和乳液型。丙烯酸酯系外墙涂料的耐水性、耐高低温性、耐候性良好，不易变色、粉化或脱落，具有多种颜色，可采用刷涂、喷涂、滚涂等施工工艺。丙烯酸酯系外墙涂料的装饰性好，寿命可达10年以上，是目前国内外主要使用的外墙涂料之一。主要用于外墙复合涂层的罩面涂料。

溶剂型涂料在施工时需注意防火、防爆。丙烯酸酯系外墙涂料主要用于商店、办公室等公用建筑的外墙。

3. 聚氨酯系外墙涂料

聚氨酯系外墙涂料是以聚氨酯树脂或聚氨酯与其他树脂复合物为主要成膜物质，加入填料、助剂组成的优质溶剂型外墙涂料。该涂料弹性及抗疲劳性好，并具有极好的耐水、耐碱、耐酸性能。其涂层表面光洁度高，呈瓷质感，耐候性、耐玷污性能好，使用寿命可达15年以上。聚氨酯系外墙涂料一般为双组分或多组分涂料，施工时，需按规定比例现场调配，故施工较麻烦且要求较严格，并且需防火、防爆。聚氨酯系外墙涂料价格较贵，主要用于办公楼、商店等公用建筑的外墙。

4. 合成树脂乳液砂壁状外墙涂料

合成树脂乳液砂壁状外墙涂料又称彩砂涂料，是以合成树脂乳液为主要成膜物质，加入彩色集料（粒径小于2mm的高温烧结彩色砂粒、彩色陶粒或天然带色石屑）以及其他助剂配制而成的粗面厚质涂料。彩砂涂料采用喷涂法施工，涂层具有丰富的色彩和良好质感，保色性、耐热性、耐水性及耐化学腐蚀性能良好，使用寿命可达10年以上。合成树脂乳液砂壁状涂料主要用于办公楼、商店等公用建筑的外墙面等。

四、内墙涂料（interior wall coatings）

主要功能是装饰及保护室内墙面。内墙涂料要求色彩丰富、细腻、调和，有一定耐水、耐久性，较好的透气性等。其类型大致可分为刷浆材料、油漆、溶剂型涂料、乳胶漆及水溶性涂料等。常用内墙涂料见表10-4。

表 10-4　常用内墙涂料

名　称	主要特征	适用范围
聚乙烯醇水玻璃涂料（106涂料）	干燥快、涂膜光滑、无毒、无味、不燃、施工方便、价廉，可配成多种色彩，有一定的装饰效果。不耐擦洗，属低档涂料	广泛应用于住宅和一般公共建筑的内墙饰面
聚乙烯醇缩甲醛涂料（107涂料、803涂料）	是106涂料的改进产品，耐水性和耐擦洗性略优。其他性能同上	同上
聚醋酸乙烯乳液内墙涂料（乳胶漆）	无毒、无味、不燃、易于施工、干燥快、透气性好、附着力强、无结露现象、耐水性好、耐碱性好、耐候性良好、色彩鲜艳、装饰效果好，属中档涂料	适用于装饰要求较高的内墙饰面
乙-丙有光乳胶漆	涂膜外观细腻、耐水、耐碱、耐久性好，保色性优，并具有光泽，属中高档涂料	适用于高级建筑的内墙饰面
苯-丙乳胶漆	耐碱、耐水、耐擦洗、耐久性等各方面性能均优于上述各种涂料。加入云母粉等填料可配制乳胶涂料；加入彩砂可制成彩砂涂料，质感强，不褪色，属高档涂料	同上，厚涂料可用于室内外新旧墙面、天棚的装饰涂层。彩砂涂料可用于内外墙饰面
多彩内墙涂料	涂层色泽丰富，有立体感，装饰效果好。涂膜质地较厚，有弹性，类似壁纸，耐油、耐水、耐腐蚀、耐洗刷、透气性较好	适用于办公室、住宅、宾馆、商店、会议室等内墙和顶棚水泥混凝土、砂浆、石膏板、木材、钢、铝等多种基面的装饰
幻彩涂料	涂膜光彩夺目，色泽高雅，意境朦胧，具有梦幻般、写意般的装饰效果，耐水性、耐碱性、耐洗刷性优良	同上

1. 聚醋酸乙烯乳液涂料

聚醋酸乙烯乳液涂料又称聚醋酸乙烯乳液漆，是以聚醋酸乙烯乳液为基料的乳液型内墙涂料。该涂料无毒、不燃、涂膜细腻、平滑、色彩鲜艳、装饰效果良好、价格适中，并且施工方便。但耐水性及耐候性较差。适合于住宅、一般公用建筑的内墙面、顶棚装饰。

2. 醋酸乙烯-丙烯酸酯有光乳液涂料

醋酸乙烯-丙烯酸酯有光乳液涂料也是一种乳胶漆，简称乙-丙有光乳液涂料。该涂料是以乙-丙共聚乳液为基料的乳液型内墙涂料，其耐水性、耐候性、耐碱性优于聚醋酸乙烯乳液涂料，并且有光泽，是一种中高档的内墙装饰涂料。乙-丙有光乳液涂料主要用于住宅、办公室、会议室等的内墙面、顶棚装饰。

3. 多彩涂料

多彩内墙涂料是以合成树脂及颜料等为分散相，以含有乳化剂和稳定剂的水为分散介质的乳液型涂料，按其介质特性又分为水包油型和油包水型。其中以水包油型的贮存稳定性最好，通常所用的多彩涂料均为水包油型。涂料分为磁漆相和水相两部分。磁漆相由硝化棉、马来酸树脂及颜料组成。水相由甲基纤维素和水组成。将不同颜色的磁漆相分散在水相中，互相掺混而不互溶，外观呈现不同颜色的粒滴。该涂料喷涂到墙面上后，能形成具有两种以上色泽的多彩涂层，即经一次喷涂可获得多色彩的涂膜。

多彩涂料具有良好的耐水性、耐油性、耐化学药品性、耐刷洗性，并具有较好的透气性。多彩涂料对基层的适应性强，可在各种建筑材料上使用，主要应用于住宅、办公室、会议室、商店等的内墙面、顶棚等的装饰。

五、地面涂料（floor coatings）

地面涂料由于应用的部位在地面，因此对涂装的涂料有着不同的要求。要求其具有耐水、耐磨、抗冲击和洗刷，并且与地面粘结性好，施工方便的特点。常用的地面涂料可按地面材质的不同分为木地板涂料、塑料地板涂料和水泥砂浆地面涂料三大类。常用地面涂料见表10-5。

表10-5 常用地面涂料

名　称	主要特征	适用范围
过氯乙烯地面涂料	干燥快，与水泥地面结合好。耐水、耐磨、耐化学腐蚀，重涂性好，施工方便。室内施工时注意通风、防火、防毒。要求基层含水不大于8%	适用于室内地面
聚氨酯弹性地面涂料	涂层有弹性，步感舒适，与地面黏结力强，耐磨、耐油、耐水、耐酸、耐碱。色彩丰富，重涂性好。施工较复杂，施工中注意通风、防毒，价格较贵	适用于高级住宅室内地面，化工车间地面
环氧树脂厚质地面涂料	涂层坚硬、耐磨，有韧性，有良好的耐化学腐蚀性，耐油、耐水。与基层结合力强，耐久性好。可涂刷成各种图案。施工较复杂，注意通风，防火，要求地面含水率不大于8%	适用于室内地面
聚合物—水泥地面涂料	由水溶性树脂或聚合物乳液与水泥组成的有机—无机复合涂料。涂层坚硬、耐磨、耐腐蚀、耐水	适用于室内地面

1. 聚氨酯厚质弹性地面涂料

聚氨酯厚质弹性地面涂料是以聚氨酯为基料的双组分溶剂性涂料。其整体性好，色彩多样，装饰性好，并具有良好的耐油性、耐水性、耐酸碱性及优良的耐磨性，此外还有一定的弹性，脚感舒适。聚氨酯厚质弹性地面涂料的缺点是价格较贵，且原材料有毒，施工时应采取防护措施。该涂料主要适用于水泥砂浆或水泥混凝土地面，如高级住宅、会议室、手术室、实验室、放映厅的地面装饰以及地下室、卫生间等的防水装饰或工业厂房的耐磨、耐油、耐腐蚀地面装饰。

2. 环氧树脂厚质地面涂料

环氧树脂厚质地面涂料是以环氧树脂为基料的双组分常温固化溶剂型涂料。环氧树脂厚质地面涂料与水泥混凝土等基层材料的粘结性能优良，涂膜坚韧、耐磨，具有良好的耐化学腐蚀、耐油、耐水等性能以及优良的耐老化和耐候性，装饰性良好。环氧树脂厚质地面涂料主要用于高级住宅、手术室、实验室、公用建筑、工业厂房车间等的地面装饰。

3. 聚醋酸乙烯水泥地面涂料

聚醋酸乙烯水泥地面涂料是由聚醋酸乙烯乳液、普通硅酸盐水泥及颜料配制而成的一种地面涂料。可用于新旧水泥地面的装饰，是一种新颖的水性地面涂料。该涂料质地细腻，对人体无毒害，施工性能良好，早期强度高，与水泥地面基层粘结牢固。涂层具有优良的耐磨性、抗冲击性，色彩美观大方，表面有弹性，外观类似塑料地板。聚醋酸乙烯水泥地面涂料，原材料来源广泛，价格便宜，涂料配制工艺简单。该涂料适用于民用住宅室内地面装饰，亦可代替塑料地板或水磨石地坪，用于某些实验室、仪器装配车间等的地面装饰。

复习思考题

1. 名词解释

   （1）高分子化合物；（2）聚合度

2. 聚合物有哪几种物理状态？

3. 塑料的主要组成有哪些？其作用如何？

4. 热塑性塑料和热固性塑料的主要不同点有哪些？

5. 胶粘剂的主要组成有哪些？其作用如何？

6. 试举出三种建筑上常用的胶粘剂，并说明它们的用途。

7. 涂料的主要组成有哪些？其作用如何？

第十一章 沥青及沥青混合料

沥青是有机胶凝材料，广泛用于防水防潮、防腐、道路工程中。本章重点介绍石油沥青的组成、技术性能和技术标准，在此基础上介绍乳化沥青、改性沥青、煤沥青等的技术性能。以路用性能为主介绍沥青混合料的组成结构、技术性能及技术标准、沥青混凝土混合料组成设计方法，在此基础上介绍 SMA 等其他沥青混合料。通过学习，掌握沥青及沥青混合料的性能特点与应用。

第一节 沥青材料

沥青材料（bituminous material）是由极其复杂的高分子碳氢化合物及其非金属衍生物组成的有机混合物，在常温下呈褐色至黑色的固体、半固体或液体，能溶解于汽油、煤油、三氯乙烯、二硫化碳、苯、氯仿等有机溶剂，具有良好的黏结性、塑性、憎水性、不导电性，对酸、碱、盐等侵蚀性物质具有良好的稳定性，主要用作胶结材料、防水防潮材料、防腐材料等。

沥青按其在自然界中获得的方式可分为地沥青和焦油沥青两大类。

（1）地沥青（asphalt）

地沥青包括天然沥青和石油沥青。天然沥青是原油在自然条件下长时间经受地球物理因素作用形成的产物，如湖沥青；石油沥青（petroleum asphalt）是石油经加工提炼轻质油品后的残渣经再加工得到的产品。

（2）焦油沥青（tar）

煤、泥炭、木材等有机物经干馏得到焦油，经再加工而得到的沥青称为焦油沥青，如煤沥青、木沥青等。

页岩沥青（shale tar）按其技术性能与石油沥青相近，生产工艺则与焦油沥青接近，目前暂将其归为焦油沥青。在土木建筑工程中常用的是石油沥青和煤沥青。

一、石油沥青

石油沥青按其生产方法分为乳化沥青（emulsified asphalt）、改性沥青（modified asphalt）、直馏沥青（straight-run asphalt）、溶剂脱沥青（solvent asphalt）、氧化沥青（oxidized asphalt）、调和沥青（blended asphalt）等。

1. 石油沥青的化学组分

石油沥青的主要化学组成元素为碳、氢，此外还含有少量的非金属元素硫、氮、氧等及一些金属元素如钠、镍、铁、镁和钙等。其中碳的含量为 83% ~ 87%，氢为 11% ~ 14%。C/H 的比例可以在很大程度上反映沥青的化学成分，C/H 愈大，表明沥青的环状结构，尤其是芳香环结构愈多。

　　由于沥青的组成极其复杂，有机化合物的同分异构现象也带来了化学结构的复杂性，许多化学元素组成相似的沥青其性质却有很大区别，沥青化学元素的含量与沥青性能之间尚不能建立起直接的相关关系。人们在研究沥青化学组成的同时，利用沥青在不同溶剂中的选择性溶解及在不同吸附剂上的选择性吸附，将沥青按分子大小、极性或分子构型分离成若干个化学成分和物理性质相似且与其技术性能相关的部分，这些部分称为沥青的组分。沥青中各组分的相对含量和性质与沥青的粘滞性、感温性、粘附性等技术性质有直接的联系。

　　对于沥青化学组分的分析，采用三组分和四组分两种分析方法。三组分分析是将石油沥青分离为：油分（oil）、树脂（resin）和沥青质（asphaltene）三个组分。因我国的国产石油多为石蜡基和中间基石油，在油分中常含有蜡（paraffin），故在分析时还应将油、蜡分离。四组分分析是将沥青分离为沥青质、胶质、饱和分、芳香分。

　　（1）沥青质

　　沥青质是深褐色至黑色的无定形物质，是复杂的芳香类物质，有很强的极性，分子量1000～100000，颗粒粒径5～30nm，H/C原子比例约1.16～1.28。沥青质在沥青中的含量一般为5%～25%，其相对含量的多少对沥青的流变特性有很大的影响。当沥青中的沥青质含量增加时，沥青稠度提高、软化点上升，对高温的稳定性好，但塑性降低。

　　（2）树脂

　　树脂是棕色固体或半固体的黏稠状物质，有很强的极性，具有很好的粘附力。分子量1000～50000，颗粒粒径1～5nm，H/C原子比例约1.3～1.4。其在沥青中含量约为15%～30%。胶质是沥青质的扩散剂或胶溶剂，赋予沥青可塑性、流动性和粘结性，对沥青的延性、粘结力有很大的影响。

　　（3）油分

　　油分包括芳香分和饱和分。

　　芳香分由沥青中分子量最低的环烷芳香化合物组成，是沥青胶体结构中分散介质的主要部分。芳香分在沥青中约占20%～50%，为深棕色的黏稠液体，H/C原子比约1.56～1.67，平均分子量300～2000。

　　饱和分由直链烃、支链脂肪烃、烷基环烃和一些烷基芳香烃组成，是非极性稠状油类，H/C原子比约为2，平均分子量类似于芳香分。饱和分在沥青中约占5%～20%，其成分包括蜡质及非蜡质饱和物。

　　油分在沥青中起着润滑和柔软作用。油分含量愈多，沥青的软化点愈低，针入度愈大，稠度降低。

　　（4）蜡

　　蜡的化学组成主要以正构烷烃及熔点与正构烷烃接近的长烷基侧链少环烃类为主。蜡在高温时融化，使沥青黏度降低，对温度的敏感性增大；低温时易结晶析出，减少沥青分子间的结合力，使沥青低温延展性降低。

　　优质沥青的组分大致比例为：饱和分13%～31%，芳香分32%～60%，胶质19%～39%，沥青质6%～15%，蜡含量小于3%。

　　2. 沥青的胶体结构

　　现代胶体理论研究认为，沥青是以沥青质为分散相，胶质为胶溶剂，饱和分和芳香分为分散介质形成的胶体结构。强极性的沥青质分子吸附强极性的胶质形成以沥青质为中心的胶团核心，胶质吸附在沥青质周围形成中间过渡相；由于胶质的胶溶作用而使胶团分散在分子量较小、极性较弱的芳香分和饱和分组成的分散介质中，形成稳定的沥青胶体。在沥青胶体结构中，从沥青质到胶质到芳香分、饱和分，极性逐步递变，没有明显的分界线。当各组分的化学组成和相对含量相匹配时，才能形成稳定的胶体。

根据沥青中各组分的相对含量不同，可以形成不同结构类型的胶体。

（1）溶胶型（sol type）结构

当沥青质分子量较小且相对含量较低而油分和胶质足够多时，沥青质形成的胶团数量较少，胶团间相距较远，相互吸引力小（甚至没有），胶团能在分散介质的黏度许可范围内自由运动，这种沥青称为溶胶型沥青。

这类沥青在荷载作用下几乎没有弹性效应，具有较好的自愈合性和低温变形能力，但高温下易流淌，对温度的稳定性差。大部分直馏沥青都属溶胶型沥青。

（2）凝胶型（gel type）结构

当沥青中沥青质高且有足够数量胶质时，形成的胶团数量多，胶团浓度相对增加，相互之间靠拢形成不规则的网络结构，胶团间相互作用力增强，移动比较困难。饱和分和芳香分在胶团的网络中成为分散相，连续的胶团为分散介质，这种胶体结构的沥青称为凝胶型沥青。

这类沥青当外力作用时间短或外力小时具有明显的弹性；当应力超过屈服值后则表现为粘-弹性。凝胶型结构的沥青高温稳定性好但低温变形能力较差。

（3）溶胶-凝胶型（sol-gel type）结构

沥青中的沥青质含量适当并有较多的芳香度较高的胶质，形成的胶团数量较多，胶团间有一定的吸引力，是介于溶胶与凝胶结构之间的胶体结构。

溶胶-凝胶结构的沥青在高温时具有较好的稳定性，低温时具有较好的变形能力。

沥青的胶体结构类型从化学角度分析是困难的，通常根据胶体的流变性质来评价，以沥青的针入度指数值（PI）来划分为其胶体结构类型：PI < -2 溶胶型结构；PI = -2 ~ +2 溶凝胶型结构；PI > +2 凝胶型结构。

（a）　　　　　　　　　　（b）　　　　　　　　　（c）

图 11-1　沥青的胶体结构

（a）溶胶结构；（b）凝胶结构；（c）溶凝胶结构

3. 石油沥青的技术性能

（1）粘滞性（viscosity）

粘滞性是指沥青材料在外力作用下，沥青粒子间产生相对位移时抵抗变形的能力。粘滞性是沥青材料作为有机胶结材料最为重要的技术性能之一，其评价方法有绝对黏度和条件黏度两种。

1）绝对黏度（absolute viscosity）

沥青粘滞性用黏度 η 表示，基本单位为 Pa·s，以此单位测量的黏度称为绝对黏度。采用坎芬式（Cannon-Fenske）逆流毛细管黏度计（如图 11-2）可测试黏稠石油沥青、液体石油沥青及其蒸馏后残留物的运动黏度。采用真空减压毛细管（如图 11-3）可测定黏稠石油沥青的动力黏度。采用布氏旋转黏度计（如图 11-4）可测定沥青从较低温度到较高温度范围内的黏度并绘制温度-黏度曲线，用作不同沥青在不同温度下的粘滞性比较，并可用于确定各种沥青的适宜施工温度。

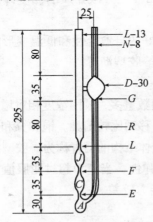

图 11-2　坎芬式逆流毛细管黏度计

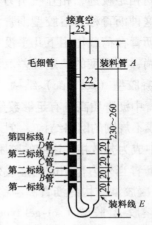

图 11-3　真空减压毛细管黏度计

2）条件黏度（qualificatory viscosity）

①道路标准黏度计（road standard viscosimeter）法

测定液体石油沥青、煤沥青、乳化沥青等的黏度，采用标准黏度计法（见图 11-5）。本方法是以在规定温度条件下、通过规定直径（一般有 3mm、4mm、5mm、10mm）流孔、流出50mL 体积沥青所需时间（s）表示沥青的黏度，计作 $C_{T,d}$，其中 C 为黏度（s），T 为试验温度（℃），d 为流孔直径（mm）。在相同试验条件下，流出时间越长表示沥青黏度越大。

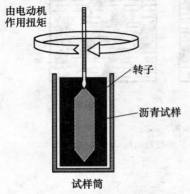

图 11-4　布氏旋转黏度计示意图

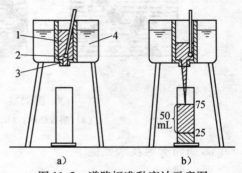

图 11-5　道路标准黏度计示意图

1—试样；2—钢球；3—流孔；4—恒温水浴

②针入度（penetration）法

黏稠石油沥青（固体、半固体）、改性沥青、液体石油沥青蒸馏后残留物、乳化沥青蒸发后残留物的稠度用针入度法测定（见图 11-6）。本方法是以在规定温度条件下、规定质量的标准试针经过规定的时间贯入沥青试样的深度（以 1/10mm 为单位计）表示沥青的稠度。记作 $P_{T,m,t}$，其中 P 表示针入度，T 为试验温度（℃），m 为试针（g），t 为贯入时间（s）。常用的试验条件为：$P_{25℃,100g,5s}$。

针入度反映的是沥青的稠度，针入度值越小表示沥青稠度越大；反之，表示沥青稠度越小。一般说来，稠度越大，沥青的黏度越大。

（2）变形性能

沥青材料的变形性能是指其在外力作用下产生变形而不断裂的性质。沥青材料的变形性能，特别是低温变形性能与沥青路面低温抗裂性密切相关。沥青的变形性能主要包括延性和脆性两方面。

1）延性（ductility）

沥青的延性是指在外力拉伸作用下所能承受的塑性变形的总能力，通常用延度表示。延度采用延度仪测试，是指将沥青试样制作成标准的"∞"型试件，在规定温度和规定拉伸速度条件下水平拉伸断裂时的长度（cm）。延度反映沥青的柔韧性，低温延度越大，沥青的柔韧性越好，沥青的抗裂性越好。

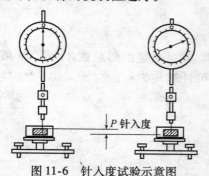

图 11-6　针入度试验示意图

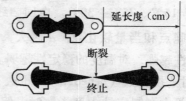

图 11-7　延度试验示意图

2）脆性（brittleness）

沥青材料在低温下受瞬时荷载时常表现为脆性破坏。沥青的脆性采用脆点（breaking point）表示。脆点用弗拉斯脆点仪测定，即在规定降温速度和弯曲条件下产生断裂时的温度。脆点实质上是反映沥青由粘弹性体转变为弹脆性体的温度，也即沥青达到临界硬度发生开裂时的温度。脆点温度越低，则沥青在低温时的抗裂性越好。

（3）温度敏感性（temperature susceptibility）

沥青材料的粘滞性、塑性等随温度的变化而变化的性能称为沥青材料的温度敏感性，简称感温性，沥青的感温性对其施工和使用都有重要的影响。对于沥青感温性的评价，主要有以下方法：

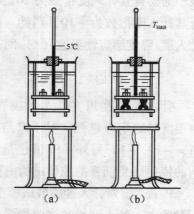

图 11-8　沥青软化点试验示意图

1）软化点（softening point）

采用环球法测定沥青的软化点。将沥青试样注入内径 19.8mm 的铜环中，环上置质量 3.5g 钢球，在规定起始温度，按规定升温速度加热条件下加热，直至沥青试样逐渐软化并在钢球荷重作用下产生 25.4mm 垂度（即接触下底板），此时的温度（℃）即为软化点。

根据已有研究：沥青达到软化点时的黏度约为 1200Pa·s 或相当于针入度值为 800（1/10mm），据此可以认为软化点是人为的"等粘点"。由此可见，针入度是在一定条件下的黏度，软化点则是达到一定黏度时的温度。软化点既反映沥青材料的热稳定性，也是对沥青黏度的一种评价。

针入度、延度、软化点通常称为石油沥青的三大技术指标。

2）脆点

脆点既用于评价石油沥青的低温变形性能，也是对沥青材料低温感应性的一种度量。

3）针入度-温度感应性系数（penetration-temperature susceptibility，简称 PTS）

P. Ph. 普费（Pfeifer）和范·杜尔马尔（Van Doormal）等的研究认为，沥青的黏度随温度的变化而变化，其关系如下式：

$$\lg P = A \cdot T + K \tag{11-1}$$

式中　P——沥青的针入度，1/10mm；

　　　T——与针入度对应的温度，℃；

　　　K——回归系数；

　　　A——针入度-温度感应性系数，回归得到。

测定不同温度条件下的针入度，通过线性回归，则可确定回归系数 A、K。常采用的温度为 5℃、15℃、25℃、30℃。由回归线性关系式可计算与 $P = 1.2$、$P = 800$ 对应的温度，称为当量脆点和当量软化点。A 越大，则沥青对温度敏感性越强，对温度的稳定性越弱。

4）针入度指数（penetration index，简称 PI）

普费等人在制定针入度指数时，假定感温性最小的沥青其针入度指数为 20，感温性最大的沥青其针入度指数为 -10，则针入度指数（PI）与针入度-温度感应性系数（A）间有如下关系：

$$PI = \frac{30}{1 + 50A} - 10 \tag{11-2}$$

针入度指数 PI 越大表示沥青的感温性越弱，对温度的稳定性越强。对于道路石油沥青，要求 PI = -1 ～ +1。另外，PI 值也是划分沥青胶体结构的依据（见沥青的胶体结构内容）。

P. Ph. 普费针入度指数诺模图及当量软化点、当量脆点、针入度指数壳牌诺模图见图 11-9、图 11-10。

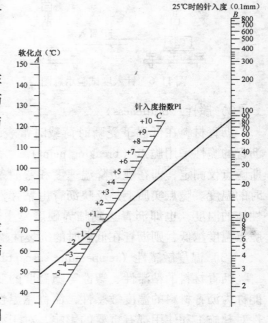

图 11-9　P. Ph. 普费针入度指数诺模图

5）针入度-黏度指数（penetration-viscosity number，简称PVN）

针入度指数（PI）通常只能表征沥青在软化点以下的感温性，对其高于软化点的感温性，N.W. 麦克里奥德（Mcleod）提出了针入度-黏度指数（penetration-viscosity number，简称PVN）法。此方法应用沥青25℃时的针入度值和135℃（或60℃）时的黏度值与温度的关系来计算沥青的感温性。针入度-黏度指数PVN越大，表示沥青的感温性越低。

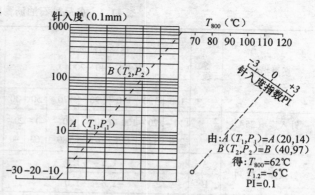

图 11-10　当量软化点、当量脆点、针入度指数壳牌诺模图

（4）耐久性

沥青材料在光、热、氧、水等因素的综合作用下，产生不可逆的化学变化，导致技术性能的逐渐劣化，这种变化的过程称为沥青的老化。老化的结果是沥青的流动性和塑性降低，针入度变小，延度降低，软化点和脆点升高，粘附性变差，低温易脆裂。对沥青的热致老化性进行评价，采用的方法包括蒸发损失试验、薄膜加热试验（thin film oven test，简称TFOT）和旋转薄膜加热试验（rolling thin film oven test，简称RTFOT）。试验是将沥青试样装入规定的器皿中经加热到规定的温度并保持规定的时间，用试样加热前后的针入度比、加热后的质量损失及加热后试样的延度值作为沥青材料耐热致老化的评价指标。

（5）安全性

沥青材料在施工过程中常需要加热，当加热至一定的温度时，沥青中挥发性的油分蒸气与周围的空气形成一定浓度的油气混合体，遇火则易发生闪火；若继续加热，油气混合物浓度增加，遇火极易燃烧，引发安全事故。沥青材料的闪火和燃烧的温度（燃烧5s以上）称为闪点和燃点，一般燃点比闪点约高10℃。沥青的加热温度不允许超过闪点，更不能达到燃点。例如建筑石油沥青闪点约230℃，在熬制时一般温度应控制在185～200℃，为安全起见，加热时还应与火焰隔离。

（6）溶解度

沥青在溶剂中的溶解度表明沥青中的有效成分。通常采用的溶剂有三氯乙烯、苯等。

（7）含蜡量

沥青中的蜡在高温时融化使沥青黏度降低，对温度的敏感性增大；低温时易结晶析出，减少沥青分子间的结合力，降低低温延展性。蜡含量的测定是以蒸馏法馏出油分后，在规定的溶剂及低温下结晶析出蜡含量，以质量百分率表示。

4. 石油沥青的技术标准与选用

（1）石油沥青的技术标准

石油沥青分道路石油沥青、建筑石油沥青、防水防潮石油沥青、普通石油沥青等四种（表11-1）。

表 11-1　各品种石油沥青的技术标准

质量指标	等级	道路石油沥青（JTG F40—2004）							建筑石油沥青（GB 494—1998）			防水防潮石油沥青（SH 0002—90）				普通石油沥青（SY 1665—77）（1988 年确认）		
		160	130	110	90	70	50	30	40	30	10	3 号	4 号	5 号	6 号	75	65	55
针入度（25℃，100g，1/10mm）		140~200	120~140	100~120	80~100	60~80	40~60	20~40	36~50	26~35	10~25	25~45	20~40	20~40	30~50	75	65	55
针入度指数 PI	A	-1.5 ~ +1.0							—	—	—	≮3	≮4	≮5	≮6	—	—	—
	B	-1.8 ~ +1.0																
延度(道路15℃、其他25℃),不小于(cm)	A、B	100					80	50	3.5	2.5	1.5					2	1.5	1
	C	80	80	60	50	40	30	20										
软化点（环球法,℃）,不小于	A	38	40	43	45~44	46~45	49	55	60	75	95	85	90	100	95	60	80	100
	B	36	39	42	43~42	44~43	46	53										
	C	35	37	41	42	43	45	50										
溶解度(三氯乙烯,三氯甲烷或苯),不小于(%)		99.5							99.5			98	98	95	92	98		
蒸发损失(道路TFOT 或 RTFOT 后;其他 163℃,5h),不大于 (%)		±0.8							1	1	1	1	1	1	1			
蒸发后针入度比,不小于 (%)	A	48	54	55	57	61	63	65	65	65	65	—						
	B	45	50	52	54	58	60	62										
	C	40	45	48	50	54	58	60										
闪点（开口）,不低于 (℃)		230				245	260		230			250	270	270	270	230	230	230
脆点,不高于 (℃)		—	—	—	—	—	—	—	报告	报告	报告	-5	-10	-15	-20	—	—	—

　　道路石油沥青、建筑石油沥青和普通石油沥青都是按针入度指标来划分牌号的。在同一品种石油沥青材料中，牌号愈小，沥青愈硬；牌号愈大，沥青愈软，同时随着牌号增加，沥青的粘性减小（针入度增加），塑性增加（延度增大），而温度敏感性增大（软化点降低）。

　　防水防潮石油沥青按针入度指数来划分牌号，它除保证针入度、软化点、溶解度、蒸发损失、闪点等指标外，特别增加了保证低温变形性能的脆点指标。随牌号增大，其针入度指数增大，温度敏感性减小，脆点降低，应用温度范围愈宽。这种沥青的针入度均与 30 号建筑石油沥青相近，但软化点却比 30 号沥青高 15～30℃，因而质量优于建筑石油沥青。

（2）石油沥青的选用

道路石油沥青主要用于道路路面或车间地面等工程，一般拌制成沥青混凝土、沥青拌合料或沥青砂浆等使用。30 号沥青仅适用于沥青稳定基层，130 号和 160 号沥青除寒冷地区可直接在中低级公路上应用外，通常用作乳化沥青、稀释沥青、改性沥青的基质沥青。A 级沥青适用于各等级任何场合和层次；B 级沥青适用于高速公路、一级公路沥青下面层及以下层次，二级及二级以下公路的各层次，用做改性沥青、乳化沥青、改性乳化沥青、稀释沥青的基质沥青；C 级沥青适用于三级及三级以下公路的各个层次。道路石油沥青还可作密封材料、粘结剂及沥青涂料等。

建筑石油沥青黏性较大，耐热性较好，但塑性较小，主要用作制造油毡、油纸、防水涂料和沥青胶。它们绝大部分用于屋面及地下防水、沟槽防水、防腐蚀及管道防腐等工程。

对于屋面防水工程，应注意防止过分软化。据高温季节测试，沥青屋面达到的表面温度比当地最高气温高 25～30℃，为避免夏季流淌，屋面用沥青材料的软化点应比当地气温下屋面可能达到的最高温度高 20℃ 以上。例如某地区沥青屋面温度可达 65℃，选用的沥青软化点应在 85℃ 以上。但软化点也不宜选择过高，否则冬季低温时易发生硬脆甚至开裂。

防水防潮石油沥青的温度稳定性较好，特别适用做油毡的涂覆材料及建筑屋面和地下防水的粘结材料。其中 3 号沥青温度敏感性一般，质地较软，用于一般温度下的室内及地下结构部分的防水。4 号沥青温度敏感性较小，用于一般地区可行走的缓坡屋面防水。5 号沥青温度敏感性小，用于一般地区暴露屋顶或气温较高地区的屋面防水。6 号沥青温度敏感性最小，并且质地较软，除一般地区外，主要用于寒冷地区的屋面及其他防水防潮工程。

普通石油沥青含蜡较多，其一般含量大于 5%，有的高达 20% 以上（称多蜡石油沥青），因而温度敏感性大，故在工程中不宜单独使用，只能与其他种类石油沥青掺配使用，各品种石油沥青的技术标准见表 11-1。

（3）沥青的掺配

一种牌号的沥青往往不能满足工程技术的需要，可将同产源、不同牌号的沥青掺配使用。掺配估算公式如下：

$$Q_1 = \frac{T_2 - T}{T_2 - T_1} \times 100\% \tag{11-3}$$

$$Q_2 = 100 - Q_1$$

其中　　Q_1——较软石油沥青用量，%；

　　　　Q_2——较硬石油沥青用量，%；

　　　　T——掺配后的石油沥青软化点，℃；

　　　　T_1——较软石油沥青软化点，℃；

　　　　T_2——较硬石油沥青软化点，℃。

以估算的掺配比例和邻近的比例（±5%～±10%）进行掺配。将沥青混合熬制均匀，测定其软化点，然后绘制掺配比——软化点关系曲线，即可从曲线上确定所要求的掺配比例，也可采用针入度指标按上法估算及试配。

二、乳化沥青

乳化沥青是黏稠沥青经热融和机械作用以微滴状态分散于含有乳化剂-稳定剂的水中形成的水包油型沥青乳液。乳化沥青不仅可用于路面的维修与养护、旧沥青路面的冷再生与防尘处理，并可用于铺筑表面处治、贯入式、沥青碎石、乳化沥青混凝土等各种结构形式的路面及基层，也可用作透层油、粘层油，用于各种稳定基层的养护。此外，乳化沥青还可用作防水、防潮、防腐材料。

1. 乳化沥青的组成材料

乳化沥青由沥青、水和乳化剂组成，需要时可加入少量添加剂。

（1）沥青

沥青是乳化沥青的主要组成材料，选择沥青时首先要求沥青应有易乳化性。一般来说，相同油源和工艺的沥青，针入度大者易乳化性较好。但针入度的选择应根据乳化沥青的用途，通过试验确定。

（2）水

水是沥青分散的介质，水的硬度和离子对乳化沥青具有一定的影响，水中存在的镁、钙或碳酸氢根离子分别对阴离子乳化剂或阳离子乳化剂有不同影响。应根据乳化剂类型的不同确定对水质的要求。

（3）乳化剂

乳化剂是乳化沥青形成的关键材料，乳化剂均为表面活性剂。从化学结构来看，乳化剂的分子均包括两个基团，一个为亲水基，另一个为亲油基。亲油基部分一般由长链烷基构成，结构差别较小；亲水基则种类繁多，结构差异大。沥青乳化剂的分类以亲水基结构为依据。

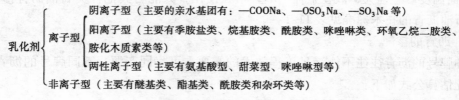

图 11-11 沥青乳化剂分类

（4）稳定剂

稳定剂的作用是改善沥青乳液在贮存、施工过程中的稳定性，可分为有机稳定剂和无机稳定剂两类。常用的有机稳定剂主要有：淀粉、明胶、聚乙二醇、聚乙烯醇、聚丙烯酰胺、羧甲基纤维素钠等，这类稳定剂能在沥青微粒表面形成保护膜，有利于微粒的分散，可与各类阳离子和非离子乳化剂配合使用，用于提高沥青乳液的贮存稳定性和施工稳定性。常用的无机稳定剂主要有氯化钙、氯化镁、氯化铵、氯化镉等，可提高乳液贮存稳定性。

2. 乳化沥青的技术标准

按施工方法，将阳离子型乳化沥青（代号 C）、阴离子型乳化沥青（代号 A）及非离子型乳化沥青（代号 N）分为两类，一类为喷洒型乳化沥青（代号 P），主要用于透层、粘层、表面处治、贯入式沥青碎石；另一类为拌和型乳化沥青（代号 B），主要用于沥青碎石或沥青混合料。用于道路的乳化沥青技术性能应满足表 11-2 要求。

表 11-2　道路用乳化石油沥青技术要求（JTG F40—2004）

试验项目		品种及代号									
		阳离子				阴离子				非离子	
		喷洒用		拌和用	喷洒用			拌和用	喷洒用	拌和用	
		PC-1	PC-2	PC-3	BC-1	PA-1	PA-2	PA-3	BA-1	PN-2	BN-1
破乳速度		快裂	慢裂	快裂或中裂	慢裂或中裂	快裂	慢裂	快裂或中裂	慢裂或中裂	慢裂	慢裂
粒子电荷		阳离子（＋）				阴离子（－）				非离子	
筛上残留物（1.8mm 筛），（%）　≤		0.1				0.1				0.1	
黏度	恩格拉黏度计 E_{25}	2~10	1~6	1~6	2~30	2~10	1~6	1~6	2~30	1~6	2~30
	道路标准黏度计 $C_{25,3}$（s）	10~25	8~20	8~20	10~60	10~25	8~20	8~20	10~60	8~20	10~60
蒸发残留物	残留分含量（%）≥	50	50	50	55	50	50	50	55	50	55
	溶解度（%）≥	97.5									
	针入度（25℃），(1/10mm)	50~200	50~300	45~150		50~200	50~300	45~150		50~300	60~300
	延度（15℃），(cm)	40				40				40	
与粗集料粘附性，裹覆面积　　　　≥		2/3				2/3				2/3	
与粗、细粒式集料拌和试验		—		均匀		—			均匀	—	均匀
水泥拌和试验的筛上剩余（%）　≤		—				—				—	3
常温贮存稳定性： 1d,　　　≤ 5d,　　　≤		1 5				1 5				1 5	

三、改性石油沥青

随着现代工程技术和应用的不断发展，无论是作为防水防腐材料还是作为路面胶结材料，对沥青的高温抗变形性、低温抗裂性、抗老化、粘附性等使用性能和耐久性能提出了更高的要求，单纯的石油沥青已难以同时满足这些技术性能的要求。通过在石油沥青中加入天然或人工的有机或无机材料，熔融、分散在沥青中得到的具有良好综合技术性能的石油沥青，也即改性沥青。

1. 改性剂分类

改性剂按其对沥青性能的改善作用可分为以下几类：

（1）改善沥青流变性

①高聚物类改性剂

这类改性剂主要有树脂类，如聚乙烯 PE、乙烯-醋酸乙烯共聚物 EVA、无规聚丙烯 APP、聚氯乙烯 PVC、聚酰胺、环氧树脂 EP 等；橡胶类，如天然橡胶 NR、丁苯橡胶 SBR、氯丁橡胶 CR、丁二烯橡胶 BR、乙丙橡胶 EPDM、异戊二烯 IR、丙烯腈丁二烯共聚物 ABR、异丁烯异戊二烯共聚物 IIR、苯乙烯异戊二烯橡胶 SIR、硅橡胶 SR、氟橡胶 FR、苯乙烯-丁二烯嵌段共聚物 SBS、苯乙烯-异戊二烯嵌段共聚物 SIS、苯乙烯-聚乙烯/丁基-聚乙烯嵌段共聚物 SE/BS 等。这类改性剂可提高沥青在高温时的稳定性、低温时的脆性和耐久性等。

其中热塑性橡胶类高聚物既具有橡胶的弹性性质，又有树脂的热塑性性质，对沥青的温度稳定性、低温弹性和塑性变形能力都有很好的改善，是目前用得最多的沥青改性剂。另外丁苯橡胶也是广泛应用的改性剂之一。

②纤维类改性剂

常用的纤维类物质有各种人工合成纤维（如聚乙烯纤维、聚酯纤维等）和矿质石棉纤维等。纤维材料的加入对沥青的高温稳定性和低温抗拉强度产生影响。

③硫磷类改性剂

硫在沥青中的硫桥作用能提高沥青的高温抗变形能力，磷能使芳香环侧链成为链桥存在而改善沥青的流变性能。

（2）改善沥青与矿料粘附性

①无机类

采用水泥、石灰、电石渣等预处理集料表面或将这类材料直接加入沥青中，可提高沥青与矿料的粘附性。

②有机酸类

沥青中最具活性的组分为沥青酸及其酸酐，沥青中加入各类合成高分子有机酸可起到与沥青酸及酸酐相似的效果，提高沥青活性。

③金属皂类

常用的有皂脚铁、环烷酸铝皂等，加入沥青中可降低沥青与集料界面的张力，从而改善沥青与集料的粘附性。

④高效抗剥离剂

醚胺、醇胺、烷基胺、酰胺等人工合成高效抗剥离剂，一般用于对沥青与矿料粘附要求高的高等级路面沥青混合料，提高沥青与矿料粘结界面的抗剥离性能。

（3）改善沥青耐久性

常用的沥青耐久性改性剂主要有受阻酚、受阻胺、炭黑、硫磺、木质素纤维等。

2. 改性沥青的技术要求

在参考国外标准，特别是美国 ASTM 标准基础上，我国《公路改性沥青路面施工技术规范》（JTG F40—2004）规定了改性沥青的技术标准，见表 11-3。

表 11-3　聚合物改性沥青技术要求

技术指标	SBS（Ⅰ）				SBR（Ⅱ）			EVA、PE（Ⅲ）			
	Ⅰ-A	Ⅰ-B	Ⅰ-C	Ⅰ-D	Ⅱ-A	Ⅱ-B	Ⅱ-C	Ⅲ-A	Ⅲ-B	Ⅲ-C	Ⅲ-D
针入度(25℃，100g·5s) ≥	100	80	60	40	100	80	60	80	60	40	30
针入度指数 ≥	-1.0	-0.6	-0.2	+0.2	-1.0	-0.8	-0.6	-1.0	-0.8	-0.6	-0.4
延度(5℃，5cm/min)，(cm) ≥	50	40	30	20	60	50	40	—			
软化点（℃） ≥	45	50	55	60	45	48	50	48	52	56	60
运动黏度(135℃)，(Pa·s) ≤	3										
闪点（℃） ≥	230				230			230			
溶解度（%） ≥	99				99						
离析，软化点差（℃） ≤	2.5				—			无改性剂明显析出、凝聚			
弹性恢复(25℃) ≥	55	60	65	70							
粘韧性（N·m） ≥	—				5			—			
韧性（N·m） ≥	—				2.5			—			
旋转薄膜加热（RTFOT）后残留物											
质量损失（%） ≤	1.0										
针入度比（25℃） ≥	50	55	60	65	50	55	60	50	55	58	60
延度（5℃），(cm) ≥	30	25	20	15	30	20	10	—			

四、煤沥青

煤沥青是由煤干馏的产品煤焦油再加工得到的有机胶凝材料。其主要化学组成是芳香族碳氢化合物及其氧、硫、氮的衍生物的混合物。煤沥青的元素组成特点是"碳氢比"较石油沥青大，其化学结构主要由高度缩聚的芳香环及其含氧、氮、硫的衍生物，在环结构上带有较短的支链。与石油沥青相比，煤沥青具有温度稳定性较差、与矿质材料粘附性好、气候稳定性差等特点。

与石油沥青化学组分分析方法相似，采用不同溶剂对煤沥青组分的选择性溶解，将煤沥青分为化学性能相近、与技术性能相关的组分，即油分、树脂、游离碳（free carbon）。游离碳又称为自由碳，是高分子有机化合物的固态碳质微粒，不溶于苯等有机溶剂，加热不溶，高温分解。煤沥青中游离碳含量增加可提高黏度和温度稳定性，但低温脆性增加。

道路用煤沥青的代号为 T，根据道路标准黏度分为 9 个标号，其技术性能要求如下表。

表 11-4 道路煤沥青质量要求（JTG F40—2004）

试验项目	标号	T-1	T-2	T-3	T-4	T-5	T-6	T-7	T-8	T-9
道路标准黏度（s）	$C_{30,5}$	5 ~ 25	26 ~ 70							
	$C_{30,10}$			5 ~ 20	21 ~ 50	51 ~ 120	121 ~ 200			
	$C_{50,10}$							10 ~ 75	76 ~ 200	
	$C_{60,10}$									35 ~ 65
蒸馏试验馏出量（%）	170℃前 ≤	3.0	3.0	3.0	2.0	1.5	1.5	1.0	1.0	1.0
	270℃前 ≤	20	20	20	15	15	15	10	10	10
	300℃前 ≤	15 ~ 25	15 ~ 35	<30	<30	<25	<25	<20	<20	<15
300℃蒸馏残渣软化点（环球法）（℃）		30 ~ 45	30 ~ 45	35 ~ 65	35 ~ 65	35 ~ 65	35 ~ 65	40 ~ 70	40 ~ 70	40 ~ 70
水分（%） ≤		1.0	1.0	1.0	1.0	1.0	0.5	0.5	0.5	0.5
甲苯不溶物（%） ≤		20								
含萘量（%） ≤		5	5	5	4	4	3.5	3	2	2
焦油酸含量（%） ≤		4	4	3	3	2.5	2.5	1.5	1.5	1.5

第二节 沥青混合料的分类与组成结构

沥青混合料（asphalt mixtures）是由矿料与沥青拌和而成的沥青混凝土混合料和沥青碎石混合料的总称。由适当比例的粗集料、细集料及填料与沥青拌和、压实，剩余空隙率小于 10% 的混合料，简称沥青混凝土混合料；剩余空隙率在 10% 以上的混合料，简称沥青碎石混合料。

一、沥青混合料的分类

按矿质集料级配类型分为连续级配和间断级配沥青混合料。连续级配沥青混合料中的矿质集料是按级配原则，从大到小各级粒径按比例搭配组成的。间断级配沥青混合料集料级配组成中缺少一个或若干个粒径档次。按混合料密实度分密级配、开级配和半开级配沥青混合料。密级配沥青混合料压实后剩余空隙率小于 10%。开级配沥青混合料指级配主要由粗集料组成，细集料较少，集料颗粒相互拨开，压实后剩余空隙率大于 15% 的混合料。半开级配沥青混合料压实后剩余空隙率在 10% ~ 15%，也称为沥青碎石混合料。按集料最大粒径分特粗式、粗粒式、中粒式、细粒式及砂粒式沥青混合料。

按施工工艺分为热拌和冷拌沥青混合料。热拌沥青混合料，即沥青与矿质集料（简称矿料）在热态下拌和、铺筑。冷拌沥青混合料是采用乳化沥青或稀释沥青与矿料在常温下拌和、铺筑。

沥青混合料分类见图 11-12。

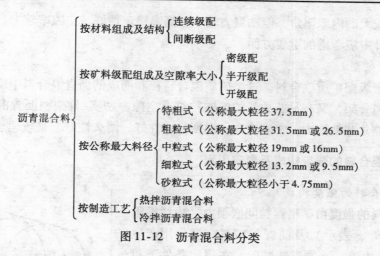

图 11-12 沥青混合料分类

二、沥青混合料的组成结构

胶浆理论认为沥青混合料可以看成是多级分散体系，粗集料分散在沥青砂浆中；沥青砂浆由细集料分散在沥青胶浆中；沥青胶浆由填料分散在沥青中。表面理论认为沥青混合料由粗集料、细集料、填料组成具有一定级配的矿质骨架，沥青分布在矿料表面将矿料粘结形成具有一定强度的整体。

各组成材料的相对比例不同，压实后沥青混合料表现出不同的内部颗粒分布状态、剩余空隙率等结构特征，沥青混合料也因此表现出不同的技术性能。按矿质混合料的级配特点，沥青混合料有以下几种结构类型（见图 11-13）。

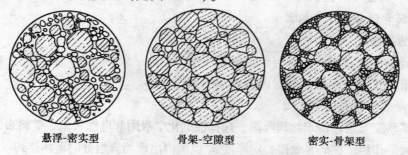

悬浮-密实型   骨架-空隙型   密实-骨架型

图 11-13 沥青混合料结构类型

1. 悬浮-密实型

采用连续密级配矿质混合料。一方面上级粒径粒子间具有较大的颗粒间距以保证次级粒径粒子的填充，各级粒径粒子均被下级粒径粒子隔开，不能直接接触形成骨架，有如悬浮在次级粒子中；另一方面由于次级粒子的逐级填充，矿质混合料具有较大的密实度。悬浮-密实型结构沥青混合料经压实后，具有较高的粘聚力，但内摩擦角较小，密实度高、水稳定性好、耐久性好、高温稳定性较差。

2. 骨架-空隙型

采用连续开级配矿质混合料。大粒径颗粒相互接触、嵌挤形成骨架，较细颗粒数量相对较少，不足以充分填充骨架空隙，压实后的沥青混合料空隙率较高。骨架-空隙型沥青混合料压实后具有较大的内摩擦角，但粘聚力较小，高温稳定性好，空隙率较大。耐久性问题是这类混合料设计中应考虑的重要方面。

3. 密实-骨架型

采用间断密级配矿质混合料。这类矿质混合料拌和而成的沥青混合料中既有足够数量的粗集料形成受力骨架，又有足够数量的细颗粒填充空隙。密实-骨架型沥青混合料压实后具有较大的内摩擦角和粘聚力，密实度高、温度稳定性好、耐久性好，是较理想的结构类型。

三、沥青混合料的强度构成及影响因素

1. 沥青混合料的强度构成

沥青混合料的强度由矿料颗粒间嵌锁力（内摩擦阻力，用内摩擦角 φ 表示）及沥青与矿料交互作用产生的内聚力（c）构成。通过三轴试验，在规定条件下对沥青混合料施加侧向应力，测试法向应力，得到一组摩尔应力圆，其公切线为摩尔-库仑包络线，即抗剪强度曲线（如图 11-14 所示），由此得沥青混合料抗剪强度

$$\tau = c + \sigma \cdot \tan\varphi \qquad (11-4)$$

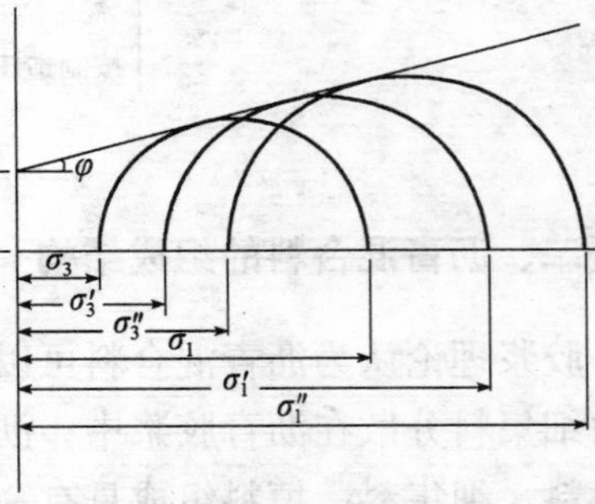

图 11-14　沥青混合料三轴试验摩尔-库仑包络线图

式中　　τ——沥青混合料抗剪强度，MPa；

φ——沥青混合料内摩擦角，°；

c——沥青与矿料交互作用产生的内聚力，MPa；

σ——试验时的正应力，MPa。

2. 影响沥青混合料强度的因素

（1）沥青黏度

随着沥青黏度的增大，沥青与矿料交互作用产生的粘聚力增大，沥青混合料抗剪强度提高，抗变形能力提高。沥青黏度对内摩擦角的影响较小。

（2）沥青与矿料的化学性质

沥青与矿料交互后，由于物理吸附、选择性的化学吸附和电性吸附、矿料表面对沥青组分的选择性吸收等作用，在矿料表面一定厚度 δ_0 范围内出现沥青组分的重新排列（如图 11-15），即在矿料表面 δ_0 厚度范围内形成"结构沥青"，δ_0 厚度范围外未重新排列的沥青为"自由沥青"。当矿料颗粒间以"结构沥青"联结时具有比"自由沥青"联结更高的粘聚力 c。

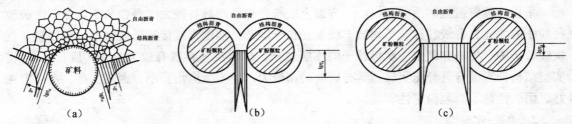

图 11-15　沥青与矿料交互作用及矿料颗粒间的联结示意图

（a）沥青与矿料交互作用；（b）矿料颗粒间以结构沥青联结；（c）矿料颗粒间以自由沥青联结

不同性质的矿料对沥青组分的重排作用不同，形成的"结构沥青"组成结构和厚度不同。碱性石灰石矿料表面对沥青组分的重排作用较酸性石英石矿料强，当采用碱性矿料时可以获得发育更好的结构沥青膜，因而沥青混合料具有更高的强度。

（3）矿质混合料的物理性能

矿质混合料的级配、粒度、形状、表面粗糙度等对沥青混合料的内摩擦角产生影响，从而影响沥青混合料的强度。

（4）沥青用量及矿料的比表面积

当矿料一定时，随着沥青用量的增加，结构沥青膜逐渐形成，沥青与矿料交互产生的粘聚力增大，但内摩擦角有所降低，沥青混合料的强度提高。但随着沥青用量的进一步增大，沥青膜厚度增加，当矿料颗粒间以自由沥青连接时，沥青混合料的强度降低。

当沥青用量一定时，随着矿料比表面积增大，沥青膜厚度减薄，结构沥青比例增大，沥青与矿料交互产生的粘聚力增大，沥青混合料强度提高。这也是在沥青混合料中加入适量矿粉的原因。

（5）其他外部因素

对沥青混合料强度影响的外部因素主要有温度和荷载条件。随着温度的升高，沥青黏度降低，沥青混合料强度降低；在其他条件相同的情况下，c 值随变形速率减小而增加，沥青混合料强度也随之提高。温度和变形速率对内摩擦角的影响较小。

第三节　沥青混合料的路用性能

沥青混合料路面常见的病害有高温下的车辙、波浪、推挤壅包，低温下的开裂，水稳定性及老化破坏等。因此，作为路面材料，沥青混合料应具有高温稳定性、低温抗裂性、耐久性、抗滑性、施工和易性等技术性能。

一、高温稳定性

高温稳定性是指沥青混合料在高温条件下具有高的抗剪强度和抵抗变形的能力，在车辆的反复作用下不发生显著永久性变形，保持路面平整度的性能。评价沥青混合料高温稳定性的方法较多，有三轴试验、三轴蠕变试验、单轴无侧限蠕变试验等，我国现行规范采用的方法是马歇尔试验和车辙试验。

（1）马歇尔试验

马歇尔试验最早由马歇尔（B. Marshall）提出。该试验是将沥青混合料制作成标准尺寸圆柱体试件，在高温（60℃）下用马歇尔稳定度仪测定在规定加载速率条件下试件破坏时的最大荷载，即马歇尔稳定度（MS），单位为 kN；与最大荷载对应的变形即为流值（FL），以 mm 计；马歇尔模数 $T = \dfrac{MS}{FL}$（kN/mm）。

（2）车辙试验

各国的试验研究和实践证明，采用马歇尔稳定度和流值不能确切反映沥青混合料永久性变形，与路面的抗车辙能力相关性不好。英国道路研究所（TRRL）开发的车辙试验用于评价沥青混合料在规定温度条件下抵抗塑性流动变形能力，该方法简单、试验结果直观，与实际路面车辙相关性较好，得到了广泛的应用。车辙试验结果以动稳定度（DS）表示，单位为次/mm。

影响高温稳定性的因素包括矿料性质、沥青黏度、沥青用量等。

二、低温抗裂性

沥青混合料的低温抗裂性是指其在低温条件下，具有较低的劲度、较高的抗拉强度和适应变形的能力、抵抗低温收缩裂缝的性能。评价沥青混合料低温性能的试验有低温弯曲试验、低温劈裂试验、直接拉伸试验、线收缩系数试验、低温蠕变试验、受限试件温度应力试验等。

1. 低温弯曲试验

在规定试验条件下对规定尺寸的小梁试件施加跨中集中荷载至断裂破坏，用试件破坏时的抗弯拉强度（MPa）、试件破坏时的弯曲劲度模量（MPa）、试件破坏时的最大弯拉应变评价沥青混合料的低温性能。沥青混合料低温破坏时弯拉应变越大、劲度模量越小，低温柔韧性越好，抗裂性越好。

2. 低温劈裂试验

低温劈裂试验是间接评价沥青混合料低温抗裂性的一种方法。在规定温度（如 $-10℃$）和加载速率（如 $1mm/min$）条件下通过圆弧形加载压条对规定尺寸的圆柱形试件劈裂直至破坏，测定沥青混合料的劈裂抗拉强度、泊松比、破坏拉伸应变及破坏时的劲度模量。

3. 弯曲蠕变试验

低温条件下的弯曲蠕变试验用于评价沥青混合料在低温下的变形能力和松弛能力。在规定温度条件下，对规定尺寸的沥青混合料小梁试件跨中施加恒定集中荷载，测定试件随时间增长的蠕变变形。跨中断面下缘的总应变与应力之比值为弯曲蠕变柔量，以 $1/MPa$ 计；在单位应力条件下，变形等速增长的稳定期内单位时间增加的应变值即蠕变速率，以 MPa/s 计。蠕变速率越大，沥青混合料低温下变形能力越强，松弛能力越大，低温抗裂性越好。

影响沥青混合料低温性能的因素包括沥青特性（低温劲度、稠度、温度敏感性等）、集料类型及级配、沥青含量、空隙率、温度及降温速度等。

三、耐久性

沥青混合料耐久性是指其在使用过程中抵抗环境因素及行车荷载反复作用的能力，主要包括沥青混合料的耐老化性、水稳定性、抗疲劳性等方面的性能。

1. 沥青混合料的耐老化性能

耐老化性是沥青混合料抵抗由于各种人为和自然因素作用而逐渐丧失变形能力、柔韧性等优良品质的能力。沥青混合料的老化主要取决于沥青的老化，还与外界环境因素、施工工艺、沥青用量、压实空隙率等有关。提高沥青混合料的耐老化性能可选择耐老化性好的沥青、采用合适的沥青用量、采用较小的残留空隙率、严格控制加热温度和加热时间等。沥青混合料耐老化性能的评价采用沥青饱和度（VFA）、空隙率（VV）等指标。

2. 沥青混合料的水稳定性

水稳性是沥青混合料抵抗水侵蚀而逐渐产生沥青膜剥离、松散、坑槽等破坏的能力。沥青混合料水稳定性评价的方法包括：

（1）沥青与矿料的粘附性

评价沥青与矿料的粘附性采用的方法有水煮法、水浸法、光电分光光度法等。这类方法是将沥青裹覆在矿料表面，通过水的作用，根据矿料表面沥青膜的剥离情况判断沥青与矿料的粘附性。

（2）浸水试验

浸水试验是通过测试沥青混合料试件浸水前后性能的变化来评价其对水的稳定性能。包括浸水马歇尔试验、浸水车辙试验、浸水劈裂强度试验、浸水抗压强度试验等，分别以浸水后与浸水前的马歇尔稳定度比、车辙深度比、劈裂强度比、抗压强度比来评价混合料对水的稳定性，比值越大则对水的稳定性越好。

（3）冻融劈裂试验

冻融劈裂试验是检验沥青混合料抗水损害的能力，试验条件比一般浸水试验更苛刻。在冻融劈裂试验中，将沥青混合料试件随机分为两组，一组用于25℃条件下测定常规劈裂强度（R_{T1}）；另一组试件先真空饱水，然后置于 −18℃冷冻16h，再在60℃水中浸泡24h，最后在25℃条件下测定劈裂强度（R_{T2}）。冻融劈裂强度比

$$\text{TSR} = \frac{R_{T2}}{R_{T1}} \times 100\% \tag{11-5}$$

TSR 越高，则沥青混合料的水稳定性越好。

沥青混合料的水稳定性与沥青和矿料的粘附性有关，还受沥青混合料压实后空隙率大小、沥青膜厚度、成型方法等影响。

3. 沥青混合料的耐疲劳性能

沥青混合料的疲劳是材料在荷载重复作用下产生不可恢复的强度衰减积累所引起的一种现象。通常把材料出现疲劳破坏的重复应力值称为疲劳强度，相应的应力重复作用次数称为疲劳寿命。评价沥青混合料疲劳性能可采用车辆作用环道疲劳破坏试验、足尺路面结构模拟车辆荷载疲劳试验、室内小型试件疲劳试验。影响沥青混合料疲劳性能的因素有沥青混合料劲度、沥青用量、混合料空隙率、集料特征等。

四、抗滑性

沥青路面应具有足够的抗滑能力，以保证在最不利的情况下车辆能高速安全行驶，且在外界因素作用下其抗滑能力不致很快降低。路面的抗滑性取决于路面的宏观和微观构造，这两种构造的发达程度与材料组成和材料特性有关。材料组成主要表现在集料的级配、粗细集料的含量控制等。材料特性主要指粗集料的颗粒形状、表面粗糙程度及力学性能指标等。

从材料特性控制沥青混合料抗滑性，要求高速公路、一级公路所用粗集料磨光值不小于42，磨耗率不大于30%，冲击值不大于28%；重交通石油沥青含蜡量不大于3%。

沥青混合料抗滑性的评价分两类，一类是测定路面表面纹理构造发达程度，采用铺砂法

和激光构造深度仪测定沥青混合料表面构造深度；另一类是测定路表面的摩擦系数和摩擦力，采用摆式仪测路表面摩擦系数，横向力系数测定车测定路面横向力系数。对于高速公路、一级公路竣工后第一个夏季，沥青混合料路面摩擦系数不小于45BPN、构造深度不小于0.55mm、横向力系数 SFC 不小于 54。

五、施工和易性

沥青混合料的施工和易性是指在拌和、摊铺、碾压过程中集料颗粒保持分布均匀，表面被沥青膜完整裹覆并能被压实到规定密度的性能。影响沥青混合料施工和易性的因素有组成材料的技术性能、比例、施工条件等。对沥青混合料施工和易性的评价目前尚无直接评价的方法，一般通过合理选择组成材料、控制施工条件等措施来保证沥青混合料质量。

第四节　热拌热铺沥青混合料配合比设计

热拌沥青混合料（HMA）是由矿料与黏稠沥青在专用设备中加热拌和、保温运输至施工现场并在热态下进行摊铺和压实的混合料，适用于各种等级公路的沥青路面，其种类按集料公称最大粒径、矿料级配、空隙率划分见表 11-5。

表 11-5　热拌沥青混合料种类

混合料类型	密级配			开级配		半开级配	公称最大粒径（mm）	最大粒径（mm）
	连续级配		间断级配	间断级配				
	沥青混凝土	沥青稳定碎石	沥青玛琋脂碎石	排水式沥青磨耗层	排水式沥青碎石基层	沥青碎石		
特粗式	—	ATB-40	—	—	ATPB-40	—	37.5	53.0
粗粒式	—	ATB-30	—	—	ATPB-30	—	31.5	37.5
	AC-25	ATB-25	—	—	ATPB-25	—	26.5	31.5
中粒式	AC-20	—	SMA-20	—	—	AM-20	19.0	26.5
	AC-16	—	SMA-16	OGFC-16	—	AM-16	16.0	19.0
细粒式	AC-13	—	SMA-13	OGFC-13	—	AM-13	13.2	16.0
	AC-10	—	SMA-10	OGFC-10	—	AM-10	9.5	13.2
砂粒式	AC-5	—	—	—	—	—	4.75	9.5
设计空隙率（%）	3~5	3~6	3~4	>18	>18	6~12	—	—

一、组成材料及质量要求

1. 沥青

作为沥青混合料中的胶结材料，沥青的性能直接影响到沥青混合料的技术性能。沥青路面所用沥青的品种和标号应根据气候条件、沥青混合料类型、道路等级、交通性质、施工条件等选择。通常，较热气候条件、较繁重交通、细粒式或砂粒式、密级配混合料应选用标号较低的沥青；反之则选用标号较高的沥青。沥青标号的选择和沥青技术性能符合表 11-1 的要求。

　　2. 粗集料

　　沥青混合料用粗集料包括碎石、破碎砾石、筛选砾石、钢渣、矿渣等，但高速公路和一级公路不得采用筛选砾石和矿渣。粗集料的最大粒径主要根据路面结构层厚度确定，同时考虑沥青混合料的高温、低温性能及耐久性能等。粗集料应洁净、干燥、表面粗糙，其质量应满足表 11-6 要求。

表 11-6　沥青混合料用粗集料技术要求（JTG F40—2004）

指　标		高速公路及一级公路		其他等级公路
		表面层	其他层次	
石料压碎值（%）	≤	26	28	30
洛杉矶磨耗损失（%）	≤	28	30	35
表观相对密度	≥	2.60	2.50	2.45
吸水率（%）	≤	2.0	3.0	3.0
坚固性（%）	≤	12	12	
针片状颗粒（%）	≤	15	18	20
其中粒径大于 9.5mm（%）	≤	12	15	—
其中粒径小于 9.5mm（%）	≤	18	20	—
水洗法 <0.075mm 颗粒含量（%）	≤	1	1	1
软石含量（%）	≤	3	5	5

　　高速公路、一级公路沥青路面表面层或磨耗层的粗集料磨光值应符合要求。除 SMA、OGFC 路面外，允许在硬质粗集料中掺加部分较小粒径的磨光值达不到要求的粗集料，其最大掺量由磨光值试验确定。

　　3. 细集料

　　细集料应洁净、干燥、无风化、无杂质，并有适当的颗粒级配，其质量应符合表 11-7、表 11-8、表 11-9 要求。细集料的洁净程度，天然砂以小于 0.075mm 颗粒含量百分数表示，石屑和机制砂以砂当量（适用于 0～4.74mm）或亚甲蓝值（适用于 0～2.36mm 或 0～0.15mm）表示。热拌密级配沥青混合料中天然砂的用量通常不宜超过集料总量的 20%，SMA 和 OGFC 混合料不宜使用天然砂。

表 11-7　沥青混合料用细集料质量要求（JTG F40—2004）

项　目	高速公路、一级公路	其他等级公路
表观相对密度，不小于	2.50	2.45
坚固性（>0.3mm 部分）（%），不小于	12	—
含泥量（小于 0.075mm 颗粒含量）（%），不大于	3	5
砂当量（%），不小于	60	50
亚甲蓝值（g/kg），不大于	25	—
棱角性（流动时间），不小于	30	—

表 11-8 沥青混合料用天然砂（JTG F40—2004）

筛孔尺寸（mm）	通过百分率（%）		
	粗砂	中砂	细砂
9.5	100	100	100
4.75	90～100	90～100	90～100
2.36	65～95	75～90	85～100
1.18	35～65	50～90	75～100
0.6	15～30	30～60	60～84
0.3	5～20	8～30	15～45
0.15	0～10	0～10	0～10
0.075	0～5	0～5	0～5

表 11-9 沥青混合料用机制砂或石屑（JTG F40—2004）

公称粒径（mm）	水洗法通过百分率（%）							
	9.5	4.75	2.36	1.18	0.6	0.3	0.15	0.075
0～5	100	90～100	60～90	40～75	20～55	7～40	2～20	0～10
0～3	—	100	80～100	50～80	25～60	8～45	0～25	0～15

4. 矿粉

沥青混合料的矿粉必须采用石灰岩或岩浆岩中强基性岩石等憎水性石料经磨细得到的矿粉，原石料中的泥土杂质应除净。矿粉应干燥、洁净，质量符合表 11-10 要求。

表 11-10 沥青混合料用矿粉质量要求（JTG F40—2004）

项 目	高速公路、一级公路	其他等级公路
表观密度（t/m³），不小于	2.50	2.45
含水率（%），不大于	1	1
粒度范围（%）		
<0.6mm	100	100
<0.15mm	90～100	90～100
<0.075mm	75～100	70～100
外观	无团粒结块	—
亲水系数	<1	
塑性指数（%）	<4	
加热安定性	实测记录	

粉煤灰作填料时用量不得超过填料总量的 50%，粉煤灰烧失量应小于 12%，与矿粉混合后塑性指数应小于 4%，其余质量要求与矿粉相同。高速公路、一级公路的沥青面层不宜采用粉煤灰做填料。

5. 纤维稳定剂

沥青混合料中掺加的纤维稳定剂宜选用木质素纤维、矿物纤维等。纤维稳定剂的掺量比例以沥青混合料总量的质量百分率计算，通常情况下用于 SMA 路面的木质素纤维不宜低于 0.3%，矿物纤维不宜低于 0.4%，必要时可适当增加纤维用量。

二、密级配沥青混合料配合比设计

密级配沥青混合料包括密级配沥青混凝土混合料（asphalt concrete，简称 AC）和密级配沥青稳定碎石混合料（asphalt-treated permeable base，简称 ATB）。

1. 密级配沥青混凝土混合料技术标准

密级配沥青混合料技术标准见表 11-11～表 11-15。

表 11-11 密级配沥青混凝土混合料（AC）马歇尔试验技术标准（JTG F40—2004）

试验指标		高速公路、一级公路				其他等级公路	行人道路
		夏炎热区 (1-1、1-2、1-3、1-4)		夏热区及夏凉区 (2-1、2-2、2-3、2-4、3-2)			
		中轻交通	重载交通	中轻交通	重载交通		
击实次数（双面）/次		75				50	50
试件尺寸（mm）		$\phi 101.6 \times 63.5$					
空隙率 VV（%）	深约 90mm 以内	3～5	4～6	2～4	3～5	3～6	2～4
	深约 90mm 以下	3～6		2～4	3～6	3～6	—
稳定度 MS（kN），不小于		8				5	3
流值 FL（mm）		2～4	1.5～4	2～4.5	2～4	2～4.5	2～5
矿料间隙率 VMA（%）， 不小于	设计空隙率（%）	相应于以下公称最大粒径（mm）的最小 VMA 及 VFA 技术要求					
		26.5	19	16	13.2	9.5	4.75
	2	10	11	11.5	12	13	15
	3	11	12	12.5	13	14	16
	4	12	13	13.5	14	15	17
	5	13	14	14.5	15	16	18
	6	14	15	15.5	16	17	19
沥青饱和度 VFA（%）		55～70		65～75		70～85	

表 11-12 密级配沥青稳定碎石混合料（ATB）马歇尔试验配合比设计技术标准（JTG F40—2004）

试验指标	公称最大粒径（mm）		试验指标	公称最大粒径（mm）		
	26.5	≥31.5		26.5	≥31.5	
马歇尔试件尺寸 （mm）	$\phi 101.6 \times 63.5$	$\phi 152.4 \times 95.3$	沥青饱和度 VFA（%）	55～70		
击实次数（双面）	75	112		设计空 隙率（%）	ATB-40	ATB-30	ATB-25
空隙率 VV（%）	3～6		矿料间隙率 VMA（%）， 不小于	4	11	11.5	12
稳定度 MS（kN）， 不小于	7.5	15		5	12	12.5	13
流值 FL（mm）	1.5～4	实测		6	13	13.5	14

注：干旱地区空隙率可适当放宽到 8%。

表 11-13　沥青混合料车辙试验动稳定度技术要求（JTG F40—2004）

气候条件与技术指标	相应于下列气候分区所要求的动稳定度（次/mm）							
七月平均最高气温（℃）及气候分区	>30				20～30			<20
	1. 夏炎热区				2. 夏热区			3. 夏凉区
	1-1	1-2	1-3	1-4	2-1	2-2	2-3	2-4	3-2
普通沥青混合料，不小于	800		1000		600		800		600
改性沥青混合料，不小于	2400		2800		2000		2400		1800
SMA混合料　非改性，不小于	1500								
改性，不小于	3000								
OGFC 混合料	1500（一般交通路段）、3000（重交通量路段）								

注：用于高速公路、一级公路的公称最大粒径等于或小于19mm的密级配沥青混合料（AC）及SMA、OGFC应进行动稳定度检验。

表 11-14　沥青混合料水稳定性检验技术要求（JTG F40—2004）

气候条件与技术指标	相应于下列气候分区所要求的技术要求（%）			
年降雨量（mm）及气候分区	>1000	500～1000	250～500	<250
	1. 潮湿区	2. 湿润区	3. 半干区	4. 干旱区
浸水马歇尔试验残留稳定度（%），不小于				
普通沥青混合料	80		75	
改性沥青混合料	85		80	
SMA　普通沥青	75			
改性沥青	80			
冻融劈裂试验的残留强度比（%），不小于				
普通沥青混合料	75		70	
改性沥青混合料	80		75	
SMA　普通沥青	75			
改性沥青	80			

注：用于高速公路、一级公路的公称最大粒径等于或小于19mm的密级配沥青混合料（AC）及SMA、OGFC应进行水稳定性检验。

表 11-15　沥青混合料低温弯曲试验破坏应变（μ_ε）技术要求（JTG F40—2004）

气候条件与技术指标	相应于下列气候分区所要求的破坏应变（μ_ε）							
年极端最低气温（℃）及气候分区	<-37.0		-21.5～-37.0			-9.0～-21.5		>-9.0
	1. 冬严寒区		2. 冬寒区			3. 冬冷区		4. 冬温区
	1-1	2-1	1-2	2-2	3-2	1-3	2-3	1-4	2-4
普通沥青混合料，不小于	2600		2300			2000		
改性沥青混合料，不小于	3000		2800			2500		

注：用于高速公路、一级公路的公称最大粒径等于或小于19mm的密级配沥青混合料（AC）及SMA、OGFC应进行低温弯曲试验检验，试验温度为-10℃、加载速率50mm/min。

2. 沥青混凝土混合料配合比设计

沥青混合料的配合比设计分为目标配合比设计、生产配合比设计、生产配合比验证三个阶段。

试验室内目标配合比设计通过优选矿料级配、采用马歇尔试验法确定最佳沥青用量，配制的沥青混合料满足表 11-11 ~ 表 11-15 技术性能要求，确定的目标配合比供拌和机确定各冷料仓的供料比例、进料速度及试拌使用。

生产配合比设计按规定方法取样测试各热料仓材料级配，确定各热料仓配合比，供拌和机控制室使用；并取目标配合比设计的最佳沥青用量 OAC、OAC±0.3% 等三个沥青用量进行马歇尔试验并从拌和机取样试验，综合确定生产配合比最佳沥青用量。

生产配合比验证按生产配合比结果进行试拌、试铺并取样进行马歇尔试验，同时从路上钻芯取样观察空隙率大小，由此确定标准配合比。

以下介绍试验室内目标配合比设计。

（1）确定沥青混合料类型和设计矿料级配范围

沥青路面工程的沥青混合料类型和设计级配范围由工程设计文件或招标文件规定，密级配沥青混合料的设计级配宜在表 11-16 规定的级配范围内。

表 11-16　密级配沥青混凝土、沥青稳定碎石混合料矿料级配范围（JTG F40—2004）

级配类型		通过百分率（%）														
		53	37.5	31.5	26.5	19	16	13.2	9.5	4.75	2.36	1.18	0.6	0.3	0.15	0.075
粗粒式	AC-25			100	90 ~ 100	75 ~ 90	65 ~ 83	57 ~ 76	45 ~ 65	24 ~ 52	16 ~ 42	12 ~ 33	8 ~ 24	5 ~ 17	4 ~ 13	3 ~ 7
中粒式	AC-20				100	90 ~ 100	78 ~ 92	62 ~ 80	50 ~ 72	26 ~ 56	16 ~ 44	12 ~ 33	8 ~ 24	5 ~ 17	4 ~ 13	3 ~ 7
	AC-16					100	90 ~ 100	76 ~ 92	60 ~ 80	34 ~ 62	20 ~ 48	13 ~ 36	9 ~ 26	7 ~ 18	5 ~ 14	4 ~ 8
细粒式	AC-13						100	90 ~ 100	68 ~ 85	38 ~ 68	24 ~ 50	15 ~ 38	10 ~ 28	7 ~ 20	5 ~ 15	4 ~ 8
	AC-10							100	90 ~ 100	45 ~ 75	30 ~ 58	20 ~ 44	13 ~ 32	9 ~ 23	6 ~ 16	4 ~ 8
砂粒式	AC-5								100	90 ~ 100	55 ~ 75	35 ~ 55	20 ~ 40	12 ~ 28	7 ~ 18	5 ~ 10
特粗式	ATB-40	100	90 ~ 100	75 ~ 92	65 ~ 85	49 ~ 71	43 ~ 63	37 ~ 57	30 ~ 50	20 ~ 40	15 ~ 32	10 ~ 25	8 ~ 18	5 ~ 14	3 ~ 10	2 ~ 6
	ATB-30		100		90 ~ 100	70 ~ 90	53 ~ 72	44 ~ 66	39 ~ 60	31 ~ 51	20 ~ 40	15 ~ 32	10 ~ 25	8 ~ 18	5 ~ 14	3 ~ 10	2 ~ 6
粗粒式	ATB-25			100	90 ~ 100	60 ~ 80	48 ~ 68	42 ~ 62	32 ~ 52	20 ~ 40	15 ~ 32	10 ~ 25	8 ~ 18	5 ~ 14	3 ~ 10	2 ~ 6

（2）原材料选择及检测

根据沥青混合料路面的结构层次、交通性质、气候条件、施工条件等选择并检测原材料，沥青材料质量符合表 11-1 要求；矿质材料质量符合表 11-6 ~ 表 11-10 质量要求，并对各矿质材料进行筛分试验。

（3）矿料配合比设计

矿料配合比设计即是确定各组成矿料的比例 X_i，使合成级配满足设计矿料级配范围要求。根据各组成矿料的筛分结果，得方程组：

$$\sum_{i=1}^{n} P_{i,j} X_i = P_j \tag{11-6}$$

式中　　$P_{i,j}$——第 i 种矿质材料在第 j 号筛上的通过百分率（筛分试验结果），%；

$\quad\quad X_i$——第 i 种矿质材料在矿质混合料中的比例，$\sum_{i=1}^{n} X_i = 100\%$；

$\quad\quad P_j$——矿质混合料在第 j 号筛上的通过百分率，应符合级配范围要求，%。

对高速公路和一级公路，宜在工程设计级配范围内计算 1 ~ 3 组粗细不同的配合比，绘制设计级配曲线，分别位于设计级配范围的上方、中值及下方。设计合成级配不得有太多的锯齿形交错且在 0.3 ~ 0.6mm 范围内不出现"驼峰"。根据当地实践经验选择适宜的沥青用量分别制作几组级配的马歇尔试件测 VMA，初选一组满足或接近设计要求的级配作为设计级配。

（4）马歇尔试验

①计算矿料的合成毛体积相对密度 γ_{sb}

$$\gamma_{sb} = \frac{100}{\dfrac{X_1}{\gamma_1} + \dfrac{X_2}{\gamma_2} + \cdots + \dfrac{X_n}{\gamma_n}} \tag{11-7}$$

式中　　X_1、X_2、$\cdots$、X_n——各种矿料在矿质混合料中的比例，其和为 100；

$\quad\quad \gamma_1$、γ_2、$\cdots$、γ_n——各种矿料相应的毛体积相对密度，无量纲。

②计算矿料的合成表观相对密度 γ_{sa}

$$\gamma_{sa} = \frac{100}{\dfrac{X_1}{\gamma_1'} + \dfrac{X_2}{\gamma_2'} + \cdots + \dfrac{X_n}{\gamma_n'}} \tag{11-8}$$

式中　　γ_1'、γ_2'、$\cdots$、γ_n'——各种矿料相应的表面相对密度。

③预估沥青混合料的适宜油石比 P_a 或沥青用量 P_b

$$P_a = \frac{P_{a1} \times \gamma_{sb1}}{\gamma_{sb}} \tag{11-9}$$

$$P_b = \frac{P_a}{100 + P_a} \times 100 \tag{11-10}$$

式中　　P_a——预估的油石比（沥青质量占矿质混合料质量的百分率），%；

$\quad\quad P_b$——预估的沥青用量（沥青质量占沥青混合料质量的百分率），%；

$\quad\quad P_{a1}$——已建类似工程沥青混合料的标准油石比，%；

$\quad\quad \gamma_{sb1}$——已建类似工程集料的合成毛体积相对密度。

④确定矿料的有效相对密度 γ_{se}

对非改性沥青混合料，以预估的沥青用量 P_b 拌和两组混合料，采用真空法实测最大相对密度，取平均值 γ_t，则：

$$\gamma_{se} = \frac{100 - P_b}{\dfrac{100}{\gamma_t} - \dfrac{P_b}{\gamma_b}} \tag{11-11}$$

式中　　γ_b——沥青相对密度（25℃/25℃）。

对改性沥青及 SMA 混合料，γ_{se} 直接由矿料合成毛体积相对密度 γ_{sb} 与合成表观相对密度 γ_{sa} 按式（11-12）计算，其中沥青吸收系数 C 根据材料吸水率 w_x 由式（11-13）求得，材料吸水率按式（11-14）计算：

$$\gamma_{se} = C \times \gamma_{sa} + (1 - C) \times \gamma_{sb} \tag{11-12}$$

$$C = 0.033w_x^2 - 0.2936w_x + 0.9339 \tag{11-13}$$

$$w_x = \left(\frac{1}{\gamma_{sb}} - \frac{1}{\gamma_{sa}} \right) \times 100 \tag{11-14}$$

⑤制作马歇尔试件并测毛体积相对密度 γ_f

以预估沥青用量为中值，按一定间隔（沥青混凝土一般为 0.5%，沥青碎石一般为 0.3% ~ 0.4%）取 5 个或以上不同沥青用量分别成型马歇尔试件，按 JTJ 052—2000 规程要求测定沥青混合料试件毛体积相对密度。

⑥确定沥青混合料最大理论相对密度 γ_t

$$\gamma_{ti} = \frac{100 + P_{ai}}{\dfrac{100}{\gamma_{se}} + \dfrac{P_{ai}}{\gamma_b}} = \frac{100}{\dfrac{P_{si}}{\gamma_{se}} + \dfrac{P_{bi}}{\gamma_b}} \tag{11-15}$$

式中　　γ_{ti}——相对于计算沥青用量 P_{bi} 时沥青混合料的最大理论相对密度；

　　　　P_{ai}——所计算的沥青混合料中的油石比，%；

　　　　P_{bi}——所计算的沥青混合料中的沥青用量，%；

　　　　P_{si}——所计算的沥青混合料的矿料含量，$P_{si} = 100 - P_{bi}$，%；

⑦计算沥青混合料试件空隙率 VV、矿料间隙率 VMA、有效沥青饱和度 VFA

$$VV = \left(1 - \frac{\gamma_f}{\gamma_t} \right) \times 100 \tag{11-16}$$

$$VMA = \left(1 - \frac{\gamma_f}{\gamma_{sb}} \times \frac{P_s}{100} \right) \times 100 \tag{11-17}$$

$$VFA = \frac{VMA - VV}{VMA} \times 100 \tag{11-18}$$

（5）确定最佳沥青用量或油石比

①确定最佳沥青用量 OAC_1

以沥青用量或油石比为横坐标，以马歇尔试验各项指标为纵坐标作图（11-16），确定符合表 11-11、表 11-12 规定的沥青混合料技术标准的沥青用量范围 $OAC_{min} \sim OAC_{max}$，并根据试验曲线按下列方法确定最佳沥青用量 OAC_1：

在图 11-16 上求取对应于密度最大值、稳定度最大值、目标空隙率（或中值）、沥青饱和度范围中值的沥青用量 a_1、a_2、a_3、a_4，则 $OAC_1 = (a_1 + a_2 + a_3 + a_4)/4$。

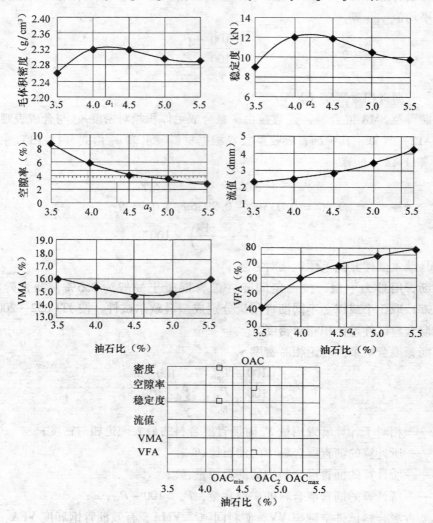

图 11-16 马歇尔试验结果示例

若所选择的沥青用量范围未涵盖沥青饱和度的要求范围，则 $OAC_1 = (a_1 + a_2 + a_3)/3$。

若所选择的沥青用量范围内密度或稳定度未出现峰值时，可直接以目标空隙率所对应的沥青用量 a_3 作为 OAC_1，但 OAC_1 必须介于 $OAC_{min} \sim OAC_{max}$ 范围内，否则应重新进行配合比设计。

②确定最佳沥青用量 OAC_2

取 $OAC_{min} \sim OAC_{max}$ 的中值作为 OAC_2。

③确定最佳沥青用量 OAC

通常情况下取 OAC_1 及 OAC_2 的平均值为计算的最佳沥青用量 OAC，即 OAC = （OAC_1 +

OAC_2）/2。检验 OAC 对应的 VMA 及各项指标是否符合表 11-16、表 11-17 技术性能要求。

根据实践经验、公路等级、气候条件、交通情况等调整 OAC。

对炎热地区、交通繁重的高速公路和一级公路、长大坡度路段等预计可能产生较大车辙时，宜在空隙率符合要求的条件下将计算的最佳沥青用量减小 0.1% ~ 0.5% 作为设计沥青用量；寒区及交通量较小的路段，最佳沥青用量可在 OAC 基础上增加 0.1% ~ 0.3%。

（6）配合比设计检验

对计算确定的最佳沥青用量 OAC 配制的沥青混合料进行车辙试验、水稳定性试验、低温抗裂性检验，满足表 11-13 ~ 表 11-15 技术性能要求方可确定为目标配合比，否则必须更换材料或重新进行配合比设计。

三、沥青玛琋脂碎石混合料（stone matrix asphalt，简称 SMA）

由沥青结合料与少量纤维稳定剂、细集料及较多量的填料（矿粉）组成的沥青玛琋脂填充于间断级配的粗集料骨架间隙组成的沥青混合料，称为沥青玛琋脂碎石混合料，简称 SMA。

沥青玛琋脂混合料的材料组成表现为三多一少，即粗集料含量多、矿粉含量多、沥青用量多，细集料含量少，沥青混合料的结构类型属密实-骨架型。除常用材料种类外，还根据需要掺入沥青改性剂、纤维稳定剂等。

1. SMA 的强度构成及影响因素

SMA 采用间断级配集料，在混合料中高含量的粗集料颗粒间虽然有沥青-填料胶浆粘结，但粘结膜较薄，粗颗粒间几乎直接接触、相互嵌挤构成承担荷载的受力骨架。混合料中的细集料数量相对较少，其用量控制在只填充粗集料空隙而不对粗集料颗粒间接触造成干扰的程度。细集料与沥青-填料胶浆粘结形成玛琋脂，由玛琋脂填充粗集料骨架空隙。在填充的同时，玛琋脂也相应产生较强的粘结作用，从而使整个粗细分散系形成密实-骨架结构沥青混合料，压实后的空隙率保持在较小的范围内。SMA 的性质主要受粗集料骨架性能、玛琋脂性能及二者相对比例的影响，对粗集料骨架、沥青玛琋脂性能产生影响的因素均对 SMA 混合料的性质产生影响。

2. SMA 的路用性能特点

（1）高温抗车辙能力好

由于 SMA 的粗集料所形成的良好骨架结构具有较高的承受车轮荷载碾压能力，较高的抗车辙能力是 SMA 最显著的路用性能之一。评价 SMA 高温稳定性采用车辙试验，马歇尔试验的稳定度和流值不是 SMA 混合料配合比设计的主要指标，其目的是检测试件的各项体积结构参数以确定 SMA 的矿料级配。

（2）低温抗裂性好

SMA 混合料中起填充和胶结作用的玛琋脂数量较多，纤维稳定剂的加筋作用和改性沥青对提高 SMA 混合料的低温抗裂性产生显著的影响。SMA 混合料低温抗裂性采用低温劈裂试验、直接拉伸试验、蠕变试验、受限试件温度应力试验等方法评价。

（3）耐久性好

SMA 中较高的沥青含量及较多的矿粉以及细集料、纤维所构成的玛琋脂，一是减小了 SMA 混合料的空隙率，使老化速度、水蚀作用降低；二是改性沥青与纤维的使用提高了沥青与矿料的粘附性，使 SMA 混合料的耐老化性和水稳定性提高；三是减少了混合料内部的微裂缝并提高了混合料的柔韧性，使应力集中程度降低，变形特性改善，SMA 混合料的耐疲劳性能得以提高，使用寿命延长。

第五节　其他沥青混合料简介

一、浇筑式沥青混合料

浇筑式沥青混合料是采用较硬的沥青、高剂量矿粉与集料在高温下经较长时间拌和形成的一种既黏稠又具有良好流动性的沥青混合料。浇筑摊铺后不需要压路机碾压，仅将其刮平，冷却后即形成密实而平整的路面。

浇筑式沥青混合料基本无空隙（空隙率小于1%），是典型的悬浮-密实结构。由于大剂量矿粉的存在，混合料中结构沥青数量多，沥青与矿料的相互作用强，混合料具有较好的高温稳定性。混合料中的自由沥青也因其黏度大，在温度作用下不会成为塑性状态。浇筑式沥青混合料具有高温稳定性好、耐久性能好、耐磨性高、耐腐蚀性好等技术性能特点。浇筑式沥青混合料因其极好的粘韧性和适应变形能力，特别适用于大、中型桥梁的桥面铺装。

二、乳化沥青混合料

乳化沥青混合料是采用乳化沥青为结合料，与具有一定级配的矿质集料拌制的混合料。我国目前常采用的有乳化沥青碎石混合料和沥青稀浆封层。

乳化沥青碎石混合料适用于三级及三级以下的公路、城市道路支线的沥青面层，二级公路的罩面面层及各级道路的联结层或整平层。乳化沥青碎石混合料宜采用密级配沥青混合料，矿料级配可参照热拌沥青混合料并根据已有的经验试拌确定。乳液的用量应根据实践经验以及交通量、气候、集料情况、沥青标号、施工机械等条件确定。

沥青稀浆封层混合料简称沥青稀浆封层，是由乳化沥青、石屑或砂、水泥（或石灰、粉煤灰、石粉等）和水等拌制而成的具有一定流动性的沥青混合料。稀浆封层混合料摊铺在路面上，经破乳、析水、蒸发、固化形成封层，厚度一般为 3～10mm，对路面起改善和恢复表面功能的作用。

三、再生沥青混合料

将需要翻新或废弃的旧沥青路面经翻挖、回收、破碎、筛分，再与再生剂、新集料、新沥青材料等按一定比例重新拌和，形成具有一定路用性能的再生沥青混合料并用于铺筑路面面层或基层。

沥青路面的再生利用，能节约大量的沥青、砂石等原材料，同时有利于处理废料、保护环境，具有显著的经济和社会、环保效益。

复习思考题

1. 按四组分分析，石油沥青有哪几种化学组分，其对沥青胶体结构和性能有何影响？

2. 石油沥青的主要技术性能有哪些？用何技术指标评价？

3. 道路石油沥青划分标号的依据是什么？针入度、延度、软化点三大指标测试时应严格控制哪些条件？

4. 乳化沥青有哪些主要的组成材料？

5. 沥青混合料有哪几种结构类型？各有何特点？

6. 沥青混合料有哪些路用性能要求？各如何评价？

7. 沥青混合料配合比设计时应如何选择沥青材料？简述热拌热铺密级配沥青混凝土混合料配合比设计的方法和主要步骤。

第十二章 防水材料

建筑防水是建筑工程中的重要分部工程，是保证建筑物和构筑物不受水侵蚀、内部空间不受危害的专门措施。防水材料性能以及正确的施工对保证建筑防水质量、保证建筑物和构筑物的正常使用具有重要的意义。本章主要介绍防水卷材、防水涂料的分类、技术性能及工程应用，并对防水密封材料和刚性防水材料作简单介绍。通过学习应掌握防水材料的性能特点及应用。

防水材料（waterproof materials）是指用于满足建筑物或构筑物防漏、防渗、防潮功能的材料。依据防水材料的外观形态，防水材料可分为防水卷材、防水涂料、防水密封材料、刚性防水材料和堵漏止水材料等系列。建筑防水材料的分类如图 12-1 所示。

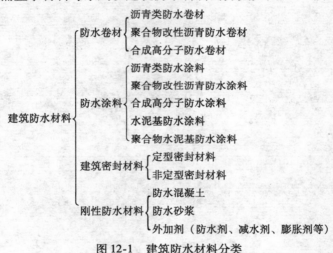

图 12-1　建筑防水材料分类

第一节　防水卷材

防水卷材（waterproofing roll-roofing）是以原纸、纤维毡、纤维布、金属箔、塑料膜、纺织物等材料中的一种或多种复合材料为胎基，浸涂沥青、高聚物改性沥青制成的或以合成高分子材料为基料加入助剂、填充剂，经多种工艺加工而成的长条片状、成卷供应并起防水作用的产品。防水卷材具有变形能力强、防水效果可靠，施工方便，应用技术成熟等优点，被广泛应用于地上、地下或水中建筑物及构筑物的防水，是土木工程中应用最多的防水材料之一。

常用的防水卷材主要包括沥青防水卷材、高聚物改性沥青防水卷材、合成高分子防水卷材三大系列，此外还有柔性聚合物水泥卷材、金属卷材等。防水卷材的分类如图 12-2 所示。

防水卷材应具有以下基本性能：

（1）耐水性。在水的作用和水浸湿后基本性能不变，在水的压力下不穿透的性能；

（2）对温度变化的稳定性。在高温下不流淌、不起泡、不滑动，在低温下不脆裂的性能；

（3）一定的机械强度和延伸性、抗断裂性。在承受建筑结构允许范围内荷载应力和变形条件下不断裂的性能；

（4）一定的柔韧性，特别是在低温下的柔韧性，以便施工；

（5）对大气作用有一定的稳定性（即抗老化性），并能抗化学介质侵蚀和微生物腐蚀。

防水卷材的施工可分为两大类：一类为热施工法，包括热玛瑞脂粘结法、热熔法、热风焊接法等；另一类是冷施工法，包括冷粘结法、自粘法、机械固定法等。

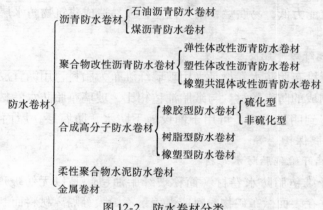

图 12-2　防水卷材分类

一、沥青防水卷材

沥青防水卷材（asphalt waterproofing roll-roofing）俗称沥青油毡，是以原纸、纤维织物、纤维毡、塑料膜等材料为胎基，以石油沥青、煤沥青、页岩沥青或非高聚物改性沥青为基料，以滑石粉、板岩粉、碳酸钙等为填充料进行浸涂或辊压，并在其表面撒布粉状、片状、粒状矿物质材料或合成高分子薄膜、金属膜等材料制成的可卷曲的片状类防水材料。

1. 沥青防水卷材的分类

（1）根据卷材选用的胎基材料，沥青防水卷材分为沥青纸胎防水卷材、沥青玻璃布胎防水卷材、沥青玻璃纤维毡胎防水卷材、沥青石棉布胎防水卷材、沥青麻布胎防水卷材、沥青聚乙烯胎防水卷材。

（2）根据卷材选用的隔离材料（表面材料、撒布材料），沥青防水卷材可分为矿质材料覆面沥青防水卷材、合成高分子薄膜覆面沥青防水卷材、金属膜覆面沥青防水卷材。矿质覆面材料可用滑石粉、石灰石粉、云母屑、天然砂粒和彩色砂粒等，合成高分子薄膜覆面材料主要是聚乙烯膜，金属膜覆面材料有铝箔等。

（3）根据沥青防水卷材的施工工艺可分为热铺沥青防水卷材、热熔沥青防水卷材、冷贴沥青防水卷材等。

（4）根据沥青卷材的特性可分为普通沥青防水卷材和特种沥青防水卷材，特种沥青防水卷材包括耐低温沥青防水卷材、耐腐蚀沥青防水卷材、带楞防水卷材、带孔防水卷材、划线防水卷材、阻燃防水卷材等。

2. 石油沥青纸胎防水卷材

石油沥青纸胎防水卷材包括石油沥青纸胎油纸和油毡。油纸是采用低软化点沥青浸渍原纸而成的无涂盖层的纸胎防水卷材。油毡是采用低软化点石油沥青浸渍原纸，然后用高软化点石油沥青涂盖油纸两面，再涂或撒隔离材料而成的防水卷材。

油毡和油纸均按其所用原纸每平方米质量（g/m^2）划分标号。石油沥青油毡分为200、350、500 三个标号，油纸分为200、350 两个标号。200 号油毡适用于简易防水、临时性建筑防水、建筑防潮及包装等；350 号和500 号油毡适用于屋面、地下、水利等工程的多层防水；片毡用于单层防水；油纸适用于建筑防潮和物品包装，也可用于多层防水层的下层。这种卷材由于纸胎抗拉能力低，易腐烂，耐久性差，极易造成建筑物防水层渗漏，现已基本上淘汰。

3. 石油沥青玻璃纤维布胎防水卷材

石油沥青玻璃纤维布胎防水卷材是采用玻璃纤维布为胎料，用沥青浸涂胎体两面并在表面撒布隔离材料而制成的防水卷材。与纸胎油毡相比，玻璃布胎防水卷材的拉伸强度、柔韧性、耐腐蚀性等均得到明显提高，可用于铺设地下防水、防腐层，屋面防水层，金属管道（热管道除外）的防腐保护层等。

4. 石油沥青玻璃纤维毡胎防水卷材

石油沥青玻璃纤维毡胎防水卷材（简称玻纤胎油毡）是以无纺玻璃纤维薄毡为胎体，两面浸涂石油沥青并在表面撒布矿物粉料或覆盖聚乙烯膜等隔离材料而制成的防水卷材。该防水卷材具有良好的耐水性、耐腐性、耐久性、柔韧性，其物理力学性能（表 12-1）与所用玻璃纤维薄毡的强度、密度、厚度有关，也与所用的沥青有关。

表 12-1 石油沥青玻纤胎油毡物理性能

标　　　号		15 号			25 号			35 号	
等　　　级		优等	一等	合格	优等	一等	合格	优等	一等	合格
每卷标称质量（kg）		30			25			35		
每卷质量 （kg）	上表面：PE 膜	≥25			≥21			≥31		
	上表面：粉	≥26			≥22			≥32		
	上表面：砂	≥28			≥24			≥34		
可溶物含量（g/m^2）		≥800	≥800	≥700	≥1300	≥1300	≥1200	≥2100	≥2100	≥2000
拉力（N）	纵　向	≥300	≥250	≥200	≥400	≥300	≥250	≥400	≥320	≥270
	横　向	≥200	≥150	≥130	≥300	≥200	≥180	≥300	≥240	≥200
耐　热　度		85±2℃受热 2h 涂盖层无滑动								
不透水性	压力（MPa）	≥0.1			≥0.15			≥0.2		
	保持时间（min）	≥30			≥30			≥30		
柔　度	温　度（℃）	≤0	≤5	≤10	≤0	≤5	≤10	≤0	≤5	≤10
	弯曲半径（mm）	绕 $r=15$ 弯板无裂纹					绕 $r=25$ 弯板无裂纹			
耐霉菌 （8 周）	外　观	2 级			2 级			1 级		
	失重率（%）≤	3.0			3.0			3.0		
	拉力损失（%）≤	40.0			30.0			20.0		
人工加速 气候老化 （27 周）	外　观	无裂纹，无气泡等								
	失重率（%）≤	8.0			5.5			4.0		
	拉力变化（%）≤	−20～+25			−15～+25			−10～+25		

注：本表摘自 GB/T 14686—93。

按其油毡上表面材料分为膜面、粉面和砂面三个品种；按每 $10m^2$ 标称质量分为 15 号、25 号、35 号三个标号。15 号玻纤胎油毡适用于一般工业与民用建筑的多层防水，并可用于包扎管道（热管道除外）作防腐层；25 号和 35 号玻纤胎油毡适用于屋面、地下、水利等工程的多层防水，其中 35 号玻纤胎油毡可采用热熔法施工作多层（或单层）防水。玻纤胎油毡尤其适用于形状复杂（如阴阳角部位等）的防水面施工，其边角服帖、不易翘曲、易与基材牢固粘结。

5. 石油沥青麻布胎防水卷材

石油沥青麻布胎防水卷材（简称麻布油毡）是采用黄麻布为胎基，浸涂氧化石油沥青，并在其表面撒布矿物材料或覆盖聚乙烯膜制成的防水卷材。

麻布油毡按可溶物含量和施工方法分为一般麻布油毡和热熔麻布油毡两个品种。麻布油毡拉伸强度高、耐水性好，适用于各类防水工程和增强层、防水节点细部和防水层。一般麻布油毡适用于工业与民用建筑屋面的多叠层防水。热熔麻布油毡适用于采用热熔法施工的工业与民用建筑屋面的多层或单层防水。

6. 石油沥青玻璃纤维毡胎铝箔面防水卷材

石油沥青玻璃纤维毡胎铝箔面防水卷材（简称铝箔面油毡）是采用玻璃纤维毡为胎基，浸涂氧化石油沥青，在其上面用压纹铝箔贴面，底面撒布细颗粒矿物材料或覆盖聚乙烯（PE）膜制成，具有热反射和装饰功能的防水卷材。

铝箔面油毡按每 $10m^2$ 的标称质量分为 30 号和 40 号两个标号。30 号铝箔面油毡适用于外露屋面多层卷材防水工程的面层。40 号铝箔面油毡既适用于外露屋面的单层防水，也适用于外露屋面多层卷材防水工程的面层。

7. 优质氧化沥青聚乙烯胎防水卷材

优质氧化沥青聚乙烯胎防水卷材是以高密度聚乙烯膜为胎基材料，以优质氧化沥青为涂盖材料，两面用聚乙烯膜覆盖表面，采用挤压成型工艺生产的沥青防水卷材。这种防水卷材具有良好的耐水性、耐化学及微生物腐蚀性和延展性。

二、聚合物改性沥青防水卷材

聚合物改性沥青防水卷材（high polymer modified asphalt waterproofing roll-roofing）是以玻纤毡、聚酯毡、聚酯无纺布等为胎基，以掺量不少于 10% 的合成高分子聚合物改性沥青或氧化沥青为浸涂材料制成的防水卷材。聚合物改性沥青防水卷材简称改性沥青防水卷材，俗称改性沥青油毡。

石油沥青中常用的改性材料包括：天然橡胶、氯丁橡胶、丁苯橡胶、丁基橡胶、乙丙橡胶、再生胶、SBS、APP、APO、APAO、IPP 等高分子材料。与传统沥青防水卷材相比，高聚物改性沥青防水卷材具有高温不流淌、低温不脆裂、拉伸强度高、延伸率大、耐老化性能好、抗腐蚀性强等特点，是新型防水材料中应用最广泛的一类材料。聚合物改性沥青防水卷材根据改性材料的种类可分为弹性体聚合物改性沥青防水卷材、塑性体聚合物改性沥青防水卷材、橡塑共混体聚合物改性沥青防水卷材三大类。根据卷材有无胎体材料可分为有胎防水卷材和无胎防水卷材。

1. SBS 改性沥青防水卷材

SBS 改性沥青防水卷材是以热塑性弹性体为改性剂，将石油沥青改性后作为浸渍材料，以玻纤毡或聚酯毡等增强材料为胎体，以塑料薄膜、矿物质粒料（片料）等等作为防粘隔离层，经配料、共溶、浸渍、辊压、复合成型、包装等工序加工成型的柔性防水材料。根据所采用的胎体材料和表面材料，SBS 卷材可分为六个品种（如表 12-2）。按可溶物含量和物理性能分为 Ⅰ 型和 Ⅱ 型。其质量满足弹性体改性沥青防水卷材质量要求 GB 18242—2000（表12-3）。

表 12-2　改性沥青防水卷材品种

上表面材料 ＼ 胎基	聚酯胎	玻纤胎
聚乙烯膜	PY-PE	G-PE
细砂	PY-S	G-S
矿物粒（片）料	PY-M	G-M

表 12-3　弹性体改性沥青防水卷材物理力学性能

胎　基		PY		G	
型　号		Ⅰ	Ⅱ	Ⅰ	Ⅱ
可溶物含量（g/m²）≥	公称厚度 2mm	—		1300	
	公称厚度 3mm	2100			
	公称厚度 4mm	2900			
不透水性	压力（MPa）≥	0.3		0.2	0.3
	保持时间（min）≥	30			
耐　热　度		90℃	105℃	90℃	105℃
		无滑动、流淌、滴落			
拉力（N/50mm）≥	纵向	450	800	350	500
	横向			250	300
最大拉力时伸长率（%）≥	纵向	30	40	—	
	横向				
低温柔度		−18℃	−25℃	−18℃	−25℃
		无裂纹			
撕裂强度（N）≥	纵向	250	350	250	350
	横向			170	200
人工气候加速老化	外　观	1 级			
		无滑动、流淌、滴落			
	拉力保持率（%）≥｜纵向	80			
	低温柔度	−10℃	−20℃	−10℃	−20℃
		无裂纹			

注：表中前 6 项为强制性项目；本表摘自 GB 18242—2000。

该防水卷材在常温下有弹性，高温下有热塑性，低温柔性好，耐热、耐水、耐腐蚀性、耐疲劳、耐老化，拉伸强度高，伸长率大，特别适宜于严寒地区使用，也可用于高温地区。除用于一般的工业与民用建筑工程防水外，尤其适用于高层建筑的屋面和地下工程防水、防潮以及桥梁、停车场、游泳池、隧道、蓄水池等工程的防水。可采用热熔施工，也可采用冷粘结施工。

2. APP 改性沥青防水卷材

APP 改性沥青防水卷材属塑性体沥青防水卷材。系以聚酯毡或玻纤为胎体，浸涂 APP（无规聚丙烯）改性沥青，上表面撒布矿物粒（片）料或覆盖聚乙烯膜，下表面撒布细砂或覆盖聚乙烯膜而制成的防水材料。根据所采用的胎体材料和表面材料，APP 卷材可分为六个品种（如表 12-2）。按可溶物含量和物理性能分为 I 型和 II 型。其质量满足塑性体改性沥青防水卷材质量要求 GB 18243—2000（表 12-4）。

表 12-4 塑性体改性沥青防水卷材物理力学性能

胎 基			PY		G	
型 号			I	II	I	II
可溶物含量（g/m²）≥	公称厚度 2mm		—		1300	
	公称厚度 3mm		2100			
	公称厚度 4mm		2900			
不透水性	压力（MPa）≥		0.3		0.2	0.3
	保持时间（min）≥		30			
耐热度①			110℃	130℃	110℃	130℃
			无滑动、流淌、滴落			
拉力（N/50mm）≥	纵向		450	800	350	500
	横向				250	300
最大拉力时伸长率（%）≥	纵向		25	40		
	横向					
低温柔度			−5℃	−15℃	−5℃	−15℃
			无裂纹			
撕裂强度（N）≥	纵向		250	350	250	350
	横向				170	200
人工气候加速老化	外 观		1 级			
			无滑动、流淌、滴落			
	拉力保持率（%）≥	纵向	80			
	低温柔度		3℃	−10℃	3℃	−10℃
			无裂纹			

注：表中前 6 项为强制性项目；

本表摘自 GB 18243—2000；

①当需要耐热度超过 130℃卷材时，该指标可由供需双方协商确定。

该防水卷材具有拉伸强度高、伸长率大、老化期长、耐高低温性能好等优点，特别是耐紫外线的能力比其他改性沥青防水卷材都强。该防水卷材适用于各种屋面、墙体、楼地面、地下室、水池、桥梁、公路、机场跑道、水坝等工程的防水，也适用于各种金属容器、管道的防腐保护，尤其适用于在有强烈阳光照射的炎热地区。APP 防水卷材的施工可采用冷黏施工、热熔施工。

3. 聚合物改性沥青聚乙烯胎防水卷材

聚合物改性沥青聚乙烯胎防水卷材是以高密度聚乙烯膜为胎体，以 APP、SBS 等聚合物改性沥青为涂盖材料，以聚乙烯膜或铝箔为上表面覆盖材料，采用挤压成型工艺加工制作的防水材料。该防水卷材具有良好的防水、防腐、耐化学品作用的性能。适用于工业与民用建筑的防水工程；上表面为聚乙烯膜的卷材适用于非外露防水工程；上表面为铝箔的卷材适用于外露防水工程。

4. 丁苯橡胶改性氧化沥青聚乙烯胎防水卷材（SBR modified oxygen asphalt waterproofing roll-roofing）

丁苯橡胶（SBR）改性氧化沥青聚乙烯胎防水卷材是以高密度聚乙烯膜为胎基，以丁苯橡胶和塑性树脂改性氧化沥青为涂盖材料，以聚乙烯膜或铝箔为上表面覆盖材料，采用挤压成型工艺加工而成的防水卷材。该防水卷材具有良好的耐水、耐化学及微生物腐蚀性和延展性。适用于工业和民用建筑的防水工程；上表面覆盖铝箔的防水卷材适用于外露防水工程；上表面覆盖聚乙烯膜的防水卷材适用于非外露防水工程。

其他聚合物改性沥青防水卷材还有聚合物改性沥青复合胎柔性防水卷材、自粘结聚合物改性沥青防水卷材、再生橡胶改性沥青防水卷材、铝箔塑胶改性沥青防水卷材等。

三、合成高分子防水卷材

合成高分子防水卷材（synthetic polymeric waterproofing roll-roofing）是以合成橡胶、合成树脂或两者的共混体为基料，加入适量化学助剂和填充料等，经塑炼、压延或挤出成型、硫化、定型、包装等工序加工制成的防水卷材。合成高分子防水卷材具有拉伸强度高、断裂伸长率大、耐热性好、低温柔性好、耐腐蚀、耐老化、可冷施工等优越性，是近年发展起来的优良防水卷材。

1. 合成高分子防水卷材的分类

我国目前开发的合成高分子防水卷材有橡胶系、树脂系、橡塑共混系三大系列，如图12-3 所示。

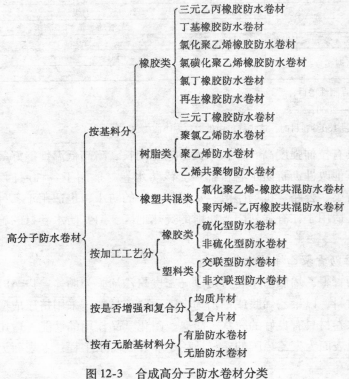

图 12-3　合成高分子防水卷材分类

2. 橡胶类高分子防水卷材

（1）三元乙丙橡胶防水卷材（EPDM rubber waterproofing roll-roofing）

三元乙丙橡胶防水卷材是以三元乙丙橡胶掺入适量丁基橡胶、硫化剂、促进剂、软化剂、补强剂等，经密炼、过滤、拉片、挤出成型或压延成型等工序加工而成的防水卷材。其产品有硫化型和非硫化型，物理力学性能应符合表 12-5 的要求。

表 12-5　三元乙丙片材物理性能

项　　目			硫化型 JL1	非硫化型 JF1
断裂拉伸强度（MPa）	常温	≥	7.5	4.0
	60℃	≥	2.3	0.8
扯断伸长率（%）	常温	≥	450	450
	−20℃	≥	200	200
撕裂强度（kN/m）		≥	25	18
不透水性，30min 无渗漏（MPa）			0.3	0.3
低温弯折（℃）		≤	−40	−30
加热伸缩量（mm）	伸长	<	2	2
	收缩	<	4	4
热空气老化（80℃，168h）	扯断拉伸强度保持率（%）	≥	80	90
	扯断伸长率保持率（%）	≥	70	70
	100% 伸长率外观		无裂纹	无裂纹
耐碱性［10% Ca(OH)₂，常温，168h］	扯断拉伸强度保持率（%）	≥	80	80
	扯断伸长率保持率（%）	≥	80	90
臭氧老化（40℃，168h），臭氧浓度5cm³/m³，伸长率40%			无裂纹	无裂纹
人工候化	扯断拉伸强度保持率（%）	≥	80	80
	扯断伸长率保持率（%）	≥	70	70
	100% 伸长率外观		无裂纹	无裂纹
黏合性能	无处理		自基准线的偏移及剥离长度在 5mm 以下，且无有害偏移及异状点	
	热处理			
	碱处理			

注：本表摘自 GB 18173.1—2000。

由于三元乙丙橡胶分子结构中主链上没有双键，具有稳定的饱和结构，当受臭氧、光、湿、热等作用时，主链不易断裂，因此三元乙丙橡胶防水卷材具有良好的耐老化性能，使用寿命长。该产品还具有拉伸强度高，扯断伸长率大，抗裂性能好等优点，能适应基层伸缩或开裂变形的需要。三元乙丙橡胶防水卷材具有优异的耐高低温性能，可在 −40 ～ +80℃ 范围内长期使用，适应各类气候地区的防水工程。

三元乙丙橡胶防水卷材是最具代表性的合成橡胶防水卷材，适用于屋面、楼房地下室、地下建筑、桥梁、隧道工程防水、排灌渠道、水库、蓄水池、污水处理池等的防水、隔水及厨房、卫生间的防水等。

（2）氯丁橡胶防水卷材（polychloroprene rubber waterproofing roll-roofing）

氯丁橡胶防水卷材是以氯丁橡胶与丙烯酸酯高聚物等添加复合材料及抗紫外线添加剂经混炼压延而成的防水卷材。该卷材具有低温 -30℃ 不脆裂、耐高温、拉伸强度高、应变性好、耐老化等特点，是一种中档单层防水材料。适用于建筑物屋面、化工厂耐酸墙、炼钢厂厂房、桥梁、公路、人行道、运动场跑道、地下室、贮水池、冷库、管道等的防潮和防水工程。

（3）氯化聚乙烯防水卷材（chlorinated polyethylene plastic waterproofing roll-roofing）

氯化聚乙烯防水卷材是以含氯量为 30% ~ 40% 的氯化聚乙烯为主要原料，掺入适量的化学助剂和大量的填充材料，经捏和、塑炼、压延等工序制成的弹塑性防水卷材。

氯化聚乙烯防水卷材按有无复合层进行分类，无复合层为 N 类，用纤维单面复合为 L 类，织物内增强为 W 类。氯化聚乙烯是经过氯化改性的新型树脂，不但具有合成树脂的热塑性，而且具有橡胶状弹性。其分子结构本身的饱和性和氯原子的存在，赋予了它优良的耐候性、耐臭氧、耐油、耐化学品腐蚀及阻燃性能。由于氯化聚乙烯防水卷材自身的热塑性能，可采用热风焊施工，黏结力强，对环境无污染。

该卷材适用于各种工业与民用建筑物屋面、地下工程、卫生间、蓄水池、排水沟、堤坝等防水工程。由于氯化聚乙烯呈塑料性能，耐磨性好，还可作为室内装饰地面材料，兼有防水和装饰的功能。

（4）氯磺化聚乙烯防水卷材（chloro-sulfonated polythylene waterproofing roll-roofing）

以氯磺化聚乙烯橡胶为主要原料，掺入适量的软化剂、稳定剂、硫化剂、促进剂、着色剂、填充剂等，经配料、混炼、挤压或压延成型、硫化、冷却等工序加工制成的防水卷材。

氯磺化聚乙烯分子是不含双键的高度饱和结构，以它为主体制成的防水卷材耐臭氧、耐紫外光、耐气候老化等性能优异；其分子中的含氯量高，故具有很好的阻燃性能。氯磺化聚乙烯防水卷材伸长率大、弹性较好，对防水基层伸缩或开裂变形的适应性较强；耐高低温性能较好，可在 -25 ~ 90℃ 范围内长期使用；对酸、碱、盐等化学药品性能稳定，耐腐蚀性能优良。此外，氯磺化聚氯乙烯及所用助剂均为浅色材料，可根据需要选用不同的颜料制作彩色防水材料。

氯磺化聚乙烯防水卷材适用于屋面、地下工程防水，也可用于地面、桥梁、隧道、水库、水渠、蓄水池、污水处理池等的防水，特别适用于有腐蚀介质影响的部位的防水及防腐处理。

（5）再生橡胶防水卷材（recycled rubber waterproofing roll-roofing）

以再生橡胶为主要原料，添加软化剂、填充剂、抗老化剂、抗腐蚀剂、脱模剂等辅助材料，经塑化、混炼、碾压、挤压而成的无胎防水卷材。再生橡胶防水卷材具有优良的弹塑性、抗老化抗腐蚀能力强、低温柔韧性好、热稳定性好等优点，属中档防水卷材。适用于屋面、楼地面、地下工程、贮水池等的防水、防渗、防潮等，也适用于混凝土旧屋面翻修及浴室、洗衣室、冷库等的蒸汽隔离层和刚性层的防水层。

3. 树脂类防水卷材

（1）聚氯乙烯防水卷材（polyvinylchloride plastic waterproofing roll-roofing）

聚氯乙烯防水卷材是以聚氯乙烯（PVC）树脂为主要原料，掺入适量的改性剂、抗氧化剂、紫外线吸收剂、着色剂、填充剂、增塑剂等，经捏合、塑化、挤出压延等工序制成的防水卷材。

目前我国聚氯乙烯防水卷材的品种主要有：聚氯乙烯柔性卷材（无增强单层卷材）和聚氯乙烯复合卷材（以玻璃纤维毡或聚酯网、聚酯毡等增强）。聚氯乙烯防水卷材是最具代表性的合成树脂防水卷材，该防水卷材具有拉伸强度高、伸长率大、抗撕裂强度高、低温柔性好、耐渗透性、耐化学腐蚀性好等优点。适用于大型屋面板、空心板防水层，也可作为刚性层下的防水层及旧建筑物混凝土构件屋面修缮；地下室或地下工程的防水、防潮，水池及污水处理池的防渗；有一定耐腐蚀要求的地面工程的防水、防渗等。

（2）高密度聚乙烯防水卷材（high density PE waterprooing roll-roofing）

高密度聚乙烯防水卷材是以高密度聚乙烯（HDPE）为基料制成，其中含有约97.5%的聚合物、2.5%的炭黑及抗氧化剂和热稳定剂物质。该防水卷材具有高度的韧性和优良的耐化学侵蚀、抗老化性能，使用寿命长。适用于防污染、防渗漏及水处理工程。

4. 橡塑共混防水卷材

氯化聚乙烯-橡胶共混防水卷材（waterproofing roll-roofing of chlorinated polethylene blended rubber）是以氯化聚乙烯树脂和合成橡胶共混为主体，加入适量的硫化剂、促进剂、稳定剂、软化剂和填充剂等，经素炼、混炼、压延或挤出成型等工序制作而成的高弹性防水卷材。是最具代表性的橡塑共混型防水卷材。

根据氯化聚乙烯-橡胶共混防水卷材的组成及物理力学性能不同，可分为S型和N型两个品种。S型是指以氯化聚乙烯与合成橡胶共混体制成的防水卷材；N型是指以氯化聚乙烯与合成橡胶及再生橡胶共混体制成的防水卷材。S型通常具有较高的拉伸强度和不透水性。该防水卷材兼有塑料和橡胶的特点，具有优异的耐酸碱、耐臭氧、耐化学介质腐蚀的性能，使用寿命长；拉伸强度高，伸长率大，能适应一般工程基层变形而保持良好的整体性和防水效果；耐高低温性能好，可在 $-40 \sim +80℃$ 范围内正常使用；阻燃能力比其他合成高分子卷材强；施工中易于粘结。

氯化聚乙烯-橡胶共混防水卷材最适宜用于单层冷黏外露防水施工法作屋面防水层，也适用于有保护层的屋面或楼地面、地下工程、游泳池、隧道、涵洞等中高档建筑防水工程。

第二节　防水涂料

建筑防水涂料简称防水涂料（waterproof coating），为稠状液体，涂刷在建筑物表面，经溶剂或水分的挥发或两种组分的化学反应形成一层连续薄层，使建筑物表面与水隔绝，并能抵抗一定的水压力，从而起到防水、防潮、密封作用。

一、防水涂料的组成

防水涂料通常由基料、填料、分散介质、助剂等组分组成。

（1）基料

基料又称为成膜物质，是在固化过程中起成膜和粘结填料的作用。常用的基料包括沥青、合成高分子聚合物（聚氨酯、丙烯酸酯、纤维增强聚酯、氯丁胶、再生胶、SBS 橡胶等）、合成高分子聚合物与沥青、合成高分子聚合物与水泥或无机复合材料等。

（2）填料

填料的主要作用是增加涂膜厚度、减少收缩、提高稳定性、降低成本等，也被称为次要成膜物质。常用的填料有滑石粉、碳酸钙粉等。

（3）分散介质

分散介质的主要作用是溶解或稀释基料，也被称为稀释剂。分散介质使涂料在施工过程中具有一定的流动性；施工结束后，大部分分散介质蒸发或挥发，仅有一小部分被基层吸收。

（4）助剂

助剂的作用是改善涂料或涂膜的性能。通常有乳化剂、增塑剂、增稠剂、稳定剂等。

二、防水涂料的分类

由于防水涂料品种繁多，应用部位广泛，其分类方法没有统一标准，各种分类方法经常相互交叉使用。

防水涂料按其成膜物质可分为沥青类、高聚物改性沥青类（也称橡胶沥青类）、合成高分子类（还可再分为合成树脂类和合成橡胶类）、无机类、聚合物水泥类五大类。

根据组分的不同可分为单组分防水涂料和双组分防水涂料两类。

根据涂料使用的分散介质种类和成膜过程可分为溶剂型、水乳型和反应型三类。防水涂料的性能特点见表 12-6。

表 12-6　溶剂型、乳液型和反应型防水涂料的性能特点

项　　目	溶剂型防水涂料	水乳型防水涂料	反应型防水涂料
成膜机理	通过溶剂的挥发、高分子材料的分子链接触、搭结等过程成膜	通过水分子的蒸发、乳胶颗粒靠近、接触、变形等过程成膜	通过预聚体与固化剂发生化学反应成膜
干燥速度	干燥快，涂膜薄而致密	干燥较慢，一次成膜的致密性较低	可一次形成致密较厚的涂膜，几乎无收缩
贮存稳定性	贮存稳定性较好，应密封贮存	贮存期一般不宜超过半年	各组分应分开密封存放
安全性	易燃、易爆、有毒、生产、运输和使用过程中应注意安全使用，注意防火	无毒，不燃，生产使用比较安全	有异味，生产、运输使用过程中应注意防火
施工情况	施工时应通风良好，保证人身安全	施工较安全，操作简单，可在较为潮湿的平层上施工，施工温度不宜低于5℃	施工时需现场按照规定配方进行配料，搅拌均匀，以保证施工质量

三、防水涂料的防水机理

防水涂料按其防水原理分为两大类：一类为涂膜型，一类为憎水型。

1. 涂膜型防水涂料防水机理

涂膜型防水涂料是通过形成完整连续的涂膜来阻挡水的透过或水分子的渗透达到防水的目的。

固体高分子涂膜的分子与分子间总存在一些间隙，其大小约几个纳米，按理说单个的水分子完全可以通过。但由于水分子间的氢键缔合作用形成较大的水分子团，阻止了水分子团从高分子涂膜的分子间间隙通过，这就是防水涂料涂膜具有防水功能的主要原因。

当某些高分子材料含有亲水基团时，若亲水基团对水的亲和力比水分子间的氢键作用力强，将导致水分子间的氢键被破坏，水分子即可以从涂膜的分子间间隙透过，因此并非所有能成膜的涂料均具有防水功能，如聚醋酸乙烯酯乳液、聚丙烯酸酯共聚物等。相比之下，聚氨酯中的氨基甲酸酯基团对酸、碱的稳定性好，且聚氨酯涂膜本身又是交联体系不易破坏，因此聚氨酯类涂料是较好的一类防水涂料。此外，氯化橡胶、氯磺化聚乙烯等聚合物分子中也不存在亲水基团，也是较好的防水涂料原料。

涂膜分子间间隙的大小也是影响其防水功能的一个重要因素。乳液型防水涂料的成膜过程依靠乳液颗粒间的融合，成膜后分子间的间隙较大；溶剂型防水涂料依靠聚合物分子在溶剂挥发过程中堆积成膜，分子间间隙较小。因此，对于同一种聚合物来说，其溶剂型涂料比乳液型涂料的防水性能好。但由于溶剂型涂料在生产、施工及应用过程中溶剂的挥发对人体和环境产生危害，其应用受到一定程度的限制。

2. 憎水型防水涂料防水机理

憎水型防水涂料是依靠聚合物本身的憎水特性，使水分子与涂膜间不相容，从根本上解决水分子的透过问题，如聚硅氧烷（也称有机硅聚合物）防水涂料。

四、常用的防水涂料

1. 沥青类防水涂料

（1）乳化沥青（emulsified asphalt）

乳化沥青是成本最低的沥青基防水涂料，它是以水为分散介质，借助于乳化剂的作用使沥青微颗粒（<10μm）均匀分散于水中形成的水乳型防水涂料。乳化沥青防水涂料的成膜机理是当其涂刷于基层表面后，随着乳化沥青层中水分的蒸发，乳化剂膜层破裂，沥青颗粒靠拢而形成连续的沥青防水膜。根据所采用的乳化剂的类型分为阴离子型乳化沥青防水涂料、阳离子型乳化沥青防水涂料、非离子型乳化沥青防水涂料和两性离子型乳化沥青防水涂料几类。这几类乳化沥青防水涂料采用的乳化剂均为有机表面活性剂，其作用是在沥青微粒表面定向吸附排列成乳化剂单分子膜，以有效降低微粒表面能，使形成的沥青微粒稳定地悬浮于水溶液中。

（2）石灰乳化沥青防水涂料（lime emulsified asphalt waterproof coating）

石灰乳化沥青防水涂料是以石油沥青为基料，以石灰膏为分散剂，以石棉绒为填料经机械强力搅拌分散而成的一种灰褐色膏体厚质防水涂料。该防水涂料属于水乳型防水涂料，可直接在潮湿基层上涂刷施工，施工简便，价格低廉；可涂成具有较好耐候性的厚涂层，这种涂层具有一定的防水、抗渗能力。但是，石灰乳化沥青防水涂料的涂层柔性较差，延伸率较小，容易因基层的变形或开裂而失去防水效果；其耐低温性也较差，不适合于低温环境中使用。石灰乳化沥青防水涂料适用于各种防潮层、地下或地上结构的防水基层处理、潮湿环境中的辅助防水及刚性防水的增效措施等。

（3）膨润土乳化沥青防水涂料（bentonite emulsified asphalt waterproof coating）

膨润土乳化沥青防水涂料是以优质石油沥青为基料，以膨润土为分散剂，经机械拌制成的水乳性厚质防水涂料。该防水涂料应用时应加衬玻璃纤维布或网以形成有一定透气性能的防水层。其涂膜不易拉裂，耐热性好，自重轻，在大坡度屋面施工不流淌，可在潮湿基底上涂布，耐久性好。主要适用于民用建筑或工业厂房复杂屋面、青灰屋面及平整的保温层面层、地下工程、卫生间的工程防水、防潮，也可用于屋顶钢筋、板面和油毡表面作保护涂料，延长使用年限。

2. 高聚物改性沥青防水涂料

高聚物改性沥青防水涂料是以沥青为基料，用合成高分子聚合物为改性剂配制而成的水乳型或溶剂型防水涂料。该防水涂料的主要成膜物质是沥青、橡胶（天然橡胶、合成橡胶、再生橡胶）及树脂。用合成橡胶（如氯丁橡胶、丁基橡胶等）可改善沥青的气密性、耐化学腐蚀性、耐燃性、耐光、耐候性等；用 SBS 橡胶可以改善沥青弹塑性、延伸性、耐老化、耐高低温性能；用再生橡胶可以改善沥青低温脆性、抗裂性、增加涂膜弹性。常用高聚物改性沥青防水涂料有再生橡胶改性沥青防水涂料、氯丁橡胶改性沥青防水涂料、SBS 改性沥青防水涂料、丁苯橡胶改性沥青防水涂料等。

（1）再生橡胶改性沥青防水涂料（reclaimed rubber modified asphalt waterproof coating）

再生橡胶改性沥青防水涂料有溶剂型和水乳型两类。

①溶剂型再生橡胶改性沥青防水涂料是以沥青为主要成分，以再生橡胶为改性剂，利用汽油等作为溶剂，掺入适当填料制成的防水涂料。该防水涂料具有低温不冷脆、高温不流淌、粘结性好、耐热、耐化学腐蚀、抗裂性好和抗老化性能好等优点，还可在负温（−10℃以上）下施工。若与玻璃布配合使用，可现场铺贴成与卷材性能相同的厚质涂膜防水层，适用于屋面、地下、桥梁、隧道及水工结构物的防水工程。

②水乳型再生橡胶改性沥青防水涂料是以石油沥青为基料，以再生橡胶为改性剂复合而成的水性防水涂料。水乳型再生橡胶改性沥青防水涂料能在各种复杂表面形成无接缝防水膜并具有一定的韧性和耐久性；无毒、常温下冷施工、不污染、操作方便；可在稍潮湿基层上施工；原材料来源广，价格便宜；气温低于5℃时不宜施工。

（2）氯丁橡胶改性沥青防水涂料（aqueous chloroprene rubber asphalt waterproof coating）

氯丁橡胶改性沥青防水涂料是以氯丁橡胶和沥青为基料，按一定要求加工制成的防水涂料。它可分为溶剂型和水乳型两类。

①溶剂型氯丁橡胶改性沥青防水涂料是将氯丁橡胶和石油沥青分别溶于有机溶剂中，然后将溶解后的氯丁橡胶掺入沥青溶液中，常温下混合均匀形成改性沥青，再掺加填料、辅助材料等制成的防水涂料。该涂料具有延伸性、耐候性、耐腐蚀性、适应基层变形能力较好的优点，所形成的涂膜速度快且致密完整，可在较低温度下进行冷施工。但需反复多次涂刷才能形成较厚的涂膜，由于甲苯等溶剂易燃、有毒，运输和施工欠方便，应用受到限制。主要

适用于工业与民用建筑用保温屋面的防水层，水池、地下室等的抗渗防潮等要求成膜快的防水施工。

②水乳型氯丁橡胶改性沥青防水涂料是将氯丁橡胶制成橡胶乳液，并与乳化沥青在一定条件下混合均匀制成的复合乳液。该乳液具有橡胶与沥青二者的双重特性。与溶剂型氯丁橡胶沥青防水涂料相比，其成膜物质基本相同，性能和应用范围也基本相同；由于它主要以水为溶剂，具有无毒、无味、不燃等优点，且适于潮湿基层上涂刷，在一般土木工程防水施工中比较常用。但是，水乳型氯丁橡胶沥青防水涂料的成膜速度较慢，且一般只能在正温下施工，其使用环境也受到一定限制。

（3）SBS 改性沥青防水涂料（SBS modified asphalt waterproof coating）

SBS 改性沥青防水涂料是以沥青、橡胶、合成树脂、SBS 等为基料加工而成的防水涂料。分为溶剂型和水乳型两类。该类防水涂料具有韧性弹性好、耐疲劳、耐老化、防水性能优异、高温不流淌、低温不脆裂、冷施工、环境适应性广等优点，适用于各种建筑结构屋面、墙体、浴厕、地下室、桥梁、铁路路基、水池、地下管道等的防水、防潮、防渗、隔气等。

3. 合成高分子防水涂料

合成高分子防水涂料是以合成橡胶或合成树脂为主要成膜物质，掺入其他辅助材料配制而成的单组分或多组分防水涂料。合成高分子防水涂料种类繁多，不易明确分类，一般按化学成分即按其不同的原材料来进行分类和命名。主要产品有聚氨酯、丙烯酸、硅橡胶（有机硅）、氯磺化聚乙烯、聚氯乙烯、氯丁橡胶、丁基橡胶、偏二氯乙烯涂料以及它们的混合物等。其中除聚氨酯、丙烯酸和硅橡胶等涂料外，均属于中低档防水涂料。

（1）聚氨酯防水涂料（polyurethane for waterproof coating）

聚氨酯防水涂料亦称聚氨酯涂膜防水材料，是以聚氨酯树脂为主要成膜物质的一类高分子防水材料。它是由含异氰酸酯基（—NCO）的聚氨酯预聚体和含有多羟基（—OH）或氨基（—NH$_2$）的固化剂以及其他助剂按一定比例混合所形成的反应型涂膜防水涂料。

聚氨酯防水涂料按组分分为单组分（S）、多组分型（M）两种，按产品的拉伸性能分为 I、II 两类，通常使用的是双组分型防水涂料。双组分型聚氨酯防水涂料属反应固化型，它是由 A 组分聚氨酯预聚体（指聚合度介于单体和最终聚合物之间的聚合物）、B 组分（固化剂、填料及助剂等原料），按一定比例混合后涂刷，涂层经化学反应后直接由流态固化为固态。聚氨酯防水涂料物理力学性能应符合表 12-7、表 12-8 的要求。

聚氨酯防水涂料固化前为无定形黏稠状液态物质，在任何复杂的基层表面均易于施工，对端部收头容易处理，防水工程质量易于保证；借化学反应成膜，几乎不含溶剂，体积收缩小，易做成较厚的涂膜，涂膜防水层无接缝，整体性强；冷施工作业，操作安全；涂膜具有橡胶弹性，延伸性好，拉伸强度和撕裂强度均较高；对在一定范围内的基层裂缝有较强的适应性。另一方面，施工过程中难以使涂膜厚度做到像高分子卷材那样均匀一致，故必须要求防水基层有较好的平整度，并要加强施工技术管理，严格执行施工操作规程；有一定的可燃性和毒性；双组分涂料需在施工现场准确称量配制，搅拌均匀，不如其他单组分涂料使用方便；必须分层施工，上下覆盖，才能避免产生直通针眼、气孔。该防水涂料适用于各种屋面防水工程（需覆盖保护层），地下建筑防水工程，厨房、浴室、卫生间的防水工程，水池、游泳池防漏，地下管道防水、防腐蚀等。

表 12-7 单组分聚氨酯防水涂料物理力学性能

项　目		I	II	项　目		I	II
拉伸强度（MPa）　≥		1.9	2.45		拉伸强度保持率（%）	80 ~ 150	
断裂伸长率（%）　≥		550	450	热处理	断裂伸长率（%）　≥	500	400
撕裂强度（N/mm）　≥		12	14		低温弯折性（℃）　≤	−35	
低温弯折性（℃）　≤		−40			拉伸强度保持率（%）	60 ~ 150	
不透水性（0.3MPa，30min）		不透水		碱处理	断裂伸长率（%）　≥	500	400
固体含量（%）　≥		80			低温弯折性（℃）　≤	−35	
表干时间（h）　≤		12			拉伸强度保持率（%）	80 ~ 150	
实干时间（h）　≤		24		酸处理	断裂伸长率（%）　≥	500	400
加热伸缩率（%）　≤		1.0			低温弯折性（℃）　≤	−35	
≥		−4.0			拉伸强度保持率（%）	80 ~ 150	
潮湿基面黏结强度①（MPa）≥		0.5		人工气候老化②	断裂伸长率（%）　≥	500	400
老化	加热老化	无裂纹及变形			低温弯折性（℃）　≤	−35	
	人工气候老化②	无裂纹及变形					

注：①仅用于地下工程潮湿基面时要求；②仅用于外露使用的产品；本表摘自 GB/T 19250—2003。

表 12-8 多组分聚氨酯防水涂料物理力学性能

项　目		I	II	项　目		I	II
拉伸强度（MPa）　≥		1.9	2.45		拉伸强度保持率（%）	80 ~ 150	
断裂伸长率（%）　≥		450	450	热处理	断裂伸长率（%）　≥	400	
撕裂强度（N/mm）　≥		12	14		低温弯折性（℃）　≤	−30	
低温弯折性（℃）　≤		−35			拉伸强度保持率（%）	60 ~ 150	
不透水性（0.3MPa，30min）		不透水		碱处理	断裂伸长率（%）　≥	400	
固体含量（%）　≥		92			低温弯折性（℃）　≤	−30	
表干时间（h）　≤		8			拉伸强度保持率（%）	80 ~ 150	
实干时间（h）　≤		24		酸处理	断裂伸长率（%）　≥	400	
加热伸缩率（%）　≤		1.0			低温弯折性（℃）　≤	−30	
≥		−4.0			拉伸强度保持率（%）	80 ~ 150	
潮湿基面黏结强度①（MPa）≥		0.5		人工气候老化②	断裂伸长率（%）　≥	400	
老化	加热老化	无裂纹及变形			低温弯折性（℃）　≤	−30	
	人工气候老化②	无裂纹及变形					

注：①仅用于地下工程潮湿基面时要求；②仅用于外露使用的产品；本表摘自 GB/T 19250—2003。

（2）丙烯酸酯防水涂料（acrylic latex waterproof coating）

丙烯酸酯防水涂料是指以丙烯酸酯、甲基丙烯酸酯等为主要单体，同其他含乙烯基的单体聚合生成丙烯酸共聚树脂，再加入适当的颜料、填料、助剂等配制而成的防水涂料。丙烯酸酯防水涂料按其聚合物的形态和性质分为溶剂型和水乳型。这类涂料具有良好的保色性、耐候性、光泽和硬度高等优点，被广泛应用于涂膜防水工程。

（3）硅橡胶防水涂料（silicone rubber waterproof coating）

硅橡胶防水涂料是以硅橡胶乳液及其他乳液的复合物为主要基料，加入适量无机填料及各种化学助剂配制而成的水乳性防水涂料。当将其涂刷在结构物表面后，随着水分的蒸发，失水后的涂层中颗粒间逐渐靠近与接触而变稠，相互接触的各种颗粒成分在交联剂及催化剂等的作用下反应成网状结构的硅橡胶高聚物膜层。

硅橡胶防水涂料兼有涂膜防水和浸透性防水材料两者的优良性能，具有良好的防水性，特别是其抗渗性、弹性、粘结性、延伸性和耐高低温均较好；对基层变形的适应能力强，可渗入基层与基层粘结牢固；冷施工，可刮、可刷、可喷，成膜速度快；可在潮湿的基层上施工，施工中无毒、无味、不燃、安全可靠；可配制成各种色彩的涂料，以便于修补。硅橡胶防水涂料适用于各种屋面防水工程、地下工程、输水和贮水构筑物、卫浴等的防水、防潮。

第三节　建筑密封材料

建筑密封材料（construction sealing material）一般填充于建筑物各种接缝、裂缝、变形缝、门窗框、管道接头或其他结构的连接处，起水密、气密作用的材料。建筑防水密封材料应具有良好的粘结性、弹性、耐老化性和温度适应性，能长期经受其粘附构件的伸缩与振动。

常用的建筑密封材料分为定型和不定型两大类，如图 12-4 所示。定形密封材料是具有特定形状和尺寸的密封衬垫材料，包括密封条、密封垫、密封带、止水带、遇水膨胀橡胶等，适用于涵洞、地下室、管道密封、建筑物构筑物变形缝等的防水、止水、密封。不定型密封材料俗称密封膏或嵌缝膏，是溶剂型、乳液型、化学反应型等黏稠状密封材料，将其嵌填于结构缝等，具有良好的黏附性、弹性、耐老化性和温度适应性，在建筑防水工程中应用广泛。

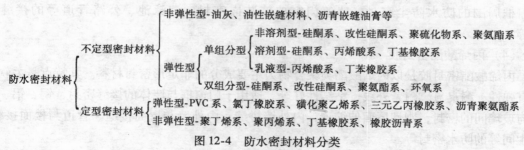

图 12-4　防水密封材料分类

一、改性沥青密封膏

改性沥青密封膏（modified asphalt sealant）以石油沥青为基料配以适当的合成高分子聚合物进行改性，并加入填充料和其他化学助剂配制而成的膏体密封材料。常用的品种包括沥青废橡胶防水油膏、桐油废橡胶沥青防水油膏、SBS 沥青弹性密封膏、聚氯乙烯建筑密封油膏等。

改性沥青密封油膏材料适用于工业与民用建筑各种屋面板缝、分格缝、孔洞、管口、防水卷材收头等部位的嵌填密封以及地下室、水池等密封部位的防水防渗。

二、合成高分子密封膏

合成高分子密封膏（synthetic polymeric sealant）是以合成高分子材料为主体，加入适量的化学助剂、填充料和着色剂等加工而成的膏状密封材料。因其具有优异的高弹性、耐候性、粘结性、耐疲劳性等，越来越得到广泛的应用。常用的合成高分子密封膏包括有机硅橡胶密封膏、聚氨酯密封膏、聚硫密封膏、聚丙烯酸酯类密封膏、氯磺化聚乙烯建筑密封膏、建筑硅酮密封膏等。

（1）有机硅橡胶密封胶

有机硅橡胶密封胶是以聚硅氧烷为主要成分的非定形密封材料。具有良好的耐紫外线、耐臭氧、耐化学介质、低温柔性和耐高温性能，耐老化、耐稀酸及某些有机溶剂侵蚀。在建筑工程中可作为预制构件嵌缝密封材料和防水堵漏材料，金属窗框中镶嵌玻璃的密封材料及中空玻璃构件密封材料。

（2）聚氨酯密封胶

聚氨酯密封胶是以聚氨基甲酸酯为主要成分的非定形密封材料。聚氨酯密封材料具有优良的耐磨性、低温柔软性、机械强度大、粘结性好、弹性好、耐候性好、耐油性好、耐生物老化等特点。在建筑上可作为混凝土预制件等的连接、施工缝填充密封、门窗框与墙的密封嵌缝、阳台游泳池等的防水嵌缝、空调及其与其他体系连接处的密封、路桥伸缩缝嵌缝密封、管道接头密封等。

（3）聚硫密封胶

聚硫密封胶是以液态聚硫橡胶为主要成分的非定形密封材料。具有良好的耐候性、耐燃油、耐湿热、耐水、耐低温、抗撕裂强、与钢铝等金属材料粘结性好、工艺性好，具有极佳的气密性和水密性。在建筑工程中用于幕墙接缝，建筑物护墙板及高层建筑接缝，门窗框周围的防水防尘密封，建筑门窗玻璃装嵌密封，游泳池、公路管道等的接缝密封等。

（4）丙烯酸酯密封胶

丙烯酸酯密封胶是以丙烯酸酯类聚合物为主要成分的非定形密封材料。其特点是柔软而富有弹性、耐臭氧、耐紫外线、粘结性好等。适用于门窗框与墙体的接缝密封，钢、铝、木窗与玻璃间的密封，刚性屋面伸缩缝，内外墙拼缝、内外墙与屋面接缝、管道与楼面接缝、卫生间等的防水密封等。

防水材料除以上介绍的防水卷材、防水涂料及建筑密封胶柔性防水材料外，还有防水砂浆和防水混凝土刚性防水材料。刚性防水材料分类如图 12-5，其性能特点应用已在第五、第六章介绍。

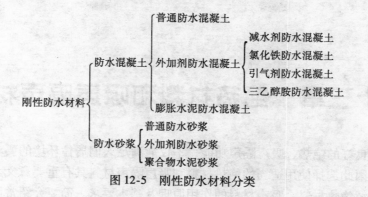

图 12-5　刚性防水材料分类

复习思考题

1. 什么是防水卷材？防水卷材主要有哪几个系列？防水卷材应具备哪些基本性能？
2. 石油沥青防水卷材的胎体材料主要有哪几种？石油沥青纸胎防水卷材的标号如何划分？
3. 与传统石油沥青防水卷材相比，高分子聚合物改性沥青防水卷材有何特点？
4. 防水涂料的主要组成有哪些？各有何作用？
5. 防水涂料按其成膜机理分为哪几类？各有何特点？
6. 防水涂料有哪些技术性能要求？

第十三章 绝热材料和吸声隔声材料

建筑物具有良好的绝热、吸声隔声功能，不仅能满足人们居住环境的要求，而且具有明显的节能效果，因此选择使用适当的绝热材料和吸声隔声材料具有重要意义。

本章主要介绍绝热材料、吸声材料的作用原理及基本要求。简要介绍常用绝热材料和吸声材料品种。通过学习了解这类材料的特点。

第一节 绝热材料

在土木工程中，习惯上把用于控制室内热量外流的材料称为保温材料，把防止热量进入室内的材料叫做隔热材料，保温、隔热材料统称为绝热材料（thermal insulating materials）。

一、绝热材料的绝热机理

1. 热量传递方式

热量的传递有三种方式，即导热、对流及热辐射。导热是指由于物体各部分直接接触的物质质点（分子、原子、自由电子）作热运动而引起的热能传递过程。对流是指较热的液体或气体因遇热膨胀而密度减小从而上升，冷的液体或气体由此补充过来，从而形成分子的循环流动，造成热量从高温的地方通过分子的相对位移传向低温的地方。热辐射是一种靠电磁波来传递能量的过程。

2. 热量传递过程

在每一实际的传热过程中，往往都同时存在着两种或三种传热方式。例如，通过实体结构本身的传热过程，主要是靠导热，但一般建筑材料内部都会存在些孔隙，在孔隙内除存在气体的导热外，同时还有对流和热辐射。

绝大多数建筑材料的导热系数介于 $0.029 \sim 3.49\text{W}/(\text{m}\cdot\text{K})$ 之间（几种典型材料的热工性质见第一章表 1-2），λ值越小说明该材料越不易导热，建筑中，一般把值小于 $0.23\text{W}/(\text{m}\cdot\text{K})$ 的材料叫做绝热材料。应当指出，即使用同一种材料，其导热系数也并不是常数，它与材料的湿度和温度等因素有关。

3. 绝热材料的绝热作用机理

（1）多孔型

多孔型绝热材料起绝热作用的机理可由图 13-1 来说明，当热量 Q 从高温面向低温面传递时，在未碰到气孔之前，传递过程为固相中的导热，在碰到气孔后，传热线路可分为两条：一条路线仍然是通过固相传递，但其传热方向发生变化，总的传热路线大大增加，从而使传递速度减缓。另一条路线是通过气孔内气体的传热，其中包括高温固体表面气

图 13-1 多孔材料
传热过程

体的辐射与对流传热、气体自身的对流传热、气体的导热、热气体对低温固体表面的辐射及对流传热、热固体表面和冷固体表面之间的辐射传热。由于在常温下对流和辐射传热在总的传热中所占比例很小，故以气孔中气体的导热为主。但由于空气的导热系数仅为 $0.029W/(m \cdot K)$，大大小于固体的导热系数，故热量通过气孔传递的阻力较大，从而传热速度大大减缓。

（2）纤维型

纤维型绝热材料的绝热机理基本上和通过多孔材料的情况相似。传热方向和纤维方向垂直时，由于纤维可对空气的对流起有效的阻止作用，因此绝热性能比传热方向和纤维方向平行时好（见图13-2）。

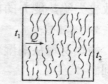

图13-2 纤维材料
传热过程

（3）反射型

当外来的热辐射能量 I_0 投射到物体上时，通常会将其中一部分能量 I_B 反射掉，另一部分 I_A 被吸收（一般建筑材料都不能穿透热射线，故透射部分忽略不计）。根据能量守恒原理，则

$$I_A + I_B = I_0 \quad 即 \quad \frac{I_A}{I_0} + \frac{I_B}{I_0} = 1$$

式中比值 I_A/I_0 说明材料对热辐射的吸收性能，用吸收率 "A" 表示，比值 I_B/I_0 说明材料的反射性能，用反射率 "B" 表示，即

$$A + B = 1$$

由此可以看出，凡是反射能力强的材料，吸收热辐射的能力就小，反之，如果吸收能力强，则其反射率就越小。故利用某些材料对热辐射的反射作用（如铝箔的反射率为0.95），在需要绝热的部位表面贴上这种材料，可以将绝大部分外来热辐射（如太阳光）反射掉，从而起到绝热的作用。

二、绝热材料的性能

1. 导热系数

材料的导热系数大小与其组成与结构、孔隙率、孔隙特征、温度、湿度、热流方向有关。

材料的导热系数受自身物质的化学组成和分子结构的影响。化学组成和分子结构比较简单的物质比结构复杂的物质有较大的导热系数。

由于固体物质的导热系数比空气的导热系数大得多，故一般来说，材料的孔隙率越大，其导热系数越小。材料的导热系数不仅与孔隙率有关，而且还与孔隙的大小、分布、形状及连通状况有关。当孔隙率相同时，含封闭孔多的材料的导热系数就要小于含开口孔多的材料。

温度升高时，材料固体分子的热运动增强，同时材料孔隙中空气的导热和孔壁间的辐射作用也有所增加，因此，材料的导热系数是随温度的升高而增大的。

水的导热系数为 $0.60W/(m \cdot K)$，冰的导热系数约为 $2.20W/(m \cdot K)$，都远远大于空气的导热系数，因此，一旦材料受潮吸水，其导热系数会增大，若吸收的水分结冰，其导热系数增加更多，绝热性能急剧降低。

对于纤维状材料，热流方向与纤维排列方向垂直时的导热系数要小于热流方向与纤维排列方向平行时的导热系数。

2. 温度稳定性

材料在受热作用下保持其原有性能不变的能力，称为绝热材料的温度稳定性。通常用其不致丧失绝热能力的极限温度来表示。

3. 吸湿性

绝热材料从潮湿环境中吸收水分的能力称为吸湿性。一般其吸湿性越大，对绝热效果越不利。

4. 强度

由于绝热材料含有大量孔隙，故其强度一般不大，因此不宜将绝热材料用于承重部位。对于某些纤维材料，常用材料达到某一变形时的承载能力作为其强度代表值。

选用绝热材料时，导热系数不宜大于 0.23W/(m·K)，表观密度不宜大于 600kg/m³，块状材料的抗压强度不低于 0.3MPa，绝热材料的温度稳定性应高于实际使用。另外，由于大多数绝热材料都具有一定的吸水、吸湿能力，故在实际使用时，需在其表层加防水层或隔气层。

三、常用绝热材料

1. 硅藻土 （diatomite）

硅藻土是一种被称为硅藻的水生植物的残骸。其孔隙率为 50% ~ 80%，导热系数 λ = 0.060W/(m·K)，最高使用温度约为 900℃。硅藻土常用作填充料，或用其制作硅藻土砖等。

2. 膨胀蛭石 （expanded vermiculite）

蛭石是一种复杂的镁、铁含水铝硅酸盐矿物，由云母类矿物经风化而成，具有层状结构。其表观密度 87 ~ 900kg/m³，导热系数 λ = 0.046 ~ 0.07W/(m·K)，最高使用温度为 1000 ~ 1100℃。膨胀蛭石除可直接用于填充材料外，还可用胶结材（如水泥、水玻璃等）将膨胀蛭石胶结在一起制成膨胀蛭石制品。

3. 膨胀珍珠岩 （expanded pearlite）

珍珠岩由地下喷出的熔岩在地表水中急冷而成。其堆积密度为 40 ~ 500kg/m³，导热系数 λ = 0.047 ~ 0.070W/(m·K)，最高使用温度可达 800℃，最低使用温度为 −200℃。膨胀珍珠岩除可用作填充材料外，还可与水泥、水玻璃、沥青、黏土等结合制成膨胀珍珠岩绝热制品。

水泥膨胀珍珠岩制品表观密度 250 ~ 450kg/m³；导热系数：20℃ 时约为 0.053 ~ 0.087W/(m·K)，400℃ 时为 0.081 ~ 0.12W/(m·K)；抗压强度约 0.5 ~ 1.7MPa，最高使用温度 ≤600℃。

水玻璃膨胀珍珠岩制品其表观密度约 200 ~ 360kg/m³，导热系数：20℃ 时为 0.055 ~ 0.093W/(m·K)；400℃ 时为 0.082 ~ 0.13 W/(m·K)，抗压强度为 0.6 ~ 1.7MPa，最高使用温度为 600 ~ 650℃。

4. 发泡黏土 （frothed clay）

将一定矿物组成的黏土（或页岩）加热到一定温度会产生一定数量的高温液相，同时会产生一定数量的气体,由于气体受热膨胀,使其体积大数倍,冷却后即得到发泡黏土(或发泡页岩)轻质集料。其表观密度约 $350kg/m^3$,导热系数为 $0.105W/(m \cdot K)$,可用作填充材料和混凝土轻集料。

5. 轻质混凝土 (lightweight concrete)

轻质混凝土包括轻集料混凝土和多孔混凝土。

轻集料混凝土由于采用的轻集料有多种,如黏土陶粒、膨胀珍珠岩等,采用的胶结材也有多种,如普通硅酸盐水泥、矾土水泥、水玻璃等,从而使其性能和应用范围变化很大。以水玻璃为胶结材,以陶粒为粗集料,以蛭石砂为细集料的轻集料混凝土,其表观密度约 $1100kg/m^3$,导热系数为 $0.222W/(m \cdot K)$。

多孔混凝土主要有泡沫混凝土和加气混凝土。泡沫混凝土的表观密度约为 $300 \sim 500kg/m^3$,导热系数约为 $0.082 \sim 0.186 W/(m \cdot K)$;加气混凝土的表观密度约为 $400 \sim 700kg/m^3$,导热系数约为 $0.093 \sim 0.164W/(m \cdot K)$。

6. 微孔硅酸钙 (tiny bore calcium silicate board)

微孔硅酸钙是以石英砂、普通硅石或活性高的硅藻土以及石灰为原料经过水热合成的绝热材料。其主要水化产物为托贝莫来石或硬硅钙石。以托贝莫来石为主要水化产物的微孔硅酸钙,其表观密度约为 $200kg/m^3$,导热系数约为 $0.047W/(m \cdot K)$,最高使用温度约为 $650℃$;以硬硅钙石为主要水化产物的微孔硅酸钙,其表观密度约为 $230kg/m^3$,导热系数约为 $0.056W/(m \cdot K)$,最高使用温度约为 $1000℃$。

7. 岩棉及矿渣棉 (rock wool and slag wool)

岩棉和矿渣棉统称矿物棉,由熔融的岩石经喷吹制成的称为岩棉,由熔融矿渣经喷吹制成的称为矿渣棉。将矿棉与有机胶结剂结合可以制成矿棉板、毡、筒等制品。其表观密度约为 $45 \sim 150kg/m^3$,导热系数约为 $0.049 \sim 0.044 W/(m \cdot K)$,最高使用温度为 $600℃$。

8. 玻璃棉 (glass wool)

将玻璃熔化后从流口流出的同时,用压缩空气喷吹形成乱向玻璃纤维,也称玻璃棉。其纤维直径约 $20\mu m$,表观密度为 $10 \sim 120kg/m^3$,导热系数为 $0.035 \sim 0.041W/(m \cdot K)$,最高使用温度:采用普通有碱玻璃为 $350℃$,采用无碱玻璃时为 $600℃$。玻璃棉除可用作围护结构及管道绝热外,还可用于低温保冷工程。

9. 陶瓷纤维 (ceramic fibre)

陶瓷纤维采用氧化硅、氧化铝为原料,经高温熔融、喷吹制成。其纤维直径为 $2 \sim 4\mu m$,表观密度约 $140 \sim 190kg/m^3$,导热系数 $0.044 \sim 0.049 W/(m \cdot K)$,最高使用温度 $1100 \sim 1350℃$。陶瓷纤维可制成毡、毯、纸、绳等制品,用于高温绝热。还可将陶瓷纤维用于高温下的吸声材料。

10. 泡沫玻璃 (cellular glass)

用玻璃粉和发泡剂配成的混合料经煅烧而得到的多孔材料称为泡沫玻璃。气相在泡沫玻璃中占总体积的 $80\% \sim 95\%$,而玻璃只占总体积的 $5\% \sim 20\%$。泡沫玻璃的表观密度为 $150 \sim 600kg/m^3$,导热系数为 $0.058 \sim 0.128 W/(m \cdot K)$,抗压强度为 $0.8 \sim 15MPa$,最高使用温度为 $300 \sim 400℃$(采用普通玻璃)、$800 \sim 1000℃$(采用无碱玻璃)。泡沫玻璃可用来砌筑墙体，也可用于冷藏设备的保温，或用作漂浮、过滤材料。

11. 吸热玻璃（endothermic glass）

在普通的玻璃中加入氧化亚铁等能吸热的着色剂或在玻璃表面喷涂氧化锡可制成吸热玻璃。这种玻璃与相同厚度的普通玻璃相比，其热阻挡率可提高 2.5 倍。吸热玻璃可呈灰色、茶色、蓝色、绿色等颜色。吸热玻璃广泛应用于建筑工程的门窗或幕墙，还可以作为原片加工成钢化玻璃、夹层玻璃或中空玻璃。

12. 热反射玻璃（heat-echoed glass）

在平板玻璃表面采用一定方法涂敷金属或金属氧化膜，可制得热反射玻璃。该玻璃的热反射率可达 40%，从而可起绝热作用。热反射玻璃多用于门、窗、橱窗上，近年来广泛用作高层建筑的幕墙玻璃。

13. 中空玻璃（bosom hollow glass）

中空玻璃是由两层或两层以上平板玻璃或钢化玻璃、吸热玻璃及热反射玻璃，以高强度气密性的密封材料将玻璃周边加以密封，而玻璃之间一般留有 10 ~ 30mm 的空间并充入干燥空气而制成。如中间空气层厚度为 10mm 的中空玻璃，其导热系数为 0.100W/(m·K)，而普通玻璃的导热系数为 0.756W/(m·K)。中空玻璃保温、绝热，节能性好，隔声性能优良，并能有效地防止结露，非常适合在住宅建筑中使用。

14. 窗用绝热薄膜（thermal insulating film used for window）

窗用绝热薄膜是以聚酯薄膜经紫外线吸收剂处理后，在真空中蒸镀金属粒子沉积层，然后与有色透明塑料薄膜压制而成。该薄膜的阳光反射率最高可达 80%，可见光的透过率可下降 70% ~ 80%。可用于房屋的门、窗，汽车车窗等。

15. 泡沫塑料（foamed plastic）

（1）聚氨基甲酸酯泡沫塑料

其表观密度 30 ~ 65kg/m³，导热系数为 0.035 ~ 0.042W/(m·K)，最高使用温度为 120℃，最低使用温度为 -60℃。可用于屋面、墙面绝热，还可用于吸声、浮力、包装及衬垫材料。

（2）聚苯乙烯泡沫塑料

其表观密度约 20 ~ 50kg/m³，导热系数约 0.038 ~ 0.047W/(m·K)，最高使用温度 70℃。聚苯乙烯泡沫塑料的特点是强度较高，吸水性较小，但其自身可以燃烧，需加入阻燃材料。可用于屋面、墙面绝热，也可与其他材料制成夹芯板材使用。同样也可用于包装减震材料。

（3）聚氯乙烯泡沫塑料

其表观密度约 12 ~ 72kg/m³，导热系数约 0.045 ~ 0.031W/(m·K)，最高使用温度 70℃。聚氯乙烯泡沫塑料遇火自行灭火，故该泡沫塑料可用于安全要求较高的设备保温上。又由于其低温性能良好，故可将其用于低温保冷方面。

16. 碳化软木板（carbonized cork board）

碳化软木板是以一种软木橡树的外皮为原料，经适当破碎后再在模型中成型，在 300℃左右热处理而成。其表观密度 105 ~ 437kg/m³，导热系数约 0.044 ~ 0.079W/(m·K)，最高使用温度为 130℃，由于其低温下长期使用不会引起性能的显著变化，故常用作保冷材料。

17. 纤维板（fiber board）

采用木质纤维或稻草等草质纤维经物理化学处理后，加入水泥、石膏等胶结剂，再经过滤压碾而成。其表观密度 210～1150kg/m³，导热系数为 0.058～0.307W/(m·K)。可用于墙壁、地板、顶棚等，也可用于包装箱、冷藏库等。

18. 蜂窝板（honeycomb board）

蜂窝板是由两块较薄的面板，牢固地粘结一层较厚的蜂窝状芯材而成的板材，亦称蜂窝夹层结构。蜂窝板具有强度质量比大、导热性低和抗震性好等多种功能。

第二节　吸声隔声材料

一、吸声材料概述

声音起源于物体的振动，如说话时声带的振动（声带和鼓皮称为声源）。声源的振动迫使邻近的空气跟着振动而形成声波，并在空气介质中向四周传播。

声音在传播过程中，一部分由于声能随着距离的增大而扩散，另一部分则因空气分子的吸收而减弱。当声波遇到材料表面时，被吸收声能（E）与入射声能（E_0）之比，称为吸声系数 α 即：$\alpha = \dfrac{E}{E_0} \times 100\%$。

假如入射声能的 55% 被吸收，其余 45% 被反射，则材料的吸声系数就等于 0.55。当入射声能 100% 被吸收，而无反射时，吸声系数等于 1。当门窗开启时，吸声系数相当于 1。只有悬挂的空间吸声体，由于有效吸声面积大于计算面积可获得吸声系数大于 1 的情况。

材料的收声系数与声波的方向、声波的频率及材料中的气孔有关。为了全面反映材料的吸声特性，通常取 125Hz、250Hz、500Hz、1000Hz、2000Hz、4000Hz 六个频率的平均吸声系数表示材料的吸声性能。凡六个频率的平均吸声系数大于 0.2 的材料，可称为吸声材料（sound absorbing materials）。材料的吸声系数越高，吸声效果越好。在音乐厅、影剧院、大会堂、播音室等内部的墙面、地面、顶棚等部位适当采用吸声材料，能改善声波在室内传播的质量，保持良好的音响效果。

为达到较好的吸声效果，材料的气孔应是开放的，且应相互连通，气孔越多，吸声性能越好。大多数吸声材料强度较低，因此应设置在护壁台以上，以免撞坏。吸声材料易于吸湿，安装时应考虑到胀缩的影响。此外还应考虑防火、防腐、防蛀等问题。

二、吸声材料的类型及其结构形式

1. 多孔性吸声材料

（1）吸声机理

多孔性吸声材料具有大量内外连通的微孔和连续的气泡，通气性良好。当声波入射到材料表面时，声波很快地顺着微孔进入到材料内部，引起孔隙内的空气振动，由于摩擦，空气粘滞阻力和材料内部的热传导作用，使相当一部分声能转化为热能而被吸收。多孔材料吸声的先决条件是声波易于进入微孔，不仅在材料内部，在材料表面上也应当是多孔的。多孔性吸声材料是比较常用的一种吸声材料，它具有良好的中高频吸声性能。

（2）影响材料吸声性能的主要因素

影响材料吸声性能的主要因素有材料表观密度和构造、材料厚度、材料背后空气层、材料表面特征等。

多孔材料表观密度增加，意味着微孔减少，能使低频吸声效果有所提高，但高频吸声性能却下降。材料孔隙率高、孔隙细小，吸声性能较好，孔隙过大，效果较差。

多孔材料的低频吸声系数，一般随着厚度的增加而提高，但厚度对高频影响不显著。材料的厚度增加到一定程度后，吸声效果的变化就不明显。所以为提高材料吸声性能而无限制地增加厚度是不适宜的。

大部分吸声材料都是周边固定在龙骨上，安装在离墙面 5 ~ 15mm 处。材料背后空气层的作用相当于增加了材料的厚度，吸声效能一般随空气层厚度增加而提高。当材料离墙面的安装距离（即空气层厚度）等于 1/4 波长的奇数倍时，可获得最大的吸声系数。根据这个原理，借调整材料背后空气层厚度的办法，可达到提高吸声效果的目的。

吸声材料表面的空洞和开口孔隙对吸声是有利的。当材料吸湿或表面喷涂油漆、孔口充水或堵塞，会大大降低吸声材料的吸声效果。

（3）多孔吸声材料与绝热材料的异同

多孔吸声材料与绝热材料的相同点在于都是多孔性材料，但在材料孔隙特征要求上有着很大差别。绝热材料要求具有封闭的互不连通的气孔，这种气孔愈多则保温绝热效果愈好；吸声材料则要求具有开放和互相连通的气孔，这种气孔愈多，则其吸声性能愈好。

2. 薄板振动吸声结构

薄板振动吸声结构的特点是具有低频吸声特性，同时还有助声波的扩散。建筑中常用的产品有胶合板、薄木板、硬质纤维板、石膏板、石棉水泥板或金属板等，把它们固定在墙或顶棚的龙骨上，并在背后留有空层，即成薄板振动吸声结构。

薄板振动吸声结构是在声波作用下发生振动，板振动时由于板内部和龙骨间出现摩擦损耗，使声能转变为机械振动，而起吸声作用。由于低频声波比高频声波容易使薄板产生振动，所以具有低频吸声特性。建筑中常用的薄板振动吸声结构的共振频率约在 80 ~ 300Hz 之间，在此共振频率附近吸声系数最大，约为 0.2 ~ 0.5，而在其他频率附近的吸声系数就较低。

3. 共振吸声结构

共振吸声结构具有封闭的空腔和较小的开口，很像个瓶子。当瓶腔内空气受到外力激荡，会按一定的频率振动，这就是共振吸声器。每个单独的共振器都有一个共振频率，在其共振频率附近，由于颈部空气分子在声波的作用下像活塞一样进行往复运动，因摩擦而消耗声能。若在腔口蒙一层细布或疏松的棉絮，可以加宽和提高共振率范围的吸声量。为了获得较宽频带的吸声性能，常采用组合共振吸声结构或穿孔板组合共振吸声结构。

4. 穿孔板组合共振吸声结构

穿孔板组合共振吸声结构具有适合中频的吸声特性。其吸声结构与单独的共振吸声器相似，可看作是多个单独共振器并联而成。这种吸声结构在建筑中使用比较普遍，是将穿孔的胶合板、硬质纤维板、石膏板等板材固定在龙骨上，并在背后设置空气层而构成。穿孔板厚度、穿孔率、孔径、孔距、背后空气层厚度以及是否填充多孔吸声材料等，都直接影响吸声结构的吸声性能。

5. 柔性吸声材料

柔性吸声材料是具有密闭气孔和一定弹性的材料，如聚氯乙烯泡沫塑料，虽多孔，但因具有密闭气孔，声波引起的空气振动不易直接传递至材料内部，只能相应地产生振动，在振动过程中由于克服材料内部的摩擦而消耗了声能，引起声波衰减。这种材料的吸声特性是在一定的频率范围内出现一个或多个吸收频率。

6. 悬挂空间吸声体

悬挂于空间的吸声体，由于声波与吸声材料的两个或两个以上的表面接触，增加了有效的吸声面积，产生边缘效应，加上声波的衍射作用，大大提高实际的吸声效果。空间吸声体有平板形、球形、圆锥形、棱锥形等多种形式。实际使用时，可根据不同的使用地点和要求，设计形式悬挂在顶棚下。

7. 帘幕吸声体

帘幕吸声体是用具有通气性能的纺织品安装在离墙面或窗洞一定距离处，背后设置空气层而构成的，具有中、高频吸声特性，其吸声效果与材料种类和褶皱有关。帘幕吸声体安装、拆卸方便，兼具装饰作用。

常用吸声结构的构造图见表 13-1。常用吸声材料的吸声系数见表 13-2。

表 13-1 常用吸声结构的构造图例及材料构成

类 别	多孔吸声材料	薄板振动吸声结构	共振吸声结构	穿孔板组合吸声结构	特殊吸声结构
构造图例	（a）	（b）	（c）	（d）	（e）
举 例	玻璃棉 矿棉 木丝板 半穿孔纤维板	胶合板 硬质纤维板 石棉水泥板 石膏板	共振吸声器	穿孔胶合板 穿孔铝板 微穿孔板	空间吸声体帘幕体

表 13-2 常用材料的吸声系数

材 料	厚度 （cm）	各种频率下的吸声系数						装置情况
		125	250	500	1000	2000	4000	
（1）无机材料								
石膏板（有花纹）	—	0.03	0.05	0.06	0.09	0.04	0.06	贴实
水泥蛭石板	4.0	—	0.14	0.46	0.78	0.50	0.60	贴实
石膏砂浆（掺水泥、玻璃纤维）	2.2	0.24	0.12	0.09	0.30	0.32	0.83	墙面粉刷
水泥膨胀珍珠岩板	5	0.16	0.46	0.64	0.48	0.56	0.56	贴实
水泥砂浆	1.7	0.21	0.16	0.25	0.40	0.42	0.48	
砖（清水墙面）	—	0.02	0.03	0.04	0.04	0.05	0.05	

材　　料	厚度 （cm）	各种频率下的吸声系数						装置情况
		125	250	500	1000	2000	4000	
（2）木质材料								
软木板	2.5	0.05	0.11	0.25	0.63	0.70	0.70	贴实
木丝板	3.0	0.10	0.36	0.62	0.53	0.71	0.90	钉在桩骨上，后留10cm空气层
三夹板	0.3	0.21	0.73	0.21	0.19	0.08	0.12	钉在桩骨上，后留5cm空气层
穿孔五夹板	0.5	0.01	0.25	0.55	0.30	0.16	0.19	钉在桩骨上，后留5cm空气层
木质纤维板	1.1	0.06	0.15	0.28	0.30	0.33	0.31	钉在桩骨上，后留5cm空气层
（3）泡沫材料								
泡沫玻璃	4.4	0.11	0.32	0.52	0.44	0.52	0.33	贴实
脲醛泡沫塑料	5.0	0.22	0.29	0.40	0.68	0.95	0.94	贴实
泡沫水泥（外面粉刷）	2.0	0.18	0.05	0.22	0.48	0.22	0.32	紧靠墙面
吸声蜂窝板	—	0.27	0.12	0.42	0.86	0.48	0.30	贴实
（4）纤维材料								
矿棉板	3.13	0.10	0.21	0.60	0.95	0.85	0.72	贴实
玻璃棉	5.0	0.06	0.08	0.18	0.44	0.72	0.82	贴实
酚醛玻璃纤维板	8.0	0.25	0.55	0.80	0.92	0.98	0.95	贴实
工业毛毡	3.0	0.10	0.28	0.55	0.60	0.60	0.56	紧靠墙面

三、隔声材料

建筑上将主要起隔绝声音作用的材料称为隔声材料（sound insulating materials）。隔声材料主要用于外墙、门窗、隔墙、隔断等。

隔绝的声音按其传播途径可分为空气声（由于空气的振动）和固体声（由于固体撞击或振动）两种。对空气声，墙或板传声的大小，主要取决于其单位面积质量，质量越大，越不易振动，则隔声效果越好。因此，应选择密实、沉重的材料作为隔声材料，如混凝土、黏土砖、钢板等。如果采用轻质材料或薄壁材料，需辅以多孔吸声材料或采用夹层结构，如夹层玻璃就是一种很好的隔声材料。对固体声，最有效的措施是采用不连续的结构处理，即在墙壁和承重梁之间、房屋的框架和墙板之间加弹性衬垫，如毛毡、软木、橡皮等。

可见，隔声材料与吸声材料要求是不一样的，因此，不能简单地把吸声材料作为隔声材料来使用。

复习思考题

1. 何谓绝热材料？建筑上使用绝热材料有何意义？

2. 绝热材料为什么总是轻质的？使用时为什么一定要防潮？

3. 试述含水量对绝热材料性能的影响。

4. 何谓吸声材料？材料的吸声性能用什么指标表示？

5. 影响绝热材料绝热性能的因素有哪些？

6. 吸声材料与绝热材料在结构上的区别是什么？为什么？

7. 影响多孔吸声材料吸声效果的因素有哪些？

8. 为什么不能简单的将一些吸声材料作为隔声材料来用？

第十四章 装饰材料

建筑装饰材料是指用于建筑物表面（如墙面、柱面、地面及顶棚等）起装饰作用的材料，也称装饰材料或饰面材料。一般是在建筑主体工程（结构工程和管线安装等）完成后，最后铺设、粘贴或涂刷在建筑物表面。

装饰材料的使用目的除了对建筑物起装饰美化作用，满足人们的美感需求外，通常还起着保护建筑物主体结构和改善建筑物使用功能的作用，是房屋建筑中不可缺少的一类材料。

本章主要介绍装饰材料的基本特征及选用原则，简要介绍装饰石材、建筑陶瓷、建筑玻璃、建筑塑料、建筑涂料等的品种、性能和应用。通过学习，主要掌握装饰材料的基本特征及选用原则，了解常用的各种装饰材料的性能和应用。

第一节 装饰材料的基本特征与选用

一、装饰材料的基本特征

1. 装饰材料的装饰特征

装饰特征是指任何一种材料本身所固有的，当其用于装饰用途时能对装饰效果产生影响的一些属性。材料在这方面的特征常用光泽、底色、纹样、质地、质感等描述。

（1）颜色

材料的颜色实质上是材料对光谱的反射，并非是材料本身固有的。它主要与光线的光谱组成有关，还与观看者的眼睛对光谱的敏感性有关。材料颜色选择合适、组合协调能创造出更加美好的工作、居住环境，因此，颜色对于建筑物的装饰效果就显得极为重要。

（2）底色

材料的底色指材料本身所固有的颜色。当某种材料经配色处理后，从内到外均匀的带有了某种色彩亦可视为材料的底色。从实际工作角度而言，应注意两点：一是改变材料的底色是较难的，且代价较高。故当需要改变某种材料色彩时，应尽可能去改变其表面颜色；二是当用具有半透明特征的材料进行表面着色时，被覆盖材料的底色会对表面颜色产生影响。

（3）光泽

当外部光线照射到物体表面上时，由于不同物体表面特征的差异，致使反射光线在空间做不同的分布，从而决定了人对物体表面的知觉，这种属性就称为材料的光泽。它是材料表面的一种特性，对于物体形象的清晰度起着决定性的作用。根据材料表面的光泽可将材料表面划分为：镜面、光面、亚光面、无光面。在评定材料的外观时，其重要性仅次于颜色。

（4）透明性

材料的透明性也是与光线有关的一种性质。既能透光又能透视的物体，称为透明体；只能透光而不能透视的物体，称为半透明体；既不能透光又不能透视的物体，称为不透明体。如普通门窗玻璃大多是透明的，磨砂玻璃和压花玻璃是半透明的，釉面砖则是不透明的。

（5）质地

质地是指材料表面的粗糙程度。不同类型的材料，其表面的粗糙度不同；而同一类型不同品种的材料，表面粗糙程度亦不相同。例如：石材和玻璃的粗糙程度不同，而抛光石板和粗磨石板的粗糙度的质地亦不相同。

（6）质感

对一定材料而言，质感是材料质地的感觉。质感不仅取决于饰面材料的性质，而且取决于施工方法。材料品种不同则其质感不同，同种材料不同的施工方法，也会产生不同的质地感觉。如对石材表面进行斩凿、刻划、打磨等不同的处理，可使天然石材在其自然材质本身的基础上平添一分由加工技法、工具、匠心独运的人工纹理所带来的趣味。从这个角度讲，无论何种材料，无论材料本身的装饰条件如何，在对材料质感的要求中，都应十分重视人工处理方法的影响。装饰混凝土的合理应用也是恰当的说明。

虽然说我们可通过各种人工方法，将材料表面的颜色、光泽、纹样、质地等加以改变，从而使人们对某种材料的感觉发生变化，但这种材料本身所固有的质感，却仍然部分或全部的保持着，不可能完全被改变。正因如此，人工仿真材料与天然材料相比，在装饰性方面总是略显呆板、乏味。

2. 装饰材料的视感特征

视感特征指人们单独观察一种材料或在一定环境条件下考察某种材料时，材料通过视觉作用对人们的心理感受所产生影响的一些属性。它包括以下几种作用：

（1）心理联想作用

与色彩相似，材料亦可能在人们的心理产生反映，同时引发人们各种各样的联想。如：光滑、细腻的材料表面常给人一种冷漠、傲然的心理感觉，但也有优雅、精致的感情基调；金属的质感使人产生坚硬、沉重的感觉，而毛皮、丝织品使人感到柔软、轻盈、温暖；石材使人感到稳重、坚实、雄厚、富有力度。在建筑设计和施工中，必须正确把握材料的性格特征，使材料的性格与整个建筑的装饰基调相吻合。

（2）面积距离效应

在对材料的装饰效果考虑过程中，必须考虑到当人和材料表面距离不同、材料的面积大小不同时，同一种材料的视觉效果会产生不同的改变。

（3）传统定式效应

在室内设计和施工过程中，应尊重那些已成为传统定式的习惯性形式和做法规律。

二、装饰材料的选用

装饰材料的选用原则：结合建筑物的特点、环境条件、装饰性三个方面来考虑，并要求材料能长期保持其特征，此外还要求材料具有多功能性，以满足使用中的种种要求。

不同环境、不同部位，对装饰材料的要求也不同，选用装饰材料时，主要考虑的是装饰效果，颜色、光泽、透明性等应与环境相协调。除此以外，材料还应具有某些物理、化学和力学方面的基本性能，如一定的强度、耐水性和耐腐蚀性等，以提高建筑物的耐久性，降低维修费用。

对于室外装饰材料，也即外墙装饰材料，应兼顾建筑物的美观和对建筑物的保护作用。外墙除需要承担荷载外，主要是根据生产、生活需要作为围护结构，达到遮挡风雨、保温隔热、隔声防水等目的。因所处环境较复杂，直接受到风吹、日晒、雨淋、冻害的袭击，以及空气中腐蚀气体和微生物的作用，故应选用能耐大气侵蚀、不易褪色、不易玷污、不泛霜的材料。

对于室内装饰材料，要妥善处理装饰效果和使用安全的矛盾。优先选用环保型材料和不燃烧或难燃烧等消防安全型材料，尽量避免选用在使用过程中会挥发有毒成分和在燃烧时会产生大量浓烟或有毒气体的材料，努力创造一个美观、整洁、安全、适用的生活和工作环境。

第二节　常用装饰材料

建筑上应用的装饰材料品种齐全、种类繁多，而且新品种不断出现，质量也不断提高。目前，国内外常用装饰材料包括以下各种。

一、装饰石材

1. 天然石材（natural stones）

天然石材是指从天然岩体中开采出来的毛料经加工而成的板状或块状的饰面材料。用于建筑装饰的石材主要有大理石板和花岗岩板两大类。通常以其磨光加工后所显示的花色、特征及石材产地来命名。饰面板材一般有正方形及矩形两种，常用规格为厚度 20mm，宽 150～915mm，长 300～1220mm，也可加工成 8～12mm 厚的薄板及异型板材。

（1）大理石板材

大理石板材是用大理石荒料（即由矿山开采出来的具有规则形状的天然大理石块）经锯切、研磨、抛光等加工而成的板材。

大理石的主要矿物组成是方解石和一些杂质，如氧化铁、二氧化硅、云母、石墨、蛇纹石等杂质，使大理石呈现出红、黄、黑、绿、灰、褐等多种色彩组成的花纹，色彩斑斓，磨光后极为美丽典雅。纯净的大理石为白色，洁白如玉，晶莹生辉，故称汉白玉。纯白和纯黑的大理石属名贵品种，是重要建筑物的高级装饰材料。

天然大理石板材虽为高级饰面材料，但由于其主要化学成分为 $CaCO_3$，如长期用于室外，会受到酸雨以及空气中酸性氧化物遇水形成的酸类侵蚀，生成易溶于水的石膏，使其失去表面光泽，变得粗糙多孔，甚至出现斑点等现象，从而降低装饰效果。因此，除少数质地纯正、杂质少、比较稳定耐久的品种如汉白玉、艾叶青等大理石可用于外墙饰面，一般大理石不宜用于室外装饰。

（2）花岗岩板材

花岗岩板材是将花岗岩经锯片、磨光、修边等加工而成的板材。常根据其在建筑物中使用部位的不同，加工成剁斧板、机刨板、粗磨板、磨光板。

花岗岩板材的颜色取决于所含长石、云母及暗色矿物的种类和数量，常呈灰色、黄色、蔷薇色、淡红色及黑色等，质感丰富，磨光后色彩斑斓、华丽庄重，且材质坚硬、化学稳定性好、抗压强度高和耐久性很好，使用年限可长达 500～1000 年之久。但因花岗岩中含大量石英，石英在 573℃和 870℃的高温下均会发生晶态转变，产生体积膨胀，故火灾时花岗岩会产生严重开裂破坏。

花岗岩是公认的高级建筑装饰材料，但由于其开采运输困难、修琢加工及铺贴施工耗工费时，因此造价较高，一般只用于重要的大型建筑中。花岗岩剁斧板多用于室外地面、台阶、基座等处；机刨板材一般用于地面、台阶、基座、踏步、檐口等处；粗磨板材常用于墙面、柱面、台阶、基座、纪念碑、墓碑等处；磨光板材因其具有色彩绚丽的花纹和光泽，故多用于室内外墙面、地面、柱面等的装饰，以及用作旱冰场地面、纪念碑、莫碑等。

表 14-1　大理石板材与花岗岩板材的性能对比

性能 ＼ 品种	大理石板材	花岗岩板材
矿物组成	方解石、白云石	长石、石英、云母
花纹特点	云状、片状、枝条形花纹	繁星状、斑点状花纹
表观密度	2600～2700kg/m³	2600～2800kg/m³
装饰特点	磨光后质感细腻、平滑，雕刻后亦具有阴柔之美	磨光板材色泽质地庄重大方，非磨光板材质感厚重、庄严，雕刻后具有阳刚之气
抗压强度	70～140MPa	120～250MPa
莫氏硬度	硬度较小，3～4	硬度大
耐磨性能	耐磨性差，故磨光等加工容易	耐磨性好，故加工困难
耐火性能	耐火性好	耐火性差
化学性能	耐酸性差，耐碱性较好	化学稳定性好，有较强的耐酸性
耐风化性	差	好
使用年限	比花岗岩寿命短	使用寿命可达 200 年以上
放射性物质	与具体组成有关	与具体组成有关，放射性物质多于大理石

2. 人造石材（man-made stones）

人造石材是以天然石材碎料、石英砂、石渣等为集料，树脂或水泥等为胶结料，经拌和、成型、聚合或养护后，打磨、抛光、切割而成。

人造石材具有天然石材的质感，但质量轻、强度高、耐腐蚀、耐污染、可锯切、钻孔、施工方便。适用于墙面、门套或柱面装饰，也可用作工厂、学校等的工作台面及各种卫生洁具，还可以加工成浮雕、工艺品等。与天然石材相比，人造石材是一种比较经济的饰面材料。

根据人造石材使用的胶结材料可将其分为以下四类：

（1）树脂型人造石材

这种人造石材一般以不饱和树脂为胶结料，石英砂、大理石碎粒或粉等无机材料为集料，经搅拌混合、浇注、固化、脱模、烘干、抛光等工序制成。不饱和树脂的黏度低，易于成型，且可以在常温下固化。产品光泽好、基色浅，可调制成各种鲜亮的颜色。

（2）水泥型人造石材

以各种水泥为胶结料，与砂和大理石或花岗岩碎粒等集料经配料、搅拌、成型、养护、磨光、抛光等工序制成。水泥胶结剂除硅酸盐水泥外，也有用铝酸盐水泥。如果采用铝酸盐水泥和表面光洁的模板，则制成的人造石材表面无须抛光就可有较高的光泽度。这是由于铝酸盐水泥的主要矿物 CA（CaO·Al_2O_3）水化后生成大量的氢氧化铝凝胶，这些水化产物与光滑的模板相接触，形成致密结构而具有光泽。

这类人造石材的耐腐蚀性较差，且表面容易出现微小龟裂和泛霜，不宜用作卫生洁具，也不宜用于外墙装饰。

（3）复合型人造石材

这类人造石材所用的胶结料中，既有有机聚合物树脂，又有无机水泥，其制作工艺可以采用浸渍法，即将无机材料（如水泥砂浆）成型的坯体浸渍在有机单体中，然后使单体聚合。对于板材，基层一般用性能稳定的水泥砂浆，面层用树脂和大理石碎粒或粉末调制的浆体制成。

（4）烧结型人造石材

烧结型人造石材的生产工艺类似于陶瓷，是把高岭土、石英、斜长石等混合配料，制成泥浆，成型后经 1000℃ 左右的高温焙烧而成。

以上种类的人造石材中，目前使用最广泛的是以不饱和聚酯树脂为胶结料而生产的树脂型人造石材。根据生产时所加颜料不同，采用的天然石料的种类、粒度和纯度不同，以及制作的工艺方法不同，则所制成的人造石材的花纹、图案、颜色和质感也就不同，通常制成仿天然大理石、天然花岗岩和天然玛瑙石的花纹和图案，分别称为人造大理石、人造花岗岩和人造玛瑙。

二、建筑陶瓷

凡以黏土、长石、石英为基本原料，经配料、制坯、干燥、焙烧而制成的成品，称为陶瓷制品。用于建筑工程中的陶瓷制品，则称为建筑陶瓷（construction ceramic）。

1. 陶瓷的分类

陶瓷制品按其致密程度分为陶质、瓷质和炻质三大类。

（1）陶质制品为多孔结构，通常吸水率较大，断面粗糙无光，敲击时声粗哑，有无釉和施釉两种制品。根据其原料土杂质含量的不同，又可分为粗陶和精陶两种。粗陶不施釉，建筑上常用的烧结黏土砖、瓦就是最普通的粗陶制品。精陶一般施有釉，建筑饰面用的釉面砖以及卫生陶瓷和彩陶等均属此类。

（2）瓷质制品结构致密，吸水率小，有一定透明性，表面通常均施有釉。根据其原料土的化学成分与制作工艺的不同，又分为粗瓷和细瓷两种。瓷质制品多为日用餐具、电瓷及美术用品、地面砖等。

（3）炻质制品是介于陶质和瓷质之间的一类陶瓷制品，也称半瓷。其构造比陶质致密，一般吸水率较小，但又不如瓷质制品那么洁白，其坯体多带有颜色，且无半透明性。按其坯体的细密程度不同，又分为粗炻器和细炻器两种。建筑饰面用的外墙面砖、地砖和陶瓷锦砖等均属炻器。

2. 常用建筑陶瓷制品

建筑陶瓷包括釉面砖、墙地砖、锦砖、建筑琉璃制品等。广泛用作建筑物内外墙、地面和屋面的装饰和保护，已成为极为重要的装饰材料。

（1）釉面砖

釉面砖又称内墙砖，属于精陶类制品。它是以黏土、石英、长石、助熔剂、颜料以及其他矿物原料，经破碎、研磨、筛分、配料等工序加工成含一定水分的生料，再经模具压制成型、烘干、素烧、施釉和釉烧而成，或坯体施釉一次烧成。这里所谓的釉，是指附着于陶瓷坯体表面的连续玻璃质层，具有与玻璃相类似的某些物理化学性质。

釉面砖具有色泽柔和而典雅、美观耐用、朴实大方、防火耐酸、易清洁等特点。主要用作建筑物内部墙面，如厨房、卫生间、浴室、墙裙等的装饰和保护。

（2）墙地砖

其生产工艺类似于釉面砖，或不施釉一次烧成无釉墙地砖。产品包括外墙砖和地砖两类。属于炻质和瓷质制品。

墙地砖具有强度高、耐磨、化学性能稳定、不燃、吸水率低、易清洁、经久不裂等优点。对于铺地砖还有耐磨性要求，并根据耐化学腐蚀性分为 AA、A、B、C、D 五个等级。

（3）陶瓷锦砖

俗称马赛克，是以优质瓷土为主要原料，经压制烧成的片状小瓷砖，表面一般不上釉。通常将不同颜色和形状的小块瓷片铺贴在牛皮纸上形成色彩丰富、图案繁多的装饰砖，成联使用。

陶瓷锦砖具有耐磨、耐火、吸水率小、抗压强度高、易清洗以及色泽稳定等特点。广泛适用于建筑物门厅、走廊、卫生间、厨房、化验室等内墙和地面，并可作建筑物的外墙饰面与保护。

施工时，可以将不同花纹、色彩和形状的小瓷片拼成多种美丽的图案。

（4）陶瓷劈离砖

陶瓷劈离砖又称劈裂砖、劈开砖和双层砖。是以黏土为主要原料，经配料、真空挤压成型、烘干、焙烧、劈离（将一块双联砖分为两块砖）等工序制成。产品具有均匀的粗糙表面、古朴高雅的风格、良好的耐久性。广泛用于地面和外墙装饰。

（5）卫生陶瓷

卫生陶瓷为用于浴室、盥洗室、厕所等处的卫生洁具，如洗面器、坐便器、水槽等。卫生陶瓷多用耐火黏土或难熔黏土经配料制浆、灌浆成型、上釉焙烧而成。卫生陶瓷结构形式多样，颜色分为白色和彩色，表面光洁、不透水、易于清洗，并耐化学腐蚀。

（6）建筑琉璃制品

建筑琉璃制品是我国陶瓷宝库中的古老珍品之一。是用难熔黏土制坯，经干燥、上釉后焙烧而成。颜色有绿、黄、蓝、青等。品种可分为三类：瓦类（板瓦、滴水瓦、筒瓦、沟头）、脊类和饰件类（吻、博古、兽）。

琉璃制品色彩绚丽、造型古朴、质坚耐久，所装饰的建筑物富有我国传统的民族特色。主要用于具有民族特色的宫殿式房屋和园林中的亭、台、楼阁等。

三、建筑玻璃

玻璃是用石英砂、纯碱、长石和石灰石等原料于 1550～1600℃ 高温下烧至熔融，成型后急冷而制成的固体材料。

1. 普通玻璃的技术性质

（1）透明性好。普通清洁玻璃的透光率达 82% 以上。

（2）热稳定性差。玻璃受急冷、急热时易破裂。

（3）脆性大。玻璃为典型的脆性材料，在冲击力作用下易破碎。

（4）化学稳定性好。其抗盐和酸侵蚀的能力强。

（5）表观密度较大，为 2450～2550kg/m^3。

（6）导热系数较大，为 0.75W/（m·K）。

2. 建筑玻璃制品（construction glass products）

（1）普通平板玻璃

普通平板玻璃是由浮法或引上法熔制，经热处理消除或减小其内部应力至允许值而成的。平板玻璃是建筑玻璃中用量最大的一种，厚度 2～12mm，其中以 3mm 厚的使用量最大。

平板玻璃的产量以标准箱计。以厚度为 2mm 的平板玻璃，每 10m^2 为一标准箱。对于其他厚度规格的平板玻璃，均需要进行标准箱换算。

普通平板玻璃大部分作为窗玻璃直接用于房屋建筑和维修，还有一部分加工成钢化、夹层、镀膜、中空等玻璃，少量用作工艺玻璃。

（2）安全玻璃

安全玻璃是指具有良好安全性能的玻璃。主要特性是力学强度较高，抗冲击能力较好。被击碎时，碎块不会飞溅伤人，并兼有防火的功能。主要有以下品种：

①钢化玻璃

钢化玻璃是平板玻璃经物理强化方法或化学强化方法处理后所得的玻璃制品，它具有比普通玻璃高得多的机械强度和热稳定性、抗震性能和弹性亦极好，也称强化玻璃。

物理强化方法也称淬火法，它是将玻璃加热到接近玻璃软化温度（600～650℃）后迅速冷却的方法；化学法也称离子交换法，它是将待处理的玻璃浸入钾盐溶液中，使玻璃表面的钠离子扩散到溶液中，而溶液中的钾离子则填充进玻璃表面钠离子的位置。上述两种强化处理方法都可以使玻璃表面产生一个预压的应力，这个表面预压应力使玻璃的机械强度和抗冲击性能大大提高。一旦受损，整块玻璃呈现网状裂纹，破碎后，碎片小且无尖锐棱角，不易伤人。钢化玻璃在建筑上主要用作高层建筑的门窗、隔墙与幕墙。

②夹层玻璃

夹层玻璃是两片或多片平板玻璃之间嵌夹透明塑料薄片，经加热、加压、粘合而成的复合玻璃制品。

夹层玻璃的原片可以采用普通平板玻璃、钢化玻璃、吸热玻璃或热反射玻璃等，常用的塑料胶片为聚乙烯酸缩丁醛。

夹层玻璃抗冲击性和抗穿透性好，玻璃破碎时，不会成为分离的碎片，只有辐射状的裂纹和少量玻璃碎屑，碎片仍粘贴在膜片上，不致伤人。

夹层玻璃在建筑上主要用于有特殊安全要求的门窗、隔墙、工业厂房的天窗和某些水下工程。

③夹丝玻璃

夹丝玻璃是将预先编织好的钢丝网压入已软化的红热玻璃中而制成。其抗折强度高、防火性能好，破碎时即使有许多裂缝，其碎片仍能附着在钢丝上，不致四处飞溅而伤人。

夹丝玻璃主要用于厂房天窗，各种采光屋顶和防火门窗等。

（3）保温绝热玻璃

保温绝热玻璃既具有特殊的保温绝热功能，又具有良好的装饰效果，包括吸热玻璃、热反射玻璃、中空玻璃等（见第十三章）。除用于一般门窗外，常作为幕墙玻璃。普通平板玻璃对太阳光中红外线的透过率高，易引起温室效应，使室内空调能耗增大，一般不宜用于幕墙玻璃。

（4）防紫外线玻璃

是指能阻止或吸收紫外线的玻璃。主要用于要求避免紫外线照射的建筑和装置，如文物保管处、图书馆仓库、展览室的门窗、橱柜，各种色泽艳丽的织物陈列橱窗，载人卫星、航天器的观察窗口等。

（5）釉面玻璃

是以普通平板玻璃、压延玻璃、磨光玻璃或玻璃砖为基体，在其表面涂敷一层彩色易熔性色釉，在熔炉中加热至釉料熔融，使釉层与玻璃牢固结合在一起，再经退火或钢化等热处理制成具有美丽色彩或图案的装饰材料。

釉面具有良好的化学稳定性、热反射性，它不透明，永不褪色和脱落，可用于餐厅、宾馆的室内饰面层，一般建筑物门厅和楼梯间的饰面层，尤其适用于建筑物和构筑物立面的外饰面层，具有良好的装饰效果。

（6）水晶玻璃

水晶玻璃又称石英玻璃，是采用玻璃珠在耐火材料模具中制得的一种高级艺术玻璃，表面晶亮，宛如水晶。玻璃珠是以二氧化硅和其他添加剂为主要原料，经配料后用火焰烧熔结晶而制成，其表面光滑，机械强度高，化学稳定性和耐大气腐蚀性较好，除白色以外，还可制成各种浅淡的彩色制品，具有良好的装饰效果。水晶玻璃饰面板适用于各种建筑物的内墙饰面、地坪面层、建筑物外墙立面或室内制作壁画等。

（7）矿渣微晶玻璃

是一种玻璃晶体饰面装饰材料，玻璃中的矿渣微晶与热处理后的未结晶玻璃混合起来，乌黑发亮，具有深奥莫测的装饰魅力。矿渣微晶玻璃板饰面强度高，化学稳定性高，多作为室内立面装饰处理，美观高雅。

（8）微晶玻璃

是在高温下使结晶从玻璃中析出而成的材料，由结晶相和部分玻璃相组成，尽管抛光板的表面光洁度远高于石材，但是光线不论由任何角度射入，经由结晶微妙的漫反射方式，均可形成自然柔和的质感，毫无光污染。

（9）压花玻璃

压花玻璃是将熔融的玻璃液在快冷时通过带图案花纹的辊轴滚压而成的制品，又称花纹玻璃或滚花玻璃。具有透光不透视的特点，这是由于其表面凹凸不平，当光线通过时即产生漫反射，使物像模糊不清。另外，压花玻璃因其表面有各种图案花纹，所以具有一定的艺术装饰效果。压花玻璃多用于办公室、会议室、浴室、卫生间以及公共场所分离的门窗和隔断处。使用时应注意的是：如果花纹面安装在外侧，不仅很容易积灰弄脏，而且沾上水后，就能透视。因此，安装时应将花纹安装在内侧。

（10）磨砂玻璃

磨砂玻璃又称毛玻璃，它是将平板玻璃的表面经机械喷砂、手工研磨或氢氟酸溶蚀等方法处理成均匀毛面。其特点是透光不透视，且光线不刺眼，用于需透光而不透视的卫生间、浴室、办公室的门窗及隔断等处，还可用作黑板。

（11）玻璃空心砖

玻璃空心砖一般是由两块压铸成的凹形玻璃，经熔接或胶接成整块的空心砖。一般在内、外压铸各种花纹。砖内腔可为空气，也可填充玻璃棉等。砖形有方形、圆形等。玻璃空心砖有其独特而卓越的性能，其透光性可在较大范围内变化，能改善室内采光深度和均匀性；其保温隔热、隔音性能好、密封性强、耐火、耐水、抗震、机械强度高、化学稳定性好，使用寿命长，因此可用于砌筑透光屋面、墙壁，非承重结构外墙、内墙、门厅、通道及浴室等隔断，特别适用于宾馆、展览厅馆、体育场馆等既要求艺术装饰，又要防太阳眩光，控制透光，提高采光深度的高级建筑。砌筑方法基本与普通砖相同。

（12）玻璃马赛克

玻璃马赛克也叫玻璃锦砖，它与陶瓷锦砖在外形和使用方法上有相似之处，但它是半透明的玻璃质材料，呈乳浊或半乳浊状，内含少量气泡和未熔颗粒。

玻璃马赛克具有色调柔和、朴实、典雅、美观大方、化学性能稳定、冷热稳定性好等优点。此外，还具有不变色、不积灰、历久常新、质量轻、与水泥黏结性能好等特点，常用于外墙装饰。

四、建筑塑料装饰制品（decorative plastic products）

建筑塑料装饰制品包括塑料壁纸、塑料地板、塑料装饰板及塑料地毯等。塑料装饰制品具有质轻、耐腐蚀、隔声、色彩丰富、外形美观等特点，广泛用于建筑物的内墙、顶棚、地面等部位的装饰。

1. **塑料壁纸**

塑料壁纸是以一定材料为基材，表面进行涂塑后，再经过印花、压花或发泡处理等多种工艺而制成的一种墙面装饰材料。

　　塑料壁纸的装饰效果好，由于塑料表面加工技术的发展，通过印花、压花等工艺，模仿大理石、木材、砖墙、织物等天然材料，花纹图案非常逼真。此外，塑料壁纸防污染性较好，脏了可以清洗，对水和洗涤剂有较强的抵抗力。广泛用于室内墙面、顶棚和柱面的裱糊装饰。

　　2. 塑料地板

　　塑料地板是指用于地面装饰的各种块板和铺地卷材。塑料地板的装饰性好，色彩及图案不受限制，耐磨性好，使用寿命长，便于清扫，脚感舒适且有多种功能，如隔声、隔热和隔潮等，能满足各种用途的需要，还可以仿制天然材料，十分逼真。地板施工铺设方便，可以粘贴在如水泥混凝土或木材等基层上，构成饰面层。

　　塑料地板品种较多，有聚氯乙烯塑料地板、氯乙烯—乙酸乙酯塑料地板、聚乙烯塑料地板、聚丙烯塑料地板等。其中聚氯乙烯塑料地板产量最大；塑料地板按材质不同，有硬质、半硬质和弹性地板；按外形有块状地板和卷材地板。

　　3. 塑料地毯

　　地毯作为地面装饰材料，给人以温暖、舒适及华丽的感觉，具有绝热、保温、吸声性能，还具有缓冲作用，可防止滑倒，使步履平稳。塑料地毯是从传统羊毛地毯发展而来的。由于羊毛地毯资源有限，价格高，而且易被虫蛀，易霉变，使其应用受到限制。塑料地毯以其原料来源丰富，成本较低，各项使用性能与羊毛地毯相近而成为普遍采用的地面装饰材料。地毯按其加工方法的不同，可分为簇绒地毯、针扎地毯、印染地毯和人造草皮四种。

　　其中簇绒地毯是目前使用最为普遍的一种塑料地毯。

　　4. 塑料装饰板

　　塑料装饰板主要用作护墙板和屋面板。其质量轻，能降低建筑物的自重。如塑料贴面装饰板是以印有各种色彩、图案的纸为胎，浸渍三聚氰胺树脂和酚醛树脂，再经热压制成的可覆盖于各种基材上的一种装饰贴面材料，有镜面型和柔光型两种。产品具有图案和色调丰富多彩、耐湿、耐磨、耐烫、耐燃烧、耐一般酸、碱、油脂及乙醇等溶剂的侵蚀，表面平整，极易清洗的特点。适用于装饰室内和家具。

　　此外，还有聚氯乙烯塑料装饰板、硬质聚氯乙烯透明板、覆塑装饰板、玻璃钢装饰板、钙塑泡沫装饰吸声板等。

　　五、金属装饰材料（metallic decorative materials）

　　以各种金属作为建筑装饰材料，有着源远流长的历史。在现代建筑中，金属材料更是以它独特的性能——耐腐、轻盈、高雅、光洁、质地、力度，赢得了建筑师的青睐。从高层建筑的金属铝门窗到围墙、栅栏、阳台、入口、柱面等，金属材料无所不在。金属材料从点缀并延伸到赋予建筑奇特的效果。

　　金属装饰材料中应用最多的是铝材、装饰钢材、铜材等。

　　1. 铝合金装饰板

　　用于装饰工程的铝合金板，其品种和规格很多。按表面处理方法分有阳极氧化处理及喷涂处理的装饰板。按常用的色彩分有银白色、古铜色、金色、红色、蓝色等。按几何尺寸分，有条形板和方形板，条形板的宽度多为 80～100mm，厚度为 0.5～1.5mm，长度 6.0m 左右。按装饰效果分，则有铝合金压型板、铝合金花纹板、铝合金穿孔板等。

铝合金压型板是目前应用十分广泛的一种新型铝合金装饰材料。它具有质量轻、外形美观、耐久性好、安装方便等优点，通过表面处理可获得各种色彩。主要用于屋面和墙面等。

铝合金花纹板是采用防锈铝合金等坯料，用特制的花纹轧辊轧制而成。花纹美观大方、筋高适中、不易磨损、防滑性能好、防腐蚀性能强、便于冲洗。通过表面处理可得到各种颜色。广泛用于公共建筑的墙面装饰、楼梯踏板等处。

铝合金穿孔板用铝合金平板机械穿孔而成，其特点造型美观，色泽雅致，立体感强，防火、防潮、防震，耐腐蚀，耐高温，化学稳定性好，对改善音质条件和降低噪声有一定作用。常用于影院、剧院、播音室、车间等。

此外，铝合金还可制成吊顶龙骨，用于装修工程中。

2. 装饰钢材

在普通钢材基体中添加多种元素或在基体表面上进行艺术处理，可使普通钢材成为一种金属感强、美观大方的装饰材料。在现代建筑装饰中，愈来愈受到关注。

常用的装饰钢材有不锈钢及制品、彩色涂层钢板、彩色压型钢板、轻钢龙骨等。

（1）不锈钢

向钢材中加入铬，由于铬的性质比铁活泼，铬首先与环境中的氧化合，生成一层与钢材基体牢固结合的致密的氧化膜层，称为钝化膜，它使钢材得到保护，不致锈蚀，这就是所谓的不锈钢。

不锈钢制品的特点：

①膨胀系数大，约为碳钢的 1.3～1.5 倍，但导热系数只有碳钢的 1/3。

②韧性及延展性均较好，常温下亦可加工。

③耐蚀性非常强。但由于所加元素的不同，耐蚀性也表现不同，例如，只加入单一的合金元素铬的不锈钢在氧化性介质（水蒸气、大气、海水、氧化性酸）中有较好的耐蚀性，而在非氧化性介质（盐酸、硫酸、碱溶液）中耐蚀性很低。镍铬不锈钢由于加入了镍元素，而镍对非氧化性介质有很强的抗蚀力，因此镍铬不锈钢的耐蚀性更佳。

④表面光泽性极佳。不锈钢经表面精饰加工后，可以获得镜面般光亮平滑的效果，光反射率达 90% 以上，具有良好的装饰性，极富现代气息。

不锈钢装饰，是近几年来较流行的一种建筑装饰方法。短短几年中，已超出旅游宾馆和大型百货商店的范畴，出现在许多中小型商店，并且已从小型不锈钢五金装饰件和不锈钢建筑雕塑的范畴，扩展到用于普通建筑装饰工程之中，如不锈钢包柱、楼梯扶手、门、龙骨等。

（2）彩色涂层钢板

旧称涂层镀锌钢板，简称彩板和钢带，是以热轧钢板或镀锌钢板为基材，在其表面涂以聚氯乙烯、聚丙烯酸酯、环氧树脂、醇酸树脂等有机涂料制得的产品。彩色涂层一方面起到了保护金属的作用，同时又起到了装饰作用，是近年来发展较快的一种装饰板材。

彩色涂层钢板及钢带的最大特点是发挥了金属材料与有机材料的各自特性，板材具有良好的加工性，可切、弯、钻、铆、卷等。彩色涂层附着力强，色彩、花纹多样，经加热、低温、沸水、污染等作用后涂层仍能保持色泽新颖如一。主要有红色、绿色、乳白色、棕色、蓝色等。

彩色涂层钢板可用作各类建筑物内外墙板、吊顶、工业厂房的屋面板和壁板。还可作为排气管道、通风管道及其他类似的具有耐腐蚀要求的物件及设备罩等。

（3）彩色压型钢板

是以镀锌钢板为基材，经成型轧制，并敷以各种耐腐蚀涂层与彩色烤漆而成的装饰板材。其性能和用途与彩色涂层钢板相同。

复习思考题

1. 装饰材料的使用目的是什么？
2. 什么是材料的装饰特征？材料的装饰特征一般可通过哪些方面来加以表现？
3. 什么是材料的视感特征？它包括几种作用？
4. 装饰材料的选用原则是什么？
5. 大理石板材和花岗岩板材的性能与应用有何异同？
6. 建筑陶瓷主要由哪些品种？其性能如何？
7. 什么是安全玻璃？主要有哪些品种？各有何性能特点？
8. 保温隔热玻璃主要有哪些品种？各有何性能特点？

土木工程材料实验

实验1　土木工程材料的基本物理性质试验

一、密度

1. 试验目的

材料密度的测试是为计算材料用量、构件自重以及材料堆放空间提供基本数据。

2. 主要仪器

李氏瓶（如实图1-1）；天平（称量500g，感量0.01g）；筛子（孔径0.2mm或900孔/cm^2）；烘箱；干燥器；温度计等。

3. 试验步骤

（1）将试样（砖或石材）磨细、过筛后放入烘箱内，以105~110℃的温度烘至恒重，然后放入干燥器中，冷却至室温备用。

（2）在李氏瓶中注入与试样不起化学反应的液体至突颈下部，记下刻度数。将李氏瓶放在盛水的容器中，试验过程中水温为20℃。

（3）用天平称取60~90g试样。用小勺和漏斗将试样徐徐送入李氏瓶内（不能大量倾倒，那样会妨碍李氏瓶中的空气排出或使咽喉部位堵塞），至液面上升接近20mL的刻度。称剩下的试样，计算送入李氏瓶中试样的质量 m（g）。

（4）将注入试样后的李氏瓶中液面的读数，减去未注前的读数，得出试样的绝对体积 V（cm^3）。

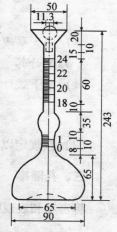

实图1-1　李氏瓶

4. 结果计算

（1）按下式计算密度 ρ（精确至0.01g/cm^3）：

$$\rho = \frac{m}{V}(\text{g/cm}^3)$$

（2）按规定以两次试验结果的平均值表示，两次相差不应大于0.02g/cm^3，否则重做。

二、表观密度

1. 试验目的

材料表观密度的测试是为计算材料用量、构件自重以及材料堆放空间提供基本数据。

2. 主要仪器

天平（称量1000g、感量0.1g）；游标卡尺（精度0.1mm）；烘箱；直尺（精度为

1mm）。如试样较大时可用台秤（称量10kg、感量50g）。

3. 试验步骤

（1）将试件放入烘箱内，以 105～110℃ 的温度烘至恒重，然后放入干燥器中，冷却至室温备用。

（2）用游标卡尺量出试件尺寸。

（3）当试件为正方体或平行六面体时，在长、宽、高（a、b、c）各方向量上、中、下三处，各取三次平均值，计算体积：

$$V_0 = \frac{a_1 + a_2 + a_3}{3} \times \frac{b_1 + b_2 + b_3}{3} \times \frac{c_1 + c_2 + c_3}{3} (\text{cm}^3)$$

当试件为圆柱体时，以两个互相垂直的方向量直径，各方向量上、中、下三处，取六次的平均直径 d，以互相垂直的两直径与圆周交界的四点上量高度，取四次的平均高度 h。计算体积：

$$V_0 = \frac{\pi d^2}{4} \times h (\text{cm}^3)$$

（4）用天平或台秤称重量 m（g）。

4. 结果计算

（1）按下式计算表观密度 ρ_0：

$$\rho_0 = \frac{m}{V_0} \times 1000 (\text{kg/m}^3)$$

（2）按规定以三次试件测值的平均值表示。

三、孔隙率

将密度和表观密度代入下式计算孔隙率 P（精确至 0.01%）：

$$P = \left(1 - \frac{\rho_0}{\rho}\right) \times 100\%$$

四、吸水率

1. 试验目的

材料吸水率的测试是为了配料计算以及判定材料的隔热保温、抗冻、抗渗等性能。

2. 主要仪器

天平（称量1000g、感量0.1g）；游标卡尺（精度0.1mm）；烘箱；玻璃（或金属）盆等。

3. 试验步骤

将试件放入烘箱中，以 105～110℃ 的温度烘至恒重，然后放入干燥器中，冷却至室温备用。

（1）用天平称其质量 m（g），将试件放入金属盆或玻璃盆中，在盆底可放些垫条，如玻璃管或玻璃杆，使试件底面与盆底不致紧贴，试件之间相隔 1～2cm，使水能够自由进入。

（2）加水至试件高的 1/3 处；过 24h 后，再加水至高度的 2/3 处；再过 24h，又再加满水至试件上表面 2cm 以上，再放置 24h。逐次加水致使试件孔隙中的空气逐渐逸出。

（3）取出试件，抹去表面水分，称其质量 m_1（g）。

（4）为检查试件是否吸水饱和，可将试件再浸入水中至高度的 3/4 处，过 24h 重新称量，两次质量之差不得超过 1%。

4. 按下列公式计算吸水率 W：

$$W_{质量} = \frac{m_1 - m}{m} \times 100\%$$

$$W_{体积} = \frac{m_1 - m}{V_0} \times 100 = W_{质量} \times \rho_0$$

按规定以三个试件吸水率的平均值表示（精确至 0.01%）。

实验 2　水泥试验

本实验根据国家标准《水泥细度检验方法》（GB/T 1345—2005）、《水泥标准稠度用水量、凝结时间、安定性检验方法》（GB/T 1346—2001）及《水泥胶砂强度检验方法》（GB/T 17671—1999）测定水泥的技术性能。

一、水泥试验的一般规定

（1）以同一水泥厂、同品种、同期到达、同强度的水泥为一个取样单位，取样有代表性，可连续取样，也可以从 20 个以上不同部位抽取等量样品，总量不小于 12kg。

（2）实验室温度应为 20 ± 2℃，相对湿度应大于 50%，养护箱温度为 20 ± 1℃，相对湿度应大于 90%。

（3）试样应充分拌匀，通过 0.9mm 方孔筛，并记录筛余物的百分数。

（4）水泥试样、标准砂、拌和用水及试样等的温度均应与实验室温度相同。

（5）实验室用水必须是洁净的淡水。

二、水泥细度试验

1. 试验目的

水泥细度是水泥的一个重要技术指标。它对水泥强度、干缩等均有较大影响，并会影响水泥的产量及能耗。水泥细度测定的目的，在于通过控制细度来保证水泥的水化活性，从而控制水泥质量。

2. 检验方法

测定水泥细度可用透气式比表面积仪或筛析法测定。以下主要介绍筛析法中的负压筛法、水筛法和手工干筛法。如负压筛法、水筛法或干筛法测定的结果发生争议时，以负压筛法为准。0.045mm 筛称取试样 10g，0.08mm 筛称取试样 25g。

（1）负压筛法

①主要仪器设备

负压筛析仪：由 0.045mm 或 0.08mm 方孔负压筛、筛座、负压源、吸尘器组成。

天平：最大称量为 100g，感量 0.01g。

②试验步骤

a. 筛析试验前，接通电源，检查控制系统，调节负压至 4000～6000Pa 范围内，喷气嘴上孔平面应与筛网之间保持 2～8mm 的距离。

b. 称取试样（精确至 0.01g）置于洁净的负压筛中，盖上筛盖，放在筛座上，开动筛析仪连续筛动 2min，在此期间如有试样附着在筛盖上，可轻轻敲击，使试样落下。筛毕，用天平称量筛余物的质量 R_S（精确至 0.01g）。

c. 当工作负压小于 4000Pa 时，应清理吸尘器内水泥，使气压恢复正常。

（2）水筛法

①主要仪器设备

标准筛：筛孔为边长 0.045mm 或 0.08mm 方孔，筛框有效直径为 125mm，高 80mm。

筛座：能支撑并带动筛子转动，转速约为 50r/min。

喷头：直径 55mm，面上均匀分布 90 个孔，孔径 0.5～0.7mm。

天平：最大称量为 100g，感量 0.01g。

②试验步骤

a. 筛析试验前，应调整好水压及筛架位置，使其能正常运转，喷头底面和筛网之间距离为 35～75mm。

b. 称取试样（精确至 0.01g）置于水筛中，立即用洁净水冲洗至大部分细粉通过，再将筛子置于筛座上，用水压为 0.03～0.08MPa 喷头连续冲洗 3min。

c. 筛毕，取下筛子，将筛余物冲到筛的一边，用少量水把筛余物全部移至蒸发皿（或烘样盘）中，等水泥颗粒全部沉淀后，将水倒出，烘干后称量筛余物质量 R_S（精确至 0.01g）。

（3）手工干筛法

①主要仪器设备

标准筛：筛孔为边长 0.045mm 或 0.08mm 方孔，筛框有效直径为 150mm，高 50mm。

烘箱。

天平：最大称量为 100g，感量 0.01g。

②试验步骤

a. 称取试样（精确至 0.01g）倒入干筛内，加盖，用一只手执筛往复运动，另一只手轻轻拍打。拍打速度约为 120 次/min，其间 40 次向同一方向转动 60°，使试样均匀分布在筛网上，直至每分钟通过的试样量不超过 0.03g 时为止。

b. 称量筛余物的质量 R_S，（精确至 0.01g）。

3. 试验结果计算

水泥试样筛余百分数按下式计算（精确至 0.1%）

$$F = R_S/G \times 100\%$$

式中　　F——水泥试样的筛余百分数，%；

　　　　R_S——水泥筛余物的质量，g；

　　　　G——水泥试样的质量，g。

三、水泥标准稠度用水量试验

1. 试验目的

标准稠度用水量是指以标准方法测定水泥净浆在达到标准稠度时所需要的用水量，以水与水泥的质量百分比表示。水泥的凝结时间和安定性测定有直接关系。测定方法有标准法和代用法两种。

2. 检验方法

（1）标准法

①主要仪器设备

标准法维卡仪（实图2-1、实图2-2）、净浆搅拌机、量水器、天平等。

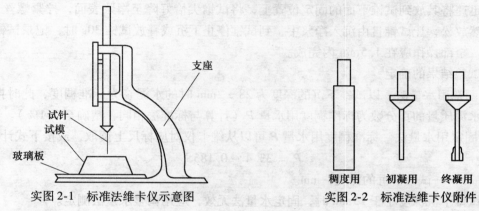

实图2-1 标准法维卡仪示意图　　　实图2-2 标准法维卡仪附件

②试验步骤

a. 试验前必须检查稠度仪的金属棒能否自由滑动，调整试杆接触玻璃板时，指针应对准标尺的零点，搅拌机运转正常。

b. 用湿布擦拭水泥净浆搅拌机的筒壁及叶片，称取500g水泥试样，量取拌和水（按经验确定），水量精确至0.1mL，倒入搅拌锅，5～10s内将水泥加入水中，并防止水和水泥溅出。将搅拌锅放到搅拌机锅座上，升至搅拌位置，开动机器，低速搅拌120s，停止15s，接着快速搅拌120s停机。

c. 拌和完毕，立即将净浆一次装入玻璃板上的试模中，用小刀插捣，轻轻振动数次，刮去多余净浆，抹平后迅速将其放到稠度仪上，并将中心放在试杆下，将试杆恰好降至净浆表面，拧紧螺丝1～2s后，突然放松，让试杆自由地沉入水泥净浆中。在试杆停止沉入或释放试杆30s时，记录试杆与底板的距离。升起试杆后，擦净试杆，整个过程在1.5min内完成。

③试验结果的确定

以试杆沉入净浆并距底板6±1mm时的水泥净浆为标准稠度净浆，此拌和用水量与水泥的质量百分比即为该水泥的标准稠度用水量 P，用下式计算。

$$P = (w/500) \times 100\%$$

式中　　w——水泥净浆达到标准稠度时，所需水的质量，g。

如试杆下沉的深度超出上述范围，实验需重做，直至达到 6±1mm 时为止。

（2）代用法

①主要仪器设备

代用法维卡仪（由支座、试锥和锥模组成），净浆搅拌机，量水器，天平等。

②试验步骤

采用代用法测定水泥标准稠度用水量，有调整用水量法和固定用水量法两种方法。

a. 试验前准备同标准法。

b. 水泥净浆的拌制同标准法。拌和用水量的确定，采用调整用水量的方法时按经验确定，采用固定用水量方法时，用水量为 142.5mL（精确至 0.5mL）。

c. 拌和完毕，立即将净浆一次装入锥模中，用小刀插捣，轻轻振动数次刮去多余净浆，抹平后迅速将其放到试锥下面的固定位置上，将试锥尖恰好降至净浆表面，拧紧螺丝 1~2s 后，突然放松，让试锥自由沉入净浆中，到试锥停止下沉或释放试锥 30s 时，记录试锥下沉的深度。全部操作应在 1.5min 内完成。

③试验结果的确定

a. 调整用水量法。以试锥下沉的深度为 28±2mm 时的水泥浆为标准稠度，此时拌和用水量与水泥质量的百分数为标准稠度用水量 P（计算与标准法相同，精确至 0.1%）。

b. 固定用水量法。标准稠度用水量 P 可以从维卡仪对应标尺上读取，或按下式计算

$$P = 33.4 - 0.185S$$

式中　　　S——试锥下沉的深度，mm。

当试锥下沉深度小于 13mm 时，固定水量法无效，应用调整水量法测定。

四、水泥凝结时间试验

1. 试验目的

测定水泥的初凝时间，作为评定水泥质量的依据之一。

2. 主要仪器设备

净浆搅拌机，湿热养护箱，天平，凝结时间测定仪。

3. 测定步骤

（1）测前准备

将圆模放在玻璃板上，在膜内侧稍涂一层机油，调整凝结时间测定仪的试针，使之接触玻璃板时，指针对准标尺零点。

（2）试样制备

称取水泥试样 500g，用标准稠度用水量拌制成水泥净浆，立即一次装入圆模，振动数次后刮平，然后放入标准养护箱内养护，记录水泥全部加入水中的时刻作为凝结时间的起始时刻。

（3）凝结时间测定

a. 初凝时间测定：自加水开始约 30min 时进行第一次测定。测定时，从养护箱中取出试模放到试针下，让试针徐徐下降与净浆表面接触，拧紧螺丝 1~2s 后，突然放松，试针自

由垂直地沉入净浆。观察试针停止下沉或释放试针30s时指针的读数。当试针下沉至距底板4±1mm时，即为水泥达到初凝状态。初凝时间即指：自水泥全部加入水中时起，至初凝状态时所需的时间。

b. 终凝时间测定：测定时，将试针更换为带环型附件的终凝试针。完成初凝时间测定后，立即将试模和浆体以平移的方式从玻璃板上取下，翻转180°，直径大端向上，小端向下放在玻璃板上，再放入养护箱中继续养护。临近终凝时间时每隔15min测定一次，当试针沉入浆体0.5mm时，且在浆体上不留环形附件的痕迹时即为水泥达到终凝状态。终凝时间即指：自水泥全部加入水中时起，至终凝状态所需的时间。

（4）注意事项

最初测定时，应轻轻扶持试针的滑棒，使其徐徐下降，以防止试针撞弯，但结果以自由下落的指针读数为准。当临近初凝时，每隔5min测定一次；临近终凝时，每隔15min测定一次。达到初凝或终凝时，应立即重复测一次，当两次结果相同时，才能定为达到初凝或终凝状态。整个测试过程中试针沉入的位置距试模内壁应大于10mm，每次测定不得让试针落入原针孔内，每次测试完毕，擦净试针，将试模放回养护箱内，全部测试过程试模不得振动。

五、水泥体积安定性试验

1. 试验目的

测定水泥的体积安定性，作为评定水泥质量的依据之一。安定性检验可用试饼法，也可用雷氏夹法，有争议时，以雷氏夹法为准。

2. 检验方法

（1）标准法（雷氏夹法）

①主要仪器设备

雷氏夹膨胀值测定仪（见实图2-3）、雷氏夹（见实图2-4）、水泥净浆搅拌机、沸煮箱、养护箱、天平、量水器、玻璃板等。

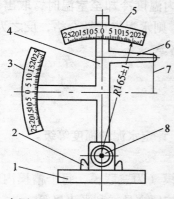

实图2-3　雷氏夹膨胀值测定仪

1-底座；2-模子座；3-测弹性标尺；4-立柱；
5-测膨胀值标尺；6-悬臂；7-悬丝；8-弹簧顶钮

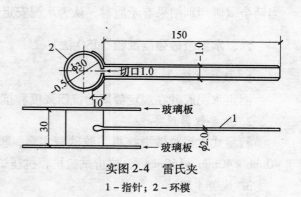

实图2-4　雷氏夹

1-指针；2-环模

②试验步骤

a. 试验准备：将与水泥净浆接触的玻璃板和雷氏夹内侧涂一薄层机油。称取水泥试样500g，以标准稠度用水量加水，搅拌成标准稠度的水泥净浆。

b. 试样制备：将预先准备好的雷氏夹，放在已擦过油的玻璃板上，并将已拌好的标准稠度净浆一次装满雷氏夹，装模时一只手轻扶雷氏夹，另一只手用宽约10mm的小刀插捣数次，然后抹平，盖上稍涂油的另一块玻璃板。接着将试件移至养护箱内养护 24 ±2h。

c. 煮沸：先调整好煮沸箱的水位，使之能在整个煮沸过程中都没过试件。不需中途加水，同时保证能在 30 ±5min 内加热至沸腾。

脱去玻璃板，取下试件。先测量雷氏夹指针尖端间的距离 A，精确到 0.5mm，接着将试件放入水中篦板上；指针向上，试件之间互不交叉；然后在 30 ±5min 内加热至沸腾，并恒沸 180 ±5min。

d. 结果判别：煮毕将热水放出，打开箱盖，待箱内温度冷却至室温时，取出试件。

测量雷氏夹指针尖端间的距离 C，精确至 0.5mm。当两个试件煮后增加距离（$C - A$）的平均值不大于 5.0mm 时，安定性即为合格，反之不合格。当两个试件的（$C - A$）值相差超过 4mm 时，应用同一样品立即重做一次试验。再如此，则认为该水泥安定性不合格。

（2）代用法（试饼法）

①主要仪器设备

水泥净浆搅拌机，沸煮箱，养护箱，天平，量水器，玻璃板等。

②试验步骤

a. 从拌好的标准稠度净浆中取试样约150g，分成两等份，分别搓成实心球型，放在涂过机油的玻璃板上，轻轻振动玻璃板，并用湿布擦过的小刀，由边缘向中央抹动，制成直径为 70 ~ 80mm，中心厚约 10mm，边缘渐薄、表面光滑的试饼，接着将试饼放入养护箱内养护 24 ±2h。

b. 煮沸：沸煮箱的要求同雷氏夹法。脱去玻璃板，取下试件放入沸煮箱中，然后在 30 ±5min内加热至沸腾，并恒沸 180 ±5min。

c. 结果判别：煮毕将热水放出，打开箱盖，待箱内温度冷却至室温时，取出试件。目测试饼，若未发现裂缝，再用直尺检查也没有弯曲时，则水泥安定性合格，反之为不合格。当两个试饼判别结果有矛盾时，认为水泥安定性不合格。

六、水泥胶砂强度试验（ISO 法）

1. 试验目的

测定水泥胶砂在规定龄期的抗压强度和抗折强度，评定水泥的强度等级。

2. 主要仪器设备

行星式水泥胶砂搅拌机，胶砂振实台，模套，试模（为三联模，每个槽模内腔尺寸为40mm ×40mm ×160mm），抗折试验机，抗压试验机及抗压夹具，刮平直尺等。

3. 试验步骤

（1）试模准备

成型前，将试模擦净，四周的模板与底座的接触面应涂上一层黄油，紧密装配，防止漏浆，内壁均匀刷一薄层机油。

（2）配合比

实验采用中国 ISO 标准砂。中国 ISO 标准砂可以单级分包装，也可以各级预配合以 $1350 \pm 5g$ 量的塑料袋混合包装。胶砂的质量比为：水泥∶标准砂∶水 = 1∶3∶0.5。每成型三条试件，需要称量水泥 $450 \pm 2g$，标准砂 $1350 \pm 5g$，拌和用水量为 $225 \pm 1mL$。

掺火山灰质混合材料的普通硅酸盐水泥、火山灰质硅酸盐水泥、粉煤灰硅酸盐水泥、复合硅酸盐水泥在进行胶砂强度检验时，其用水量按 0.50 水灰比和胶砂流动度不小于 180mm 来确定。当流动度小于 180mm 时，须以 0.01 的整倍数递增的方法将水灰比调整至胶砂流动度不小于 180mm。

（3）胶砂制备

把水加入搅拌锅里，再加入水泥，把锅放在固定架上，上升至固定位置。然后立即开动搅拌机，低速搅拌 30s 后，在第二个 30s 开始时，均匀地将标准砂加入。当各级砂为分装时，从最粗粒级开始，依次将所需的各级砂加完。将搅拌机调至高速再拌 30s，停拌 90s，在第一个 15s 内，用以胶皮刮具将叶片和锅壁上的胶砂刮入锅中间。在高速下继续搅拌 60s，各个搅拌阶段，时间误差应在 $\pm 1s$ 内。

（4）试件成型

胶砂制备后立即进行试件成型。将空试模和模套固定在振实台上，用勺子从搅拌锅里将胶砂分两层装入试模。装第一层时，每个槽里约放 300g 胶砂，用大播料器垂直架在模套顶部沿每个模槽来回一次将料播平，接着振实 60 次。再装第二层胶砂，用小播料器播平，再振实 60 次。移走模套，从振实台上取下试模，用金属直尺以近似 90° 的角度架在试模模顶的一端，然后沿试模长度方向以横向锯割动作慢慢向另一端移动，一次将超过试模部分的胶砂刮去，并用同一直尺以近乎水平的情况将试体表面抹平。在试模上做标记或加字条标明试件编号和试件相对于振实台的位置。

（5）试件养护

立即将做好标记的试模放入雾室或养护箱的水平架子上养护，养护至 $20 \sim 24h$ 后，取出脱模。脱模前，用防水墨汁或颜料笔对试件进行编号和做其他标记。两个龄期以上的试件，在编号时应将同一试模中的三条试件分在两个以上龄期内。试件脱模后应立即放入恒温水槽中养护，养护水温度 $20 \pm 1℃$，养护期间试件之间应留有间隙至少 5mm，水面至少高出试件 5mm。

（6）强度测定

试件龄期是从水泥加水搅拌开始计时。各龄期的试件，必须在规定的时间内进行强度试验，规定为：$24h \pm 15min$、$48h \pm 30min$、$72h \pm 45min$、$7d \pm 2h$、$>28d \pm 8h$。在强度试验前 15min 将试件从水中取出，用湿布覆盖。

①抗折强度测定

a. 测定前将抗折试验夹具的圆柱表面清理干净，并调整杠杆使其处于平衡状态。

b. 然后擦去试件表面水分和砂粒，将试件放入抗折夹具内，使试件侧面与圆柱接触，试件长轴垂直于支撑圆柱。

c. 通过加荷，圆柱以 $50 \pm 10N/s$ 的速率均匀地将荷载垂直地加在棱柱体相对侧面上，直至折断，记录破坏荷载 F_f（N）。

d. 抗折强度 R_f 按下式计算（精确至 $0.1MPa$）

$$R_f = 1.5F_fL/b^3$$

式中　　R_f——单个试件抗折强度，MPa；

F_f——破坏荷载，N；

L——支撑圆柱之间的距离，mm；

b——棱柱体正方形截面的边长，mm。

e. 抗折强度确定：以一组三个试件测定值的算术平均值为抗折强度的测定结果。当三个强度值中有超出平均值 $\pm 10\%$ 时，应剔除后再取平均值作为抗折强度试验结果。

②抗压强度测定

a. 抗折试验后的 6 个断块，应立即进行抗压试验。抗压强度试验需用抗压夹具进行，以试件的侧面作为受压面，并使夹具对准压力机压板中心。

b. 以 $2400 \pm 200N/s$ 的速率均匀的加荷至破坏。记录破坏荷载 F（N）。

c. 抗压强度 R_c 按下式计算（精确至 $0.1MPa$）。

$$R_c = F_C/A$$

式中　　R_c——单个试件抗压强度，MPa；

F_C——破坏荷载，N；

A——受压面积，$40mm \times 40mm$。

d. 抗压强度确定。以一组三个试件得到的 6 个抗压强度测定值的算术平均值为实验结果，如果 6 个测定值中有一个超过它们平均数的 $\pm 10\%$，则应剔除这个结果，而以剩下 5 个的平均数为实验结果。如果 5 个测定值中再有超过它们平均数 $\pm 10\%$ 的，则此组结果作废。

4. 试验结果评定

将试验及计算所得到的各标准龄期抗折和抗压强度值，对照国家标准所规定的水泥各标准龄期的强度值，来确定或验证水泥强度等级。

实验 3　混凝土综合试验

一、混凝土用砂、石试验

本试验根据 GB/T 14684—2001《建筑用砂》和 GB/T 14685—2001《建筑用卵石、碎石》对混凝土用砂、石进行试验，评定其质量，并为混凝土配合比设计提供原材料参数。主要内容包括砂、石的筛分析试验、堆积密度试验、表观密度试验和含水率试验。

1. 取样与缩分

（1）取样

集料应按同产地同规格分批取样。取样前先将取样部位表层除去，然后从料堆或车船上不同部位或深度抽取大致相等的砂 8 份或石子 15 份，其试样总量至少应多于试验用量的 1 倍。

砂、石部分单项试验的取样数量分别见实表 3-1 和实表 3-2。

实表 3-1　砂单项试验最少取样数量　　kg

试验项目	筛分析	表观密度	堆积密度	含水率
最少取样量	4.4	2.6	5.0	1.1

实表 3-2　石子单项试验最少取样数量　　kg

试验项目	不同最大粒径（mm）下的最少取样量							
	9.5	16.0	19.0	26.5	31.5	37.5	63.0	75.0
筛分析	9.5	16.0	19.0	25.0	31.5	37.5	63.0	80.0
表观密度	8.0	8.0	8.0	8.0	12.0	16.0	24.0	24.0
堆积密度	40.0	40.0	40.0	40.0	80.0	80.0	120.0	120.0
含水率	9.5	16.0	19.0	25.0	31.5	37.5	63.0	80.0

（2）缩分

砂样缩分可采用分料器或人工四分法进行。四分法缩分的步骤为：将样品放在平整洁净的平板上，在潮湿状态下拌和均匀，摊成厚度约 20mm 的圆饼，然后在饼上画两条正交直径将其分成大致相等的 4 份。取其对角的 2 份，按上述方法继续缩分，直至缩分后的样品数量略多于进行试验所需量为止。

石子缩分采用四分法进行。将样品倒在平整洁净的平板上，在自然状态下拌和均匀，堆成锥体，然后用上述四分法将样品缩分至略多于试验所需量。

2. 砂的试验

（1）砂的筛分析试验

①试验目的

测定砂的颗粒级配和粗细程度，作为混凝土用砂的技术依据。

②主要仪器设备

标准筛；天平（称量 1000g，精度 1g）；摇筛机；烘箱（能使温度控制在 105±5℃）；浅盘；硬、软刷等。

③试样制备

用于筛分析的试样应先筛除大于 9.5mm 的颗粒，并记录其筛余百分比，然后用四分法缩分至每份不少于 550g 的试样 2 份，在 105±5℃下烘至恒重，冷却至室温备用。

④试验步骤

a. 准确称取烘好的试样 500g，置于按筛孔大小顺序排列的最上一只筛上。将筛在摇筛机内固紧，摇筛 10min 左右。

b. 取出筛，按筛孔大小顺序，在清洁的浅盘上逐个进行手筛，直至每分钟的筛出量不超过试样总量的 0.1% 时为止，通过的颗粒并入下一个筛中，按此顺序进行，直至每个筛全部筛完为止。如无摇筛机，也可用手筛。

c. 称量各筛筛余试样的重量（精确至 1g），所有各筛的分计筛余量和底盘中剩余量的总和与筛分前的试样总量相比，其相差不得超过筛分前试样总量的 1%。

⑤试验结果评定

筛分析试验结果按下列步骤计算：

a. 计算分计筛余百分率，精确至 0.1%。

b. 计算累计筛余百分率，精确至 1%。

c. 根据各筛的累计筛余百分率评定该试样的颗粒级配分布情况。

d. 按下式计算细度模数 M_x（精确至 0.01）：

$$细度模数(M_x) = \frac{(A_2 + A_3 + A_4 + A_5 + A_6) - 5A_1}{100 - A_1}$$

式中，A_1、A_2、A_3、A_4、A_5、A_6 分别为 4.75mm、2.36mm、1.18mm、0.60mm、0.30mm、0.15mm 各筛上的累计筛余百分率。

筛分试验应采用两个试样平行试验，细度模数以两次试验结果的算术平均值为测定值（精确至 0.1）。如两次试验所得的细度模数之差大于 0.20 时，应重新取试样进行试验。

（2）砂的表观密度试验

①试验目的

测定砂的表观密度，作为评定砂的质量和混凝土用砂的技术依据。

②主要仪器设备

a. 天平：称量 1000g，感量 1g。

b. 容量瓶：500mL

c. 烘箱：能使温度控制在 105 ± 5℃。

d. 烧杯：500mL。

e. 干燥器、浅盘、温度计、料勺等。

③试样制备

将缩分至约 650g 的试样，置于烘箱中烘至恒重，并在干燥器内冷却至室温备用。

④测定步骤

a. 称取烘干试样 300g（m_0），装入盛有半瓶冷开水的容量瓶中摇动容量瓶，使试样充分搅动，排除气泡。

b. 塞紧瓶塞静置约 24h，再用滴管添水，使水面与瓶颈刻度线平齐，再塞紧瓶塞，并擦干瓶外水分，称其质量（m_1）。

c. 倒出瓶中的水和试样，将瓶内外清洗干净，再注入与上项水温相差不超过 2℃ 的冷开水至瓶颈刻度线，塞紧瓶塞，并擦干瓶外水分，称其质量（m_2）。

注：试验应在 15 ~ 25℃ 的环境中进行，试验过程温度相差应不超过 2℃。

⑤测定结果

砂的表观密度 ρ_0 按下式计算（精确至 0.01g/cm³）：

$$\rho_0 = \frac{m_0}{m_0 + m_2 - m_1} - \alpha_t$$

式中　　m_0——烘干试样的质量，g；

　　　　m_1——试样、水及容量瓶的总质量，g；

　　　　m_2——水及容量瓶的总质量，g；

　　　　α_t——不同水温对表观密度影响的修正系数（实表3-3）。

实表 3-3   不同水温下砂、石的表观密度温度修正系数

水温（℃）	15	16	17	18	19	20	21	22	23	24	25
α_t	0.002	0.003	0.003	0.004	0.004	0.005	0.005	0.006	0.006	0.007	0.008

砂的表观密度试验以两次试验测定的算术平均值作为测定值。若两次试验所得结果之差大于 $0.02g/cm^3$，应重新取样试验。

（3）砂的堆积密度

①试验目的

测定砂的堆积密度，作为混凝土用砂的技术依据。

②主要仪器设备

天平（称量 10kg，感量 1g），容量筒（容积 1L），方孔筛（孔径为 4.75mm 的筛），烘箱，漏斗，料勺，直尺，浅盘等。

③试验步骤

a. 取缩分试样约 3L，在烘箱中烘至恒重，取出冷却至室温，再用 4.75mm 的筛过筛，分成大致相等的两份备用。

b. 称容量筒质量 m_1（kg），精确至 1g。

c. 用料勺或漏斗将试样徐徐装入容量筒内，出料口距容量筒口不应超过 50mm，直至试样装满超出筒口成锥形为止。

d. 用直尺将多余的试样沿筒口中心线向两个相反方向刮平，称其质量 m_2（kg），精确至 1g。

④试验结果

按下式计算砂的堆积密度 ρ_0'（精确至 $10kg/m^3$）：

$$\rho_0' = \frac{m_2 - m_1}{V_0}$$

式中 V_0——为容量筒容积，L。

砂的堆积密度试验以两次试验测定的算术平均值作为测定值。

3. 石子的试验

石子分项试验的所需最少试样质量如下：

实表 3-4   石子分项试验的所需最少试样质量   kg

试验项目	最大粒径（mm）							
	9.5	16.0	19.0	26.5	31.5	37.5	63.0	75.0
筛分析	1.9	3.2	3.8	5.0	6.3	7.5	12.6	16.0
表观密度	2.0	2.0	2.0	2.0	3.0	4.0	6.0	6.0
堆积密度	40	40	40	40	80	80	120	120

（1）碎石或卵石的筛分析试验

①试验目的

测定碎石或卵石的颗粒级配、粒级规格，作为混凝土配合比设计和一般使用的依据。

②主要仪器设备

标准筛（孔径为 90.0mm、75.0mm、63.0mm、53.0mm、40.0mm、37.5mm、31.5mm、

26.5mm、19.0mm、16.0mm、9.5mm、4.75mm 和 2.36mm 的方孔筛），天平或案秤（精确至试样量的 0.1%），烘箱（能使温度控制在 105 ±5℃），浅盘等。

③试样制备

按实表 3-2 规定取样，用四分法缩分至不少于实表 3-4 规定的用量，烘干或风干后备用。

④试验步骤

a. 称取按实表 3-4 规定的试样一份，精确到 1g。

b. 将试样按筛孔大小顺序过筛，当每号筛上筛余层的厚度大于试样的最大粒径值时，应将该号筛上的筛余分成两份，再进行筛分，直至各筛每分钟的通过量不超过试样总量的 0.1%。

c. 称各筛筛余的重量，精确至试样总量的 0.1%。在筛上的所有分计筛余量和筛底剩余的总和与筛分前测定的试样总量相比，其相差不得超过 1%。

⑤试验结果计算

筛分析试验结果按下列步骤计算：

a. 由各筛上的筛余量除以试样总量，计算出该号筛的分计筛余百分率（精确至 0.1%）。

b. 每号筛计算得出的分计筛余百分率与筛孔大于该筛的各筛上的分计筛余百分率相加，计算得出累计筛余百分率（精确至 1%）。

c. 根据各筛的累计筛余百分率，查表评定该试样的颗粒级配。

（2）碎石或卵石的表观密度试验

本方法不宜用于最大粒径大于 40mm 的碎石或卵石。

①试验目的

测定石子的表观密度，作为评定石子的质量和混凝土用石的技术依据。

②主要仪器设备

a. 天平：称量 5000g，感量 5g。

b. 广口瓶：1000mL，磨口并带玻璃片。

c. 试验筛：孔径 4.75mm 方孔筛。

d. 烘箱：能使温度控制在 105 ±5℃。

e. 毛巾，刷子，浅盘等。

③试样制备

按实表 3-2 规定取样，用四分法缩分至不少于实表 3-4 规定的用量，并将样品筛去 4.75mm 以下的颗粒，洗刷干净，分成两份备用。

④测定步骤

a. 将试样浸水饱和后装入广口瓶中。装试样时广口瓶应倾斜放置，然后装入饮用水并用玻璃片覆盖瓶口，上下左右摇晃以排除气泡。

b. 待气泡排尽，向瓶中添加饮用水直至水面凸出瓶口边缘，用玻璃片沿瓶口迅速滑行，使其紧贴瓶口水面。擦干瓶外水分，称取试样、水、瓶和玻璃片的质量（m_1）。

c. 将瓶中试样倒入浅盘中，置于烘箱中烘至恒重后取出，放在带盖的容器中冷却至室温后，称其质量（m_0）。

d. 将瓶洗净，重新注入饮用水，用玻璃片紧贴瓶口水面，擦干瓶外水分后称其质量（m_2）。

注：试验应在 15 ~ 25℃ 的环境中进行，试验过程温度相差应不超过 2℃。

⑤测定结果计算

石子的表观密度 ρ_0 按下式计算（精确至 0.01g/cm³）：

$$\rho_0 = \frac{m_0}{m_0 + m_2 - m_1} - \alpha_t$$

式中　　m_0——烘干试样的质量，g；

　　　　m_1——试样、水、瓶和玻璃片的总质量，g；

　　　　m_2——水、瓶和玻璃片的总质量，g；

　　　　α_t——不同水温对表观密度影响的修正系数（实表 3-3）。

石子的表观密度试验以两次试验测定的算术平均值作为测定值。若两次试验所得结果之差大于 0.02g/cm³，应重新取样试验。对颗粒材质不均匀的试样，如两次试验结果之差大于 0.02g/cm³，可取 4 次试验结果的算术平均值。

（3）石子的堆积密度

①试验目的

测定石子的堆积密度，作为混凝土配合比设计和一般使用的依据。

②主要仪器设备

磅秤（称量 50kg，感量 50g），台秤（称量 10kg，感量 10g），容量筒（规格见实表 3-5），平头铁铲，烘箱等。

实表 3-5　石子堆积密度试验用容量筒规格要求

石子最大粒径（mm）	容量筒体积（L）	容量筒规格（mm）		筒壁厚（mm）
		内径	净高	
9.5、16.0、19.0、26.5	10	208	294	2
31.5、37.5	20	294	294	3
53.0、63.0、75	30	360	294	4

③试样制备

按实表 3-2 规定取样，用四分法缩分至不少于实表 3-4 规定的用量，烘干或风干后，拌匀并把试样分为大致相等的两份备用。

④试验步骤

a. 称容量筒质量 m_1（kg），精确至 10g。

b. 取烘干或风干的试样一份，置于平整干净的地板（或铁板）上。用铁铲将试样距筒口 5cm 左右处自由落入容量筒，装满容量筒并除去凸出筒口表面的颗粒，以合适的颗粒填入凹陷部分，使表面凸起部分和凹陷部分的体积大致相等，称取容量筒和试样总质量 m_2（kg），精确至 10g。

⑤试验结果

按下式计算石子的堆积密度（精确至 10kg/m³）。以两份试样测定结果的算术平均值为试验结果。

$$\rho_0' = \frac{m_2 - m_1}{V_0'}$$

式中 V_0'——为容量筒容积，L。

4. 集料含水率试验

（1）试验目的

测定集料含水率，作为调整混凝土配合比和施工称料的依据。本试验采用标准法，此外还可采用炒干法或酒精燃烧法（快速法）。

（2）主要仪器设备

天平（称量 2kg，感量 2g，用于细集料）或台秤（称量 5kg，感量 5g，用于粗集料），烘箱（能使温度控制在 105 ±5℃），容器（如浅盘等）。

（3）试验步骤

①若为细集料，将自然潮湿状态下的试样用四分法缩分至约1100g，拌匀后分为大致相等的两份备用；若为粗集料，按实表 3-2 要求的数量抽取试样，并将试样缩分至约 4.0kg，拌匀后分为大致相等的两份备用。

②称取一份试样的质量 m_1（细集料精确至 0.1g，粗集料精确至 1g），放入温度为 105 ±5℃的烘箱中烘干至恒重 m_2。

（4）试验结果计算

集料的含水率 W_m 按下式计算，（精确至 0.1%）：

$$W_m = \frac{m_1 - m_2}{m_2} \times 100\%$$

含水率以两次测定结果的算术平均值作为测定值。

二、普通混凝土试验

本试验依据 GB/T 50080—2002《普通混凝土拌合物性能试验方法标准》、GB/T 50081—2002《普通混凝土力学性能试验方法标准》等相关规定进行试验。主要内容包括混凝土拌合物和易性试验、混凝土拌合物表观密度试验、混凝土立方体抗压强度试验、混凝土劈裂抗拉强度试验、混凝土抗折强度试验。

1. 混凝土拌合物制备

（1）一般规定

①拌制混凝土的原材料应符合技术要求，并与实际施工材料相同，在拌和前材料的温度应与室温（应保持在 20 ±5℃）相同，水泥如有结块现象，应用 64 孔/cm² 筛过筛，筛余团块不得使用。

②配料时精度要求：集料为 ±1%，水、水泥及混凝土混合材料为 ±0.5%。

③砂、石集料质量以干燥状态为基准。

④拌制混凝土所用的各种用具（如搅拌机、拌和铁板和铁铲、抹刀等），应预先用水湿润，使用完毕后必须清洗干净，上面不得有混凝土残渣。

（2）主要仪器设备

搅拌机，磅秤（称量 50kg，精度 50g），天平（称量 5kg，精度 1g），量筒（200cm³，

$1000cm^3$），拌板，拌铲，盛器等。

（3）拌和步骤

①人工拌和

a. 按所定配合比称取各材料用量。

b. 把称好的砂倒在铁拌板上，然后加水泥，用铲自拌板一端翻拌至另一端，如此重复，拌至颜色均匀，再加入石子翻拌混合均匀。

c. 将干混合料堆成堆，在中间作一凹槽，将已称量好的水倒一半左右在凹槽中，仔细翻拌，勿使水流出。然后再加入剩余的水，继续翻拌，其间每翻拌一次，用拌铲在拌合物上铲切一次，直至拌和均匀为止。

d. 拌和时间自加水时算起，应符合标准规定。拌合物体积在 30L 以下时，拌 4～5min；拌合物体积为 30～50L，拌 5～9min；拌合物体积超过 50L 时，拌 9～12min。

②机械搅拌

a. 按给定的配合比称取各材料用量。

b. 用按配合比称量的水泥、砂、水及少量石子在搅拌机中预拌一次，使水泥砂浆部分粘附在搅拌机的内壁及叶片上，并刮去多余砂浆，以避免影响正式搅拌时的配合比。

c. 依次向搅拌机内加入石子、砂和水泥，开动搅拌机干拌均匀后，再将水徐徐加入，全部加料时间不超过 2min，加完水后再继续搅拌 2min。

d. 将拌合物自搅拌机卸出，倾倒在铁板上，再经人工拌和 2～3 次。即可做拌合物的各项性能试验或成型试件。从开始加水起，全部操作必须在 30min 内完成。

2. 拌合物和易性试验

（1）拌合物坍落度与坍落扩展度法试验

本方法适用于测定集料最大粒径不大于 40mm、坍落度不小于 10mm 的混凝土拌合物稠度测定。

①试验目的

本试验通过测定混凝土拌合物的坍落度，观察其流动性、粘聚性和保水性，从而综合评定混凝土的和易性，作为调整配合比和控制混凝土质量的依据。

②主要仪器设备

坍落度筒（金属制圆锥体形，底部内径 200mm，顶部内径 100mm，高 300mm，壁厚大于或等于 1.5mm，见实图 3-1），捣棒，拌板，铁锹，小铲，钢尺等。

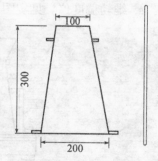

实图 3-1　坍落度筒及捣棒

③试验步骤

a. 湿润坍落度筒及其他用具，并把筒放在不吸水的刚性水平底板上，用脚踩住脚踏板，使坍落度筒在装料时保持位置固定。

b. 把混凝土试样用铁铲分三层均匀地装入筒内，每层高度约为筒高的 1/3。每层用捣棒沿螺旋方向由外向中心插捣 25 次，每次插捣应在截面上均匀分布。插捣筒边混凝土时，捣棒可以稍稍倾斜。插捣底层时，捣棒应贯穿整个深度，插捣第二层和顶层时，捣棒应插透本层至下一层的表面。顶层插捣完后，刮去多余的混凝土并用抹刀抹平。

c. 清除筒边底板上的混凝土后，在 5～10s 内垂直平稳地提起坍落度筒。从开始装料到提起坍落度筒的整个进程应在 150s 内完成。

d. 提起坍落度筒后，量测筒高与坍落后混凝土试体最高点之间的高度差，即为该混凝土拌合物的坍落度值（以 mm 为单位，结果表达精确至 5mm）。坍落度筒提离后，如试件发生崩坍或一边剪坏现象，则应重新取样进行测定。如第二次仍出现这种现象，则表示该拌合物和易性不好。当坍落度大于 220mm 时，用钢尺测量混凝土扩展后最终的最大和最小直径，在这两个直径之差小于 50mm 条件下，用其算术平均值作为坍落扩展度值；否则，此次试验无效（以 mm 为单位，结果表达精确至 5mm）。

e. 在测定坍落度过程中，应注意观察粘聚性与保水性，并记入记录。

粘聚性。用捣棒在已坍落的拌合物锥体侧面轻轻击打，如果锥体逐渐下沉，表示粘聚性良好，如果锥体倒坍、部分崩裂或出现离析，即为粘聚性不好。

保水性。提起坍落度筒后如有较多的稀浆从底部析出，锥体部分的拌合物也因失浆而集料外露，则表明保水性不好。如无这种现象，则表明保水性良好。

f. 坍落度调整

当拌合物的坍落度达不到要求或粘聚性、保水性不满意时，可掺入备用的 5%～10% 的水泥和水；当坍落度过大时，可酌情增加砂和石子，尽快拌和均匀，重做坍落度测定。

（2）拌合物维勃稠度法试验

本方法适用于测定集料最大粒径不大于 40mm、维勃稠度在 5～30s 间的混凝土拌合物稠度测定。

①试验目的

测定拌合物维勃稠度值，作为调整混凝土配合比和控制其质量的依据。

②主要仪器设备

a. 维勃稠度仪。见实图 3-2。维勃稠度仪由下述部分组成：

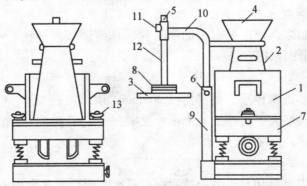

实图 3-2　维勃稠度仪

1—容器；2—坍落度筒；3—透明圆盘；4—喂料斗；

5—套筒；6—定位螺丝；7—振动台；8—荷重；9—支柱；

10—旋转架；11—测杆螺丝；12—测杆；13—固定螺丝

振动台。台面长 380mm，宽 260mm，支承在 4 个减振器上。

容器。钢板制成，内径为 240 ± 5mm，高为 200 ± 2mm，筒壁厚 3mm，筒底厚 7.5mm。坍落度筒同坍落度筒法的要求和构造，但应去掉两侧的踏板。

旋转架。与测杆及喂料斗相连。测杆下部安装有透明而水平的圆盘，并用测杆螺丝把测杆固定在套管中。旋转架安装在支柱上，通过十字凹槽来转换方向，并用定位螺丝来固定其位置。就位后，测杆或喂料斗的轴线均应与容器的轴线重合。

透明圆盘直径为 230 ± 2mm，厚度为 10 ± 2mm。荷重直接放在圆盘上。由测杆、圆盘及荷重组成的滑动部分总质量应调至 2750 ± 50g。测杆上有刻度以便读出混凝土的数据。

b. 秒表。精度 0.5s。

c. 其他。同坍落度试验。

③试样制备

配制混凝土拌合物约 15L，备用。计算、配制方法等同于坍落度试验。

④测定步骤

a. 将维勃稠度仪平放在坚实的基面上，用湿布把容器、坍落度筒及喂料斗内壁湿润。

b. 将喂料斗提到坍落度筒上方扣紧，校正容器位置，其中心与喂料斗中心重合，然后拧紧固定螺丝。

c. 装料、插捣方法同坍落度筒法（略）。

d. 把圆盘喂料斗转离坍落度筒，垂直地提起坍落度筒，此时注意不使混凝土试体受到碰撞或振动。

e. 把透明圆盘转到锥体顶面，放松螺丝，降下圆盘，使其轻轻接触到混凝土顶面，防止坍落的混凝土倒下与容器壁相碰。

f. 拧紧定位螺丝，并检查测杆螺丝是否已经放松。开启振动台，同时以秒表计时。在振动的作用下，透明圆盘的底面被水泥浆布满的瞬时停表计时，并关闭振动台。

⑤测定结果

a. 记录秒表上的时间（精确至 1s）。由秒表读出的时间数表示该混凝土拌合物的维勃稠度值。

b. 如果维勃稠度值小于 5s 或大于 30s，说明此种混凝土所具有的稠度已超出本试验仪器的适用范围（可用增实因数法测定）。

3. 拌合物表观密度试验

（1）试验目的

测定混凝土拌合物捣实后单位体积的质量，作为调整混凝土配合比的依据。

（2）主要仪器设备

容量筒，台秤，振动台，捣棒等。

（3）试验步聚

①用湿布润湿容量筒，称出筒质量（m_1），精确至 50g。

②将配制好的混凝土拌和料装入容量筒并使其密实，坍落度不大于 70mm 的混凝土，用振动台振实为宜，大于 70mm 的用捣棒捣实为宜。

a. 采用捣棒捣实，应根据容量筒的大小决定分层与插捣次数。用 5L 容量筒时，混凝土拌合物应分两层装入，每层的插捣次数应为 25 次。用大于 5L 的容量筒时，每层混凝土的高度应不大于 100mm，每层插捣次数应按每 $100cm^2$ 截面不小于 12 次计算。各次插捣应均匀地分布在每层截面上，插捣底层时捣棒应贯穿整个深度，插捣第二层时，捣棒应插透本层至下一层的表面。每一层捣完后用橡皮锤轻轻沿容器外壁敲打 5~10 次，进行振实。

b. 采用振动台振实时，应一次将混凝土拌合物灌到高出容量筒口，装料时可用捣棒稍加插捣，振动过程中如混凝土沉落到低于筒口，则应随时添加混凝土，振动直至表面出浆为止。

③用刮尺将筒口多余料浆刮去并抹平，将容量筒外壁擦净，称出混凝土与容量筒总质量（m_2），精确至 50g。

④试验结果计算

混凝土拌合物表观密度 ρ_0（kg/m^3）应按下式计算（精确至 $10kg/m^3$）：

$$\rho_0 = \frac{m_2 - m_1}{V}$$

式中　　V——容量筒的容积，L。

4. 混凝土立方体抗压强度试验

（1）试验目的

测定混凝土立方体抗压强度，作为确定混凝土强度等级和调整配合比的依据。

（2）一般规定

①以同一龄期至少三个同时制作并同样养护的混凝土试件为一组。

②每一组试件所用的拌合物应从同盘或同一车运送的混凝土拌合物中取样，或试验室用人工或机械单独制作。

③检验工程和构件质量的混凝土试件成型方法应尽可能与实际施工方法相同。

④试件尺寸按标准根据集料的最大粒径选取。

（3）主要仪器设备

压力机，振动台，试模，捣棒，小铁铲，金属直尺，镘刀等。

（4）试验步骤

①试件制作

制作试件前，清刷干净试模并在试模的内表面涂一薄层矿物油脂。成型方法根据混凝土的坍落度确定。

a. 坍落度不大于 70mm 的混凝土用振动台振实。将拌合物一次装入试模，并稍有富裕，然后将试模放在振动台上并固定。开动振动台至拌合物表面呈现水泥浆为止，记录振动时间。振动结束后用镘刀沿试模边缘刮去多余的拌合物，并抹平表面。

b. 坍落度大于 70mm 的混凝土，采用人工捣实。混凝土拌合物分两层装入试模，每层厚度大致相等。插捣按螺旋方向从边缘向中心均匀垂直进行。插捣底层时，捣棒应达到试模底面，插捣上层时，捣棒应穿入下层深度约 20~30mm。每层插捣次数应按每 $100cm^2$ 截面不小于 12 次计算。然后刮除多余的混凝土，并用镘刀抹平。

②试件的养护

a. 采用标准养护的试件成型后用不透水的薄膜覆盖表面，以防止水分蒸发，并应在温度为 20 ± 5℃ 情况下静置一昼夜，然后编号拆模。

拆模后的试件应立即放在温度为 20 ± 2℃，湿度为 95% 以上的标准养护室中养护。在标准养护室内试件应放在架上，彼此间隔为 10 ~ 20mm，并应避免用水直接冲淋试件。

b. 无标准养护室时，混凝土试件可在温度为 20 ± 2℃ 的不流动水中养护。水的 pH 值不应小于 7。

c. 与构件同条件养护的试件成型后，应覆盖表面。试件的拆模时间可与实际构件的拆模时间相同。拆模后，试件仍需保持同条件养护。

③抗压强度试验

a. 试件自养护室取出后，随即擦干并量出其尺寸（精确至 1mm），据以计算试件的受压面积 A（mm^2）。

b. 将试件安放在下承压板上，试件的承压面应与成型时的顶面垂直。试件的中心应与试验机下压板中心对准。开动试验机，当上承压板与试件接近时，调整球座，使接触均衡。

c. 加压时，应连续而均匀地加荷，加荷速度应为：

混凝土强度等级 < C30 时，取 0.3 ~ 0.5MPa/s；

混凝土强度等级 ≥ C30 且 < C60 时，取 0.5 ~ 0.8MPa/s；

混凝土强度等级 ≥ C60 时，取 0.8 ~ 1.0MPa/s。

当试件接近破坏而迅速变形时，关闭油门，直至试件破坏，记录破坏荷载 F（N）。

（5）试验结果计算

①试件的抗压强度 f_{cu} 按下式计算（结果精确到 0.1MPa）：

$$f_{cu} = \frac{F}{A}$$

式中　　A——试件受压面积，mm^2。

②混凝土试件经强度试验后，其强度代表值的确定，应符合下列规定：

a. 以三个试件抗压强度的算术平均值作为每组试件的强度代表值。

b. 当一组试件中强度的最大值或最小值与中间值之差超过中间值的 15% 时，取中间值作为该组试件的强度代表值。

c. 当一组试件中强度的最大值和最小值与中间值之差均超过中间值的 15% 时，该组试件的强度不应作为评定的依据。

取 150mm × 150mm × 150mm 试件的抗压强度为标准值，用其他尺寸试件测得的强度值均应乘以尺寸换算系数。

5. 混凝土劈裂抗拉强度试验

（1）试验目的

通过测定混凝土劈裂抗拉强度，确定混凝土抗裂度，间接衡量混凝土的抗冲击强度以及混凝土与钢筋的粘结强度。

（2）主要仪器设备

①压力机。量程 200 ~ 300KN。

②垫条。采用直径为 150mm 的钢制弧形垫块，其长度不短于试件的边长。

③垫层。加放于试件与垫块之间，为三层胶合板，宽20mm，厚3~4mm，长度不小于试件长度，垫层不得重复使用。混凝土劈裂抗拉试验装置见实图3-3所示。

④试件成型用试模及其他需用器具同混凝土抗压强度试验。

（3）试验步骤

①按制作抗压强度试件的方法成型试件，每组3块。

②从养护室取出试件后，应及时进行试验。将表面擦干净，在试件成型面与底面中部画线定出劈裂面的位置，劈裂面应与试件的成型面垂直。

③测量劈裂面的边长（精确到1mm），计算出劈裂面积A（mm^2）。

④将试件放在试验机下压板的中心位置，降低上压板，分别在上、下压板与试件之间加垫条与垫层，使垫条的接触母线与试件上的荷载作用线准确对正。垫条及试件宜安放在定位架上使用。

⑤开动试验机，使试件与压板接触均衡后，连续均匀地加荷，加荷速度为：混凝土强度等级＜C30时，取每秒0.02~0.05MPa；强度等级≥C30且＜C60时，取每秒0.05~0.08MPa；混凝土强度等级≥C60时，取每秒0.08~0.10MPa。加荷至破坏，记录破坏荷载P（N）。

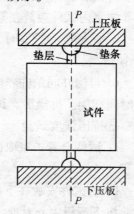

实图3-3　混凝土劈裂
抗拉装置图

（4）结果计算

按下式计算混凝土的劈裂抗拉强度f_{ts}（精确至0.01MPa）

$$f_{ts} = \frac{2P}{A\pi} = 0.637\frac{P}{A}$$

①以3个试件测值的算术平均值作为该组试件的劈裂抗拉强度值。其异常数据的取舍与混凝土抗压试验相同。

②采用150mm×150mm×150mm的立方体试件作为标准试件，如采用100mm×100mm×100mm立方试件时，试验所得的劈裂抗拉强度值，应乘以尺寸换算系数0.85。当混凝土强度等级≥C60时，应采用标准试件；使用非标准试件时，尺寸换算系数由试验确定。

6. 抗折强度试验

（1）试验目的

测定混凝土抗折强度，为道路混凝土强度设计提供依据。

（2）主要仪器设备

①压力试验机或万能试验机。其测量精度为±1%，试验时由试件最大荷载选择压力机量程，使试件破坏时的荷载位于全量程的20%~80%范围内。试验机应能施加均匀、连续、速度可控的荷载，并带有能使二相等荷载同时作用在试件跨度3分点处的抗折试验装置，见实图3-4。

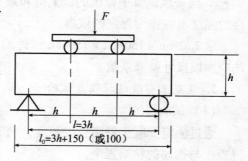

实图3-4　混凝土抗折强度试验装置

②试件的支座和加荷头。应采用直径为20~40mm、长度不小于b+10mm的硬钢圆柱，支座立脚点固定铰支，其他应为滚动支点。

③试模与试件。试模由铸铁或钢制成；标准试件采用边长为 150mm×150mm×600mm（550mm）的棱柱体试件；边长为 100mm×100mm×400mm 的棱柱体试件是非标准试件。此外，试件在长向中部 1/3 区段内不得有表面直径超过 5mm、深度超过 2mm 的孔洞。

（3）试验步骤

①按制作抗压强度试件的方法成型试件。

②试件从养护地取出后将试件表面擦干净并及时进行试验。

③按实图 3-4 装置试件，安装尺寸偏差不得大于 1mm。试件的承压面应为试件成型时的侧面。支座及承压面与圆柱的接触面应平稳、均匀，否则应垫平。

④施加荷载应保持均匀、连续。当混凝土强度等级 <C30 时，加荷速度取每秒 0.02～0.05MPa；当混凝土强度等级 ≥C30 且 <C60 时，取每秒 0.05～0.08MPa；当混凝土强度等级 ≥C60 时，取每秒 0.08～0.10MPa。至试件接近破坏时，应停止调整试验机油门，直至试件破坏，然后记录破坏荷载 F（N）。

⑤记录试件破坏荷载的试验机示值及试件下边缘断裂位置。

（4）测定结果

①若试件下边缘断裂位置处于两个集中荷载作用线之间，则试件的抗折强度 f_t（MPa）按下式计算：

$$f_t = \frac{Fl}{bh^2}$$

式中　　F——破坏荷载，N；

L——支座间跨度，mm；

h——试件截面高度，mm；

b——试件截面宽度，mm。

②取 3 个试件测值得算术平均值作为该组试件的强度值（精确至 0.1MPa），其异常数据的取舍与混凝土抗压试验同。

③3 个试件中若有一个折断面位于两个集中荷载之外，则混凝土抗折强度值按另两个试件的试验结果计算。若这两个测值的差值不大于这两个测值的较小值的 15% 时，则该组试件的抗折强度值按这两个测值的平均值计算，否则该组试件的试验无效。若有两个试件的下边缘断裂位置位于两个集中荷载作用线之外，则该组试件试验无效。

④当试件尺寸为 100mm×100mm×400mm 非标准试件时，应乘以尺寸换算系数 0.85；当混凝土强度等级 ≥C60 时，应采用标准试件；使用非标准试件时，尺寸换算系数应由试验确定。

实验 4　建筑砂浆试验

本试验根据《建筑砂浆》（JCJ 70—90）标准进行砂浆的稠度、分层度及抗压强度试验，从而为判断砂浆质量提供依据。

一、试样制备

1. 一般规定

（1）抽样

①建筑砂浆试验用料应根据不同的要求，从同一盘搅拌或同一车运送的砂浆中取出，或

在试验室用机械或人工拌制。

②施工中取样进行砂浆试验时，其取样方法和原则应按现行有关规范执行。每一验收批，且不超过 250m³ 砌体的各种类型及强度等级的砌筑砂浆，每台搅拌机应至少抽检一次。抽样应在使用地点的砂浆槽、砂浆运送车或搅拌机出料口，至少从三个不同的部位取样。所取样的数量应多于试验用料的 1 ~ 2 倍。

③砌筑砂浆的验收批，同一类型、强度等级的砂浆试块应不少于 3 组。

（2）试验条件

①试验室拌制砂浆所用材料应与现场材料一致，拌和时试验室的温度应保持在 20 ± 5℃。

②拌制砂浆时称量精度：水泥、外加剂为 ±0.5%；砂、石灰膏、黏土膏等为 ±1%。

③拌制前应将搅拌机、铁板、拌铲、抹刀等工具表面用水润湿，铁板上不得有积水。

2. 主要仪器设备

砂浆搅拌机，铁板（拌和用，约 1.5m × 2m，厚约 3mm），磅秤（称量 50kg，精度 50g），台秤（称量 10kg，精度 5g），拌铲，量筒，盛器等。

3. 拌和方法

（1）人工拌和方法

①按配合比称取各材料用量，将称量好的砂子倒在拌板上，然后加入水泥，用拌铲拌和至混合物颜色均匀为止。

②将混合物堆成堆，在中间做一凹槽，将称好的石灰膏（或黏土膏）倒入凹槽中（如为水泥砂浆，则将称好的水倒一半入凹槽中），再倒入部分水将石灰膏（或黏土膏）调稀。

③然后与水泥、砂共同拌和，并逐渐加水，直至拌合物色泽一致，和易性凭经验调整到符合要求为止，一般需拌和 5min。

（2）机械拌和方法

①按配合比先拌适量砂浆，使搅拌机内壁粘附一薄层砂浆，使正式拌和时的砂浆配合比成分准确。搅拌的用料总量不宜少于搅拌机容量的 20%。

②称出各材料用量，将砂、水泥装入搅拌机内。

③开动搅拌机，将水徐徐加入（混合砂浆需将石膏或黏土膏用水稀释至浆状），搅拌约 3min。

二、砂浆稠度测定

1. 试验目的

测定砂浆在自重或外力作用下的流动性能，稠度值小表示砂浆干稠，其流动性较差。砂浆稠度试验主要是用于确定配合比或施工过程中控制砂浆稠度，从而达到控制用水量的目的。

2. 主要仪器设备

砂浆稠度仪（见实图 4-1），捣棒，台秤，拌锅，拌板，量筒，秒表等。

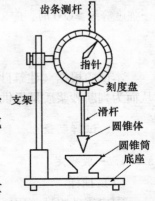

实图 4-1 砂浆稠度测定仪

3. 试验步骤

①将盛浆容器和试锥表面用湿布擦净，检查滑杆能否自由滑动。

②将拌好的砂浆一次装入容器内，使砂浆表面低于容器口约10mm，用捣棒自容器中心向边缘插捣25次，轻击容器5～6次，使砂浆表面平整，立即将容器置于稠度测定仪的底座上。

③放松试锥滑杆的制动螺丝，使试锥尖端与砂浆表面接触，拧紧制动螺丝，将齿条侧杆下端接触滑杆上端，并将指针对准零点。

④突然松开制动螺丝，使试锥自由沉入砂浆中，同时计时，10s时立即固定螺丝，将齿条测杆下端接触滑杆上端，从刻度盘上读出下沉深度（精确至1mm），即为砂浆的稠度值。

⑤圆锥筒内的砂浆，只允许测定一次稠度，重复测定时，应重新取样。

以两次测定结果的算术平均值作为砂浆稠度测定结果，如两次测定值之差大于20mm，应另取砂浆搅拌后重新测定。

三、砂浆分层度测定

1. 试验目的

分层度试验是用于测定砂浆拌合物在运输、停放、使用过程中的保水性。分层度小，表示砂浆保水性良好。

2. 主要仪器设备

分层度测定仪（见实图4-2），水泥胶砂振动台，其他仪器同砂浆稠度试验。

3. 试验步骤

（1）标准方法

①将砂浆拌合物按砂浆稠度试验方法测定稠度；

②将砂浆拌合物一次装入分层度筒内，用木锤在容器四周距离大致相等的四个不同地方轻敲1～2次，如砂浆沉落到分层度筒口以下，应随时添加，然后刮去多余的砂浆，并用抹刀抹平；

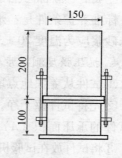

实图4-2　砂浆分层度筒

③静置30min后，去掉上部200mm砂浆，剩余的100mm砂浆倒出放在拌和锅内拌2min，再按稠度试验方法测定其稠度。前后测得的稠度之差即为该砂浆的分层度值（mm）。

取两次试验结果的算术平均值为砂浆分层度值。两次分层度试验值之差大于20mm时，应重做试验。

（2）快速测定法

①按稠度试验方法测定其稠度；

②将分层度筒预先固定在振动台上，砂浆一次装入分层度筒内，振动20s；

③去掉上节200mm砂浆，剩余100mm砂浆倒出放在拌和锅内拌2min，再按稠度试验方法测定其稠度。前后测得的稠度值之差，即是该砂浆的分层度值。

四、砂浆抗压强度试验

1. 试验目的

通过测定砂浆的抗压强度，作为判定砂浆质量的依据之一。

2. 主要仪器设备

试模（内壁边长 70.7mm），压力试验机，捣棒（直径 10mm，长 350mm，端部磨圆），刮刀等。

3. 试件制作及养护

①用于多孔吸水基面的砂浆，采用无底试模，将试模放在预先铺有吸水性较好的新闻纸（或其他未粘过胶凝材料的吸水性较好的纸）的普通砖上（砖的吸水率不小于 10%，含水率不大于 2%），试模内壁涂刷薄层机油或其他脱模剂。向试模内一次注满砂浆，用捣棒均匀由外向里按螺旋方向插捣 25 次，然后在四侧用刮刀沿试模壁插捣数次，砂浆应高出试模顶面 6~8mm。当砂浆表面开始出现麻斑状态时（约 15~30min），将高出模口的砂浆沿试模顶面削去抹平。

②用于不吸水基面的砂浆，采用带底试模。砂浆分两层装入试模，每层约厚 40mm，并用捣棒每层插捣 12 次，面层捣实以后，沿试模内壁用刮刀插捣 6 次，抹平。

③试件制作后应在 20±5℃温度环境下停置 24±2h，当气温较低时，可适当延长时间，但不应超过 48h。然后将试件编号、拆模，并在标准养护条件下，继续养护至 28d，然后进行试压。

标准养护条件是：水泥混合砂浆应为温度 20±3℃，相对温度 60%~80%；水泥砂浆和微沫砂浆应为温度 20±3℃，相对温度大于 90%。

4. 抗压强度测定步骤

①试件从养护地点取出后，应尽快进行试验，以免试件内部的温湿度发生显著变化。

②先将试件擦干净，测量尺寸，并检查其外观。试件尺寸测量精确至 1mm，并据此计算试件的承压面积（A）。若实测尺寸与公称尺寸之差不超过 1mm，可按公称尺寸进行计算。

③将试件放在试验机的下压板上，试件的承压面应与成型时的顶面垂直，开动压力机，当上压板与试件接近时，调整球座，使接触面均衡受压。加荷应均匀而连续，加荷速度应为每秒钟 0.5~1.5kN（砂浆强度不大于 5MPa 时，取下限为宜，大于 5MPa 时，取上限为宜），当试件接近破坏而开始迅速变形时，停止调整压力机进油阀，直至试件破坏，记录破坏荷载 F（N）。

5. 试验结果计算

①单个试件的抗压强度按下式计算（精确至 0.1MPa）：

$$f_{m,cu} = \frac{F}{A}$$

式中　　$f_{m,cu}$——砂浆立方体抗压强度，MPa；

　　　　F——破坏荷载，N；

　　　　A——试件抗压面积。

②砂浆抗压强度试验值按下面方式判定：

砂浆立方体抗压强度以六个试件测值的算术平均值作为该组试件的抗压强度值，平均值计算精确至 0.1MPa。当六个试件的最大值或最小值与平均值之差超过 20% 时，以中间四个试件的平均值作为该组试件的抗压强度值。

实验5 烧结砖试验

一、烧结普通砖试验

本试验根据国家标准《烧结普通砖》（GB 5101—2003）进行，烧结普通砖检验项目分出厂检验（包括尺寸偏差、外观质量和强度等级）和型式检验（包括出厂检验项目、抗风化性能、石灰爆裂和泛霜等）两种。

1. 试验目的

确定烧结普通砖的强度等级，熟悉烧结普通砖的有关性能和技术要求。

2. 取样方法

烧结普通砖以 3.5~15 万块为一检验批，不足 3.5 万块也按一批计；采用随机抽样法取样，外观质量检验的砖样在每一检验批的产品堆垛中抽取，数量为 50 块；尺寸偏差检验的砖样从外观质量检验后的样品中抽取，数量为 20 块，其他项目的砖样从外观质量和尺寸偏差检验后的样品中抽取。抽样数量为强度等级 10 块；泛霜、石灰爆裂、冻融及吸水率与饱和系数各 5 块；放射性 4 块。只进行单项检验时，可直接从检验批中随机抽取。

3. 抗压强度试验

（1）主要仪器设备

压力试验机，锯砖机或切砖器，钢直尺等。

（2）试验步骤

①试件制备。将砖样锯成两个半截砖，断开的半截砖边长不得小于 100mm，否则应另取备用砖样补足。将已切断的半截砖放入净水中浸 10~20min 后取出，并以断口相反方向叠放，两者中间用 32.5 级的普通硅酸盐水泥调制成稠度适宜的水泥净浆粘结，其厚度不超过 5mm，上下两表面用厚度不超过 3mm 的同种水泥浆抹平，制成的试件上下两个面应相互平行，并垂直于侧面（见实图 5-1）。

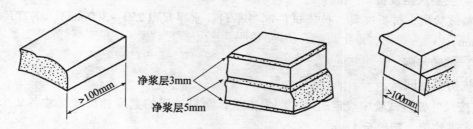

净浆层3mm

净浆层5mm

>100mm

>100mm

实图 5-1　砖试件的制作

②制成的试件置于不通风的室内养护 3d，室温不低于 10℃。

③测量每个试件连接面长（a）、宽（b）尺寸各两个，精确至 1mm，取其平均值计算受力面积。

④将试件平放在压力试验机加压板中央，以4kN/s的速度均匀加荷，直至试件破坏，记录破坏荷载 P（N）。

（3）结果计算与评定

烧结普通砖抗压强度试验结果按下列公式计算（精确至0.1MPa）：

单块砖样抗压强度测定值 $\qquad f_{ci} = \dfrac{P}{ab}$（MPa）

10块砖样抗压强度平均值 $\qquad \bar{f} = \dfrac{1}{10}\sum\limits_{i=1}^{10} f_{ci}$（MPa）

10块试样的抗压强度标准差 $\quad S = \sqrt{\dfrac{1}{9}\sum\limits_{i=1}^{10}(f_{ci}-\bar{f})^2}$（MPa）

砖抗压强度标准值 $\qquad f_k = \bar{f} - 1.8S$（MPa）

强度变异系数 $\qquad\qquad \delta = \dfrac{S}{f}$

参照表7-3对所用砖进行强度等级确定。

二、烧结多孔砖试验

本试验根据国家标准《烧结多孔砖》（GB 13544—2000）进行。

1. 试验目的

通过本试验，确定烧结多孔砖的强度等级，熟悉烧结多孔砖的有关性能和技术要求。

2. 取样方法

烧结普通砖以3.5～15万块为一检验批，不足3.5万块也按一批计；采用随机抽样法取样，外观质量检验的砖样在每一检验批的产品堆垛中抽取，数量为50块；尺寸偏差检验的砖样从外观质量检验后的样品中抽取，数量为20块，其他项目的砖样从外观质量和尺寸偏差检验后的样品中抽取。抽样数量为强度等级10块；孔型孔洞率及孔洞排列、泛霜、石灰爆裂、冻融及吸水率与饱和系数各5块。只进行单项检验时，可直接从检验批中随机抽取。

3. 强度试验

（1）主要仪器设备

材料试验机，抗折夹具，抗压试件制备平台，水平尺（250～300mm），钢直尺（分度值为1mm）。

（2）试验步骤

①抗折强度试验

a. 按尺寸偏差试验中规定的尺寸测量方法，测量试样的宽度和高度尺寸各2个，分别取其算术平均值，精确至1mm。

b. 调整抗折夹具下支辊的跨距为砖规格长度减去40mm。但规格长度为190mm的砖，其跨距为160mm。

c. 将试样大面平放在下支辊上，试样两端面与下支辊的距离应相同，当试样有裂缝或凹陷时，应使有裂缝或凹陷的大面朝下，以50～150N/s的速度均匀加荷，直至试样断裂，记录最大破坏荷载 P（N）。

②抗压强度试验

a. 以单块整砖沿竖孔方向加压。试件制作采用坐浆法操作。即将玻璃板置于试件制备平台上，其上铺一张湿的垫纸，纸上铺一层厚度不超过5mm的用32.5的普通硅酸盐水泥制成稠度适宜的水泥净浆，再将试件在水中浸泡10～20min，在钢丝网架上滴水3～5min后平稳地将受压面坐放在水泥浆上，在另一受压面上稍加压力，使整个水泥层与砖受压面相互粘结，砖的侧面应垂直于玻璃板。待水泥浆适当凝固后，连同玻璃板翻放在另一铺纸放浆的玻璃板上，再进行坐浆，用水平尺校正好玻璃板的水平。

b. 制成的抹面试件应置于不低于10℃的不通风室内养护3d，再进行试验。

c. 测量每个试件连接面或受压面的长、宽尺寸各两个，分别取其平均值，精确至1mm。

试件平放在加压板的中央，垂直于受压面加荷，应均匀平稳，不得发生冲击或振动。加荷速度以4kN/s为宜，直至试件破坏为止，记录最大破坏荷载 P（N）。

（3）结果计算与评定

①抗折强度试验

每块试样的抗折强度 R_c 按下式计算，精确至0.01MPa。

$$R_c = \frac{3PL}{2BH^2}$$

式中　　L——跨距，mm；

　　　　B——试样宽度，mm；

　　　　H——试样高度，mm。

试验结果以试样抗折强度的算术平均值和单块最小值表示，精确至0.01MPa。

②抗压强度试验

每块试样的抗压强度 R_p 按下式计算，精确至0.01MPa。

$$R_p = \frac{P}{LB}$$

式中　　L——受压面（连接面）的长度，mm；

　　　　B——受压面（连接面）的宽度，mm。

试验结果以试样抗压强度的算术平均值和标准值或单块最小值表示，精确至0.01MPa。

③强度等级评定

试验结果按表7-5评定强度等级。

a. 平均值——标准值方法评定

变异系数 $\delta \leq 0.21$ 时，按表7-5中抗压强度平均值 $\bar{f}$、强度标准值 f_k 指标评定砖的强度等级，精确至0.01MPa。

样本量 $n = 10$ 时的强度标准值 f_k 按下式计算，精确至0.1MPa。

$$f_k = \bar{f} - 1.8S$$

b. 平均值——最小值方法评定

变异系数 $\delta > 0.21$ 时，按表7-5中抗压强度平均值 $\bar{f}$、单块最小抗压强度值 f_{min} 评定砖的强度等级，精确至0.1MPa。

4. 孔洞率及孔洞结构测定

（1）主要仪器设备

台秤，分度值为5g；水池或水箱；水桶，大小应能悬浸一个被测砖样；吊架，见实图5-2；砖用卡尺，分度值0.5mm。

（2）试验步骤

①宽、高均在砖的各相应面的中间处测量，每一方向以两个测量尺寸的算术平均值表示，精确至1mm。计算每个试件的体积 V，精确至0.001mm³。

②将试件浸入室温的水中，水面应高出试件20mm以上，24h后将其分别移到水桶中，称出试件的悬浸质量 m_1，精确至5g。

称取悬浸质量的方法如下：将秤置于平稳的支座上，在支座的下方与磅秤中线重合处放置水桶。在秤底盘上放置吊架，用铁丝把试件悬挂在吊架上，此时试件应离开水桶的底面且全部浸泡在水中，将秤读数减去吊架和铁丝的质量，即为悬浸质量。

③盲孔砖称取悬浸质量时，有孔洞的面朝上，称重前晃动砖体排出孔中的空气，待静置后称重。通孔砖任意放置。

④将试件从水中取出，放在铁丝网架上滴水1min，再用拧干的湿布拭去内、外表面的水，立即称其面干潮湿状态的质量 m_2，精确至5g。

⑤测量试件最薄处的臂厚、肋厚尺寸，精确至1mm。

（3）结果计算与评定

每个试件的孔洞率 Q 按下式计算，精确至0.1%：

$$Q = 1 - \frac{\dfrac{m_2 - m_1}{d}}{V} \times 100\%$$

式中　　d——水的密度，1000kg/m³。

试验结果以5块试样孔洞率的算术平均值表示，精确至1%。

孔结构以孔洞排数及壁、肋厚最小尺寸表示。

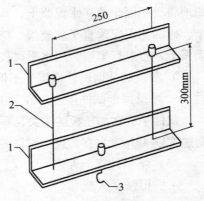

实图5-2　吊架

1—角钢（30mm×30mm）；2—拉筋；
3—钩子（与两端拉筋等距离）

实验6　钢筋试验

一、取样与验收

按国家规范《钢筋混凝土热轧光圆钢筋》（GB 13013—1991）和《钢筋混凝土热轧带肋钢筋》（GB 1499—1998）的规定进行。

（1）钢筋混凝土用热轧钢筋，应有出厂证明书或试验报告单。验收时应抽样做机械性能试验，包括拉力试验和冷弯试验两个项目。两个项目中如有一个项目不合格，该批钢筋即为不合格品。

（2）同一批号、牌号、尺寸、交货状态分批检验和验收，每批质量不大于 60t。

（3）取样方法和结果评定规定。自每批钢筋中任意抽取两根，于每根距端部 50cm 处各取一套试样（2 根试件），每套试样中一根做拉力试验，另一根做冷弯试验。在拉力试验中，如果其中有一根试件的屈服点、抗拉强度和伸长率三个指标中有一个指标达不到钢筋标准规定的数值，应再抽取双倍（4 根）钢筋，制成双倍（4 根）试件重做试验。复检时，如仍有一根试件的任意指标达不到标准要求，则不论该指标在第一次试验中是否达到标准要求，拉力试验项目也判为不合格。在冷弯试验中，如有一根试件不符合标准要求，应同样抽取双倍钢筋，制成双倍试件重新试验，如仍有一根试件不符合标准要求，冷弯试验项目即为不合格。整批钢筋不予验收。另外，还要检验尺寸、表面状态等。如使用中钢筋有脆断、焊接性能不良或机械性能显著不正常时，尚应进行化学分析。

（4）钢筋拉伸和弯曲试验不允许车削加工，试验时温度为 10 ~ 35℃。如温度不在此范围内，应在试验记录和报告中注明。

二、拉伸试验

按国家规范《金属材料 室温拉伸试验方法》（GB/T 228—2002）进行。

1. 试验目的

对钢材进行冷拉，可以提高钢材的屈服强度，达到节约钢材的目的。通过试验，应掌握钢材拉伸试验方法，熟悉钢材的性质。

2. 主要仪器设备

（1）拉力试验机。试验时所有荷载的范围应在试验机最大荷载的 20% ~ 80%。试验机的测力示值误差应小于 1%。

（2）钢筋划线机、游标卡尺（精确度为 0.1mm）、天平等。

3. 试件制作和准备

（1）抗拉试验用钢筋不得进行车削加工，钢筋拉力试件形状和尺寸如实图 6-1 所示。试件在 l_0 范围内，按 10 等分划线、分格、定标距，量出标距，长度 l_0（精确度为 0.1mm）。

（2）测试试件的质量和长度，不经车削的试件按质量计算截面面积 A_0（mm^2）：

实图 6-1　钢筋拉力试件
a—试件直径；l_0—标距长度；
h_1—0.5 ~ 1d；h—夹具长度

$$A_0 = \frac{m}{7.85L}$$

式中　　m——试件质量，g；

　　　　L——试件长度，mm；

　　7.85——钢材密度，g/cm^3。

计算钢筋强度时所用截面面积为公称横截面积，故计算出钢筋受力面积后，应据此取靠近的公称受力面积 A（保留 4 位有效数字），如实表 6-1 所示。

实表 6-1　钢筋的公称横截面积

公称直径（mm）	公称横截面积（mm²）	公称直径（mm）	公称横截面积（mm²）
8	50.27	22	380.1
10	78.54	25	490.9
12	113.1	28	615.8
14	153.9	32	804.2
16	201.1	36	1018
18	254.5	40	1257
20	314.2	50	1964

4. 试验步骤

（1）将试件上端固定在试验机夹具内，调整试验机零点，装好描绘器、纸、笔等，再用下夹具固定试件下端。

（2）开动试验机进行试验，拉伸速度，屈服前应力施加速度为 10MPa/s；屈服后试验机活动夹头在荷载下移动速度每分钟不大于 $0.5l_c$（不经车削试件 $l_c = l_0 + 2h_1$），直至试件拉断。

（3）拉伸过程中，描绘器自动绘出荷载-变形曲线，由荷载变形曲线和刻度盘指针读出屈服荷载 F_s（N）（指针停止转动或第一次回转时的最小荷载）与最大极限荷载 F_b（N）。

（4）量出拉伸后的标距长度 l_1。将已拉断的试件在断裂处对齐，尽量使轴线位于一条直线上。如断裂处到邻近标距端点的距离大于 $l_0/3$ 时，可用卡尺直接量出 l_1；如果断裂处到邻近标距端点的距离小于或等于 $l_0/3$ 时，可按下述移位法确定 l_1：在长段上自断点起，取等于短段格数得 B 点，再取等于长段所余格数（偶数如实图 6-2a）之半得 C 点，或者取所余格数（奇数如实图 6-2b）减 1 与加 1 之半得 C 与 C_1 点。移位后的 l_1 分别为 $AB + 2BC$ 或 $AB + BC + BC_1$。如用直接量测所得的伸长率能达到标准值，则可不采用移位法。

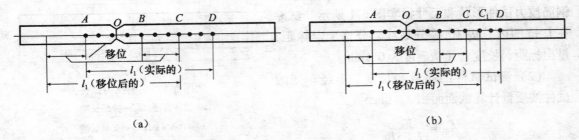

（a）　　　　　　　　　　　　　　　　　　（b）

实图 6-2　用移位法计算标距

5. 结果计算

（1）屈服强度 σ_s（精确至 5MPa）：

$$\sigma_s = F_s/A \,(\text{MPa})$$

（2）抗拉强度 σ_b（精确至 5MPa）：

$$\sigma_b = F_b/A \,(\text{MPa})$$

（3）断后伸长率 δ（精确至 1%）：

$$\delta_{10}(\text{或 } \delta_5) = \frac{l_1 - l_0}{l_0} \times 100\%$$

式中：δ_{10}、δ_5 分别表示 $l_0 = 10a$ 和 $l_0 = 5a$ 时的断后伸长率。

如拉断处位于标距之外，则断后伸长率无效，应重作试验。

测试值的修约方法：当修约精确至尾数 1 时，按前述四舍五入五单双方法修约；当修约精确至尾数为 5 时，按二五进位法修约（即精确至 5 时，≤2.5 时尾数取 0；>2.5 且 <7.5 时尾数取 5；≥7.5 时尾数取 0 并向左进 1）。

三、冷弯试验

按国家规范《金属材料 弯曲试验方法》（GB/T 232—1999）的规定进行。

1. 试验目的

冷弯是在苛刻条件下对钢材塑性和焊接质量的检验，为钢材的重要工艺性质。

2. 主要仪器设备

压力机或万能试验机。有两支承辊，支辊间距离可以调节。具有不同直径的弯心，弯心直径由有关标准规定（如实图 6-3 所示）

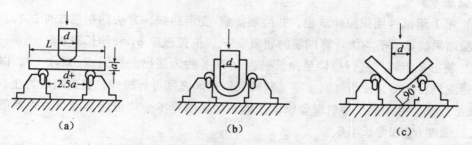

实图 6-3　钢筋冷弯试验装置
（a）装好的试件；（b）弯曲 180°；（c）弯曲 90°

3. 试件制作

试件长 $L = 0.5\pi(d + a) + 140$（mm），a 为试件直径，d 为弯心直径，π 为圆周率，其值取 3.1。

4. 试验步骤

（1）按图实 6-3（a）调整两支辊间的距离为 x，使 $x = d + 2.5a$。

（2）选择弯心直径 d，Ⅰ级钢筋 $d = a$，Ⅱ、Ⅲ级钢筋 $d = 3a$（$a = 8 \sim 25$mm）或 $4a$（$a = 28 \sim 40$mm），Ⅳ级钢筋 $d = 5a$（$a = 10 \sim 25$mm）或 $6a$（$a = 28 \sim 30$mm）。

（3）将试件按实图 6-3（a）装置好后，平稳地加荷，在荷载作用下，钢筋绕着冷弯压头，弯曲到要求的角度（Ⅰ、Ⅱ级钢筋为 180°，Ⅲ、Ⅳ级钢筋为 90°），如实图 6-3（b）和（c）所示。

5. 结果评定

取下试件检查弯曲处的外缘及侧面，如无裂缝、断裂或起层，即判为冷弯试验合格。

四、钢筋冷拉、时效后的拉伸试验

钢筋经过冷加工、时效处理以后，进行拉伸试验，确定此时钢筋的力学性能，并与未经冷加工及时效处理的钢筋性能进行比较。

1. 试验目的

对钢材进行冷拉，并时效处理，可以提高钢材的屈服强度和极限强度，达到节约钢材的目的。通过试验，应掌握钢材冷拉时效试验方法，熟悉钢材的性质。

熟悉钢筋冷拉、冷拉时效处理试验方法，掌握钢材性质。

2. 主要仪器设备

（1）拉力试验机。试验时所有荷载的范围应在试验机最大荷载的 20% ~ 80%。试验机的测力示值误差应小于 1%。

（2）钢筋划线机、游标卡尺（精确度为 0.1mm）、天平等。

3. 试件制备

按标准方法取样，取 2 根长钢筋，各截取 3 段，制备与钢筋拉伸试验相同的试件 6 根并分组编号。编号时应在 2 根长钢筋中各取 1 根试件编为 1 组，共 3 组试件。

4. 试验步骤

（1）第 1 组试件用作拉伸试验，并绘制荷载-变形曲线，方法同钢筋拉伸试验。以 2 根试件试验结果的算术平均值计算钢筋的屈服点 σ_s，抗拉强度 σ_b 和伸长率 δ。

（2）将第 2 组试件进行拉伸至伸长率达 10%（约为高出上屈服点 3kN）时，以拉伸时的同样速度进行卸荷，使指针回至零，随即又以相同速度再行拉伸，直至断裂为止。并绘制荷载-变形曲线。第 2 次拉伸后以 2 根试件试验结果的算术平均值计算冷拉后钢筋的屈服点 σ_{sL}、抗拉强度 σ_{bL} 和伸长率 δ_L。

（3）将第 3 组试件进行拉伸至伸长率达 10% 时，卸荷并取下试件，置于烘箱中加热 110℃恒温 4h，或置于电炉中加热 250℃恒温 1h，冷却后再做拉伸试验，并同样绘制荷载-变形曲线。这次拉伸试验后所得性能指标（取 2 根试件算术平均值）即为冷拉时效后钢筋的屈服点 σ'_{sL}、抗拉强度 σ'_{bL} 和伸长率 δ'_L。

5. 结果计算

（1）比较冷拉后与未经冷拉的两组钢筋的应力-应变曲线，计算冷拉后钢筋的屈服点、抗拉强度及伸长率的变化率 B_s、B_b、B_δ：

$$B_s = \frac{\sigma_{sL} - \sigma_s}{\sigma_s} \times 100\%$$

$$B_b = \frac{\sigma_{bL} - \sigma_b}{\sigma_b} \times 100\%$$

$$B_\delta = \frac{\delta_L - \delta}{\delta} \times 100\%$$

（2）比较冷拉时效后与未经冷拉的两组钢筋的应力-应变曲线，计算冷拉时效处理后，钢筋屈服点、抗拉强度及伸长率的变化率 B_{sL}、B_{bL}、$B_{\delta L}$：

$$B_{\text{sL}} = \frac{\sigma'_{\text{sL}} - \sigma_{\text{s}}}{\sigma_{\text{s}}} \times 100\%$$

$$B_{\text{bL}} = \frac{\sigma'_{\text{bL}} - \sigma_{\text{b}}}{\sigma_{\text{b}}} \times 100\%$$

$$B_{\delta\text{L}} = \frac{\delta'_{\text{L}} - \delta}{\delta} \times 100\%$$

6. 试验结果评定

（1）根据拉伸与冷弯试验结果按标准规定评定钢筋的级别。

（2）比较一般拉伸与冷拉或冷拉时效后钢筋的力学性能变化，并绘制相应的应力-应变曲线。

实验 7 木材试验

一、木材试验的一般规定

1. 取样

木材试样截取须按《木材物理力学试材锯解及试样截取方法》（GB/T 1929—1991）的规定进行。

2. 试验制作

试样毛坯达到当地平衡含水率时，方可制作试样。试样各面均应平整，其中一对相对面必须是正确的弦切面，试样上不允许有明显的可见缺陷，且必须清楚地写上编号。

试样制作精度，除在各项试验方法中有具体的要求外，试样各相邻面均应成准确的直角。试样长度允许误差为 ±1mm，宽度和厚度允许误差为 ±0.5mm。试样相邻面直角的准确性，用钢直角尺检查。

3. 主要仪器设备

（1）木材全能试验机。承载力为 20～50kN。

（2）天平（感量 0.001g）、烘箱（能保持在 103±2℃）、玻璃干燥器和称量瓶等。

（3）测量工具。钢直角尺，量角卡规（角度为 106°32′）、钢尺、游标卡尺（精度 0.05mm）。

二、木材含水率测定

木材含水率测定按标准《木材含水率测定方法》（GB/T 1931—1991）进行试验。

1. 试验目的

木材含水率与木材的表观密度、强度、耐久性、加工性、导热性等有一定关系。尤其是纤维饱和点是木材物理力学性能性质发生变化的转折点。通过试验，掌握木材含水率测定的方法，熟悉木材的性质。

2. 试验步骤

（1）试样截取后应立即称量 m_1，精确至 0.001g。

（2）将试样放入温度为 $103 \pm 2℃$ 的烘箱中烘 8h 后，自烘箱中任意取出 2~3 个试样进行第一次称量，以后每隔2h 试称一次。最后两次质量差不超过 0.002g 时，即为恒重。

（3）将试样从烘箱中取出放入玻璃干燥器内的称量瓶中，盖好称量瓶和干燥器盖。试样冷却到室温后，即从称量瓶中取出称量 m_0，精确至 0.001g。

3. 结果计算

试样的含水率 W 按下式计算，准确至 0.1%。

$$W = \frac{m_1 - m_0}{m_0} \times 100\%$$

三、木材顺纹抗压强度试验

木材顺纹抗压强度测定按《木材顺纹抗压强度试验方法》（GB/T 1935—1991）进行。

1. 试验目的

木材的力学性质具有明显的方向性。通过试验，掌握木材顺纹抗压强度试验方法，熟悉木材的性质，在工程中合理使用木材。

2. 试样制备

试样尺寸为 $20mm \times 20mm \times 30mm$，长度为顺纹方向，并垂直于受压面。

3. 试验步骤

（1）在试样长度中央，用卡尺测量试件受力面的宽度 b 及厚度 t（精确至 0.1mm）。

（2）将试件放在试验机球面活动支座的中心位置，以均匀速度加荷，在 1.5~2min 内使试样破坏，试验机指针明显退回时为止。记录破坏荷载 P_{max}（N），精确至 100N。

（3）试验后立即对试样进行含水率测定。

4. 结果计算

（1）试样含水率为 W 时的木材顺纹抗压强度 σ_{cw}，按下式计算，准确至 0.1MPa。

$$\sigma_{cw} = \frac{P_{max}}{b \cdot t}$$

（2）按下式换算含水率为 12% 时的顺纹抗压强度 σ_{c12}，准确至 0.1MPa：

$$\sigma_{c12} = \sigma_{cw}[1 + 0.05(W - 12)]$$

试样含水率在 9%~15% 范围内，按上式计算有效。

四、木材顺纹抗拉强度试验

木材顺纹抗拉强度试验测定按《木材顺纹抗拉强度试验方法》（GB/T 1938—1991）进行。

1. 试验目的

木材的力学性质具有明显的方向性，其顺纹抗拉强度是各种力学强度中最高的。通过试验，掌握木材顺纹抗拉强度试验方法，熟悉木材的性质，在工程中合理使用木材。

2. 试样制备

试样的形状和尺寸按实图 7-1 制作。试样纹理必须通直，年轮的切线方向应垂直于试样有效部分（指中部60mm一段）的宽面，有效部分与两端夹持部分之间的过渡弧表面应平滑，并与试样中心线相对称。有效部分宽、厚尺寸允许误差不超过±0.5mm，并在全长上相差不得大于0.1mm。软材树种的试样，须在夹持部分的窄面，附以90mm×14mm×8mm的硬木夹垫，用胶合剂或木螺钉固定在试样上。

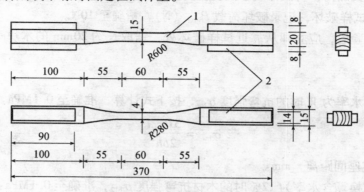

实图7-1　顺纹抗拉强度试样形状和尺寸（mm）

1—试样；2—木夹垫

3. 试验步骤

（1）在试样有效部分中央，用卡尺测量厚度 b 和宽度 t，精确至0.1mm。

（2）将试样两端夹紧在试验机的钳口中，使两端靠近弧形部分露出 20～25mm，先夹上端，调试验机零点，再夹下端。

（3）试验以均匀速度加荷，在 1.5～2min 内使试样破坏，记录破坏荷载 P_{max}（N），精确至100N。若试样拉断处不在有效部分，试验结果作废。

（4）试样试验后，应立即在有效部分截取一段，测定其含水率 W。

4. 结果计算

（1）试样含水率为 W 时的木材顺纹抗拉强度 σ_{tw}，按下式计算，准确至0.1MPa。

$$\sigma_{tw} = \frac{P_{max}}{b \cdot t}$$

（2）按下式换算含水率为12%时的木材试样顺纹抗拉强度 σ_{t12}，准确至0.1MPa：

$$\sigma_{t12} = \sigma_{tw}[1 + 0.015(W - 12)]$$

试样含水率在9%～15%范围内按上式计算有效。

五、木材抗弯强度试验

木材抗弯强度测定按《木材抗弯强度试验方法》（GB/T 1936.1—1991）进行。

1. 试验目的

木材的力学性质具有明显的方向性，其抗弯强度较高，是顺纹抗压强度的 1.5～2 倍。通过试验，掌握木材抗弯强度试验方法，熟悉木材的性质，在工程中合理使用木材。

2. 试样制备

试样尺寸为 20mm×20mm×300mm，长度为顺纹方向。

3. 试验步骤

（1）抗弯强度只作弦向试验。在试样长度中央，用卡尺沿径向测量宽度 b，沿弦向测量高度 h，精确至 0.1mm。

（2）采用中央加荷，将试样放于试验机抗弯支座上，沿年轮切线方向以均匀速度加荷，在 1~2min 内使试样破坏，记录破坏荷载 P_{max}（N），精确至 10N。

（3）试样试验后，应立即从靠近试样破坏处，锯取长约 20mm 的木块一段，随即测定其含水率 W。

4. 结果计算

（1）试样含水率为 W 时的抗弯强度 σ_{bw}，按下式计算，准确至 0.1MPa。

$$\sigma_{bw} = \frac{3P_{max}l}{2bh^2}$$

式中　　l——支座间距离，mm。

（2）按下式换算含水率为 12% 时的木材抗弯强度 σ_{b12}，准确至 0.1MPa：

$$\sigma_{b12} = \sigma_{bw}[1 + 0.04(W - 12)]$$

试样含水率在 9%~15% 范围内，按上式计算有效。

六、木材顺纹抗剪强度试验

木材顺纹抗剪强度测定按《木材顺纹抗剪强度试验方法》（GB/T 1937—1991）进行。

1. 试验目的

木材的力学性质具有明显的方向性，其顺纹抗剪强度只有顺纹抗压强度的 15%~30%。通过试验，掌握木材顺纹抗剪强度试验方法，熟悉木材的性质，在工程中合理使用木材。

2. 试样制备

制作抗剪试样时，应使受剪面为正确的弦面或径面，长度为顺纹方向。试样形状、尺寸如实图 7-2 所示，试样尺寸误差不超过 ±0.5mm，试样缺角部分的角度须用特制的角度为 106°40′ 的角规进行检查。

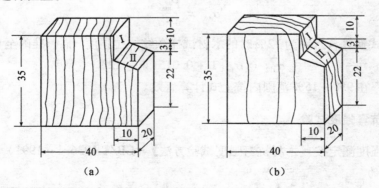

实图 7-2　顺纹抗剪试样的形状和尺寸

（a）弦面试样；（b）径面试样

3. 试验步骤

（1）用卡尺测量试样受剪面的宽度 b 和长度 l，精确至 0.1mm。

（2）将试样装于试验装置的垫块 3 上（实图7-3），调整螺杆 4 和 5，使试样的顶端和 I 面（实图7-3）上部贴紧试验装置上部凹角的相邻面侧面，至试样不动为止。再将压块 6 置于试样斜面 II 上，并使其侧面紧靠试验装置的主体。

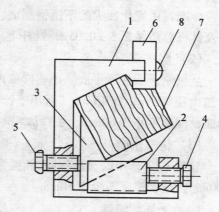

（3）将装好试样的抗剪夹具置于试验机上，使压块 6 的中心对准试验机上压头的中心位置。

（4）试验以均匀速度加荷，在 1.5～2min 内使试样破坏，记录破坏荷载 P_{max}（N），精确至 10N。

（5）将试样破坏后的小块部分，立即称量，按前述试验方法测定含水率 W。

实图 7-3　顺纹抗剪试验装置

1—附件主杆；2—楔块；

3—L 形垫块；4、5—螺杆；

6—压块；7—试样；8—圆头螺钉

4. 结果计算

（1）试样含水率为 W 时的顺纹抗剪强度 τ_w 按下式计算，准确至 0.1MPa。

$$\tau_w = \frac{0.96P}{b \cdot l}$$

（2）按下式换算含水率为 12% 时的木材顺纹抗剪强度 τ_{12}，准确至 0.1MPa：

$$\tau_{12} = \tau_w [1 + 0.03(W - 12)]$$

实验 8　沥青试验

针入度、延度、软化点是黏稠沥青最主要的技术指标，通常称为三大技术指标。本试验介绍我国《公路工程沥青及沥青混合料》（JTJ 052—2000）中关于沥青三大指标的测试方法。

一、针入度试验

沥青的针入度是在规定温度条件下，规定质量的试针在规定的时间贯入沥青试样的深度，以 0.1mm 为单位。

1. 试验目的

针入度试验适用于测定道路石油沥青、改性沥青、液体石油沥青蒸馏或乳化沥青蒸发后残留物的针入度，用于评价其条件黏度。

2. 仪具与材料

（1）针入度仪

凡能保证针和针连杆在无明显摩擦下垂直运动，并能指示针贯入深度准确至 0.1mm 的仪器均可使用。针和针连杆组合件总质量为 50 ± 0.05g，另附 50 ± 0.05g 砝码一只，试验时总质量为 100 ± 0.05g，当采用其他试验条件时应在试验结果中注明。仪器设有调节水平的装置，针连杆与平台垂直。仪器设有针连杆制动按钮，使针连杆可自由下落。针连杆易于装拆以便检查其质量。针入度仪有手动和自动两种。

标准针由硬化回火的不锈钢制成，洛氏硬度 HRC54～60，表面粗糙度 Ra0.2～0.3μm，针及针杆总质量 2.5±0.05g，针杆上应打印号码标志并定期检验。

（2）盛样皿

金属制，圆柱形平底。小盛样皿内径 55mm，深 35mm（适用于针入度小于 200）；大盛样皿内径 70mm，深 45mm（适用于针入度 200～350）；针入度大于 350 的试样需使用特殊盛样皿，深度不小于 60mm，试样体积不少于 125mL。

（3）恒温水槽

容量不少于 10L，控温的准确度为 0.1℃。水槽中应设一带孔搁架，位于水面下不少于 100mm，距水槽底不少于 50mm。

（4）平底玻璃皿

容量不少于 1L，深度不少于 80mm，内设一不锈钢三脚架，能使盛样皿稳定。

（5）其他

温度计：分度 0.1℃。秒表：分度 0.1s。盛样皿盖：平板玻璃，直径不小于盛样皿开口尺寸。溶剂：三氯乙烯等，电炉或砂浴，石棉网，金属锅等。

3. 方法与步骤

（1）准备工作

①按试验要求将恒温水槽调节到要求的试验温度，25℃、15℃、30℃或 5℃并保持稳定。

②将脱水、经 0.6mm 滤筛过滤后的沥青注入盛样皿中，试样深度应超过预计针入度值 10mm，盖上盛样皿盖以防灰尘。在室温中冷却 1.5～2.5h（视盛样皿大小）后移入恒温水槽，恒温 1.5～2.5h（视盛样皿大小）。

③调整针入度仪使之水平；检查针连杆和导轨以确认无水和其他外来物，无明显摩擦；用三氯乙烯或其他溶剂清洗标准针并拭干；将标准针插入针连杆，固紧；按试验条件加上砝码。

（2）试验方法

①取出达到恒温的盛样皿并移入水温控制在试验温度 ±0.1℃ 的平板玻璃皿中的三脚支架上，水面高出试样表面不少于 10mm。

②将盛有试样的平底玻璃皿置于针入度仪平台上，慢慢放下针连杆，用适当位置的反光镜或灯光反射观察，使针尖恰好与试样表面接触。拉下刻度盘拉杆使之与针连杆顶端轻轻接触，调节刻度盘或深度指示器的指针，指示为零。

③开动秒表，在指针正指 5s 的瞬间用手压紧按钮使标准针自动下落贯入试样，经规定时间停压按钮使标准针停止移动。拉下刻度盘拉杆与针连杆顶端接触，读取刻度盘指针或位移指示器读数，准确至 0.5（0.1mm）即为针入度。若采用自动针入度仪，计时与标准针落下贯入试样同时开始，在设定的时间自动停止。

④同一试样平行试验至少 3 次，各测点间及与盛样皿边缘的距离不应小于 10mm。每次试验后应将盛有盛样皿的平底玻璃皿放入恒温水槽，每次试验应换一根干净标准试针或将标准针取下用蘸有三氯乙烯溶剂的棉花或布揩净，再用干棉花或布擦干。

⑤测定针入度指数 PI 时，按同样的方法在 15℃、25℃、30℃（或 5℃）三个温度条件下分别测定沥青针入度。计算针入度指数、当量软化点、当量脆点。

4. 试验结果

（1）同一试样 3 次平行试验结果的最大值和最小值之差在实表 8-1 允许范围内时，计算 3 次试验结果的平均值，取整数作为针入度试验结果，以 0.1mm 为单位。

实表 8-1　针入度试验允许偏差范围

针入度（0.1mm）	0~49	50~149	150~249	250~500
允许差值（0.1mm）	2	4	12	20

（2）当试验结果小于 50（0.1mm）时，重复性试验的允许差为 2（0.1mm），复现性试验的允许差为 4（0.1mm）；当试验结果等于或大小 50（0.1mm）时，重复性试验的允许差为平均值的 4%，复现性试验的允许差为平均值的 8%。

二、延度试验

沥青的延度是在规定温度条件下，规定形状的试样按规定的拉伸速度水平拉伸至断裂时的长度，以 cm 表示。通常的试验温度为 25℃、15℃、10℃、5℃，拉伸速度为 5±0.25cm/min，当低温采用 1±0.05cm/min 拉伸速度时应在报告中注明。

1. 试验目的

延度试验适用于测定道路石油沥青、液体石油沥青蒸馏或乳化沥青蒸发后残留物的延度，用于评价其塑性形变能力。

2. 仪具与材料

①延度仪

将试件浸没于水中，能保持规定的试验温度、按规定拉伸速度拉伸试件且试验时无明显振动的延度仪均可使用。其组成及形状如实图 8-1 所示。

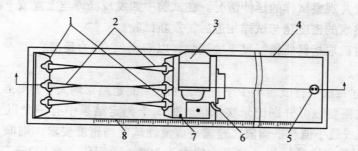

实图 8-1　沥青延度仪示意图

1—试模；2—试样；3—电机；4—水槽；5—泄水孔；
6—开关柄；7—指针；8—标尺

②试模

黄铜制，由两个端模和两个侧模组成，其形状和尺寸如实图 8-2 所示。试模内侧表面粗糙度 Ra0.2μm。

试模底板为玻璃板或磨光铜板、不锈钢板，表面粗糙度 Ra0.2μm。

③恒温水槽

容量不少于 10L，控制温度准确度为 0.1℃，水槽中应设带孔搁架，搁架距水槽底不少于 50mm，试件浸入水中的深度不小于 100mm。

④甘油滑石粉隔离剂

甘油：滑石粉 = 2:1（质量比）

⑤其他

温度计：分度 0.1℃；砂浴或其他加热炉具；平刮刀；石棉网；酒精；食盐等。

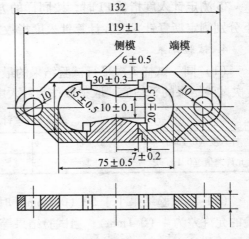

实图 8-2　沥青延度试模尺寸（单位 mm）

3. 方法与步骤

（1）准备工作

①将隔离剂拌和均匀，涂于清洁干燥的试模底板和两个侧模的内表面，并将试模在底板上装妥。

②将脱水、经 0.6mm 筛过滤后的沥青自试模一端至另一端往返数次缓缓注入模中，最后略高出试模，灌注时应注意勿使空气混入。

③试件在室温中冷却（30~40）min 后置于规定试验温度的恒温水槽中保持 30min，用热刮刀刮除高出试模的沥青，使沥青面与试模面齐平。

④检查延度仪拉伸速度是否符合要求，移动滑板使其指针正对标尺零点，将延度仪注水并达到规定的试验温度。

（2）试验方法

①将保温后的试件连同底板移入延度仪水槽中，取下底板，将试模两端的孔分别套在滑板及槽端固定板的金属柱上，取下侧模。水面距试件表面不小于 25mm。

②开动延度仪并观察试样的延伸情况。在试验中如发现沥青丝上浮或下沉，应在水中加入酒精或食盐调整水的密度至与试样相近后，重新试验。

③试件拉断时读取指针所指标尺上的读数，以 cm 计，即为延度。

4. 试验结果

（1）同一试样每次平行试验不少于 3 个，如 3 个测定结果均大于 100cm，试验结果记作" >100cm"；特殊需要也可分别记录实测值。如 3 个测定结果中有一个以上的测定值小于 100cm，若最大值或最小值与平均值之差满足重复性试验精密度要求，则取 3 个测定结果的平均值的整数作为延度试验结果，若平均值大于 100cm，记作" >100cm"；若最大值或最小值与平均值之差不符合重复性试验精密度要求，试验重新进行。

（2）当试验结果小于 100cm 时，重复性试验的允许差为平均值的 20%；复现性试验的允许差为平均值的 30%。

三、软化点（环球法）试验

沥青的软化点是将沥青试样注入内径 19.8mm 的铜环中，环上置质量 3.5g 钢球，在规定起始温度、按规定升温速度加热条件下加热，直至沥青试样逐渐软化并在钢球荷重作用下产生25.4mm垂度（即接触下底板），此时的温度（℃）即为软化点。

1. 试验目的

环球法试验适用于测定道路石油沥青、煤沥青、液体石油沥青蒸馏或乳化沥青蒸发后残留物的软化点，用于评价其感温性能。

2. 仪具与材料

（1）软化点试验仪

软化点试验仪如实图8-3。

（2）钢球

直径9.53mm，质量3.5±0.05g。

（3）试验环

黄铜或不锈钢制成，如实图8-4。

（4）钢球定位环

黄铜或不锈钢制成。

（5）金属支架

由两个主杆和三层平行的金属板组成。上层为圆盘，直径约大于烧杯直径，中间有一圆孔用于插温度计；中层板上有两孔用于放置金属环，中间一小孔用于支持温度计测温端部；下板距环底面25.4mm，下板距烧杯底不小于12.7mm，也不大于19mm。

（6）耐热烧杯

容量800～1000mL，直径不小于86mm，高不小于120mm。

（7）其他

环夹：薄钢条制成。电炉或其他加热炉具：可调温。试样底板：金属板或玻璃板，恒温水槽，平直刮刀，甘油滑石粉隔离剂，蒸馏水，石棉网等。

3. 方法与步骤

（1）准备工作

①将试样环置于涂有甘油滑石粉隔离剂的试样底板上，将脱水、过筛的沥青试样徐徐注入试样环内至略高于环面为止。

②试样在室温冷却30min后用环夹夹着试样环并用热刮刀刮平。

（2）试验方法

①试样软化点在80℃以下者采用水浴加热，起始温度为5±0.5℃；试样软化点在80℃

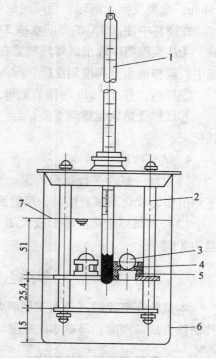

实图8-3 沥青环球软化点仪（单位 mm）
1—温度计；2—立杆；3—钢球；
4—钢球定位环；5—金属环；
6—烧杯；7—液面

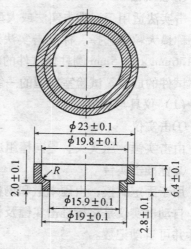

实图8-4 试样环（单位 mm）

以下者采用甘油浴加热，起始温度为 32 ± 1℃。

②将装有试样的试样环连同试样底板置于 5 ± 0.5℃水或 32 ± 1℃甘油的恒温槽中至少 15min，金属支架、钢球、钢球定位环等亦置于恒温槽中。

③烧杯中注入 5℃的蒸馏水或 32℃甘油，液面略低于立杆上的深度刻度。

④从恒温槽中取出试样环放置在支架的中层板上，套上定位环和钢球，并将环架放入烧杯中，调整液面至深度刻度线，插入温度计并与试样环下面齐平。

⑤加热，并在 3min 内调节至每分钟升温 5 ± 0.5℃。

⑥试样受热软化逐渐下坠，当与下板表面接触时记录此时的温度，准确至 0.5℃，即为软化点。

4. 试验结果

（1）同一试样平行试验两次，当两次测定值的差符合重复性试验精密度要求时，取其平均值作为软化点试验结果，准确至 0.5℃。

（2）当试样软化点等于或大于 80℃时，重复性试验的允许差为 2℃，复现性试验允许差为 8℃。

实验 9　沥青混合料试验

本试验介绍我国《公路工程沥青及沥青混合料》（JTJ 052—2000）中关于沥青混合料试件制作方法、密度、马歇尔稳定度、动稳定度、弯曲试验方法。

一、沥青混合料试件制作

试件的制作是进行沥青混合料各项性能测试的前提，沥青混合料试件常用的制作方法有击实法和轮辗法。

1. 击实法

击实法适用于标准击实法或大型击实法制作沥青混合料试件，试件的尺寸根据沥青混合料公称最大粒径选择。标准击实法适用于马歇尔试验、劈裂试验、冻融劈裂试验等所用的 $\phi 101.6$mm $\times 63.5$mm 圆柱体试件的成型；大型击实法适用于 $\phi 152.4$mm $\times 95.3$mm 的大型圆柱体试件的成型。试验室成型的一组试件的数量不得少于 4 个，必要时宜增加至 5~6 个。

（1）仪具与材料

①击实仪

由击实锤、压实头、导向棒组成，分为标准击实仪和大型击实仪两种。

②标准击实台

用于固定试模，由硬木墩和钢板组成。

自动击实仪是将标准击实锤及标准击实台安装成为一体并用电力驱动使击实锤连续击实试件并可自动记数。

③试验室用沥青混合料拌和机

能保证拌和温度并充分拌和均匀，可控制拌和时间，容量不小于 10L。搅拌叶自转速度 70r/min，公转速度 40~50r/min。

④脱模器

电动或手动,可无破损地推出圆柱体试件,备有标准圆柱体试件和大型圆柱体试件推出环。

⑤试模

由高碳钢或工具钢制成。标准试模每组包括内径 101.6 ± 0.2mm、高 87mm 的圆柱形金属筒,底座(直径约 120.6mm)和套筒(内径 101.6mm,高 70mm)各一个。大型圆柱体试模与套筒如实图 9-1 所示。

⑥烘箱

大、中型烘箱各一台,装有温度调节器。

⑦其他

天平或电子秤。沥青运动黏度测定设备:毛细管黏度计或赛波特重油黏度计或布洛克菲尔德黏度计。温度计:分度 1℃。电炉或煤气炉。沥青熔化锅。拌和铲。标准筛。滤纸。胶布、秒表等。

(2)准备工作

①确定制作沥青混合料试件的拌和温度与压实温度。

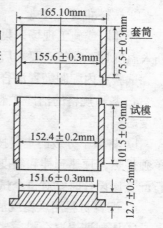

实图 9-1   大型圆柱体试件试模及套筒

a. 测定沥青的黏度并绘制黏度-温度曲线,按实表 9-1 要求确定适宜于沥青混合料拌和及压实的等粘温度。

实表 9-1   适宜于沥青混合料拌和及压实的沥青等粘温度

沥青结合料种类	黏度与测定方法	适宜于拌和的沥青结合料黏度	适宜于压实的沥青结合料黏度
石油沥青(含改性沥青)	表面黏度,T0625 运动黏度,T0619 赛波特黏度,T0623	(0.17 ± 0.02) Pa·s (170 ± 20) mm²/s (85 ± 10) s	(0.28 ± 0.03) Pa·s (280 ± 30) mm²/s (140 ± 15) s
煤沥青	恩格拉黏度,T0622	25 ± 3	40 ± 5

b. 缺乏沥青黏度测定条件时,试件的拌和与压实温度可按实表 9-2 选用,并根据沥青品种和标号作适当调整。针入度小的沥青取高限;针入度大的沥青取低限;改性沥青根据改性剂的品种和用量适当提高混合料拌和和压实温度(聚合物改性沥青一般需在基质沥青基础上提高 15 ~ 30℃);加纤维时需再提高 10℃左右。

实表 9-2   沥青混合料拌和及压实温度参考表

沥青结合料种类	拌和温度(℃)	压实温度(℃)
石油沥青	130 ~ 160	120 ~ 150
煤沥青	90 ~ 120	80 ~ 110
改性沥青	160 ~ 175	140 ~ 170

c. 常温沥青混合料的拌和和压实在常温下进行。

②试模准备

用蘸有少许黄油的棉纱擦净试模、套筒及击实座等，置于100℃左右烘箱中加热1h备用。常温沥青混合料用试模不加热。

③材料准备

拌和厂或施工现场采集沥青混合料的试样，置于烘箱或加热的砂浴上保温，在混合料中插入温度计，待符合要求后成型。

试验室内配制沥青混合料时，按下列要求准备材料：

a. 各种规格的洁净矿料在105±5℃烘箱中烘干至恒重，并测定不同粒径矿料的各种密度。

b. 将烘干分级的集料按每个试件设计级配要求称量质量，在金属盘中混合均匀，矿粉单独加热，预热到拌和温度以上约15℃备用。一般按一组试件（每组4~6个）备料，但进行配合比设计时宜对每个试件分别备料。常温沥青混合料的矿料不应加热。

c. 沥青材料用烘箱或油浴或电热套熔化加热至规定的沥青混合料拌和温度备用。

④拌制沥青混合料

a. 黏稠石油沥青或煤沥青混合料

将沥青混合料拌和机预热到拌和温度以上10℃左右备用。

将预热的集料置于拌和机中，然后加入需要数量的已加热至拌和温度的沥青，开动搅拌机拌和1~1.5min，暂停后加入单独加热的矿粉，继续拌和至均匀，并使沥青混合料保持在要求的拌和温度范围内。标准的总拌和时间为3min。

b. 液体石油沥青混合料

将每组（或每个）试件的矿料置于已加热至55~100℃的沥青混合料拌和机中，注入要求数量的液体沥青，并将混合料边加热边拌和，使液体沥青中的溶剂挥发至50%以下。拌和时间应事先试拌确定。

c. 乳化沥青混合料

将每个试件的粗细集料置于沥青混合料拌和机（不加热，也可用人工炒拌）中，注入计算的用水量（阴离子乳化沥青不加水），拌和均匀并使矿料表面完全湿润，再注入设计的沥青乳液用量，在1min内使混合料均匀，然后加入矿粉后迅速拌和，使混合料拌成褐色为止。

（3）试验方法

①将拌和好的沥青混合料均匀称取一个试件所需的用量。当一次拌和几个试件时，宜将其倒入经预热的金属盘中，用小铲适当拌和均匀后分成几份，分别取用。在试件制作过程中为防止混合料温度降低，应连盘放在烘箱中保温。

②从烘箱中取出预热的试模和套筒，用蘸有少许黄油的棉纱擦拭套筒、底座及击实锤底面，将试模装在底座上，垫一张圆形的吸油性小的纸，按四分法从四个方向用小铲将混合料铲入试模中，用插刀或大螺丝刀沿周边插捣15次，中间10次。插捣后将沥青混合料表面整平成凸圆弧面。大型马歇尔试件混合料分两层装入，每次插捣次数同上。

③在混合料中心插入温度计，检查混合料温度。

④待混合料符合要求的压实温度后，将试模连同底座一起放在击实台上固定，在装好的混合料表面垫一张吸油性小的圆纸，将装有击实锤及导向棒的压实头插入试模中，击实至规定的次数。试件击实一面后，取下套筒，将试模掉头，装上套筒，用同样的方法击实另一面。

⑤试件击实结束后，立即用镊子取掉上下表面的纸，用卡尺量取试件离试模上口的高度并由此计算试件高度，如高度不符合要求时，试件作废，并按下式调整试件混合料质量以保证符合试件高度尺寸要求。

$$调整后混合料质量 = \frac{要求试件高度 \times 原用混合料质量}{所得试件的高度}$$

⑥卸去套筒和底座，将装有试件的试模横向放置冷却至室温后，置于脱模机上脱出试件。将试件仔细置于干燥洁净的平面上供试验使用。

2. 轮辗法

轮辗法适用于 300mm × 300mm × 50mm（或 40mm）或 300mm × 300mm × 100mm 板块状试件的成型，由此板块状试件用切割机切制成棱柱体试件或用芯样钻机钻取试件。轮辗法成型的板块状试件及棱柱体试件适用于车辙试验、弯曲及低温弯曲试验、线收缩系数试验等。

（1）仪具与材料

①轮辗成型机

具有与钢筒式压路机相似的圆弧形碾压轮，轮宽 300mm，压实线荷载 300N/cm，碾压行程等于试件长度。当无轮碾成型机时，可用手动碾代替，手动碾轮宽同试件宽度，备有 10kg 砝码 5 个，以调整载重。

②试验室用沥青混合料拌和机

能保证拌和温度并充分拌和均匀，可控制拌和时间，宜采用容量大于 30L 的大型沥青混合料拌和机，也可采用容量大于 10L 的小型拌和机。

③试模

由高碳钢或工具钢制成，试模尺寸应保证成型后符合要求试件尺寸的规定。试验室内制作车辙试验板块状试件的标准试模内部尺寸为 300mm × 300mm，高 50mm（或 40mm）或 100mm。

④切割机

试验室用金刚石锯片锯石机或现场用路面切割机，有淋水冷却装置，其切割厚度不小于试件厚度。

⑤钻孔取芯机

用电力或汽油机、柴油机驱动，有淋水冷却装置。金刚石钻头的直径根据试件直径选择。

⑥烘箱

大、中型各一台，装有温度调节器。

⑦其他

台秤；沥青运动黏度测定设备：布洛克菲尔德黏度计、毛细管黏度计或赛波特黏度计；小型击实锤；温度计；干冰；电炉或煤气炉；沥青熔化锅；拌和铲；标准筛；滤纸；秒表；卡尺等。

（2）准备工作

①确定制作沥青混合料试件的拌和温度与压实温度

按击实法的方法确定沥青混合料的拌和和压实温度。

②试模准备

将金属试模及小型击实锤等置于100℃左右烘箱中加热1h备用。常温沥青混合料用试模不加热。

③材料准备

拌和厂或施工现场采集沥青混合料的试样，置于烘箱或加热的砂浴上保温，在混合料中插入温度计，待符合要求后成型；若混合料温度符合要求可直接用于成型。

试验室内配制沥青混合料时，按击实法相同的要求准备材料。

④按击实法的方法拌和沥青混合料。混合料及各种材料数量由1块试件的体积按马歇尔标准击实密度乘以1.03的系数求算。当采用大容量沥青混合料拌和机时宜全量一次拌和；当采用小型混合料拌和机时可分两次拌和。

（3）试验方法

①轮碾成型

a. 将预热的试模从烘箱中取出装上试模框架，在试模中铺一张裁好的普通纸（可用报纸），使底面和侧面均被纸隔离，将拌和好的全部沥青混合料（分两次拌和的应倒在一起）用小铲稍加拌和后均匀地沿试模由边至中顺序转圈装入试模，中部略高于四周。

b. 取下试模框架，用预热的小型击实锤由边至中转圈夯实一遍，整平成凸圆弧形。

c. 插入温度计，待混合料冷却至规定的压实温度时，在表面铺一张裁好的普通纸。

d. 用轮碾机碾压时，宜先将碾压轮预热至100℃左右（如不加热，应铺牛皮纸）。将盛有沥青混合料的试模置于轮碾机平台上，轻轻放下碾压轮，调整总荷载为9kN（线荷载300N/cm）。

e. 启动轮碾机，先在一个方向碾压2个往返（4次），卸荷并抬起碾压轮，将试件调转方向。再加相同的荷载至马歇尔标准密实度的100±1%为止。试件正式压实前应经试压确定碾压次数。

f. 压实成型后，揭去表面的纸，并注明碾压方向。置于室温下冷却至少12h后脱模。

②切割棱柱体试件

a. 按试验要求的试件尺寸在轮碾成型板块状试件表面规划切割试件的数目，边缘20mm部分不得使用。

b. 切割顺序如实图9-2所示，先沿与轮碾方向垂直的A-A方向切割第一刀作为基准面，再沿B-B方向切割第二刀，精确量取试件长度后沿C-C方向切割第三刀，仔细量取试件切割位置，依次切割使试件宽度符合要求。

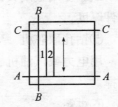

实图9-2　切割棱柱体试件的顺序

c. 锯下的试件应按顺序放在平板玻璃板上排列整齐，然后再切割试件的底面及表面并立即编号。

d. 完全切割好的试件放在玻璃板上，试件间间隙不小于10mm，下垫一层滤纸，经常挪动位置以保证完全风干。在风干的过程中试件的上下方向及排序不能搞错。

③钻芯法钻取圆柱体试件

a. 成型板块状试件厚度应不小于圆柱体试件厚度。

b. 在试件上方作出取样位置标记，板块状试件边缘部分的20mm内不得使用。根据需要选用100mm或150mm钻头。

c. 将板块状试件置于钻机平台上固定，钻头对准取决样位置，试块下垫木块等以保护钻头。

d. 在钻孔位置堆放干冰使试件迅速冷却，没有干冰时可开放冷却水。

e. 提起钻机取出试件，根据需要再切去钻芯试件的一端或两端以达到要求的高度。

f. 按棱柱体试件的方法风干试件。

二、沥青混合料密度试验

沥青混合料的密度试验有四种方法，即表干法、水中重法、蜡封法、体积法。本试验主要介绍表干法测定沥青混合料毛体积相对密度及毛体积密度。

（1）试验目的

表干法适用于测定吸水率不大于2%的各种沥青混合料试件，包括Ⅰ型或较密实的Ⅱ型沥青混合料、抗滑表层混合料、沥青玛琋脂碎石混合料（SMA）试件的毛体积相对密度或毛体积密度，用于计算沥青混合料试件的空隙率、矿料间隙率等各项体积指标。

（2）仪具与材料

①浸水天平或电子秤

最大称量小于3kg时感量不大于0.1g；最大称量大于3kg时感量不大于0.5g；最大称量大于10kg时感量5g，应有测量水中重的挂钩。

②水中称量装置

包括网篮、溢流水箱、试件悬吊装置等，如实图9-3所示。

③其他

秒表；毛巾；电风扇或烘箱。

（3）试验方法

①选择适宜的浸水天平或电子秤，最大称量应不小于试件质量的1.25倍且不大于试件质量的5倍。

②除去试件表面的浮粒，称取干燥试件在空气中的质量（m_a）。

③挂上网篮，浸入溢流水箱中，调节水位，将

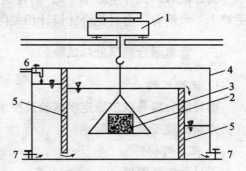

实图9-3 水中称量装置示意图
1—浸水天平或电子秤；2—试件；
3—网篮；4—溢流水箱；5—水位搁板；
6—注水口；7—放水阀门

天平调平或复零。把试件置于网篮中浸入水中约 3~5min，称取在水中的质量（m_w）。若天平读数持续变化不能很快达到稳定，说明试件吸水严重，不适用于本法测定，应改用蜡封法。

④取出试件，用洁净柔软拧干的湿毛巾轻轻擦去试件的表面水（不得吸走空隙内的水），称取试件的表干质量（m_f）。

（4）结果计算

①试件的吸水率 S_a

试件吸水率即试件吸水体积占沥青混合料毛体积的百分率，按下式计算。

$$S_a = \frac{m_f - m_a}{m_f - m_w} \times 100$$

式中　S_a——试件吸水率，%；

　　　m_f——试件表干质量，g；

　　　m_a——干燥试件在空气中的质量，g；

　　　m_w——试件在水中的质量，g。

②试件的毛体积相对密度和毛体积密度

当试件的吸水率小于 2% 时，毛体积相对密度 γ_f 和毛体积密度 ρ_f 按下式计算；当吸水率大于 2% 时，应改用蜡封法测定。

$$\gamma_f = \frac{m_a}{m_f - m_w}$$

$$\rho_f = \frac{m_a}{m_f - m_w} \times \rho_w$$

式中　γ_f——用表干法测定的试件毛体积相对表观密度，无量纲；

　　　ρ_f——用表干法测定的试件毛体积密度，g/cm³；

　　　ρ_w——常温水的密度，约等于 1g/cm³。

③试件体积指标计算

沥青混合料试件空隙率 VV、沥青饱和度 VFA、矿料间隙率 VMA 等体积指标的计算参见第十一章沥青混合料配合比设计相关内容。

三、沥青混合料马歇尔试验

1. 试验目的

沥青混合料马歇尔稳定度试验及浸水马歇尔稳定度试验用于进行沥青混合料配合比设计或沥青路面施工质量检验。

2. 仪具与材料

①马歇尔试验仪

符合国家标准《沥青混合料马歇尔试验仪》（GB/T 11823）技术要求。对于标准马歇尔试件，试验仪最大荷载不小于 25kN，加载速率应能保持 50±5mm/min；对于大型马歇尔试件，试验仪最大荷载不得小于 50kN。

②恒温水槽

控温准确度为1℃，深度不小于150mm。

③真空饱水容器

包括真空泵及真空干燥器。

④烘箱

⑤其他

温度计；卡尺等。

3. 准备工作

①击实成型马歇尔试件，每组试件的数量最少不得少于4个。

②量测试件尺寸

用卡尺测量试件中部的直径；在十字对称的4个方向量测离边缘10mm处的试件高度并以其平均值作为试件高度。如试件高度不符合 $63.5 \pm 1.3mm$ 或 $95.3 \pm 2.5mm$ 要求或两侧高度差大于2mm时，试件作废。

③测量试件的密度、空隙率、沥青体积百分率等体积指标。

④将恒温水槽调节至要求的试验温度，对黏稠石油沥青或烘箱养生过的乳化沥青混合料为 $60 \pm 1℃$；对煤沥青混合料为 $33.8 \pm 1℃$；对空气养生的乳化沥青或液体沥青混合料为 $25 \pm 1℃$。

4. 标准马歇尔试验

①将试件置于已达到规定温度的恒温水槽中，保温时间标准马歇尔试件30~40min，大型马歇尔试件45~60min。同时将马歇尔试件仪的上下压头放入水槽或烘箱中达到相同的温度。

②将马歇尔试验仪上下压头取出并擦拭干净内表面，下压头导棒上涂少许黄油以使上下压头滑动自如。取出试件置于下压头上，盖上上压头，装在加载设备上。

③在上压头球座上放妥钢球，并对准荷载测定装置的压头。

④采用自动马歇尔仪时，将自动马歇尔仪的压力传感器、位移传感器与计算机或 X-Y 记录仪正确连接，调整好适宜的放大比例。调整好计算机程序或将 X-Y 记录仪的记录笔对准原点。

⑤采用压力环和流值计时，将流值计安装在导棒上，使导向套管轻轻地压住压头，同时将流值计读数调零。调整压力环中百分表，对零。

⑥启动加载设备，使试件承受荷载，加载速度为 $50 \pm 5mm/min$。计算机或 X-Y 记录仪自动记录传感器压力和试件变形曲线并将数据自动存入计算机。

⑦当试验荷载达到最大值的瞬间，取下流值计，同时读取压力环中百分表读数及流值计读数。

⑧从恒温水槽中取出试件至测出最大荷载值的时间不得超过30s。

5. 浸水马歇尔试验

浸水马歇尔试件方法与标准马歇尔试验方法不同之处在于试件在恒温水槽中的保温时间为48h，其余与标准马歇尔试验相同。

6. 真空马歇尔试验

试件先放入真空干燥器中，关闭进水胶管，开动真空泵，使干燥器真空度达到 98.3kPa（730mmHg），维持 15min，然后打开进水胶管，靠负压进入的冷水流使试件全部浸入水中，浸水 15min 后恢复常压，取出试件再放入已达到规定温度的恒温水槽中保温 48h，其余与标准马歇尔试验相同。

7. 试验结果

（1）试件的稳定度及流值

①当采用自动马歇尔试验仪时，将计算机采集的数据绘制成压力和试件变形曲线，或由 X-Y 记录仪自动记录荷载-形变曲线，按实图 9-4 所示方法在切线方向延长曲线与横坐标相交于 O_1，将 O_1 作为修正原点量取相应于荷载最大值时的变形作为流值（FL），以 mm 为单位；最大荷载即为稳定度（MS），以 kN 为单位。

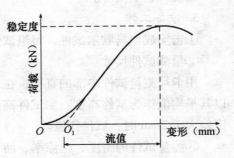

实图 9-4　马歇尔试验结果修正方法

②采用压力环和流值计测定时，根据压力环标定曲线，将压力环中百分表的读数换算为荷载值，或由荷载值测定装置读取的最大值即为试件的稳定度；由流值计及位移传感器测定装置读取的试件垂直变形即为试件的流值。

（2）试件的马歇尔模数

试件的马歇尔模数 T 按下式计算。

$$T = \frac{MS}{FL}(\text{kN/mm})$$

（3）浸水残留稳定度 MS_0（%）

试件的浸水残留稳定度按下式计算。

$$MS_0 = \frac{\text{试件浸水 48h 后和稳定度 } MS_1}{\text{试件标准马歇尔稳定度 } MS} \times 100\%$$

（4）真空饱水残留稳定度 MS_0（%）

试件的真空饱水残留稳定度按下式计算。

$$MS_0 = \frac{\text{试件真空饱水后浸水 48h 后的稳定度 } MS_2}{\text{试件标准马歇尔稳定度 } MS} \times 100\%$$

（5）当一组测试值中某个测试值与平均值之差大于标准差的 k 倍时，该测试值应予以舍弃，并以其余测试值的平均值作为试验结果。当试件数目 n 为 3、4、5、6 个时，k 值分别为 1. 15、1. 46、1. 67、1. 82。

四、沥青混合料车辙试验

车辙试验采用轮碾成型的 300mm × 300mm × 50mm 板块状试件，非经注明，试验温度为 60℃，轮压 0. 7MPa。根据需要，寒冷地区可采用 45℃，高温条件下采用 70℃，但应在报告中注明。

（1）试验目的

车辙试验用于测定沥青混合料高温抗车辙能力，供沥青混合料配合比设计高温稳定性检验使用。

（2）仪具与材料

①车辙试验机

车辙试验机构造如实图9-5所示。其主要组成部分包括：

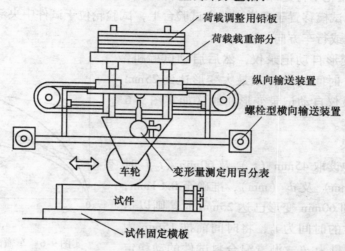

实图9-5　车辙试验机构造示意图

a. 试验台

可牢固安装两种宽度（300mm和150mm）的试件的试模。

b. 试验轮

橡胶实心轮，碾压行走频率为21次往返/min（即42次/min）。允许采用曲柄连杆驱动试验台（试验轮不动）或链驱动试验轮（试验台不动）中的任一方式。

c. 加载装置

使试验轮与试件接触压强在60℃时为0.7±0.05MPa，根据需要可调整。

d. 试模

钢板制成，由底板及侧板组成。

e. 变形测量装置

自动检测车辙变形并记录曲线的装置，通常用LVDT、电测百分表或非接触位移计。

②温度检测装置

自动检测并记录试件表面及恒温室内温度的温度传感器、温度计，精度0.5℃。

③恒温室

车辙试验机必须整机安放在恒温室内，装有加热器、气流循环装置及自动温度控制设备，能保持恒温室内温度60±1℃，试件内部温度60±0.5℃，根据需要亦可为其他温度。

（3）准备工作

①在60℃条件下调整试验轮接地压强为0.7±0.05MPa。

②轮碾成型或从路面切割制作车辙试验板块状试件。

③连同试模一起在常温条件下放置时间不少于 12h。聚合物改性沥青混合料放置时间以 48h 为宜。

（4）试验方法

①将试件连同试模一起置于已达到试验温度的恒温室中，保温不少于 5h，也不多于 24h。在试件的试验轮不行走部位粘贴热电偶，控制试件温度稳定在规定试验温度。

②将试件连同试模移置于车辙试验机试验台上，试验轮位于试件中央部位，车轮行走方向与试件成型碾压或行车方向一致。

③开动车辙变形自动记录仪，然后启动试验机，使车轮往返行走，时间约 1h，或最大变形达到 25mm 为止。试验时记录仪自动记录变形曲线（如实图 9-6 所示）及试件温度。

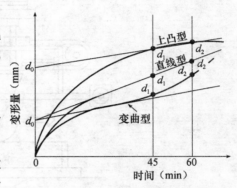

实图 9-6　车辙试验变形曲线

（5）试验结果

从实图 9-6 中读取 45min（t_1）及 60min（t_2）时的车辙变形 d_1（mm）及 d_2（mm），准确至 0.01mm；当变形过大，未到 60min 变形已达 25mm 时，则以达到 25mm（d_2）时的时间为 t_2，将时间前推 15min 为 t_1，以此时的变形量为 d_1。沥青混合料试件的动稳定度 DS 按下式计算。

$$DS = \frac{(t_2 - t_1) \times N}{d_2 - d_1} \times C_1 \times C_2$$

式中　　DS——沥青混合料动稳定度，次/mm；

C_1——试验机修正系数，曲柄连杆驱动为 1.0，链驱动为 1.5；

C_2——试件系数，试验室内制备的宽 300mm 的试件为 1.0，从路面切割的宽 150mm 试件为 0.8；

N——试验机行走频率，通常为 42 次/min。

同一沥青混合料或同一路段路面，至少平行试验 3 个试件，当 3 个试件动稳定度变异系数小于 20% 时取平均值为试验结果；当变异系数大于 20% 时应分析原因并追加试验。如计算动稳定度值大于 6000 次/mm 时，记作：>6000 次/mm。

重复性试验动稳定度变异系数的允许差为 20%。

参 考 文 献

[1] 土木工程名词审定委员会. 土木工程名词［M］. 北京：科学出版社，2004.

[2] 马眷荣. 建筑材料辞典［M］. 北京：化学工业出版社，2003.

[3] 张光碧. 建筑材料［M］. 北京：中国电力出版社，2006.

[4] 王福川. 土木工程材料［M］. 北京：中国建材工业出版社，2001.

[5] 湖南大学等. 土木工程材料［M］. 北京：中国建筑工业出版社，2002.

[6] 湖南大学，天津大学，同济大学，东南大学等四校合编. 建筑材料［M］. 北京：中国建筑工业出版社，1999.

[7] 苏达根. 土木工程材料［M］. 北京：高等教育出版社，2003.

[8] 徐成君. 建筑材料［M］. 北京：高等教育出版社，2004.

[9] 符芳. 建筑材料［M］. 南京：东南大学出版社，2001.

[10] 彭小芹，马铭彬. 土木工程材料［M］. 重庆：重庆大学出版社，2002.

[11] 杨光华，吴时龙. 建筑工程材料［M］. 重庆：重庆大学出版社，2004.

[12] 柯国军. 土木工程材料［M］. 北京：北京大学出版社，2006.

[13] 杨静. 建筑材料［M］. 北京：中国水利水电出版社，2004.

[14] 刘正武. 土木工程材料［M］. 上海：同济大学出版社，2005.

[15] 陈雅福. 土木工程材料［M］. 广州：华南理工大学出版社，2001.

[16] 钱晓倩. 土木工程材料［M］. 杭州：浙江大学出版社，2003.

[17] 郑德明，钱红萍. 土木工程材料［M］. 北京：机械工业出版社，2005.

[18] 赵方冉. 土木工程材料［M］. 上海：同济大学出版社，2004.

[19] 赵方冉. 土木建筑工程材料［M］. 北京：中国建材工业出版社，2003.

[20] 柳俊哲. 土木工程材料［M］. 北京：科学出版社，2005.

[21] 覃维祖. 结构工程材料［M］. 北京：清华大学出版社，2000.

[22] 吴中伟，廉慧珍. 高性能混凝土［M］. 北京：中国铁道出版社，1999.

[23] 文梓芸等. 混凝土工程与技术［M］. 武汉：武汉理工大学出版社，2004.

[24] 吴科如等译. 混凝土［M］. 北京：化学工业出版社，2005.

[25] 钱觉时等译. 混凝土设计与控制［M］. 重庆：重庆大学出版社，2005.

[26] 姚武. 绿色混凝土［M］. 北京：化学工业出版社，2006.

[27] 蒋家奋，曹永康［M］. 展望21世纪混凝土科学技术［J］. 混凝土与水泥制品，2000（1）.

[28] 黄小明等. 土木工程材料［M］. 南京：东南大学出版社，2001.

[29] 严捍东. 新型建筑材料教程［M］. 北京：中国建材工业出版社，2005.

[30] 黄士元等. 近代混凝土技术［M］. 西安：陕西科学技术出版社，1998.

[31] 中国建筑材料科学研究院. 绿色建材与建材绿色化［M］. 北京：化学工业出版社，2003.

[32] 史美堂. 金属材料及热处理 [M]. 上海：上海科学技术出版社，1980.

[33] 吴承建等. 金属材料学 [M]. 北京：冶金工业出版社，2000.

[34] 施惠生. 材料概论 [M]. 上海：同济大学出版社，2003.

[35] 顾雪蓉，陆云. 高分子科学基础 [M]. 北京：化学工业出版社，2003.

[36] 张书香，隋同波，王惠忠. 化学建材生产及应用 [M]. 北京：化学工业出版社，2002.

[37] 张玉祥，刘宗柏. 化学建材应用指南 [M]. 北京：化学工业出版社，2002.

[38] 李盛彪，黄世强，王石泉. 胶粘剂选用与粘接技术 [M]. 北京：化学工业出版社，2002.

[39] 赵祖康，李国豪. 道路与交通工程词典 [M]. 北京：人民交通出版社，1992.

[40] 严家伋. 道路建建筑材料（第三版）[M]. 北京：人民交通出版社，1995.

[41] 李立寒，张南鹭. 道路建筑材料 [M]. 北京：人民交通出版社，2004.

[42] 梁乃兴，韩森，屠书荣. 现代路面与材料 [M]. 北京：人民交通出版社，2003.

[43] 中华人民共和国交通部. 公路沥青路面施工技术规范. JTG F40—2004. 北京：人民交通出版社，2004.

[44] 中华人民共和国交通部. 公路工程沥青及沥青混合料试验规程. JTJ052—2000. 北京：人民交通出版社，2000.

[45] 廖正环. 公路工程新材料及其应用指南 [M]. 北京：人民交通出版社，2004.

[46] 沈春林，杨军，苏立荣等. 建筑防水卷材 [M]. 北京：化学工业出版社，2004.

[47] 中国建筑防水材料工业协会. 建筑防水材料手册 [M]. 北京：中国建筑工业出版社，2001.

[48] 现行防水材料标准及施工规范汇编. 第二版. 北京：中国建筑工业出版社，2002.

[49] 邓钫印. 建筑工程防水材料手册 [M]. 北京：中国建筑工业出版社，2001.

[50] 韩喜林. 新型防水材料应用技术 [M]. 北京：中国建材工业出版社，2003.

[51] 沈春林，苏立荣，李芳等. 建筑防水涂料 [M]. 北京：化学工业出版社，2003.

[52] 马庆麟. 涂料工业手册 [M]. 北京：化学工业出版社，2001.

[53] 张智强，杨斧钟，陈明凤. 化学建材 [M]. 重庆：重庆大学出版社，2000.

[54] 王建国，刘琳. 建筑涂料与涂装 [M]. 北京：中国轻工业出版社，2002.

[55] 李永盛，丁洁民. 建筑装饰工程材料 [M]. 上海：同济大学出版社，2000.

[56] 柯昌君. 建筑与装饰材料 [M]. 郑州：黄河水利出版社，2006.